矿相学

主　编　张术根
副主编　胡　斌

图书在版编目(CIP)数据

矿相学/张术根主编.—长沙:中南大学出版社,2014.11
ISBN 978-7-5487-1209-1

Ⅰ.矿... Ⅱ.张... Ⅲ.矿物相 Ⅳ.P616

中国版本图书馆 CIP 数据核字(2014)第 249419 号

矿相学

张术根 主编

□**责任编辑** 刘石年
□**责任印制** 易建国
□**出版发行** 中南大学出版社
社址:长沙市麓山南路 邮编:410083
发行科电话:0731-88876770 传真:0731-88710482
□**印　　装** 长沙印通印刷有限公司

□**开　　本** 787×1092 1/16 □**印张** 18 □**字数** 444 千字
□**版　　次** 2014 年 11 月第 1 版 □2014 年 11 月第 1 次印刷
□**书　　号** ISBN 978-7-5487-1209-1
□**定　　价** 50.00 元

图书出现印装问题,请与经销商调换

前　言

自20世纪90年代开始，我国实行了多次专业调整和教学改革，尤其是地质类工科专业的设置，已经发生了很大的变化，专业覆盖面显著拓宽，专业综合性更强，专业课程设置也几经调整，矿相学作为一门独立的地质专业基础课，在部分高等学校的地质类专业被压缩或取消。然而，随着金属矿产资源需求量激增，找矿勘查和开发利用强度及难度急增，在涉及金属矿产勘查评价与开发利用的研究机构、地勘单位及矿产企业，无论从事矿产地质研究，还是从事矿产资源勘查评价或矿物资源加工利用(包括综合利用)的科研生产实践活动，都清楚地表明掌握矿相学的专业知识与技能是非常重要的，因而在地质类专业设置矿相学课程显得越来越有必要。我国高等学校的矿相学教材，主要从20世纪80年代开始先后出版，这些教材分别适用于20世纪90年代以前不同的理科、工科地质类专业，其教学大纲要求、教学时数以及先修课程基础均与现阶段地质类专业教学要求存在不相适应的问题，也与近30年来国内外矿相学的发展进步及应用拓宽存在一定距离。本书根据现阶段地质类专业，尤其是工科专业新的专业特点、教学要求、矿相学学科的发展现状及相关学科领域的应用要求，取原适用于各传统地质类专业矿相学教材的优点，弥补其不足。结合作者近30年来的矿产地质科研与教学体会，突出矿相学的矿床成因研究应用和矿石工艺性质研究应用，以金属矿物显微镜鉴定方法、矿石的结构构造和矿物晶粒内部结构的特征及其类型，矿化期、矿化阶段的划分和矿物生成顺序确定的原则方法及标志，以及矿石工艺性质等为重点内容，较系统地阐述矿相学的基本理论、基本知识、基本方法及其综合应用。编写时充分吸收和反映了国内外矿相学研究的新理论、新方法及研究应用成果，能够较好地满足地质类专业、特别是工科专业对该课程的教学要求，也可作为地质科研、地质勘查、选矿、冶金及材料等相关专业科技人员的参考书。

本书由张术根教授主编，胡斌副教授参与编写。张术根教授负责编写第一章、第四章至第十一章，胡斌副教授负责编写第二、三章及第十二章。全书由张术根教授统一修改、定稿。因为编者水平和条件有限，缺点错误在所难免，希望读者批评指正。

本书插图主要由吴双、刘炫、胡杰等清绘，图版由黄超文、刘贤红、刘纯波等编排，谨致谢忱。本书所引用文献资料都在参考文献中列出，还有其他许多没有引用的前人研究成果也为本书编写创造了良好的学术条件，在此一并致谢！

目 录

第一章 绪 论

第一节 矿相学的概念、研究对象、研究任务及研究意义

一、矿相学的概念

矿相学(mineragraphy)是以矿相显微镜为基本研究手段研究金属矿石的一门地质科学。其研究领域包括矿石矿物学(ore mineralogy)和矿石学(ore petrology)，根据研究内容和任务的不同，可分为成因矿相学和工艺矿相学两个组成部分。

二、矿相学的研究对象

因为组成矿石的金属矿物在标准厚度(0.03 mm)的薄片中不透明，不能像岩石的岩相学研究那样磨制成薄片利用透射偏光观测研究，而只能磨制成表面平整光洁的光片(块)，利用反射偏光观测研究，故矿相学的主要研究对象是以不透明矿物为主要组成矿物的金属矿石及其选矿产品。此外，有关冶金废渣、金属材料的物相组成、组织结构等也可视为矿相学的研究对象。

三、矿相学的研究任务

1. 鉴定不透明矿物

以矿相显微镜为基本手段，主要通过研究不透明矿物的光学、物理、化学性质，内部结构及切面形态等特征，必要时结合其他辅助手段，综合鉴定不透明矿物。

2. 获取矿石形成过程和矿床成因信息

以矿相显微镜为基本手段，研究金属矿石的矿物组成、构造、结构，矿物晶粒的切面形状、内部结构，以及它们的时空发育分布规律。结合矿床地质特征，划分出矿化期、矿化阶段及矿物的生成顺序，恢复矿石的形成过程。分析矿床的矿化条件、成矿作用类型与方式，为矿床成因研究和找矿勘探提供依据。

3. 研究评价矿石的加工利用性质

以矿相显微镜为基本手段，考查研究矿石中有用、有害元素的赋存状态，有用矿物或化学组分的含量，矿物的嵌布粒度、嵌布特性与嵌镶关系，矿物间的“物性差”及解离性等矿石的工艺性质，结合选冶试验，研究评价矿石的加工利用性质，为选择合理的加工利用途径和技术方案提供基础资料。

四、矿相学的研究意义

从矿相学的研究任务可知，除鉴定不透明矿物以外，其突出的研究意义在于可获取矿石

形成过程和矿床成因信息，有效评价矿石的加工工艺性质。

1. 在获取矿石形成过程和矿床成因信息方面的意义

矿床形成经历了漫长而复杂的演化过程，其恢复重构是认识矿床形成条件、成矿机理、矿床成因及成矿规律的主要途径，是矿床学研究的核心任务之一。矿床形成的过程应包括成矿系统从有用矿物堆积以前的地质作用，经过矿床形成阶段，最后到后生阶段。由矿石中矿物结晶颗粒和矿物集合体形态特征构成的矿石结构与构造的特点，是在一定的成矿地质条件和物理化学条件下形成的。因此，矿石的矿物组成、构造、结构特征实际上就是成矿系统的矿物形成过程的客观证据，可据此分析成矿条件及其演化的特点，即不同成因的矿石有着不同的矿物组合、构造及结构。所以矿相学研究矿石的矿物成分和结构构造可以获取许多重要的成矿过程及矿床成因信息，能有效帮助阐明成矿条件、成矿机理、矿床成因及成矿规律。

1）帮助判断成矿作用类型与成矿作用方式

成矿地质作用类型不同，往往在矿石的矿物组合、构造、结构等方面各具特色。因此，根据矿石的矿物组合、构造及结构特点，可以提供矿床成矿作用类型的有效信息。例如，风化作用形成的矿石，其矿物组合表现为氧化物、氢氧化物组合，结构主要为微细粒结构、胶状、变胶状组构，构造常见蜂窝状、多孔状、葡萄状及土状等构造。热液作用形成的矿石，其矿石结构包括各种晶粒结构、各种交代结构及固溶体分离结构，矿石构造常发育各种脉状构造、晶洞状构造。

矿石形成方式不同，其矿物组合、构造、结构等方面也各具特色。例如，就沉积成矿作用而言，碎屑结构反映其为机械沉积产物，而鲕状、豆状、肾状构造则反映其为胶体沉积产物。就热液成矿作用而言，各种充填脉状构造、晶洞状构造、梳状构造反映其形成方式为充填作用，交代条带状构造、各种交代脉状构造反映其形成方式为交代作用。

2）帮助分析成矿物理化学条件及其演化规律

矿石形成的物理化学环境必然在其矿物组合、构造、结构及晶体内部结构等方面打上烙印。例如，“假象赤铁矿”、“穆磁铁矿”反映成矿环境的氧化还原条件发生了明显变化；硫化物矿物交代石英形成的交代溶蚀结构说明成矿溶液由酸性转变为碱性。磁黄铁矿分解为黄铁矿表示成矿介质的氧逸度（f_{O_2}）增加，S^{2-}转变为$[S_2]^{2-}$；磁黄铁矿被白铁矿交代体现含矿溶液硫离子浓度增大。又如，通过对具有出溶结构的斑铜矿（主矿物）—黄铜矿（次矿物）矿石做加温退火试验，以及结合自然界矿石出溶结构的情况考虑，得知250℃以下形成稠密而细小的叶片结构和格状结构（由快速冷却、强烈过饱和、扩散速度小所致），300～375℃形成较稀疏而粗大的液滴状、蠕虫状乃至细脉状结构（由缓慢冷却、过饱和程度低、扩散速度大所致）。再如，部分硫化物矿床发育黄铁矿“三晶嵌联”结构、斑状或似斑状结构，反映其形成后经历了退火重结晶作用；发育黄铁矿“草莓粒状”结构或“显微莓群状”构造，反映其可能是噬硫细菌还原或低温快速结晶的产物。

根据矿石的结构构造特点，有时还能帮助推断矿床形成的深度条件。如深度离地表3～5 km到10～15 km的“深成带”矿床，矿石主要具有结晶作用形成的构造和结构；深度离地表1～1.5 km到3～5 km的“浅成带”矿床则矿石显著发育胶状、变胶状组构。

3）帮助恢复矿床的成因机制和成矿作用过程

例如福建尤溪丁家山铅锌矿床，在20世纪80年代以前被认为是接触交代型矿床，之后随着“VMS”矿床理论的盛行，部分研究者又认为其属于“VMS”型矿床，称为“华南型块状硫化物矿床”。然而，矿相学研究表明，作为该矿床结晶最早的金属矿物板条状“假象赤铁矿”、粒状磁铁矿、石英等矿物及其集合体主要沿石榴子石、透辉石、硅灰石、绿帘石、透闪石等硅酸盐矿物集合体粒间及裂隙穿插交代，呈细脉、网脉状，硫化物矿物集合体则明显穿插交代上述矿物集合体。结合矿区地质条件、矿床矿化特征、矿床地球化学及同位素定年研究，重新厘定该矿床为与燕山期花岗岩浆活动有关的接触交代型矿床。除表生期外，矿床的形成经历了矽卡岩期的干矽卡岩阶段、湿矽卡岩阶段、气成氧化物阶段和热液期高温硫化物(—石英)阶段、中温硫化物(—阳起石—石英)阶段和低温硫化物(—蛇纹石—碳酸盐)阶段的复杂成矿过程(张术根等，2012；石得凤等，2012)。又如2007年开始发现并勘查的印度尼西亚北马鲁古省塔里阿布岛(Taliabu)西部铁矿田，矿床产在印支期花岗岩与石炭系变质砂岩、大理岩、白云质大理岩接触带，已经完成详细勘查的3个铁矿床都具有2种矿石类型：其一为含硫中低品位($w_{Fe}=45\times10^{-2}\sim25\times10^{-2}$)磁铁矿矿石，其二为贫硫高品位($w_{Fe}\geqslant60\times10^{-2}$)磁铁矿矿石。前者主要产于花岗岩与大理岩、白云质大理岩接触带外带、紧贴花岗岩与围岩接触界面的大理岩与白云质大理岩、大理岩与变质砂岩层间；矿石的矿物组合除透辉石、金云母、绿帘石、透闪石、阳起石及蛇纹石等矽卡岩特征矿物组合外，磁黄铁矿、黄铁矿、黄铜矿、铁闪锌矿等金属矿物也是其常见矿物组合；矿石结构主要为结晶粒状结构、各种交代结构和固溶体分离结构；矿石构造主要为稠密浸染状、浸染状、次块状、团块状、斑杂状及脉状构造。后者主要产在花岗岩与围岩接触界面形态复杂的正接触带、内接触带的云英岩化花岗岩裂隙、紧贴接触界面的变质砂岩层间；矿石的矿物组合除含有极少量的磷灰石、萤石、石英外，主要为磁铁矿，还可见少量沿磁铁矿晶粒边缘及裂隙交代的赤铁矿；矿石结构主要为细粒结晶结构，少量似斑状结构及三晶嵌联结构；矿石构造主要包括致密块状构造、似流纹状构造、气孔状构造以及熔结瘤状构造。从而在矿相学研究的基础上，结合矿田地质条件、矿床矿化特征、矿床地球化学及磁铁矿成因矿物学等研究，厘定出该矿田具有接触交代型和矿浆贯入型2种矿化类型，不仅为该矿田铁矿床找矿空间拓宽提供了重要基础资料，也为该矿田铁矿石开发利用方案的制定提供了有效的地质依据(丁俊，张术根，2012a，2012b)。

4)帮助评价深部矿石质量和矿床远景

例如镍黄铁矿(Pn)、磁黄铁矿(Po)、黄铜矿(Cp)矿石在风化时其中镍黄铁矿被紫硫镍矿(V)交代，即发生“紫硫镍矿”化作用，此时释放出Fe和Ni。Fe主要呈$FeCO_3$沉淀，镍离子(Ni^{2+})与周围的磁黄铁矿(Po)反应形成新生的V_{Po}(V_{Po}呈羽毛状假象反应边，不规则地占据着相毗邻的Po颗粒边缘周围的底面裂开面)。V_{Po}的数量受Pn被V_{Po}化交代期间释放出来的Ni的数量控制，即V_{Pn}与V_{Po}的比例可成为衡量原生矿石中Pn与Po比例的尺度。故羽状边缘(V_{Po})肥大，表明它是由富含Pn的镍矿富矿石变来，而羽状边缘(V_{Po})细小，则表明是由贫Pn的贫镍矿石变来。因而这种“边缘羽状结构”对于评价深部原生镍矿石的贫富具有重要的实际意义。

5)帮助确定找矿方向

闪锌矿中FeS分子的含量比例通常与其形成温度高低呈正相关关系，而闪锌矿中出溶物磁黄铁矿和黄铜矿的数量大小又与闪锌矿中FeS分子的含量高低直接相关。因此，可以根据在矿相显微镜下观察和测定闪锌矿中磁黄铁矿和黄铜矿的数量(用图像分析仪定量精确测定)推测闪锌矿的形成温度条件以及矿床成因类型。例如，有研究成果表明，矽卡岩型铜矿床闪锌矿中FeS分子含量最高(平均为18.9%，最高可达21.4%)，云英岩型花岗岩中浸染状铜钨矿床中闪锌矿中的FeS分子含量次高(平均为17.6%，最高达19.6%)，石英脉型铜锡矿床中闪锌矿中的FeS分子含量较低(平均为16.9%)，石英脉型铜钨矿床中闪锌矿中的FeS分子含量更低(平均为14.4%)。我国河南灵宝某多金属硫铁矿矿床在成因上存在着矽卡岩型与斑岩型矿床的争议，涉及在该区的找矿主要目标是寻找矽卡岩型铁、铜等矿床还是寻找斑岩型钼、钨等矿床这一重大找矿方向问题。前面已经说明，典型矽卡岩型矿床中产出的闪锌矿都属于高温型深色铁闪锌矿，具有固溶体分离作用形成的大量黄铜矿或磁黄铁矿叶片或乳浊体。而该矿床闪锌矿却显深棕褐色，在绝大部分光片中未见有上述黄铜矿或磁黄铁矿的固溶体分离物。经研究该矿床闪锌矿含FeS分子约为5.6%，其形成温度约为210.4℃，与斑岩型中温热液的形成条件相近，而与典型矽卡岩型高温形成环境不符(徐国风，1987)。

同样，前述丁家山铅锌矿无论是作为矽卡岩型矿床还是作为“华南型块状硫化物矿床”，其找矿前提或找矿方向都是迥然不同的。

显然，由上述几个简单的实例可以看出，矿相学研究可以帮助查明矿石的矿物组成、结构、构造等特征，为重建矿床成矿过程，探讨成矿作用类型与方式、查明成矿物理化学条件(物种类型、温度、压力、酸碱度、氧逸度、硫逸度、氧-还原电位等)、矿化分带性，矿化强度的变化以及成矿作用时空规律等矿床成因提供重要的基础资料，为地质找矿勘探及成矿预测工作提供理论依据和实际线索。

2. 在矿石加工工艺性质评价方面的意义

在矿石加工工艺性质评价方面，矿相学研究更是不可缺少的重要基础性工作。

1)帮助查定矿石的可利用性

例如我国南方产于泥盆系的“宁乡式”铁矿，为胶体沉积成因的鲕状赤铁矿矿床。其中有许多矿床的矿石品位达到了工业要求，曾经有些小型矿床未经详细勘查和矿石质量评价研究就盲目开采，高品位铁矿石直接送钢铁厂，然而钢铁厂化验结果总是杂质超标、特别是SiO_2含量严重超标，无法利用。实际上这类铁矿床的矿相学研究表明，部分“宁乡式”铁矿区的铁矿石中，SiO_2主要以粉砂级石英碎屑构成赤铁矿鲕核和以偏胶态富集于部分圈层，无法通过选矿去除，因而在当前选冶技术条件下没有可利用性，成为“呆矿”。又如我国某铁矿，矿石品位已达工业要求，但勘探过程中对铁的赋存状态没有查清，全铁中有很大一部分是硅酸铁矿，以致建矿建炉后炼不出铁。对比之下，我国江苏某赋存于闪长玢岩体内的热液交代型铁矿床，矿石全铁量w_{Fe}虽仅约为20%，其中还有百分之几的硅酸铁，但通过矿相学等研究后提出了合理的选矿流程方案，矿山选矿效果良好。该矿床主要铁矿物为磁铁矿(占82%)，矿石主要为浸染状、细脉浸染状、角砾状构造等。有用矿物磁铁矿结晶完好，常呈自形到半自形晶粒。粒度一般为0.2~1 mm，大的可达3~4 mm。它在矿石中属中-细粒均匀嵌布，与脉石矿物(长石、辉石、角闪石、方解石、绿泥石等)的连接关系简单，多为规则毗连连接。由于磁铁矿粒度较大，嵌布均匀，连接关系规则而平直，磨矿细度到0.2 mm(即-200目的占60%~65%)时磁铁矿已基本解离。矿山采用单一磁选法就达到较好的选矿指标(精矿品位60%，回收率75%~78%)。

2)帮助选定矿石工艺加工流程

国内外微细浸染型金矿，自然金粒径多为微米级或更细的“次显微金”，绝大多数产在细粒黄铁矿中呈“次显微状机械混入物”。由于黄铁矿均质致密且无解理，受应力破碎时裂开面的位置是任意的，同时金颗粒粒度太细，磨矿造成的黄铁矿裂开面通过自然金次显微颗粒的概率极小，即不能通过碎矿分选的办法直接富集自然金，而只能先分选出含金黄铁矿后再通过冶炼制酸脱硫于剩渣中用混汞法或氰化法回收金。

又如广东莲花山钨矿床，精选钨矿后的硫化物尾矿含钴，w_{Co}达0.3%，储量亦较大。用常规的"焙烧—酸浸炼钴法"没有成功。原因就在于钴不是赋存在黄铁矿中，而是呈独立的斜方砷钴矿和方钴矿与毒砂紧密连生。这在焙烧时会产生剧毒的As_2O_3，严重污染环境，造成公害。后根据矿石物质组成特点采取无砷害的"细菌(氧化铁硫杆菌)浸钴新工艺"获得成功。钴的浸出率为86.7%，总回收率为67.56%，同时还回收了副产品硫酸镍和硫酸钠，避免了环境污染(徐国风，1987)。

3)帮助确定矿石的伴(共)生有益元素的选冶回收利用价值

前述印度尼西亚北马鲁古省塔里阿布铁矿田的Ⅱ号矿床，详查阶段取样化验结果表明，其磁铁矿矿石Sn含量w_{Sn}在0.2%~0.5%、0.5%~1.0%及>1.00%的样品比例分别占14.8%、22.2%及18.5%，锡含量在ω_{Sn}0.5%以上的样品占样品总数的比例为40.7%，而锡含量在0.2%以上者占样品总数的比例高达55.5%。显然，单纯从矿石的锡含量来看，该矿田铁矿床的锡具有较高的综合利用价值，甚至达到独立锡矿床的品位指标要求。然而，以矿相显微镜为基本手段，结合扫描电子显微镜及X射线衍射分析及化学物相分析，发现其主要以黑硼锡铁矿、硼钙锡矿形式存在，在浅表风化带还出现水镁锡矿，它们的锡分配量约占总锡量的50%，其次为磁铁矿结合锡，其占锡的总分配量约30%，锡石中的锡占锡的总分配量约15%，尚有占总锡量的5%为硅酸盐结合锡(主要载于矽卡岩矿物石榴子石中)。磨矿试验产品的锡分配率测算结果表明，200目以上粒级碎矿产品的锡占有率达92%。因为受目前选矿技术条件约束，锡石是唯一可选矿回收利用的锡矿物，故该矿床的磁铁矿矿石伴(共)生锡不具有明显的选矿回收利用价值(张术根等，2012)。类似的情况在我国南方许多接触交代型含锡矿床的含锡矽卡岩型矿石中也有报道。

4)帮助确定矿石综合利用方案

确定矿石综合利用方案离不开对矿石进行矿相学研究的基础资料。例如，江苏吴庄铁矿为接触交代-热液型矿床。全区矿石平均w_{Fe} 48.56%、w_{Co} 0.021%、w_S 1.87%，磁铁矿的铁占92.55%、赤铁矿的铁占2.99%、菱铁矿的铁占0.86%、黄铁矿的铁占1.47%、硅酸铁的铁占0.13%。钴为类质同象混入物赋存于黄铁矿(ω_{Co} 0.534%)中，未见独立钴矿物。黄铁矿主要为半自形—他形晶粒，粒径多为0.05~0.1 mm，大的达1~2 mm。由此可知，该矿床应以铁为主，硫作为杂质被除去并附带回收，钴则随硫富集进入黄铁矿精矿。由于嵌布粒度较细和连接关系较复杂，磨矿细度要求-200目占80%以保证铁精矿有较好的质量(w_{Fe} 65.1%)和回收率(91.39%)。采用先磁选再浮选的选矿工艺流程最终获得一级品钴—硫精矿(w_{Co} 0.516%、钴回收率为76.56%，含硫47.68%、硫回收率为84.92%)，相当于增加了一个中型钴矿床和一个中小型硫铁矿矿床(徐国风，1987)。

由上述几个实例可知，对一个矿床进行工业评价，仅仅知道矿石品位、储量、矿体形态、产状和一般物质组成是不够的，还应该对矿石的工艺性质进行研究。不论是在地质评价阶段进行矿石可选性试验，还是为矿山提供选厂设计，都要求查明矿石的化学成分和矿物成分及其含量、矿石的构造和结构、有用矿物嵌布特性和粒度以及连接关系、有益有害元素赋存状态等方面的特点，以选择最经济有效的选冶方法，确定最佳的磨矿细度及最合理的工艺流程，尽可能地综合利用回收各种有用组分。这些工作大都与矿相学研究密切相关，充分体现了矿相学在指导矿石加工利用方面的重要实用意义。

第二节　矿相学的课程性质及与其他学科的关系

从研究对象和研究任务不难看出，矿相学主要服务于矿床学、成矿预测学、矿产资源勘查评价、矿石加工工艺学及矿物学的研究，因而它是地质类专业、特别是工科专业（如矿产普查与勘探专业）的一门重要的应用型专业基础课。

矿相学既作为上述学科的补充与延续直接服务于上述学科，又必须充分利用这些学科的有关理论知识、研究方法及研究成果，根据这些学科研究的丰富资料、理论及方法的最新成果对矿相学提出的新要求和新命题，丰富和发展矿相学的学科理论、研究内容、研究方法及研究手段。除与上述学科具有密切的联系之外，矿相学还与某些学科有着紧密的联系。矿相学必须充分利用数学、物理学（尤其是光学及其他谱学）、化学等学科的基本理论、知识与方法，必须充分利用结晶学、矿物学、晶体光学、岩石学、地球化学等学科的基本理论、专门知识、实验技术及研究成果，并不断引进各种新的技术方法和测试装备，以促进其学科发展。此外，矿相学研究者还应学习矿石加工工艺学、冶金工艺学的基本知识，以便更好地为确定矿石加工技术流程、提高矿物资源综合利用率及降低加工成本服务。

第三节　矿相学研究的工作程序

矿相学研究的一般工作程序可分为以下4个阶段。

1. 野外研究阶段

首先收集研究已有地质资料，了解区域成矿地质背景、矿区地质特征、矿体地质特征、赋矿围岩及其蚀变等。在此基础上，开展现场地质调查，选择有代表性的矿化露头。探槽、坑道、钻孔进行地质观测与编录，同时采集供室内研究用的矿石及岩石标本。采集的原则是：(1)各矿体或至少是重要矿体需有代表性的标本，所采集标本需有准确的采样位置与样品地质特征描述、相片或素描；(2)所采集的矿石标本能充分反映各矿石类型、矿物共生组合、典型结构构造的特征，还必须有重要围岩标本；(3)所采集的矿石和重要围岩标本能充分反映矿床的矿化特征及物质成分的空间变化。

2. 室内研究阶段

主要任务是在野外观察描述的基础上，进行显微镜下的矿物鉴定及观测研究。根据研究任务要求，必要时还需采用其他专业的研究手段，如X射线衍射分析、电子显微镜分析、电子探针分析、化学物相分析、单矿物化学分析、红外吸收光谱分析、X荧光光谱分析、图像分析仪测定等，进行深入、细致的研究。

研究用标本根据不同情况分别制成磨光块（矿块）、磨光片（光片）、薄片、光薄片、砂光片等。对上述这些加工过的标本进行显微镜下研究主要是为了在野外观察的基础上更精确地研究矿石（围岩）的物质成分特点（矿物成分、化学成分、矿物共生组合）和形态特征（矿石的组构、矿物粒度和含量、矿物晶粒内部结构等）。

3. 综合整理研究阶段

主要是综合野外、室内研究的成果和文献资料，编写矿相学研究报告书。其报告内容主要包括：(1)区域及矿床地质特征；(2)矿石类型、矿物成分及化学成分特点；(3)矿石的组构特征及矿化期、矿化阶段、矿物生成顺序、矿物世代等的研究成果；(4)矿石中有益、有害组分赋存状态，有用矿物嵌布特征、嵌布粒度、嵌联关系等。最后在分析实际资料的基础上提出矿床成因认识及找矿评价、矿石技术加工方案的建议。

4. 检查审核阶段

这个阶段的工作十分重要，是保证矿相学研究成果质量和应用效果的重要环节，不能忽视或草率对待。矿相学研究报告书的检查审核，视研究任务来源不同，由项目的上级主管部门或委托方组织完成，其任务是对所提交的矿相学研究报告书及其辅助材料进行讨论、审查、评议。通常的做法是，先对各种原始资料进行复核审查，检查矿相学观测记录与光(薄)片及标本是否相符，光(薄)片的观测鉴定是否准确可靠，各种研究资料(包括野外阶段至室内综合研究阶段)是否完整等。然后，审查所采用的研究方法，野外地质现象与室内研究的联系程度、研究结论是否正确可靠，依据是否充分，研究成果的质量水平等。如果检查审核发现问题、错误及遗漏之处，则应根据检查审核意见进行补充、修改，甚至重做，直至合格。

第四节 矿相学研究现状与发展趋势

一、矿相学发展简史

矿相学诞生于20世纪早期，是一门相对比较年轻的学科，是在矿物学、矿床学、金相学的基础上发展起来的。20世纪初，国外部分学者开始将金相学研究合金成分、结构特点的方法应用于研究天然矿石，标志着矿相学开始孕育，经 H. Schneiderhohn，M. Berek，A. Г. Бетехтин，J. Orcel，R. W. Van der Veen，P. Ramdohr，E. S. Bastin，G. M. Schwartz，N. C. ВопЫнский，M. N. Short，A. B. Edwards 等学者致力于不透明矿物晶体光学、显微镜下鉴定方法以及矿石组构等方面的研究，到20世纪50年代，矿相学已初步形成学科，但其研究以定性的理论解释和主要为定性、半定量的测试数据鉴定矿物为特征，矿石构造、结构的研究也是在传统地质学范畴内进行观察和描述。20世纪60年代开始，R. Galopin，N. F. M. Henry，W. Uytenbogaardt，P. Ramdohr，S. H. U. Bowie，E. Stumpfl，Л. Н. Вяпъсов，H. Piller，C. A. Юшко，M. C. Безсмертная，T. H. Чвилева，E. N. Cameron，A. F. Hallimond，R. L. Stanton，J. R. Craig，A. Criddle，L. J. Cabri，B. Cervelle，A. Sugarki 等研究者对矿相学的光学定量理论、显微镜下近代鉴定法、矿物共生组合、矿石组构研究进行了比较系统的探讨和总结，我国矿相学家陈正、张志雄等在矿物反射色颜色指数、旋转性定量理论与新测定方法、矿石结构构造、矿石工艺性质研究等方面为解决矿相学实际应用问题和探索矿相学领域中的某些理论问题做出了显著的成绩，矿相学在理论基础、显微镜质量性能、研究方法及实际应用方面逐渐发展成为较成熟的学科。

二、矿相学发展现状

矿相学从20世纪60年代开始逐渐成为地质类专业的应用型专业基础课，发展到当今，不仅其基础理论逐渐充实完善，研究方法也逐渐从定性研究走向定量研究，应用领域也逐渐深化与拓宽。在研究手段上，作为基本研究手段的矿相显微镜其精密度、观测功能、功能性附件数量、观测精度、清晰度、操作便利性及自动化程度都显著提高，而且辅助研究手段也不断丰富，如电子显微镜、电子探针、微区X射线衍射分析、激光光谱、拉曼光谱等一系列辅助手段在矿相学研究领域得到了应用并发挥着越来越重要的作用，使矿相学向微粒、微区、快速、定量方向发展。尤其是多功能集成化自动化研究装备的开发应用，使矿相学研究更简便化，定量化和自动化程度显著提高，研究成果的准确性和实用性也显著提高。2001年，澳大利亚工业研究组织（CSIRO）发明的扫描电子显微镜矿物定量分析研究系统（QEMSCAN）开始在矿相学研究领域进行商业化应用，在QEMSCAN基础上，澳大利亚昆士兰大学又自主研发了工艺矿相学参数自动定量分析系统MLA（Mineral Liberation Analyzer），类似的装备在其他发达国家也陆续问世。这些现代化装备，能使矿石的矿物组成、结构、构造、元素赋存状态、矿物粒度统计、嵌布特征、嵌镶关系、目标矿物解离性等矿相学研究内容全部在一套装置上完成，甚至在数据处理完成后系统将自动生成完整的研究报告。随着资源、环境问题的日益突出和材料科学革命，矿相学的研究领域不再局限于金属矿石及其选矿产品，选矿尾砂、冶金、化工等固体废渣的矿相学研究成果也已经开始成为无害化处理与综合利用的重要基础资料。另外在金属材料、复合材料的晶相组成、组织结构等研究方面也常借鉴矿相学的研究方法。

三、矿相学的发展趋势

毫无疑问，无论在矿床学、成矿预测学、矿产资源勘查评价方面或矿石加工工艺学、矿物学研究方面，甚至在固体废渣的资源－环境特性评价及新材料研究方面，矿相显微镜作为基本研究手段仍然不失其应有地位与作用，但其精密度、观测功能、观测精度、清晰度、操作便利性及自动化程度的提高与改进依然需要人们不懈的努力。多功能集成化自动化研究装备作为辅助手段将在矿相学研究中广泛应用，越来越发挥其强大功能，而经济性和轻便化也是其努力改进的方向。

随着矿产资源需求量的增长和成矿理论的创新及找矿技术方法的进步对矿相学的要求也在提高，难度增大，任务更艰巨。反映在以下3个方面：①新成矿带、新类型矿床（包括非传统矿床）逐渐被发现和勘探开发，在获取矿石形成过程和矿床成因信息方面的需求；②随着矿产资源需求量增长和矿石加工工艺的进步，难处理的复杂矿物资源越来越多，作为矿相学的传统研究任务，矿石加工工艺性质研究要求越来越高。③随着资源－环境问题的日益突出和材料革命的不断推进，矿相学研究向固体废渣及新材料研究应用拓展深化并发挥越来越重要的作用，无疑也是必然趋势。总体来看，将矿相学研究与现代成矿理论、成矿实验研究以及各种现代选冶方法相结合，与固体废渣综合利用和环境治理的理论及方法相结合，与新材料理论及研制相结合，是未来矿相学研究的发展方向，测试仪器精密化、集成化、轻便化、自动化是未来矿相学研究手段的发展方向，将量子化学、固体物理学最新研究成果引进矿相学领域是矿相学理论创新的不可忽视的发展趋势。矿相学作为成长中的年轻学科，必然要为地质找矿、矿石加工工艺、固体废渣处置以及新材料研制等方面作出更大的贡献。

第二章　吸收性晶体的基本光学原理

第一节　光的偏振

可见光波是一种电磁波，是原子、离子或分子的外层电子受到能量（如热量、光波照射等）刺激后，跃迁至较高的能态，随即又跃迁回低态或基态的过程中释放出能量而发出的光，其光波矢量的振动方向垂直于光的传播方向，属于横波。

每个光波都有它自己的振动面（即振动方向与传播方向所构成的平面），根据光波振动方向的特点，光波可分为自然光[图 2－1(a)]和偏振光（或称偏光）[图 2－1(b)]。

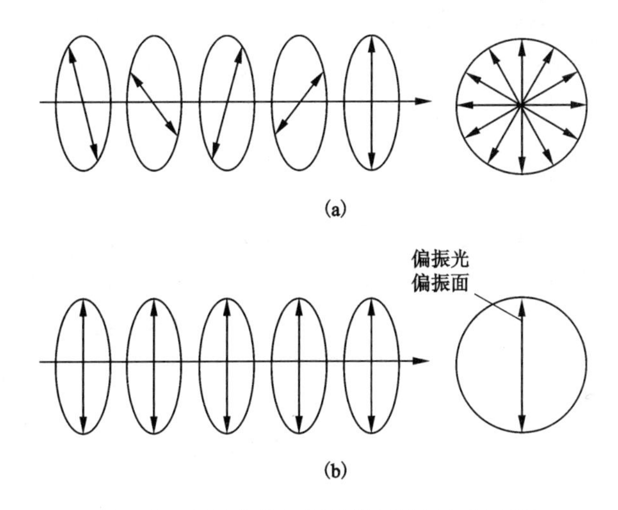

图 2－1　光波传播与振动的侧视图与正视图

(a)自然光；(b)偏振光

一、自然光

通常，由光源直接发出的光，如日光、烛光、灯光等，都是自然光。一般来说，光源发出的光波，其光波矢量的振动在垂直于光的传播方向上作无规则取向，但从统计学的角度来说，在空间所有可能的方向上，光波矢量的分布可看作是机会均等的。因此，自然光可以看作是由无数个振动方向各异的光波复合而成的，即在垂直自然光传播方向的平面内，各个方向上都有相等振幅的光波振动。

二、偏振光

偏振光是指光矢量的振动方向不变，或具有某种规则地变化的光波。自然光经过一定的作用（如反射、折射、双折射或选择吸收等）后，可以转变为只在某一固定方向上振动的光波，其转变过程称为光的偏振化。如自然光发生双折射后分解成为振动方向相互垂直的两种偏光，或自然光通过偏光片后变成单偏光。

根据偏振光的性质，主要依据光波电矢量末端在光的传播过程中形成的轨迹，其又可分为平面偏振光、圆偏振光和椭圆偏振光、部分偏振光几种。

1. 平面偏振光

在光的传播过程中，光波电矢量的振动方向只局限在一确定的平面内，这种光称为平面偏振光。由于电矢量末端轨迹在传播过程中为一直线，即光矢量只沿着一个确定的方向振动，其大小、方向不变，故又称线偏振光或直线偏振光。在矿相学研究中，主要使用的平面偏振光是通过装置的偏光镜获得的。

2. 圆偏振光和椭圆偏振光

圆偏振光和椭圆偏振光在垂直其传播方向的平面上，其电矢量末端轨迹的投影呈一椭圆和圆，故称椭圆偏振光和圆偏振光。它们是由 2 个互相垂直的、同光路、同频率、具有一定相差(除 0，π，2π，…以外)的直线偏光所合成的结果。在椭圆偏振光中，光矢量不断旋转，其大小、方向随时间有规律地变化，如果迎着光线方向看，只要电矢量是顺时针旋转的就称右旋椭圆偏振光，逆时针旋转的则称左旋椭圆偏振光。圆偏振光是椭圆偏振光的特殊情形，其光矢量不断旋转，其大小不变，但方向随时间有规律地变化。圆偏振光在偏振形式上看好像与自然光是一样的，但是圆偏振光的偏振方向是按一定规律变化的，而自然光的偏振方向变化是随机的，没有规律的。

3. 部分偏振光

在垂直于光传播方向的平面上，含有各种振动方向的光矢量，但光振动在某一方向更显著，即在光波的传播过程中，电矢量的振动只是在某一确定的方向上占有相对优势，这种光称为部分偏振光。不难看出，自然光和部分偏振光实际上是由许多振动方向不同的线偏振光组成，且部分偏振光是自然光和其他偏振光叠加的结果。

第二节　光的折射与反射

无论光是自然光还是偏振光，当它从一种介质(入射介质)传到另一种介质(折射介质)时，在这两种不同密度或不同折射率的介质的分界面上将会产生折射和反射现象(图 2-2)。折射光将从一种介质传播到另一种介质中，而反射光将按照反射定律反射回原介质中。

当入射介质与折射介质的密度确定，光线在这两种介质中的传播速度是固定的。此时，若发生折射现象，则任意入射角的正弦值与相应折射角的正弦值之比为常数，这就是折射定律[亦称为斯涅耳定律(Snell's Law)]，该定律可以根据惠更斯波前原理证明。

在图 2-3 中，AB 代表入射介质与折射介质之间的分界面(垂直纸面)，界面的垂线为法线。当一束平行的入射光($I_1 \sim I_4$)以入射角 i 射向界面时，它们以折射角 r 进入折射介质而成为一束平行的折射光($R_1 \sim R_4$)。设 V_i 代表光线在入射介质中的传播速度，V_r 代表光线在折射介质中的传播速度。根据惠更斯波前传播理论，在 t_1 瞬间，这束平行的入射光($I_1 \sim I_4$)同时到达波前 ab 面；至 t_2 瞬间，这束平行的折射光($R_1 \sim R_4$)同时到达新波前 cd 面(波前 ab 面和 cd 面总是垂直光线传播方向)，则：

$$\sin i=\frac{bd}{ad}=\frac{(t_2-t_1)\times V_i}{ad} \tag{2-1}$$

$$\sin r=\frac{ac}{ad}=\frac{(t_2-t_1)\times V_r}{ad} \tag{2-2}$$

上述两式相除，即可得到折射定律：

$$\frac{\sin i}{\sin r}=\frac{V_i}{V_r} \tag{2-3}$$

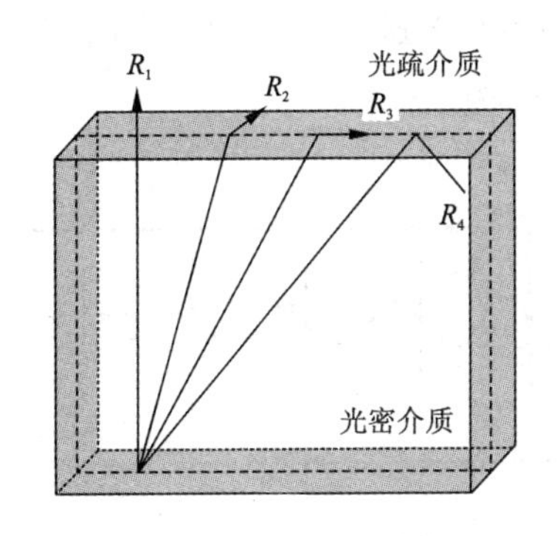

图2-2　光线在两种介质的分界面处的折射(R_1、R_2、R_3)与全反射(R_4)现象

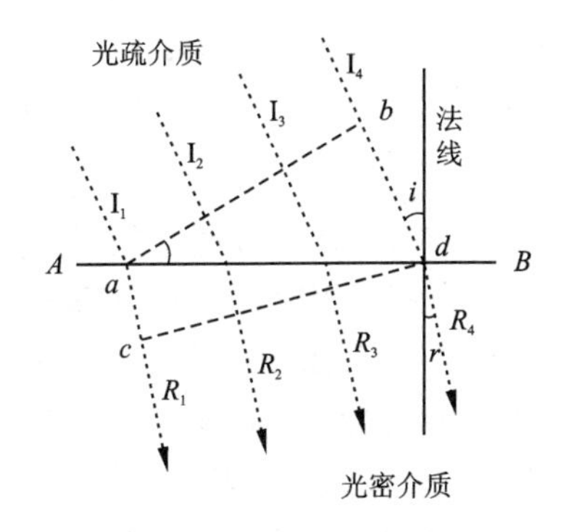

图2-3　一束平行光由光疏介质射向光密介质的折射现象

当入射介质与折射介质的密度不同时，$V_i \neq V_r$，故 $i \neq r$，这意味着光线产生了折射，且两者的密度差别越大，折射光偏离原来入射光方向的程度越大。

当入射介质的密度大于折射介质的密度时，$V_i < V_r$，故 $i < r$，随着入射角逐渐加大，折射角必将不断加大，并可达到90°，即相应的折射光线沿界面方向传播(图2-2中的 R_3)，如果入射角继续加大，光线将按照反射定律(入射角=反射角)在界面处返回原入射介质(图2-2中的 R_4)，该现象称为全反射。

值得注意的是，当提及光波的传播方向时，指的是其位相的传播方向，它不随传播介质的改变而改变。简而言之，在折射(或反射)前，光线与光波的传播方向是一致的；而在折射(或反射)后，两者的传播方向是不同的。

第三节　吸收性晶体的复数光学指示体

一、吸收性晶体的基本概念

光波射入矿物后能够自由通过，或者在厚度不大(几百至千分之一毫米)时透过的光，其光的强度减弱不明显者称为透明矿物。自然界中绝对透明的矿物是不存在的，一般都具有或多或少的吸收性。只要有一定的厚度，光透过后其强度总有一定的损失。当矿物磨成厚约几十分之一毫米，如岩石薄片一般磨成0.03 mm±的厚度时，在自然光下不透明者称为不透明矿物。矿物的不透明现象是由其具有较强的吸收性所引起的，因而不透明矿物又可称为吸收性矿物。透明程度和吸收性介于透明矿物和不透明矿物之间者，称为半透明矿物。

由上所述可知，物质对光的吸收具有普遍性，这种普遍性的吸收又叫一般吸收，另一方面，又具有选择性吸收。如石英对可见光的吸收属一般吸收，即在此波段内吸收很少，且几乎不随波长的变化而改变，但其对3.5μm～5.0μm的红外光却强烈地选择性吸收，且随波长的变化有急剧的改变。任何一种物质(介质)对光的吸收，均具有一般吸收和选择性吸收这两种性质。

光波通过不透明矿物时，由于强烈的吸收作用，致使振幅急剧地变小以至于为零。如图2－4所示，I为入射光强度，R为反射光强度，图中上半部分表示光波进入矿物后振幅逐渐减衰的情况，下半部分表示光波进入矿物不同深度后的不同光强。透过矿物x距离后的光强I_x与刚进入矿物时(x为零)的光强I_0($I_0=I-R$)的关系为：

$$I_x = I_0 \cdot e^{-\frac{4\pi}{\lambda_0}Kx} \quad (2-4)$$

式中，e为自然对数的底，数值为2.71828…，π系圆周率，为3.1415…，λ_0为光在真空中的波长，K为矿物吸收能力强弱的常数——吸收系数，其物理含义为当光波进入矿物其距离$x=\lambda_0$时，其光强减弱至原来光强的$1/e^{4\pi K}$，即K越大，光波衰减越强，降低得越多。当太阳光或普通灯光进入矿物数百分之一至千分之一毫米的厚度即衰减到这种矿物薄片不透光时，这种矿物就称为不透明矿物或强吸收性矿物(吸收系数K值大于0.73)。因此，不透明矿物就不能像造岩透明矿物(K值小于0.025)那样磨制成厚0.03 mm±的岩石薄片在透射光(偏光显微镜)下观察，而只能磨制成光片在反射光(反光显微镜)下观察研究。

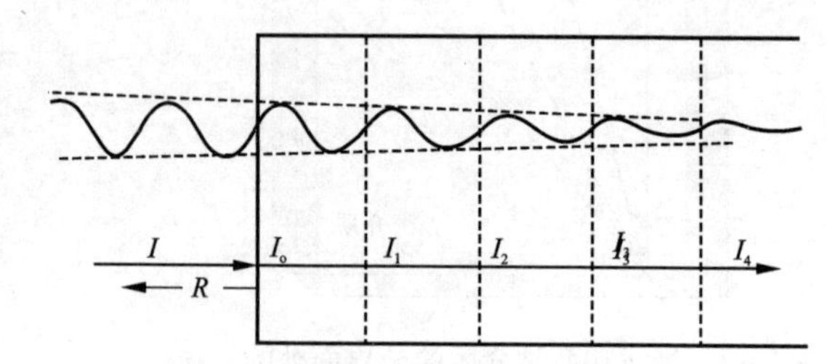

图2－4　矿物对光波的吸收示意图

(据F. A. Jenkins和H. E. White)

据测定，不透明矿物的吸收系数K值一般在5～0.73之间(纯金属矿物的K值一般在5～1.5之间)，半透明矿物的K值介于0.73～0.025之间，透明矿物的K值一般小于0.025。

吸收性晶体由于吸收系数K的存在，其折射率是复数，称为复折射率N'，其形式为：

$$N' = N - iK \quad (2-5)$$

式中，N为折射率(表示光波在矿物中的传播速度)，K为吸收系数(表示光波在矿物中衰减)，i为虚数($i=\sqrt{-1}$)。

二、复数光学指示体

透明矿物的光学指示体为光率体，由折射率值一项构成的一种空间图形，其空间几何形态(如切面为圆、椭圆等光学指示面)可以用数学上的二次方程式来表达，这种光学指示面可称为二级面。对于吸收性晶体，也可类似光率体那样，作出光学指示体来表示吸收性晶体的主振动方向、主折射率与主吸收系数等。由于吸收性晶体的复折射率$N'=N-iK$是一复数，故作出的光学指示体叫复数光学指示体。如图2－4所示，光强为I的光波除透入矿物内部的I_n(I_1，I_2，I_3，I_4，…)之外，还有一部分(R)被反射出来，反射部分和入射光的比值为反射率R。由于不透明矿物只能在反射光下研究，故矿物的反射率具有决定性的意义。而不透明矿物的反射率只取决于吸收系数K和折射率N，这种复数指示体以R、K、N三项构成，由于有一虚数 i 的存在，对于非均质矿物(除特殊方向外)很难用几何图形加以表示，需要用数学上的高次方程式才能表达。

吸收性晶体的复数光学指示体主要由代表折射率 N 和吸收系数 K 的两个立体壳层所组成，除将 N、K 壳层表示出来外，还可绘出由它们所决定、并与之类似的反射率 R 的壳层。

按晶体的对称程度，吸收性晶体复数光学指示体可分为高级晶(等轴晶)、中级晶(一轴晶)和低级晶(包括斜方晶，单斜晶、三斜晶)等类(图 2-5)。

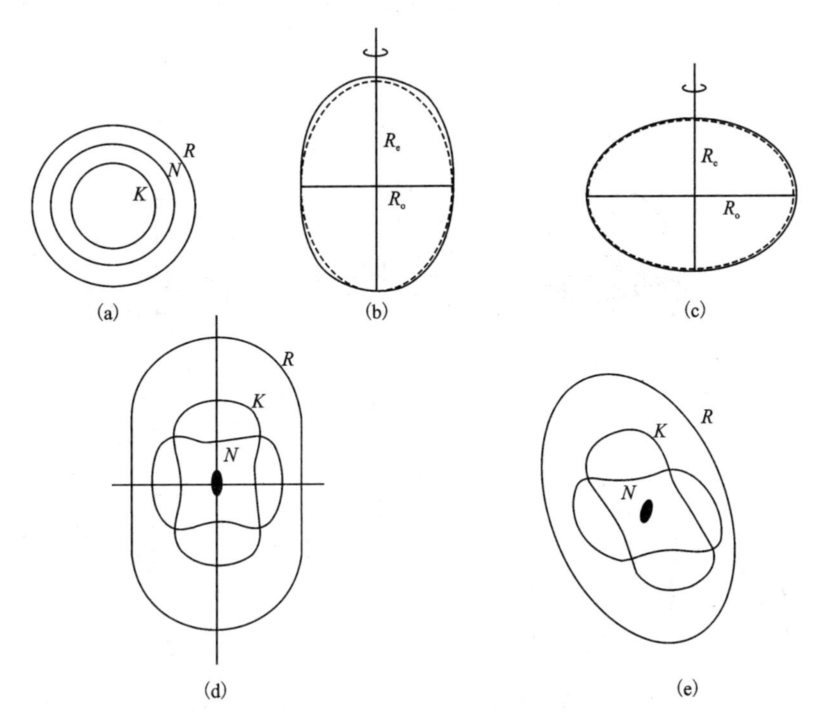

图 2-5　不透明矿物的光学指示面(据 R. Galopin 和 N. F. Henry，1972)

图 2-5(a)所示为等轴晶系不透明矿物复数光学指示面，R、N、K 都是圆切面。垂直一轴晶光轴的切面也是圆切面。

图 2-5(b)为一轴正晶($R_e > R_o$)和 2-5(c)为一轴负晶($R_o > R_e$)(三方、四方、六方晶系)不透明矿物的复数光学指示体平行光轴切面的光学指示面。图中虚线表示透明矿物的光学指示面，系由旋转椭球体切出来的椭圆(二级面)，实线表示不透明矿物的 R 光学指示面，系由旋转椭卵体切出来的“束腰椭圆”(二十四级面)。

图 2-5(d)为斜方晶系不透明矿物的复数光学指示体——非旋转的三轴椭卵体，这种三轴椭卵体平行两个轴、垂直一个轴的光学指示面(R、K、N)，由此图反映出 R、K、N 三个非旋转三轴椭卵体有一个共同的光学对称中心，各有三个长度不同而互相垂直的主轴，它们的方位与结晶轴重合。斜方晶系不透明矿物有三个主折射率 N_g、N_m、N_p，三个主吸收系数 K_g、K_m、K_p 和三个主反射率 R_g、R_m、R_p。

单斜晶系不透明矿物的复数光学指示体为形态不同、不完全对称的三轴非旋转椭卵体，椭卵体有三个互相垂直的主轴，只有其中一个主轴与结晶轴 b 轴重合，其他两个主轴则与结晶轴

a、c 斜交。R、N、K 三种椭卵体的另两个主轴也互不重合，但有一个共同的光学对称中心。

图 2-5(e) 表示垂直 b 轴、平行其唯一的 ac 对称面之光学指示面，说明图纸面(ac 面)为一“光学对称面”(垂直此面的反射光为平面偏振光)。三斜晶系不透明矿物的复数光学指示体更为复杂，R、K、N 三个非旋转椭卵体只有一个共同的光学对称中心，三个主轴没有一个与结晶轴重合，R、K、N 的主轴也不相重合，即任何切面也不是光学对称面，其几何图形无法准确地用数学公式表达。

综上所述，我们可以将 7 个晶系不透明矿物的 5 种复数光学指示体(图 2-5)切成 3 种类型的光性切面(图 2-6)。

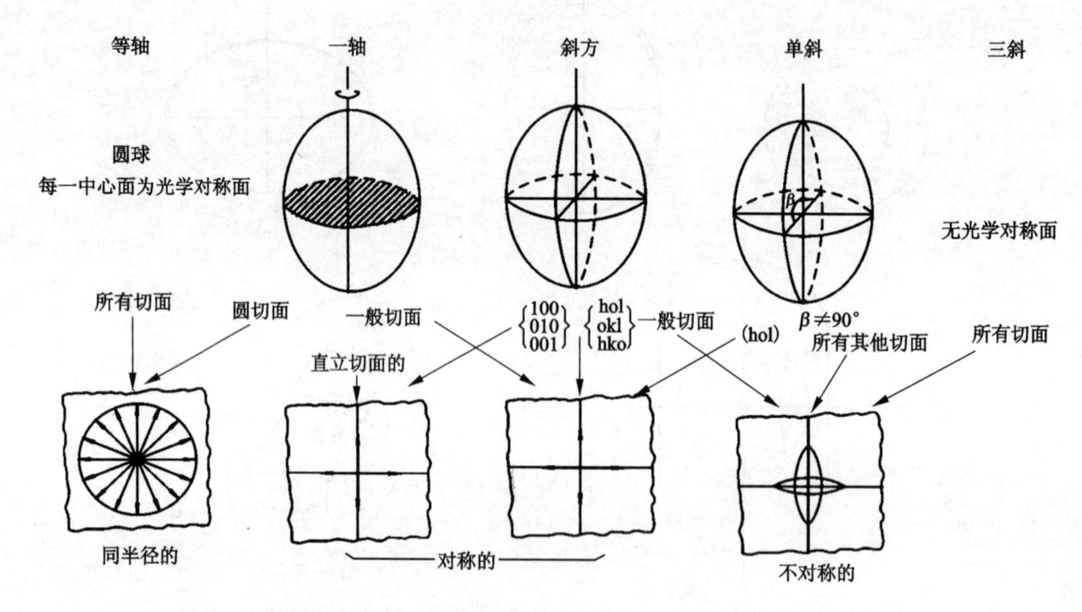

图 2-6 不透明矿物的 5 种复数光学指示体和 3 种类型的光性切面示意图

第一种为同半径的、具有无数个光学对称面(在图内为双箭头的光学对称线)的切面，为等轴晶系复数光学指示体的所有切面和垂直一轴晶光轴的圆切面。这种切面的垂直反射光为平面偏振光，而且无论怎样转动显微镜物台都出现平面偏振光。

第二种为具有光学对称面的切面，共有 2 个亚型。图 2-6 左亚型为一轴晶复数光学指示体的直立切面以及斜方晶系复数光学指示体的(100)、(010)、(001)切面，这种切面的 2 个消光位置显示平面偏振光。

图 2-6 右亚型为一轴晶复数光学指示体的一般切面、斜方晶系复数光学指示体的(hol)、(okl)、(hko)切面以及单斜晶系复数光学指示体的(hol)切面，这种切面只有一个消光位显示平面偏振光。

第三种为不具光学对称面的切面，为单斜晶系复数光学指示体除(h0l)切面外的所有其他切面以及三斜晶系复数光学指示体的所有切面，这种切面的任何消光位和其他位置都不显示平面偏振光。

第三章 矿相显微镜

第一节 矿相显微镜的结构

随着科学技术的发展，矿相学也在不断地使用一切先进手段进行矿石研究，但矿相显微镜对矿石的研究仍不失为一种基本工具，特别是在矿相学课程教学过程中，矿相显微镜仍是最基本的教学仪器。矿相显微镜又名反光显微镜、矿石显微镜或反射偏光显微镜。矿相显微镜新、旧型号众多，且多年来在矿相显微镜的研制上也做了多方面的改进，使其光学性能有了很大的提高，但是矿相显微镜的基本结构主要还是由机械系统和光学系统两大部分组成。机械系统一般由镜座、镜臂、镜筒、旋转(载)物台和调节螺旋组成，与研究岩石用的偏光显微镜完全相同；其光学系统由光源、垂直照明器、物镜和目镜组成(图3－1)，与偏光显微镜相比多了一套“垂直照明系统”。从结构上来讲，矿相显微镜是由一台偏光显微镜加一套“垂直照明系统”组成的。

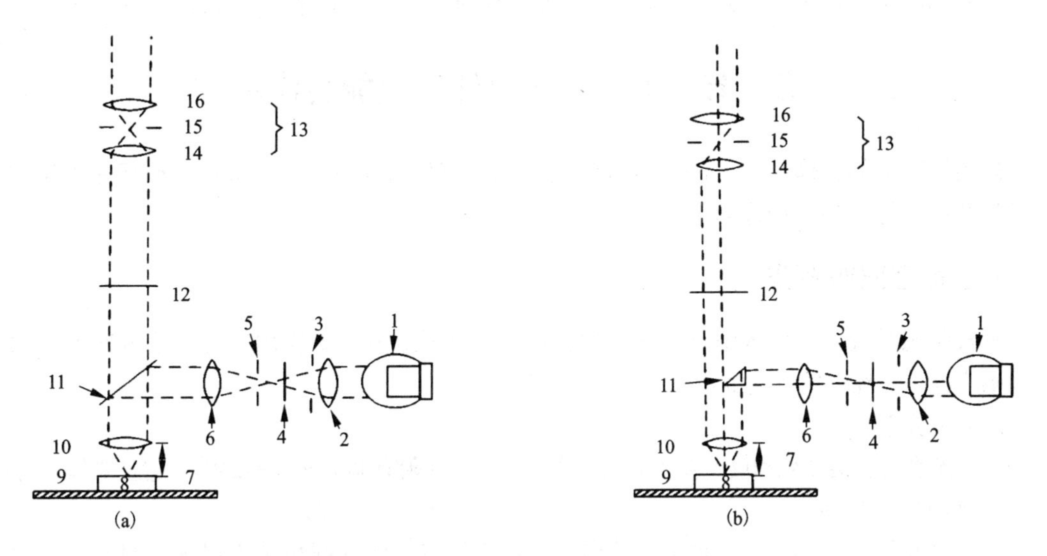

图3－1 矿相显微镜的光学系统，玻片式反射器(a)和棱镜式反射器(b)示意图

1—光源；2—聚光透镜；3—孔径光圈；4—前偏光镜；5—视域光圈；6—准焦透镜；7—物镜自由工作距离；8—光片标本；9—载物台；10—物镜；11—全视域玻片反射器(a)或半视域棱镜反射器(b)；12—上偏光镜；13—目镜；14—场透镜；15—固定光圈；16—眼透镜

矿相显微镜已作为地质、矿产、冶金等部门和高等院校相关学科的专业实验仪器之一，在科研与教学中已广泛使用透反射式矿相显微镜，如BA310EPi－POL麦克奥迪偏光显微镜(图3－2)。该显微镜系统将精锐的光学显微镜技术、先进的光电转换技术和尖端的计算机图像处理技术完美地结合在一起，可以同时采用透射光和反射光，主要对不透明矿物或半透明矿物进行镜下观察鉴定，亦可连接计算机和数码相机，在计算机显示器上能方便地观察、分析偏光图像，并对图片进行保存、编辑、输出和打印。

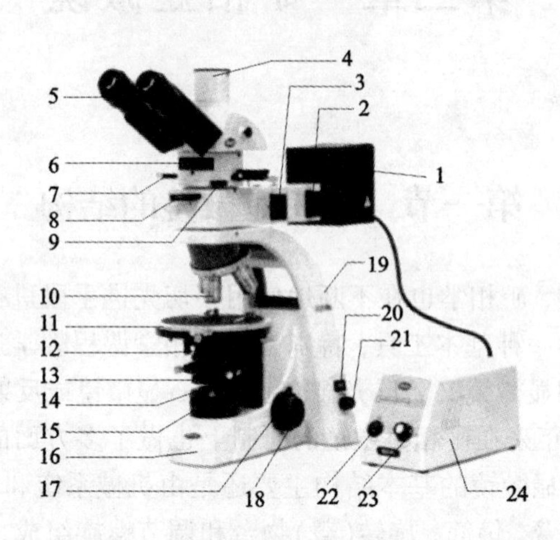

图3-2 BA310EPi-POL 麦克奥迪(透反射)偏光显微镜构造图

1—光源；2—滤光片；3—前偏光镜；4—照相机接口；5—目镜；6—勃氏镜；7—检偏器；8—上偏光镜(透射光)；9—试板孔；10—物镜；11— 圆形旋转式载物台；12—锥光镜；13—下偏光镜；14—滤光片；15—光圈；16—镜座(内置光源)；17—粗调旋钮；18—微调旋钮；19—镜臂；20—光源开关；21—亮度调节旋钮；22—稳压器电源开关；23—电流调节旋钮；24—稳压器

第二节　主要光学部件的性能与作用

矿相显微镜的镜体与一般偏光显微镜(岩石显微镜)基本相同，此节将对矿相显微镜的主要光学部件的性能与作用作简要介绍。

一、垂直照明系统

垂直照明系统主要由入射光管和反射器两部分组成，其主要作用是把水平方向的入射光转为垂直向下，经物镜入射到光片。

1. 入射光管

入射光管为连接光源和反射器起通道作用的装置，并附有调节光线的部件。它主要包括有：

1)光源聚光透镜

位于进光管最前端靠近光源处，其作用是将光源发出的光线聚焦于视域光圈上。

2)孔径光圈

位于光源透镜之后可任意开缩的虹膜式光圈，用于控制入射光束直径大小、影像反差强弱及物镜的有效孔径。尽管缩小孔径光圈可消除物镜球面像差和色差的不良影响，提高物像清晰度，但同时又使物镜有效孔径减小，分辨率降低；若孔径光圈开得过大，将会使镜筒内有害的杂乱光线(即“耀光”)增强，降低物像对比度(反差)。所以孔径光圈应调节适宜。

3)前偏光镜

多用偏振膜或冰洲石棱镜制成，其作用是使入射的自然光变为直线(平面)偏光，即为一

“起偏振器”。前偏光镜的振动力向一般采用东西方向(即左右方向)。

4)视域光圈

一般也是由活动叶片构成的虹膜式光圈，用以调节视域(视野)的大小，挡去有害杂乱反射光射入视域，便于提高所观测矿物影像的清晰程度，以利于对其精细研究。适当缩小视域光圈可减少“耀光”的影响，使物像清晰度提高。观察时，一般可将此光圈调至与视域边缘重合即可，不宜再大，以免更多的杂乱光线进入视域。

5)准焦透镜

位于视域光圈后方，通常装置一个由2、3片透镜组合而成的准焦透镜(又称校正透镜或消色差透镜)，它可前后移动，但也有固定的，其作用是使视域光圈焦距准确，从而使视域中的影像清晰。入射光管内装备的完善程度及装置方法，因矿相显微镜的型号不同而有所差异。

2. 反射器

是垂直照明系统的关键部件，它将入射光管进来的光线垂直向下反射，到达矿石光片上起照明作用(图3-1)，其最常用的有玻片式反射器[图3-1(a)、图3-3]和棱镜式反射器[图3-1(b)、图3-4]两种，另有一种是新型的史密斯反射器(图3-5)。

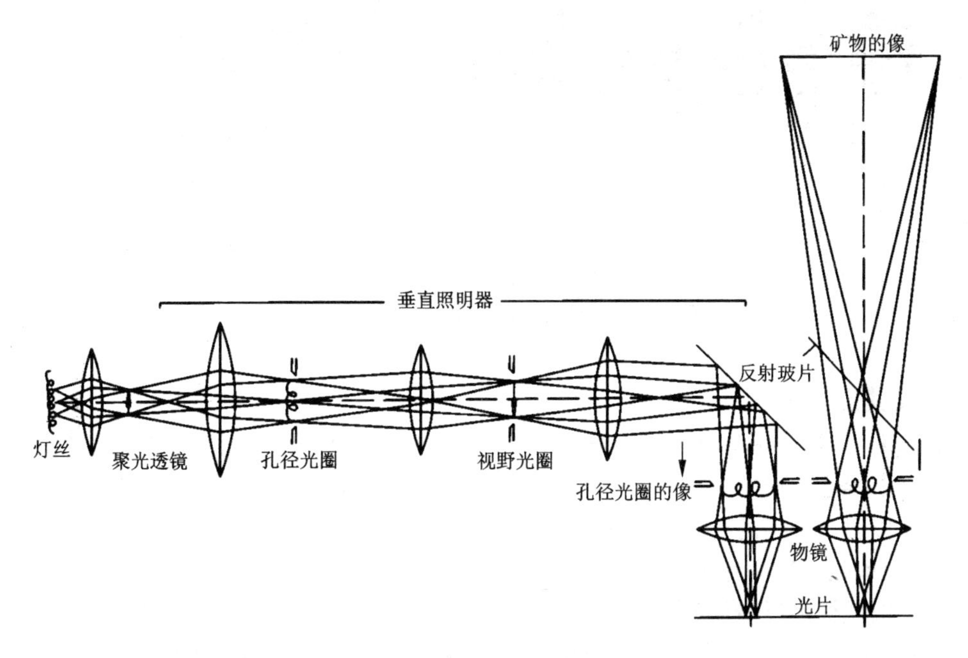

图3-3 玻片式反射器垂直照明系统光路图

1)玻片式反射器

如图3-3所示，在垂直照明系统中装置一片以45°倾斜的透明玻片。玻片的反射面通常镀有一层高折射率物质(如硫化锌或氧化铋等)透明薄膜，以提高其反射能力。同时为了增强光线透过它而向上的透射能力，又在玻璃片的上表面镀有低折射率物质(如氟化镁)的增透膜。光线经入射光管到达玻璃片上，一部分光线透过玻璃片而损失，另一部分光线被玻片以45°角反射向下通过物镜到达矿石光面；当光线经矿石光面反射向上再次到达玻璃片时，又有一部分光线被反射转向光源而损失掉，另一部分光线则透过玻璃片射至目镜焦平面处形成矿物影像。

照明光线由光源入射后经玻璃片二次反射，到达目镜的最大光强为入射光强的21%～22%（设光片的反射率为100%）。由此可知，玻片式反射器的主要缺点是反射能力弱，即入射光损耗大、视域中亮度低。但也有其优点：(1)光线可以通过物镜的全孔径，故分辨能力较高；(2)视野中亮度均匀，观测偏光图时必须用它，且显微摄影时用它可拍出亮度均匀的照片；(3)能获得较为垂直的光线，反射率测定时也要使用它。

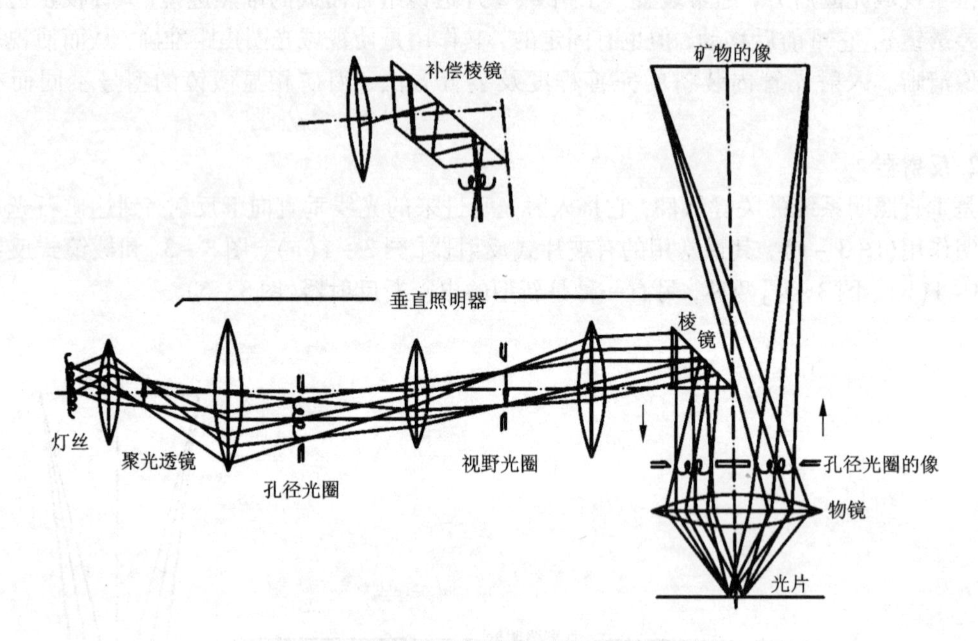

图3－4　棱镜式反射器垂直照明系统光路图

2)棱镜式反射器

如图3－4所示，用一直角三角形全反射棱镜(斜面上镀有一层水银)可使入射光全部反射垂直向下，由于棱镜的大小不超过镜筒内径的一半，必须留出一半空间作为反射光线向上的通路，所以射向目镜的光强最大不超过50%，但其视域亮度仍是玻片式反射器的数倍。棱镜反射器有两种：(1)采用普通直角三棱镜的旧式棱镜反射器，当入射的直线偏光光束不完全平行时，旧式棱镜反射后会使视野边缘的部分反射光变为椭圆偏光而产生观察测量误差。(2)采用Berek设计的三次全反射补偿棱镜(图3－4上方的小图)的新式棱镜反射器，它可以消除旧式棱镜反射器的这种缺点。其结构大致与普通三棱镜相似，其玻璃的折射率必须是$N=\sqrt{3}=1.73$，这样全反射一次所造成的周相差为60°，在顶角方位又切出一平面与斜面平行，它使入射光经三次全反射后总的周相差为180°，仍是直线偏光，也就是将椭圆偏光基本上恢复成了直线偏光。

不难看出，棱镜式反射器具有如下优缺点：(1)光线损耗比玻片式的少，视域较明亮；(2)有害的杂乱反射光也少；(3)入射光是略微倾斜地照射在矿物光片上，视域中反差鲜明，影像显得清晰；(4)射向目镜的光线不够均匀，视域中略有半明半暗的现象(用中、低倍物镜时，此缺陷则不明显）；(5)棱镜挡住物镜一半孔径，只能看到半个偏光图，不适合观测偏光图像。

综上所述，玻片式和棱镜式反射器各有其优、缺点。玻片式反射器宜作高倍镜观察、摄像及聚敛光偏光图像研究；棱镜式反射器则宜作中、低倍镜观察。部分矿相显微镜垂直照明系统中只有一种反射器（玻片式或棱镜式），新型矿相显微镜则两者皆有，可根据需要选用。

3）史密斯反射器

如图3－5所示，史密斯（Smith）反射器为二次反射结构，即由反射镜M和反射玻璃片G两部分组成。入射光经反射镜M反射到镀膜的玻璃片G上，被G再反射垂直向下射入物镜至光片S上。由光源I射至反射镜M的光线的入射角α为22.5°，反射镜至玻璃片上的入射角也是22.5°。M由玻璃片镀铝制成，G的折射率为1.52，在其下表面镀$N=2.45$的氧化铋（Bi_2O_3）膜，以增强反射率；其上表面则镀$N=1.38$的氟化镁（MgF_2）膜以减少内反射而增强透射。

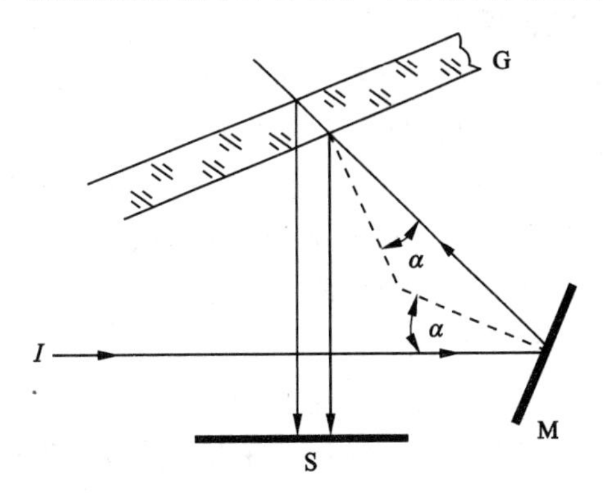

图3－5　史密斯反射器

该反射器除具有玻片式反射器的优点外，由于其垂直入射面和平行入射面的偏光的透射和反射光强差别小，所以可大大减少玻璃片的反射和透射旋转。

二、物镜

显微镜的主要功能是将一般肉眼无法看见的细小物体进行放大，起放大作用的主要部件就是物镜。矿相显微镜的物镜必须完全消除应变，否则会由于玻璃各部分应交不均而导致折光率不均，从而在正交偏光下会因玻璃折光率不均而产生干涉条纹，影响像质。一般岩石或矿石显微镜中的物镜均消除了应变，并标有符号“P”或“POL”，以区别于未消除应变的其他物镜。现在常用的矿相显微镜一般都是透、反光两用的（薄片、光片均能观察），所以通常配有两套物镜，且要求各倍率物镜的数值孔径较大而像差最小，以使物镜达到最佳观察效果。

物镜是由多片形状不一的透镜组成的光学放大系统，其作用是使微小物体形成一个放大实像，人的肉眼通过目镜来观察这个实像。每个物镜都具有放大能力和分辨本领（分辨率）两种基本特性。物镜按放大倍数可分为低倍镜（放大数倍10倍以下）、中倍镜（放大10至20倍左右）、高倍镜（放大20倍以上）。

1. 物镜的分辨率

分辨能力是指识别、分辨物像细微结构的能力，通常以分辨率L来表示。分辨率是指物镜能分开两个点（或两条平行线）之间的最短距离。如用某物镜观察时，能够把距离为0.4 μm的两个点分开，而不能将0.3 μm间距的两点分开，故0.4 μm就是此物镜的分辨率（分辨限度）。

物镜的分辨率除与物镜的各种像差有关外，主要取决于物镜的“数值孔径$N\cdot A$”。而$N\cdot A=N\sin\alpha$，α为物镜前透镜与光片上焦点间的光锥角，即孔径角的一半（图3－6）。

通常分辨率L的大小用如下数学表达式来表示：

$$L=0.61\cdot\frac{\lambda}{N\cdot\sin\alpha}=0.61\cdot\frac{\lambda}{A\cdot N} \tag{3-1}$$

式中：N 为物镜和光片间观察介质（空气、油、水等）的折射率；λ 为观察时所用光波的波长。

从（3－1）公式可知，物镜的数值孔径 $N\cdot A$ 越大，分辨率越小，即分辨细微结构能力越强；入射光波的波长越短，分辨率 L 也越小。因此要提高物镜分辨能力（使 L 变小时）主要方法是使数值孔径 $N\cdot A$ 增大。实际上高倍物镜的最大孔角为 144°，即 α 为 72°，也就是说数值孔径最大值实际上不超过 1.40。在物镜上一般都刻有数值孔径的数值（0.05～1.4）。若要观察极细微的现象，可选择高数值孔径的油浸物镜。必须指出的是，反光用物镜还存在透镜界面的“耀光”，这种“耀光”也影响分辨率，故物镜的分辨率不能只以数值孔径为唯一标准。此外，并非物体放得越大细微结构就越清晰，若不增大分辨能力，只增大放大倍数，其结果会使影像模糊不清，是无用的“空放大”。因此，显微镜的性能主要决定于分辨能力（分辨率），而不是以单纯的放大能力为准。

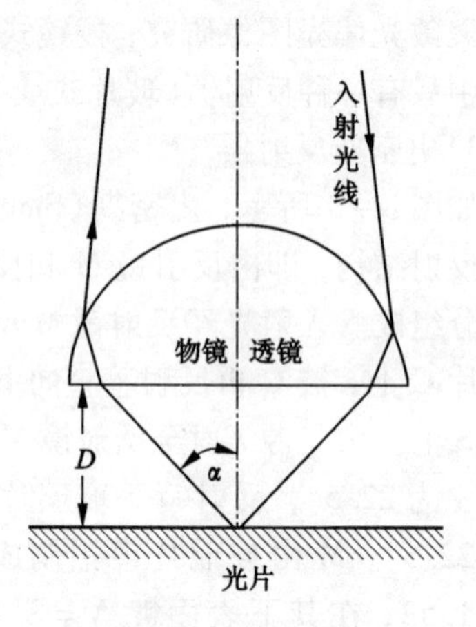

图 3－6　物镜光锥角 α 与孔角（孔径角）2α

物镜上一般都刻有放大倍数和数值孔径。放大倍数有的用数字和符号“×”表示，如10×即 10 倍，通常都省去“×”号仅刻上数字；也有不刻放大倍数而刻焦距 f 或 mm，如 f5.2 表示焦距为 5.2 mm；数值孔径通常用“$N\cdot A$”表示，而在物镜外壳上一般直接刻写数字，如“10/0.20”表示放大 10 倍，数值孔径 0.20。

2. 透镜的像差及其校正

单个透镜放大成的像，一般是畸形的或带色边的，这种现象是由于透镜存在各种像差引起的。任何一个或一组透镜在成像时，由于透镜本身光学条件的缺陷而使物像发生种种异常，这些引起异常的作用统称为像差。像差一般包括球面像差、纵向色差、横向色差、彗星像差、像散、像场弯曲和畸变等，其中以球面像差和纵向色差表现较为突出，其次是彗星像差。

1）球面像差

球面像差简称球差，由图 3－7 可看出自无限远处射来的平行光束通过凸透镜后，不是聚焦于一点，而是聚焦在多个点上。图中所示 3 对光线聚焦成 3 个焦点，愈近光轴的光线折射愈小，其焦点就离透镜远一些；而透镜边缘的光线折射愈强烈，其焦点距透镜就愈近。产生此现象的原因在于透镜表面是球面，故称球面像差。由于这种成像焦点的差异，当升降镜筒使中心部分成像清楚时，则边缘部分不清晰，若使边缘清晰时，则中心部分就模糊。其校正方法是用折射率不同的光学玻璃经过计算后，制成正（凸）、负（凹）透镜组合在一起，使两种透镜所形成的球差相互抵消，以此来改正透镜的球差。实际上，这种改正并不彻底，仍还残存一些球差。

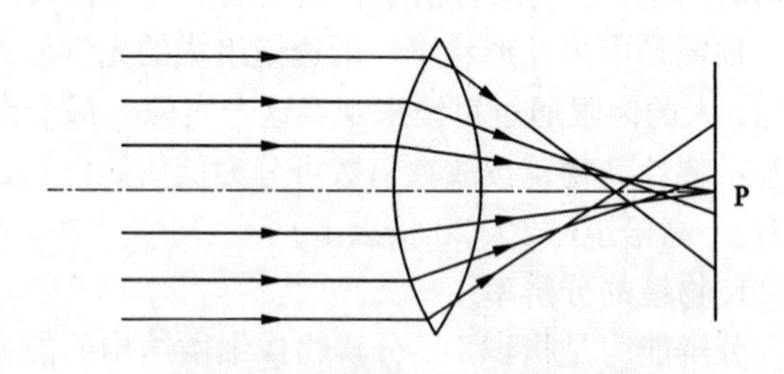

图 3－7　球面像差（P 为屏幕）

2)色像差

色像差又称色差，由于玻璃对不同波长色光有不同的折射率，白光通过透镜后不能聚焦于一点，即产生了色差。色差有纵向与横向两种，前者影响较大，纵向色差的产生如图3－8所示。由点状物体 O 射来的白光穿过透镜后，蓝光折射最强，聚焦于 a，绿光聚焦于 b，红光聚焦于 c，因此物体影像必然不清晰。

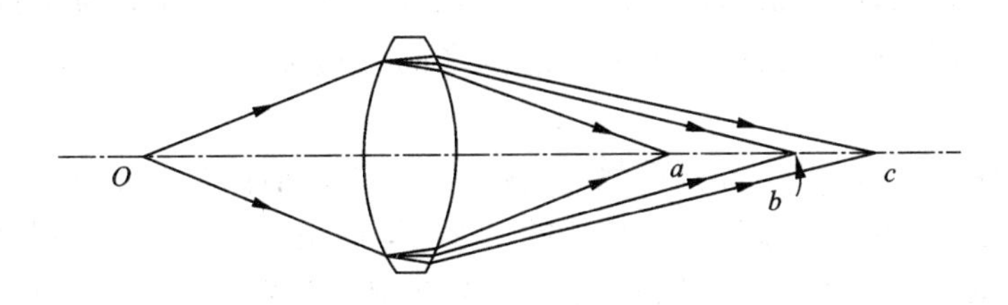

图3－8　纵向色差

a—蓝光焦点；b—绿光焦点；c—红光焦点

纵向色差会使物体影像产生虹状的彩色边缘，必须改正。一般与球差同时改正，即用折射率和平均色散系数不同的玻璃经过计算后，制成正、负透镜组合，就可以同时改正大部分球差和纵向色差。这种组合制成的物镜叫消色差物镜和复消色差物镜。

3)彗星像差

彗星像差简称彗差，与球差的产生颇为相似，轴外物点的光线通过透镜也会产生像差，尽管球差已得到校正，但此种像差仍会存在。这是由于轴外物点通过透镜不同环带的光线成像不在一点，且放大率不同所致。边缘光线所成像放大率大(像大)而暗，中央光线所成像小而亮。因为不同环带所成之像叠加一起很像彗星，故称彗星像差(图3－9)。若弥散光斑尾部比其尖端(亮点)离光轴较远，则称外彗差或负彗差，反之称内彗差。一般取中央光线所成的像与边缘光线所成的像，在垂轴方向上距离之差来度量。

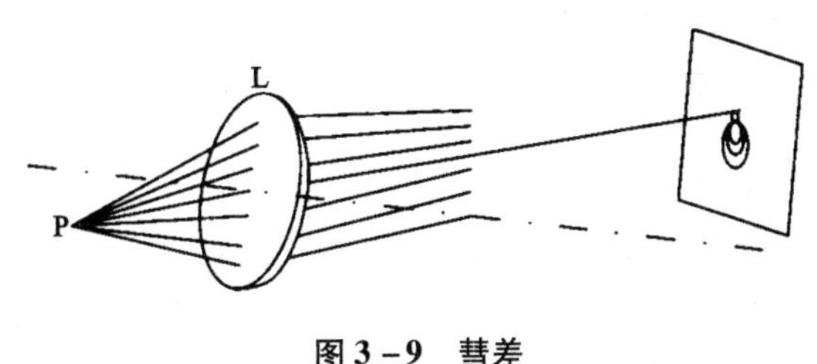

图3－9　彗差

3.物镜的种类和识别

物镜除按数值孔径和放大倍数分类外，由于用途不同，其类型繁多。现仅将矿相显微镜的物镜就其性能与用途介绍如下。

1)按所用的观察介质不同分为干燥(空气、干介质)物镜与浸没(油、水浸)物镜。干燥物镜观察介质为空气；浸没物镜最常用的是油浸物镜，介质为不易腐蚀镜头的香柏油(N＝1.515)，其标志是在物镜金属框前端有一色圈(常为黑色)并刻有“Oil”、“Oel”或“imm”等字样。油浸物镜因数值孔径 $N\cdot A$ 较干燥物镜大，故分辨能力强，且易于观测矿物的双反射、非均质性和内反射等光学性质。

2)根据像差校正程度，可将物镜分为消色差物镜、复消色差物镜、半复消色差物镜和平像物镜。

(1)消色差物镜　足够将可见光中的红光与蓝光聚焦于一点，而黄绿光则焦于另一点

（靠近红蓝光的焦点）。所以基本上校正了上述色光的色差与球差，但对其红蓝光以外的各种色光间色差未予校正，消色差物镜一般不刻有符号。

（2）复消色差物镜　基本上能把可见光谱中的所有色光聚焦于一点，同时也校正了球差和其他像差，此种物镜性能好，适用于各种倍数的观察及摄影。但它的构造复杂，是用特殊的光学玻璃或萤石配合光学玻璃制造的。其物镜外壳上刻有“APO”或“Apochromatic”等字样。

（3）半复消色差物镜　构造与消色差物镜相同，仅其中的冕牌玻璃部分或全部被光学萤石代替。它的色差校正在消色差与复消色差之间。物镜框上刻有“Fl”、“Neofluar”或“Fluorite”等字样。

上述物镜都存在像场弯曲，并且倍数越高越严重，以复消色差物镜最为严重。

（4）平像物镜　所成的影像基本上是平的，像场弯曲很小，不会产生视域中心与边缘不能同时准焦的现象，利于观察和显微摄影，大多数新型显微镜均采用平像物镜。其识别标志是在它的金属框上刻有“Planchromate（平像消色差）”、“P1anapochromate（平像复消色差）”、“Plan（平像）”、“Pl（广视野平像）”、“Npl（正常视野平像）”和“Epiplan（反射光专用平像）”等字样。

最后值得注意的是，矿相显微镜不能使用有应变的物镜，它特别不适于在正交偏光下观测矿物，标有“（P）”表示基本无应变，“POL”或“P”等字样表示无应变物镜。另外还需注意的是，在透反两用矿相显微镜中备有两套物镜（反射光及透射光专用），各有标记，不可混用，尤其是高倍物镜更是如此。

三、目镜

物镜将微小物体放大，但由于物体太细小，这种实像仍然不够大，因此需要在实像与眼睛之间再加一个放大镜将实像进一步放大，把它变成一个放大的虚像才便于观察。这个放大镜就是接目镜又称目镜。根据其构造与用途的不同可分为如下几种类型。

1. 惠更斯目镜

由两个平凸透镜组成[图3－10（a）]，凸面均朝下，上端眼透镜比下端的场透镜小。目镜之焦点在两透镜之间（焦平面上装有一金属框可置目镜微尺或十字丝），故称为负目镜。惠更斯目镜的优点足可以完全消除本身的横向色差。其放大倍数均较小，最大不超过10×。这种目镜由于对球差和纵向色差不能很好校正，且观察时人眼要紧贴目镜故很不方便，现已渐被平像目镜所取代。

2. 兰姆斯顿目镜

也由两片平凸透镜组成，凸面相对[图3－10（b）]。目镜的焦点在场透镜之下，又称正目镜。在它的焦面上安装有测微尺等，因测微尺与物像同样都是通过两个透镜放大的，基本上没有像差。但这种目镜不能全部消除横向色差，若将眼透镜用两片透镜黏合改良一下，残存色差就可以消除，故又称开尔纳目镜（无畸变目镜）。开尔纳目镜在外壳上刻有“O”、“Orth”、“Opt”等。由于平像补偿目镜的出现，该种类型目镜除较旧型显微镜可能附有外，新型显微镜已不再采用。

3. 补偿目镜

它是专门与复消色差物镜配合使用的目镜，因为复消色差物镜形成的蓝像比红像大，而补偿目镜设计红像比蓝像大，故抵消了复消色差物镜的横向色差。补偿目镜还可与萤石物镜

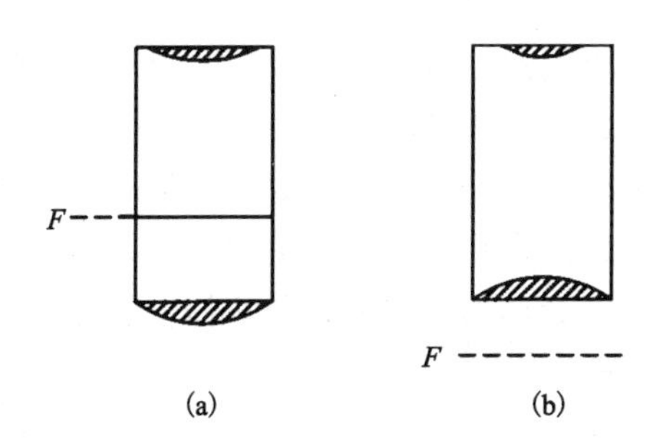

图 3－10　惠更斯目镜(a)和兰姆斯顿目镜(b)示意图

及高倍消色差物镜配合使用。若一般的低、中倍消色差物镜配补偿目镜使用，物像产生色边就不可避免，此外，像场弯曲严重是此种目镜的最大缺点。

补偿目镜倍数有 5×至 30×多种。其外壳上常刻有“C”、“K”、及“Compens”等字样。

目前新型偏光显微镜或矿相显微镜只使用平像目镜，上述几种目镜均被淘汰。

4. **平像目镜**

平像目镜也是一种补偿目镜，但已消除了像场弯曲。这种目镜仅校正了本身的像场弯曲，但不能校正物镜的像场弯曲。只有与平像物镜配合使用才能获得完全平坦的像场。平像目镜放大倍数有 8×至 25×多种；外壳上常刻有“Plan”、“Planoscopic”、“Kpl”、“GW”或“GF”等字样。

我们知道，显微镜的放大倍数是目镜、物镜及镜筒内透镜系统三者放大倍数的乘积，其实际意义在于显微镜下长度的测量。考虑到摄影相片可能放大或缩小，故测量视域直径长度具有实用价值。一般采用载物台测微尺测量法，如图 3－11 所示，载物台测微尺(物镜测微尺)为一块在 2 mm 长度内划分 200 个分格(每 1 分格为 0.01 mm)的金属刻度尺。图中表明视域直径为物台测微尺的 71 格，即为 0.71 mm；图中还表示目镜测微尺 100 格相当于物镜测微尺的 50 分格(0.5 mm)，即在该目镜、物镜组合情况下，目镜测微尺每 1 小格物像相当 5 μm 的长度。即：

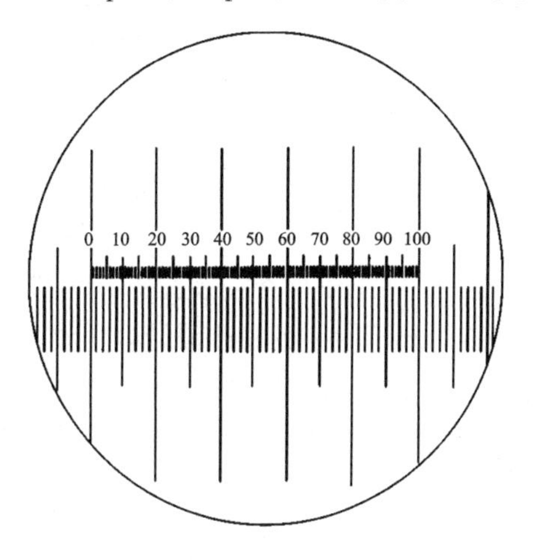

图 3－11　目镜测微尺刻度值测量示意图

$$\text{显微镜视域直径} = \text{量出视域直径占物台测微尺的格数} \times 0.01\ \text{mm}$$

$$\text{目镜测微尺刻度值} = \frac{\text{物台测微尺格数} \times 0.01\ \text{mm}}{\text{目镜测微尺格数}}$$

第三节　矿相显微镜的常见附件

矿相显微镜的附件很多，本节将简要介绍一些通用的常见附件。

1. **光源**

光源是矿相显微镜的一个重要组成部分，一般常用钨丝白炽灯和卤钨灯作为光源，部分研究用显微镜还配有汞灯、钠灯、铟灯或氙灯。

旧式矿相显微镜多配备钨丝白炽灯，电流强度为2.5 A，变压器输出电压为6 V，磨砂玻璃灯泡，钨灯丝尽量密集。钨丝白炽灯发出红橙色光较多，蓝紫色光较少，故灯光为黄光，因此必须在灯泡前加配一片深度合适的蓝色滤光片以吸收多余的红橙色光使灯光接近白色，由于钨丝白炽灯具有发光效率低、灯丝寿命短的缺点，现已基本淘汰。

新型矿相显微镜通常使用卤钨灯。它在装有钨丝的石英玻璃壳内充填一定数量的卤族元素(溴或碘)或其化合物。灯丝在燃点时，蒸发的钨沉淀在石英玻璃壳壁上，当温度高于200℃时，溴或碘的蒸气与石英玻璃壳壁上的钨结合形成溴(碘)化钨蒸气，钨又重新附着在钨丝上，这样就形成了卤钨化学循环，可大大提高钨丝温度以增高发光效率并延长灯泡寿命。目前，国内已成批生产有6V 15W、6V 30W、12V 75W、12V 100W和22V 250W的溴钨灯(图3－12)。这种灯通过一个透红外线的反光灯碗反射，可使光强很大而温度不高，是当前较好的一种光源。

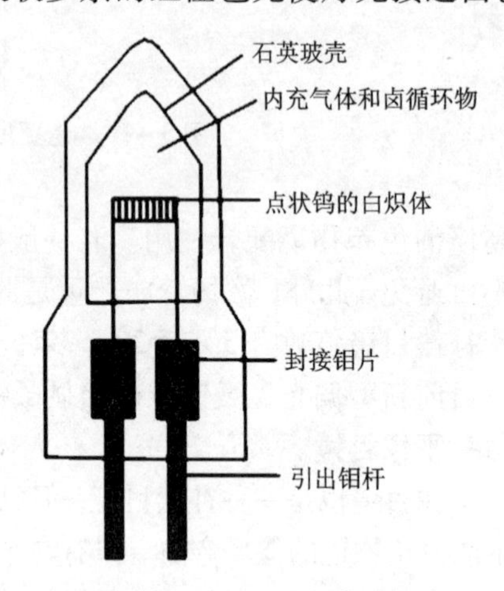

图3－12　溴钨灯泡结构简图

2. **滤光器**

滤光器是显微照相和矿物光性定量测量中不可缺少的附件。除上述光源必备蓝色玻璃滤光器外，为了一些特殊的用途(如测定矿物的反射率和非均质视旋转角A_{γ}等)，则需要单色光源。单色光源主要有单色仪和干涉滤光器两种。除单色仪外，大多采用简易方便的干涉滤光器，它是两片平行，两个内表面镀有半透明银膜或铝膜的光学玻璃片，中间夹一层厚度约为规定的透射波长的一半的透明的电介质而成。入射光线在两个内表面之间多次反射，经干涉后形成单色光透出玻璃，其特点是透射光波段范围较窄(半宽度较窄)、单色性高、孔径大、进光充足。由于一般玻璃滤光片的单色性很差，光谱组成复杂，现已基本被淘汰。

根据国际矿物协会所属的矿相学委员会(COM)规定，每一矿物至少需测定470 nm、546 nm、589 nm、650 nm等4种波长的反射率，故这4个波长的滤光器是必备的。

3. **压平器**

光片在镜下观察以前，需用软泥将其黏附于载玻片上，然后借助于压平器将其顶面与载玻片的底面压成平行，以保证置于物台上的光片表面严格水平，并与镜筒光轴垂直。

4. **穿孔目镜**

其光学系统属于对称型正目镜。在目镜的前焦平面附近有供插入双石英试板的试板孔。在目镜与试板孔之间附有顶偏光镜，并能随360°刻度的度盘一起转动，游标可读至0.1°。用这种目镜进行矿物旋转性定量测量较为精确。

5. **双石英试板(中村试板)**

它是由一个半圆形的左旋水晶和一个半圆形的右旋水晶(两者光性定向相反)，垂直C轴磨制成厚约0.3 mm±的薄片拼在一起制成。双石英试板可准确地确定消光位。其可分为两类，一类利用石英的非均质性；另一类利用石英的旋光性。使用时试板插在穿孔目镜的焦平面上，使试板分界线重叠在被测矿物影像上，将矿物分为两半，当矿物处于准确消光位时，两半边呈现同样的微弱明亮或相同颜色；矿物稍微偏离消光位，两半的亮度或颜色即显著不同。利用左、右旋石英制成的中村试板目前被广泛使用。

6. 石膏试板

石膏试板用以测定不透明矿物的相差符号和透明矿物的光性符号。

7. 高级图像分析软件

属于显微摄像系统，通过连接在矿相显微镜上的电脑或数码相机进行操作。该类型软件具有图像采集、编辑、分割、计算并可以将数据导出、对规则及不规则图形测量等功能，可设置时间间隔自动拍照。

第四节 矿相显微镜的调节、使用与维护

一、矿相显微镜的调节

不管显微镜的性能如何，在安装使用前必须仔细地检查和调节，使其各部件处于正确的使用状态，才能进行有效的观测研究。通常矿相显微镜的调节主要包括如下几部分。

1. 调节光源

目前新型显微镜的灯一般安装在镜体上，如安装在垂直照明器的前端或灯室中，调整方法是转动灯室或灯头的螺旋，使光源点与进光管在同一水平线上，直至视野中亮度均匀、亮度最大为止。

2. 反射器的调节

缩小视域光圈后，可在视域内见一小圆亮点，转动反射器的横轴，使小圆亮点中心移至十字丝中心，并被十字丝对称平分，即表示反射器的位置及倾角(45°)已调正。但须指出的是一些新型的显微镜中，反射器固定在横轴上，已处于正确位置，不能自行调整。

3. 调节孔径光圈和视域光圈

取下目镜或推入勃氏镜，在物镜后透镜上可看到孔径光圈的像，若此像不在正中心，则应调节孔径光圈校正螺丝进行校正。由于孔径光圈直径大小与物镜分辨率和像质关系极为密切，所以其大小在使用时应随物镜放大倍数变化而变化。一般在用低倍镜时，应使它在物镜后透镜上的像为物镜框的2/3，中倍镜则为1/2，高倍镜应为1/3。实践表明，若使孔径光圈大小超越这一界限而开得太大，则分辨能力会因耀光增强而明显降低；若进行显微照相或粒度测量，还要在以上数字基础上再适当缩小，以利于加大景深，减少因光片表面不平而引起的误差。

装上目镜，缩小视域光圈并调至十字丝中心。若视域光圈在光片表面所成的像不在十字丝中心，则应调节视域光圈的校正螺丝进行校正；若光圈界线模糊不清或带有红、蓝等颜色，则应转动视域透镜至视域界线清晰和无色边为止。重新开大光圈至视域周边，不可再大。

4. 偏光镜零位的准确校正

偏光镜的振动方向应与反射器对称面严格垂直(或平行)，否则会使来自前偏光镜的东西向(或南北向)直线偏光，经反射器后会发生反射旋转和折(透)射旋转，从而影响矿物光学性

质的定量测定。对偏光镜的校正根据显微镜的型号、结构不同而不同。以能拉出或推进的玻片反射器为例，其校正步骤如下：

1）先取下物镜，推出镜筒中的上偏光镜，装上带有双石英试板的穿孔目镜，用强光自物台下照明，把下偏光镜取下呈大致东西向置于载物台上，并把玻片反射器拉出让开镜筒中的光路，转动上偏光镜直至双石英试板两半暗度一致，说明物台上的起偏镜与穿孔目镜中的上偏光镜严格正交；

2）推入玻片反射器，若双石英试板两半暗度有差异，说明下偏光镜的振动方向与反射器对称面未严格垂直，发生了透射旋转，以致通过玻片反射器的光线不再与上偏光镜正交；

3）拉出反射器，用上述方法向同一方向转动物台一个小角度，仍使其绝对正交，再推入反射器，若双石英试板两半暗度差异更大，说明物台转动方向不对，应向相反的方向转动；

4）每次转动1°的十分之几，直至拉出或推入反射器使双石英试板两半暗度一致，记下上偏光镜的刻度；

5）装上物镜，将安装好（压平）的均质矿物光片置于物台上，利用垂直照明器进行反射光观察，转动前偏光镜，直至双石英试板两半的暗度完全相等，说明此时前偏光镜的偏光面方向与上偏光镜的偏光面方向严格正交，记下上偏光镜和前偏光镜的零位刻度以供使用。

若无穿孔目镜（具上偏光镜和双石英试板）或望远目镜（附双石英试板）等附件，也可用偏光图法来求得偏光镜的零位，使用高倍物镜，转动偏光镜，使均质矿物的聚敛偏光图呈平行目镜十字丝的端正完美的黑十字，偏光镜的此位置即为零位，记下零位刻度备用。

5. 校正中心

在显微镜的机械系统中，载物台的旋转轴、镜筒中轴、物镜中轴和目镜中轴四者应该严格地在一条直线上，只有这样，旋转载物台时视域中心的物像不动，其余的物像才会围绕视域中心作圆周运动，物像不会因载物台的旋转而转出视域之外。若四者不在一条直线上（即中心不正），旋转载物台时视域中有的物像可能转出视域之外，这对矿物光学性质的鉴定将有很大的影响，甚至根本不能鉴定。因此，必须进行四者的中心校正，校正中心的步骤如下（图3-13中A、B、C、D、E、F）：

1）A：将物镜正确安装、准焦后，在光片中选一小点物像a，移至十字丝交点上。

2）B：旋转载物台一周360°，找出物像a旋转的中心位置o。

3）C：旋转载物台180°，估计中心位置o与十字丝交点的间距。

4）D：扭动校正螺丝，调整物像a偏离中心o的位置，即物像a移至偏心圆的中心o点位置。

5）E：移动光片，将物像a移至十字丝交点上。

6）F：旋转载物台一周360°，十字丝中心的物像a不再作圆周运动，则中心已校好。若物像a还离开十字丝中心，则中心未完全校好，必须重复上述步骤，直至完全校好。

若偏心很大，旋转载物台时物像a由十字丝交点移至视域之外，可根据物像a移动的情况，估计偏心圆中心o点在视域外的位置及偏心圆的半径长短，扭动校正螺丝，物像a移至偏心圆的中心o点位置（可向偏心圆中心o点相反方向移动相当于偏心圆半径长的距离）。然后移动光片使物像a点回到十字丝中心处，这时旋转载物台，物像a可能在视域内移动，此时，可再按上述偏心调整小点物像a的方法继续校正。

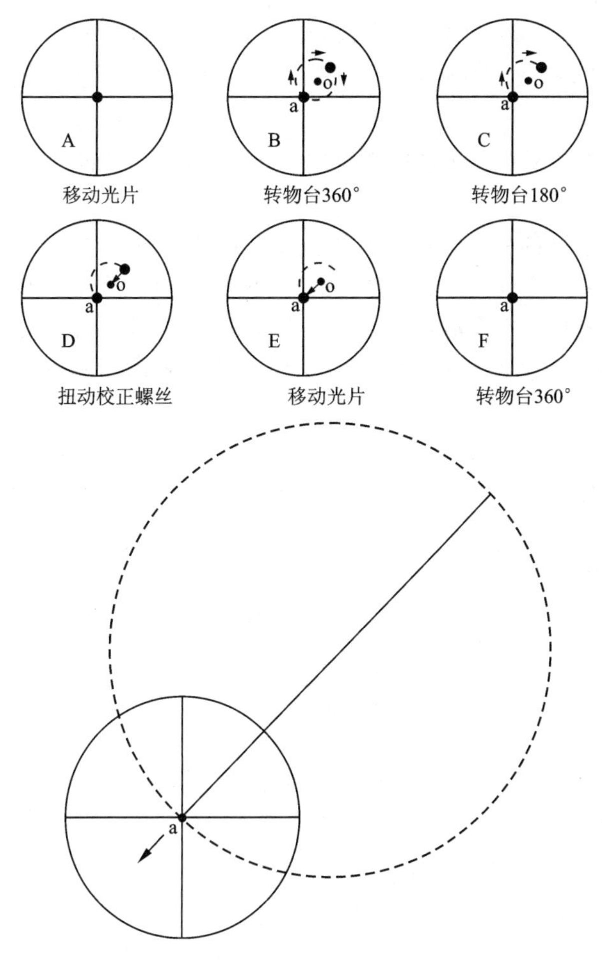

图3－13　中心校正过程

6. 偏光镜振动方向的检验

检验偏光镜振动方向一般是将石墨或辉钼矿的光片置于载物台上，在单偏光镜（即仅用前偏光镜或上偏光镜，如推出上偏光镜）下转动物台，使矿物晶体的延长方向（高反射率方向）处于最亮位置时，其延长方向即为前偏光镜振动方向。若此时矿物的延长方向恰好平行十字丝呈东西向，则说明前偏光镜也为东西向；若情况并非如此，则需先使矿物延长方向平行十字丝东西方向后，再转动前偏光镜至矿物最亮时，此时前偏光镜即处于东西向。

二、矿相显微镜使用的一般程序

矿相显微镜必须经过以上调节完成后，才能够用来对矿石光片进行观察研究。正确使用的一般程序如下。

1. 安装垂直照明器

有的垂直照明器已固定在镜筒上，只需调整照明。可装卸的垂直照明器需要安装在镜筒既定的位置上。

2. 安装物镜和目镜

因显微镜的型号不同，物镜的装法也各异。有的显微镜物镜要顺着接头沟槽横插，有的是拧上弹簧夹安装的，现在一般多是以物镜螺纹拧在镜筒的物镜接头器上或物镜旋转盘上。

3. 开启照明灯

直接打开照明器连在稳压器上的电源开关即可，注意调节到合适的电压和亮度。

4. 安装矿石光片

将矿石光片置于载物台上，提升或下降镜筒或载物台使之准焦即可对光片进行观察测量。但光片置于载物台上之前，要求将光片的光面固定为水平位置。固定的方法一般是以适量的胶泥用压平器将光片压平在载物片上。对于质松或欲长期保存的光片，可放在金属框中用火漆或石膏浇铸起来，也可压铸于塑料中，但光片的光面与铸物的底面必须严格保持水平，以便作镜下观察。

值得一提的是，光片的磨光面长期暴露在空气中，易受氧化、沾污灰尘，因此在每次观察之前，必须在呢绒布擦板上用抛光粉(膏)擦拭干净，必要时重新抛光。

三、显微镜的保管与维护

矿相显微镜属于贵重精密仪器，在正确使用矿相显微镜的同时应注意如下几方面的保管和维护。

(1)任何部、附件的螺旋不应乱搬硬拧，应仔细找出原因(如方向拧错、卡住或将螺旋旋到极限等)后妥善处理。

(2)显微镜的部件(如物镜与目镜等)不能混用，同型号或不同型号的显微镜都不能混用。

(3)调焦时注意不要使物镜碰到试样，以免划伤物镜。

(4)显微镜保存温度要适宜，一般应在 -4℃ ~20℃之间，不要过冷或过热，以免脱胶和润滑油变质失效，特别注意的是避免曝晒或用取暖设备烘烤。

(5)偏光镜(尤其是以冰洲石做的偏光镜)须轻推轻拉；镜头装卸也要轻上轻下，以免因振动应变，脱胶损坏。

(6)灰尘对显微镜影响很大，其光学系统需严格保持清洁、物镜绝不可拆卸。所有透镜及偏光镜都不可用手指或一般纸张或织物擦拭，只能用镜头纸或脱脂棉轻轻擦拭物镜、目镜透镜的外表面。

(7)低压白炽灯泡的插头一定要插在稳压器上，绝不可直接插在电源上，以防烧毁灯泡。灯泡及稳压器连续通电时间不可过长，在空隙时间应随手关闭。此外，若稳压器发出嗡嗡声，须立即将稳压器插头从电源上拔下检查。

综上所述，如果矿相显微镜的使用、保管、维修得当，如轻拧(升降螺旋)、轻动(装卸镜头)、光源灯泡接专用稳压器和随手关灯、防尘(用毛笔、麂皮、镜头纸轻拭)、防霉(保持干燥与勤检修)等，其使用的期限应该是很长的，除非其结构过于陈旧而不能继续使用。

四、矿相显微镜调节校正实例(BA310EPi - POL 透反射偏光显微镜)

BA310EPi - POL 麦克奥迪(透反射)偏光显微镜是地质、矿产、冶金、石油等部门及其科研机构和高等院校相关专业进行教学与科研的常用实验仪器之一。它是利用显微放大和偏振光干涉原理精密制作而成，其性能优良，使用方便，可供广大使用者在单偏光、正交偏光、锥光状态下对均质或非均质透明、半透明或不透明矿物以及其他试样光（薄）片进行光学性质的观测、鉴定与显微摄影。不管显微镜的性能如何，只有使其各部件处于正确的使用状态，才能进行有效的观测研究。该显微镜的具体调校内容一般包括如下几方面。

1. 电源开关与亮度调节

开关上“I”为电源开启状态，“O”为断开状态（图3－14）；右手顺时针转动旋钮，亮度从弱到强；按下开关、开启电源之前先检查电源线是否可靠连接；操作时应先将亮度旋钮逆时针旋到最弱，再开启电源开关，当观察的标本反射率较高时，在使用目镜观察之前，先将亮度旋钮调到较弱的位置。

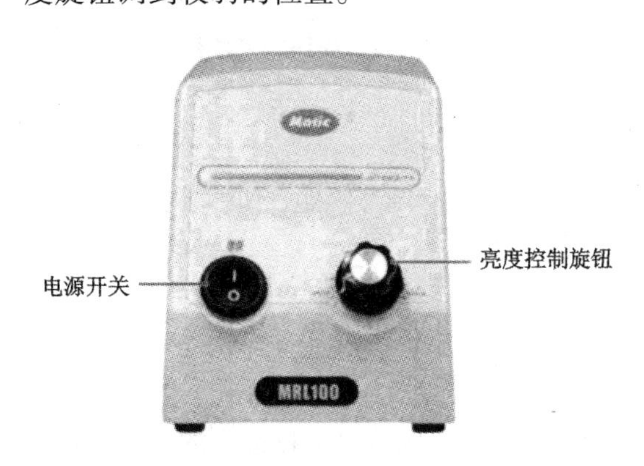

图3－14 MRL100 电源器

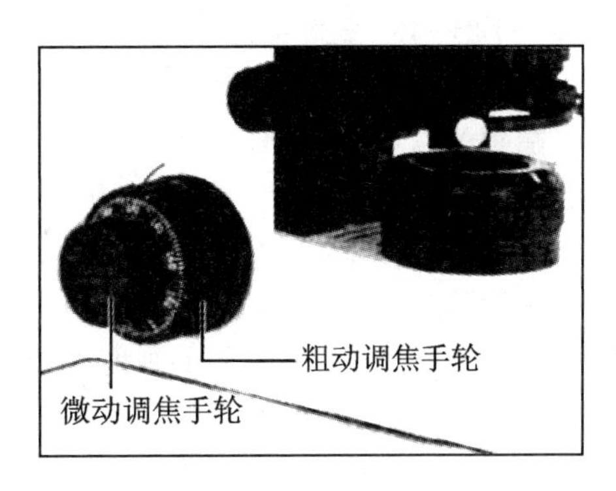

图3－15 调焦手轮

2. 粗动和微动调焦

转动镜臂主体左右两侧的粗动调焦和微动调焦手轮来调焦（图3－15）。

转动粗微动调焦手轮，载物台在垂直方向上作相应移动。微动调焦手轮转一圈，载物台上下移动0.2 μm，微动调焦手轮上的刻度为每格2 μm。操作时紧握一边的手轮，同时单独旋转另一边的手轮或旋转粗动调焦和微动调焦手轮，不允许超过它们的极限位置，否则将损坏调焦机构。

3. 粗动调焦扭矩（松紧）的调节

要增大扭矩，可通过转动位于主体左侧的粗动调焦手轮内侧的扭矩（松紧）调节圈朝图示箭头所指方向调节，要减小扭矩，旋动调节圈朝箭头所指相反的方向调节。

4. 设定载物台的上限位

将切片调到焦面位置，顺时针旋紧载物台上限位手轮，设定载物台的上限位。当载物台处于上限位时，继续顺时针旋转粗调焦手轮，载物台无法再上升，逆时针旋转粗调焦手轮，载物台下降。当载物台处于上限位时，仍可通过微调焦手轮向上或向下细微地移动载物台。

5. 光路转换拉杆

三目镜筒上的光路转换拉杆（图3－17）可以用来选择目镜筒和垂直摄像摄影接口之间的光束分配量。当转换拉杆推进到位时，可使100%的光线进入目镜筒；当转换拉杆拉出到位时，可使目镜筒与摄影、摄像的光线比率为20∶80。

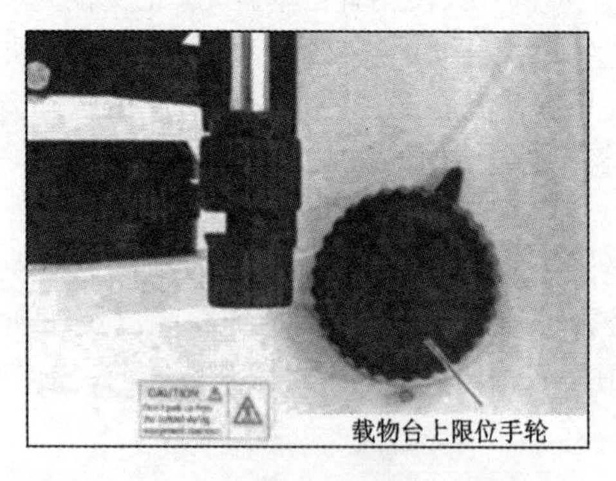

图 3-16 载物台上限位手轮

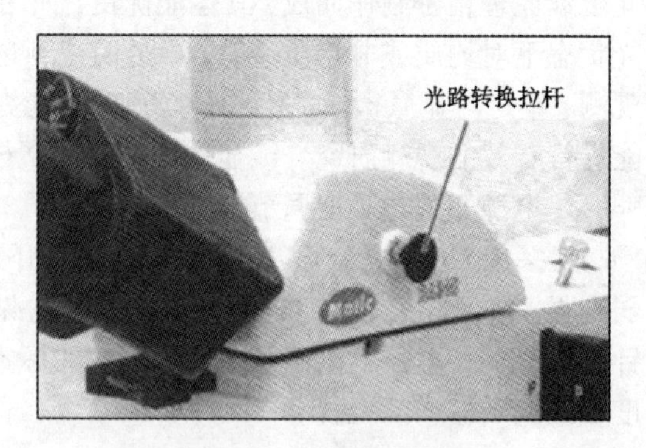

图 3-17 光路转换拉杆

6. 瞳距的调节

在进行瞳距调节之前，先通过 10 倍物镜对标本进行调焦。调节瞳距，使左、右视域中的图像重合。这步操作让使用者两眼可以同时对标本进行观察。

7. 视度调节

视度调节补偿了左、右眼的视度差异。此外，这种调节缩小了在物镜倍数转换时引起的不齐焦量，使得两眼同时观察更加容易。此种现象用低倍物镜观察时更为明显。

在进行视度调节之前，先通过 10 倍物镜对标本进行调焦，旋转每个目镜上的视度补偿筒（图 3-18），直到"0"位置，将 40 倍物镜转入光路，通过转动粗动、微动调焦手轮重新对标本进行调焦；再将 4×或 10×物镜转入光路，不再调节粗动微动调焦手轮，只通过转动目镜上的视度补偿筒，达到左右视场中标本的像同时齐焦。

图 3-18 视度补偿圈

重复两遍上面的步骤，即可达到补偿使用者左、右眼的视度差异。

8. 偏振片的使用

把起偏片（带"P"标记）插入落射照明器相应的插槽内；把检偏片（带"A"标记）插入落射照明器相应的插槽内。检偏片可旋转，在检偏片旋转过程中，具有偏振效应的标本会呈现不同的色彩。

9. **落射照明器视场光栏的调中**

落射照明器的视场光栏(又称视域光圈)是预调焦的，在对标本调焦准确后，视场光栏无需另外调节，可以在视场中看到清晰的光栏像；拨动视场光栏调节圈(图3－19)，把光栏收小到2/3视场大小，调节位于照明器上方的视场光栏调节手柄，把视场光栏调到视场中心。拨动视场光栏调节圈，把光栏开启到比视场略大一些的位置。

10. **落射照明器孔径光栏的调整**

拨动孔径光栏(圈)调节圈(图3－19中调节手柄前方图示)，把光栏收小或放大到与物镜的数值孔径匹配的位置。

把孔径光栏调节到合适的大小，有助于消除系统的杂散光，改善视野的衬度和像质。

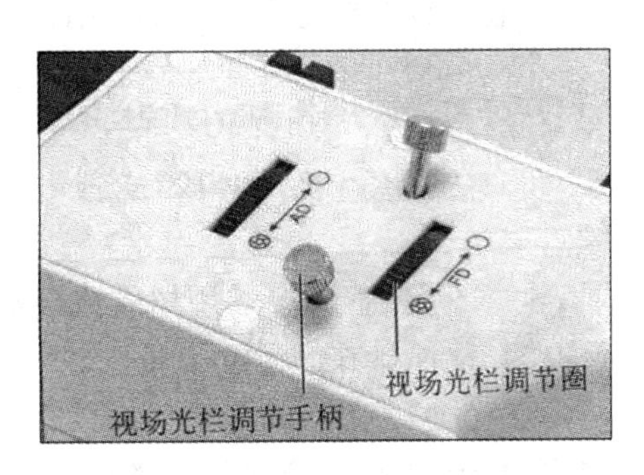

图3－19 视场光栏调节柄(圈)

11. **落射照明器亮度和衬度调节**

蓝色滤色片普通明场观察，以提高视野的色温；磨砂玻璃使得照明更加均匀，但同时降低了视野的亮度。操作时用高倍物镜观察，当标本反射率较低时，可将磨砂玻璃移出光路，以保证足够的亮度，获得更佳像质。

为获得最佳衬度和像质，调节孔径光栏大小，使之与物镜的数值孔径相匹配。

12. **显微摄影操作**

显微镜属精密仪器，不适当的使用和操作方法会降低、损坏该仪器的性能。

为了确保平稳的操作，需将显微镜放在稳定可靠的桌子上，或是有避震装置的工作台上。

将三目筒上的光路转换拉杆拉出(见图3－17)，使之到位。这时进入目镜筒和进入摄像筒的光的比率为20∶80。

在总放大倍率相同的情况下，选择最高放大倍率的物镜和最低放大倍率的摄影目镜组合，以得到清晰度最高、衬度最好的像。

为确保最佳的照明，需检查灯泡的位置，并确定已经调好中心；蓝色滤色片一般用于常规的操作，额外的光线进入视场会引起闪烁同时会降低衬度，调节视场光栏限制额外的光线进入，调节视场光栏直到照明区域略大于视场区域；调节孔径光栏，使照明系统的数值孔径与物镜数值孔径的2/3相一致时，景深、对比度和像质将更好。

此外，矿相显微镜的透光系统部分的调校与一般岩石显微镜调校基本类似，这里不再赘述。

第五节　光片制备

不透明矿物的鉴定及矿相学特征研究只能在反光显微镜下观察研究，这就需要磨制矿石光片。其制备过程一般为切割、粗磨，细磨、精磨、抛光和编号等几个步骤。

1. 切割

致密的矿石标本可直接在切片机上切成长、宽各 2 ~ 3 cm，厚 0.5 ~ 1 cm 的扁形长方块即可，对具有特殊意义或有代表性的矿石组构标本，可切成较大的矿石块(磨光块)，其规格及形状根据研究要求和矿石的自然形状而定。对其中疏松、易碎的矿石标本要先用松香和树胶等胶固，再按要求进行切割；对散粒的矿粉或矿砂等需用火漆、电木粉和环氧树脂等胶固、压铸后可直接磨制。

2. 粗磨

切割的矿石块用水洗净后，可直接在磨片机上用 120 号或 150 号金刚砂粗磨成型。

3. 细磨

粗磨成型后，细磨前对矿石试样不很坚固者，需用树胶或环氧树脂再加一次胶固，然后依次用 320 号和 1000 号(或 M20 号)金刚砂在磨光机上细磨。

4. 精磨

用 1200 号(或 M14 号)、M12 号金刚砂(或 2 号白泥浆)在玻璃板上人工精磨，必要时可换一块玻璃板用 M7 号金刚砂精磨，磨至金属矿物可显闪光现象或矿石块平整光亮为止。

5. 抛光

在磨抛机上进行，它是光片磨制工作中的最后工序。精磨好的矿石块在帆布磨盘或木盘上先用与水调和的氧化铁粉或氧化铬粉(粒度 1 μm 左右)作磨料初步抛光，再于呢料磨盘上加氧化镁或一种混合化学磨料(铬酸 1 份，重铬酸铵 1 份，三氧化二铁或三氧化二铬 2 份均匀混合)进一步抛光最后制成光片。

6. 编号

光片磨好后应立即编号，以免弄混。编号时，一般先在光片的侧面涂以白漆，然后用绘图墨水写号，若要避免字迹模糊脱落，可用透明亮漆覆盖。

矿石光片磨制质量的好坏直接影响矿物的鉴定质量及矿石某些精细结构的显示程度，其质量好的标志是没有麻点和擦痕，不同矿物之间的相对凹凸不明显。由于光片的磨光面长期暴露于空气中容易氧化(特别是硫化物矿物)、沾污灰尘，故在镜下观察之前需在呢绒擦板上用抛光粉(膏)擦拭干净，必要时需要重新抛光。在镜下观察研究时，须将光片的光面固定为水平位置，最简易的固定方法可在载物玻璃片上加软泥(油灰、石蜡、铸型泥等)或橡皮泥黏着光片底部，再用压平器压平即可。

第四章 矿物的反射率、反射色、双反射、反射多色性

第一节 矿物的反射率及其观测

一、反射率的基本概念

金属矿物的反射率如同透明矿物的折射率一样，是鉴定这些矿物最重要的光学数据。

所谓反射率(reflectance)，是指在矿相显微镜下垂直入射光经矿物光面反射后的反射光强(I_r)与原入射光(I_i)的比率(R)，即：$R = \frac{I_r}{I_i} \times 100\%$。

由 Fresnel 公式可以推导出透明矿物的反射率公式为：

$$R = \frac{(N - n_1)^2}{(N + n_1)^2} \quad (4-1)$$

式中：N 为矿物的折射率，n_1 为传播光波之介质(如空气、浸油等)的射折率。当介质为空气时，透明矿物的反射率则为：

$$R = \frac{(N - 1)^2}{(N + 1)^2} \quad (4-2)$$

对于金属不透明矿物，由于其折射率为复数折射率 N'，在第二章第三节中已经谈到 N' 为 $N - iK$(N 系复数部分，K 为吸收系数，i 为 $\sqrt{-1}$)，以此代入(4－1)中，则得出不透明矿物的反射率公式为：

$$R = \frac{(N - n_1)^2 + K^2}{(N + n_1)^2 + K^2} \quad (4-3)$$

当介质为空气时，式(4－3)则变为：

$$R = \frac{(N - 1)^2 + K^2}{(N + 1)^2 + K^2} \quad (4-4)$$

为了讨论矿物某些光学常数之间的关系，特将部分不透明矿物的吸收系数(K)、折射率(N)、在空气介质中的反射率(R_{air})及在浸油介质中的反射率(R_{oil})列于表 4－1。

表 4－1 某些矿物的光学常数表

矿 物	吸收系数(K)	折射率(N)	R_{air}(%)($n_1=1$)	R_{oil}(%)($n_1=1.515$)
富镁铬铁矿	0.2419	2.16	14.00	3.50
石 墨	0.2565	1.50	5.00	0.72
	1.162	2.05	23.00	11.42
纯闪锌矿	0.0238	2.38	16.64	4.94

续表 4-1

矿 物	吸收系数(K)	折射率(N)	R_{air}(%)($n_1=1$)	R_{oil}(%)($n_1=1.515$)
铁闪锌矿	0.4209	2.369	17.8	5.94
硫汞锑矿	0.4881	3.00	34.70	11.85
硫砷铅矿	1.7506	2.80	36.00	21.75
毒 砂	2.3999	1.5075	49.91	38.67
红砷镍矿	2.575	1.6775	51.00	39.57

由式(4-3)、式(4-4)和表4-1内矿物在空气中的反射率及在浸油中的反射率对比可知，同种矿物在油浸镜头下的反射率低于在空气镜头下的反射率，而且反射率大的矿物(如表4-1中的红砷镍矿和毒砂)降低得少，反射率小的矿物(如表4-1中的富镁铬铁矿和石墨)降低得多。由(4-4)式可以得出以下 R、K、N 关系曲线(图4-1)。

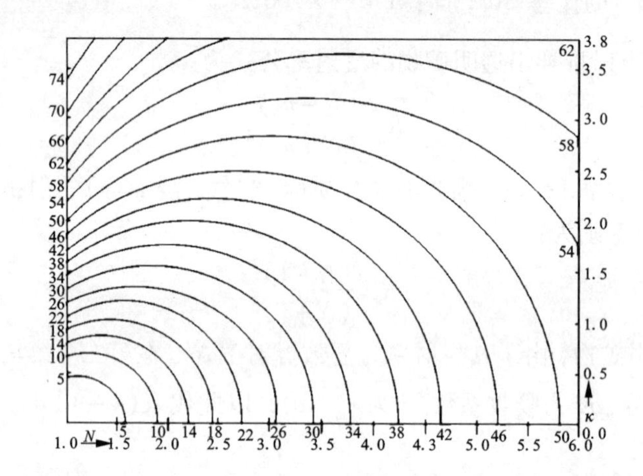

图4-1 在空气中反射率 R 与光学常数 K、N 的关系曲线

纵坐标为吸收系数 K、横坐标为折射率 N、曲线为反射率 R(据 R. Galopin 等,1972)

由图4-1可以直接由 K、N 值交会投点，得出反射率 R 的大致数值。如表4-1中的石墨之较大的主反射率 R_g，由 K_g 为1.162，N_g 为2.05，在图4-1中很快可知反射率约为23%。由图4-1还可知：

(1)当矿物的吸收系数甚小时(如 $K<0.5$)，矿物的反射率 R 主要取决于折射率 N。在图4-1中这种情况的 R 曲线几乎全为近于直立的线，即 K 值的大小对 R 关系不大。如表4-1中 K 值小于0.5的硫汞锑矿、纯闪锌矿、富镁铬铁矿和石墨(K_p)，其反射率依次为34.70%、16.64%、14%和5%的次序主要由折射率 N 的高低次序所决定。而吸收系数 K(这四种矿物的吸收系数 K 依次为0.4881、0.0238、0.2419和0.2565)的次序对反射率影响不大。

(2)当矿物的吸收系数甚大时(如 $K>2$)，矿物的反射率 R 值则主要取决于吸收系数 K。此时，其在图4-1中的曲线多为近于水平的线，即 N 值大小与 R 值高低的关系不大。在这种情况下，不管 N 值大小如何，R 值一律大于38%。表4-1中红砷镍矿(K 为2.575)和毒砂(K 为2.399)虽然 N 值(1.6775和1.5075)明显地小于硫汞锑矿和硫砷铅矿(N 为3.0和

2.8)，但反射率在40%以上(R 为51%和49.91%)，而且显著地大于 N 值较高的硫汞锑矿和硫砷铅矿(R 为34.7%和36%)。

(3)当矿物的吸收系数介于0.5和2.0之间时，折射率和吸收系数对于反射率差不多同等重要，如图4-1所示，此时 R 曲线多为具有一定斜率的斜线，故 N、K 值都对 R 影响甚大(如表4-1中的硫砷铅矿和石墨高主反射率)。

(4)单以吸收系数而言，当 K 值大于1时，R 值必大于16%；K 值大于1.5时，R 值必大于30%；K 值大于2.0时，R 值必大于38%；K 值大于2.5时，R 值必大于46%；K 值大于3.0时，R 值必大于52%；K 值大于3.5时，R 值必大于58%。

(5)单以折射率而言，当 N 值大于1.5时，R 值必大于4%；N 值大于2.0时，R 值必大于11%；N 值大于2.5时，R 值必大于18%；N 值大于3.0时，R 值必大于24%；N 值大于3.5时，R 值必大于30%；N 值大于4.0时，R 值必大于35%；N 值大于4.5时，R 值必大于40%；N 值大于5.0时，R 值必大于44%；N 值大于5.5时，R 值必大于48%；N 值大于6.0时，R 值必大于51%。

以上讨论均针对白光的反射率而言。事实上，矿物的反射率随入射光的光波长度而变化。如自然金、金银矿和自然银在不同波长单色光下测定的反射率数值有较大的变化(表4-2)。国际矿物学协会矿相学委员会(IMA/COM)统一规定以470 nm、546 nm、589 nm和650 nm波长的蓝、绿、橙和红色单色光入射测定的反射率为鉴定矿物的特征波长反射率。

表4-2 矿物的反射率随入射光波长不同的变化

矿物	在不同单色光(波长单位为nm)下的反射率 R(%)														
	420	440	460	480	500	520	540	560	580	600	620	640	660	680	700
自然金	34.4	35.2	37.0	42.2	53.9	66.5	73.7	73.7	82.6	84.8	86.5	88.1	89.4	90.1	90.6
金银矿	66.3	69.2	71.9	74.5	76.9	78.9	80.6	80.6	83.3	84.3	85.2	86.0	86.7	87.4	88.0
自然银	79.8	82.3	84.3	85.6	86.9	87.7	88.2	88.8	89.4	90.0	90.4	90.7	90.7	91.2	91.4

由表4-3可以看出，由470 nm和546 nm波长测得的 R_{470} 和 R_{546} 对于准确鉴定自然金-自然银类质同象系列矿物的合金量具有重要的实用意义。

表4-3 矿物的反射率随入射光波长不同的变化

矿物	含金量(%)	R_{470}(%)	R_{546}(%)	矿物	含金量(%)	R_{470}(%)	R_{546}(%)
自然金	100	36.4	71.8	银金矿	70	66.8	88.2
含银自然金	90	43.5	77.9	银金矿	60	75.1	88.0
含银自然金	85	50.9	—	金银矿	50	81.5	89.4
银金矿	80	56.0	83.1	自然银	~0	92.4	94.5

二、反射率的形成机理

光线照射到矿物光面，必然产生透过、吸收、折射、反射等光学现象(见第二章第二节)。

而不同矿物所产生的这些光学现象具有显著的差异，甚至一个矿物晶体的不同结晶方向也具有明显差异。这些差异产生的原因在于矿物的化学成分和晶体结构不同，而其中很重要的取决于矿物晶体的化学键类型、结合强度(键强)、方向(键向)及其对称性。如果矿物晶体的化学键类型是离子键、共价键或分子键，则其电子是围绕着相互结合离子(团)或分子(团)固定在特定的晶格位置上的。电子的基态和激发态具有一定的能级，而且大多数能级间的能量差比各种可见光“光子”的能量大，因此绝大部分可见光进入矿物透射，只有很小一部分可见光被吸收，且反射光很弱。故这些矿物的反射率很低(一般低于12%)。相反，如果矿物晶体的化学键类型为金属键，其电子能量间隔比可见光“光子”能量小得多，同时存在有较多的激发态，其能量差与可见光“光子”能量相当者较多，因而可见光撞击到金属键或部分金属键矿物表面可激发其基态电子到一定的激发态。可见光本身的能量从而被吸收，其中一部分转成热能而被消耗，大部分能量当激发态电子重返基态时再发射出来成为较强的反射光，绝大部分“光子”被反射。因而这些矿物的反射率较高(一般高于40%)。有些矿物晶体存在多种类型的化学键或过渡类型的化学键，则其电子的基态和激发态的能级间的能量差与单类型化学键者有所不同，与可见光“光子”能量相当者的比例也与单类型化学键者有所不同，因而其被透射、吸收与反射的比例同样具有过渡现象，即与单纯离子键、共价键或分子键矿物晶体比较，其反射率要高。矿物晶体内部化学键方向的对称性不同，存在各向同性与各向异性的差别及各向异性的程度不同，导致可见光被透射、吸收与反射的比例随入射方向而变化，因而各向异性矿物晶体的可见光反射率随结晶方位变化。

近代固体物理学的能带理论能更好地解释矿物反射率的形成机理。根据能带理论，矿物晶体内部的电子分布在不同能带上，完全被电子充满的能带称“满带”或“价电子带”，部分被电子占据或全空的能带称为“导带”或“传导带”，相邻能带之间的能量范围称为“禁带”。如果禁带宽度大于可见光的能量，在可见光作用下，就难以吸收其能量使外层电子激发从基态跃迁到导带，并在跃迁回基态时释放出所吸收的能量而发出次生的发射光，入射的可见光得以透过；如果禁带宽度小于可见光能量或与之相当，则在其作用下将吸收其能量使外层电子激发从基态跃迁到导带，并在跃迁回基态时释放出所吸收的能量而发出次生的发射光。如自然金等“导体”矿物的“能带”是重叠的，外层电子可以在整个晶体中自由活动，它吸收各种能量的可见光(不透过)，并在返回时大多数电子的能量仍以光的形式放出强反射光，因而反射率很高(一般高于60%)。而黄铁矿、方铅矿、辰砂、雄黄、纯闪锌矿、纯金刚石等“半导体”矿物的能带为被“禁带”隔开的下部满带和上部导带所组成。当禁带宽度小于可见光的能量时(如黄铁矿、方铅矿)，电子吸收光的能量由满带跃迁到导带上，返回时放出相当一部分反射光，故显示较高的反射率(40%～60%)。当禁带宽度中等时(如辰砂、雄黄)，在透过一部分可见光的同时，电子还吸收一部分的能量，也放出一小部分反射光，显示中等的反射率(20%～30%)。当禁带宽度大于可见光的最大能量值(紫光端)时(如纯闪锌矿，纯金刚石)，则可见光大部分透过而不被吸收，导致显示较低的反射率(15%～17%)。透明矿物的禁带宽度一般大于可见光的能量值，在可见光作用下，难以吸收其能量使外层电子激发从基态跃迁到导带，并在跃迁回基态时释放出所吸收的能量而发出次生的发射光，入射的可见光得以透过，因而可见光反射率低。另外，当光波射到矿物表面，矿物晶体中的离子或原子中的外层电子就可能被激发到高能级(E_H)上，当其跃迁回稳定的低能级(E_L)时，就会释放出能量为E_H-E_L的光量子，因为能级间的能量差$\Delta E=E_H-E_L=\mathrm{h}\nu=hc/\lambda$(h为普朗克常数，$\nu$为频率，c 为光速），从而决定了所反射次生光波的波长。

三、反射率的测定方法

反射率的测定方法包括“光学法”和“光电法”两类。前者是传统测定方法，难以精确定量测定，是日常矿物鉴定工作中快速有效的测定方法。后者是现代测定方法，主要用来获取矿物的反射率作为其光学性质指标数据，研究矿物反射率的成因标型性。

1. 光学测定方法

这类方法是应用光学仪器对矿物反光强度与标准物质的反光强度比较，调节仪器并凭借观察者的视觉，找出二者强度相等的仪器指数以计算矿物的反射率。

光学测定方法中有视测对比法、贝瑞克裂隙光度计法、视觉测微光度计法和光度目镜法等多种。但都是借助判断两种光强是否相等，受观察者视觉灵敏度的限制，只能作为半定量或定性测定。视测对比法具有简单易行的优点，目前是日常矿相鉴定和实验教学普遍采用的方法。视测对比法是将欲测矿物与标准矿物两个光片毗连用胶泥垫在一起压平，在矿相显微镜同一视域中观察两种矿物，比较其光亮程度，较亮者反射率较高，较暗者反射率较低。然而，两矿物反射率相差较大时容易判断谁高谁低，反射率相差较小时则不易准确判断，需要长期训练视觉判断力，熟练以后才能顺利对比。本方法不需要任何专门仪器，操作简便，熟练后效果较好，故被普遍采用。实际应用时，必须使光片表面清洁，视测对比矿物表面无污染、无氧化现象；用高倍接物镜不能在视域中同时看到欲测细粒矿物和标准矿物时，可利用先看一种矿物以人眼视觉保存其亮度的印象（“视觉暂留”），再与另一种矿物的光度对比；颜色显著不同的矿物可加滤光片观察以对比其亮度。为了快速确定目标矿物的反射率范围，这种方法通常是将目标矿物与存在明显反射率级差的几种“标准矿物”进行对比。构成标准矿物至少要满足以下几个条件：(1)化学性质比较稳定，不易被氧化或腐蚀；(2)尽量为等轴晶系矿物，以保证其反射率不随切面方向变化；(3)容易磨制抛光成平整镜面，不易出现擦痕或麻点；(4)易于获得和加工的比较常见的较粗颗粒矿物；(5)“标准矿物”之间存在合理的反射率级差。经过长期的实践经验积累，广泛采用黄铁矿($R \approx 53\%$)、方铅矿($R \approx 43\%$)、黝铜矿($R \approx 31\%$)、闪锌矿($R \approx 17\%$)等 4 种矿物作为“标准矿物”，并将其分级标准作为不透明矿物鉴定表编制的重要检索指标。这样，可将矿物的反射率划分为五级。Ⅰ级：反射率高于黄铁矿($R > 53\%$)；Ⅱ级：反射率介于黄铁矿和方铅矿之间($53\% > R > 43\%$)；Ⅲ级：反射率介于方铅矿和黝铜矿之间($43\% > R > 31\%$)；Ⅳ级：反射率介于黝铜矿和闪锌矿之间($31\% > R > 17\%$)；Ⅴ级：反射率低于闪锌矿($R < 17\%$)。

将目标矿物与四种“标准矿物”进行视测对比后，可很快测出待鉴定矿物的反射率等级范围，以其作为快速鉴定不透明矿物的重要鉴别特征。

2. 光电学测定方法

“光电法”是应用光电原理，利用同一光源使矿物反光强度与另一已知强度的标准物质比较找出二者强度的比例以计算矿物的反射率。

反射率的光电学测定方法中有硒光电池法、硅光电池法和光电倍增管法多种。硒光电池的灵敏度不高并易于老化，而且其最严重的缺点是在较弱光线下光强与光电流不成直线关系，故不能测弱光，也不能测定微粒矿物的反射率。硅光电池虽具有不易老化、经济、耐用的优点，但其对可见光灵敏度低（特别是对蓝、绿光更低，只对近红外光灵敏度较高）和不能测微小面积光强，也使其失去了广泛应用的价值。目前这两种方法已基本淘汰，而普遍采用光电倍增管法，其光电器件是“光电倍增管”，它具有很高的灵敏度，能测定直径小至0.5 μm面积的光强，用途很广。

光电倍增管法的基本原理是利用光电效应测量矿物的反射率。光电效应为物质在光的作用下发射电子的现象。物质释放出的电子称为光电子，它在电场中形成的电流称为光电流。根据光电效应的基本定律可知，在单位时间和单位面积内，受光照射的物质释放出的电子数与入射光的强度成正比，比较欲测矿物与标准物质所测的光电流强度即可算出欲测矿物的反射率。如图4-2所示，光电倍增管置于矿相显微镜顶端，它由阳极、阴极和多个“二次发射靶屏极”组成。光线照射阴极发出光电子，多次落入“二次发射靶屏”上产生二次电子使光电流放大几百万倍。阳极的输出电流可用灵敏检流计测定。

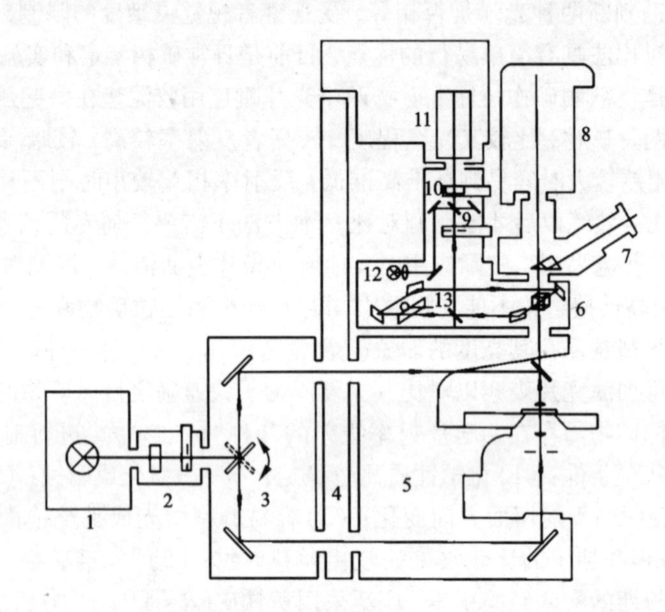

图4-2 MPV-Ⅱ型光电倍增管测微光度计光路图(反射、透射两用)

1—光源；2—带光圈和滤光器架的灯室接头；3—灯光反射器；4—支架；5—ORIHORLAN 矿相显微镜；6—光度计反射室；7—FSA 三管镜筒；8—ORTHOMAT 全自动显微照相机；9—测量光圈；10—干涉滤光器；11—光电倍增管；12—照明测量光圈用灯泡；13—遮光板

质量较好的商品仪器为德国莱兹厂产 MPV-Ⅱ型测微光度计(图4-2)，结构紧凑，在测定的同时可在显微镜接目镜中观察被测物体影像及控制被测部位的光圈，还可连接以下自动化精密仪器附件：(1)连接光栅单色仪；(2)扫描测定装置(包括快速扫描台和精细扫描台)；(3)操纵扫描台及测定过程的程序计算机；(4)数据输出用数字直读式显示器及记录器；(5)数据加工用的台式电子计算机、电传打字机等。

20世纪80年代，莱兹厂又生产出更先进的 MPV-Ⅲ型测微光度计。其安装在 Orthoplan 型反射显微镜上(图4-3)，具备中心控制台；光电倍增管集块箱，其调压范围：500 ~ 2000V，粗调间隔100V，细调用电位计；光谱灵敏度在400 ~ 800 nm 可见范围内，机械狭缝宽：0.15 ~ 1 mm，间隔为5 nm 或10 nm，视场光栏：$S=0.07 \sim 2.4$ mm，测量光栏：$S=0.07 \sim 2.4$ mm；物镜倍数：干物镜有5×、10×、20×、50×、100×5种，油浸镜有32×、50×、

125×4 种。此外，MPV－Ⅲ型反射显微镜还配备专门的四方锥型金刚石显微硬度计及其控制装置，可测算矿物的显微压入硬度。

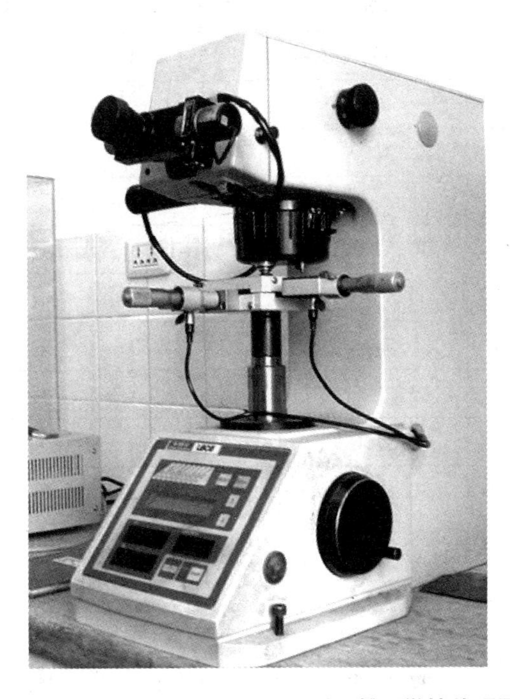

图 4－3 MPV－Ⅲ Orthoplan 型反射显微镜外观图

根据前人资料，将常见的几十种常见金属矿物在白光和四种规定波长的反射率数据列于表 4－4，供参考使用。

表 4－4 常见金属矿物的反射率特征

矿 物	白光下的反射率 R(%)	在不同单色光(波长单位为 nm)下的反射率 R(%)			
		470	546	589	850
自然银	95.0	92.2	94.3	95.1	94.8
自然金	74.0	38.5	77.8	85.5	90.0
自然铋	67.9	62.5	66.7	68.8	71.2
自然铜	81.2	52.9	60.7	87.0	94.8
毒 砂	51.7～55.7	48.7～55.3	51.9～53.7	50.9～54.4	49.5～53.7
针镍矿	54.0～60.0	42.8～43.4	49.6～54.0	51.4～56.5	53.6～58.0
黄铁矿	54.5	45.6	52.0	53.4	54.3
白铁矿	48.9～55.5	43.1～50.6	47.4～56.3	48.3～54.6	47.8～53.7
红砷镍矿	45.0～50.5	38.5～46.8	48.9～52.9	54.4～56.9	59.6～62.4
镍黄铁矿	52.0	40.5	47.8	50.0	42.3

续表 4－4

矿　物	白光下的反射率 R(%)	在不同单色光(波长单位为 nm)下的反射率 R(%)			
		470	546	589	850
辉铋矿	42.0～48.7	39.6～48.9	38.5～48.8	38.1～47.9	37.6～46.6
方铅矿	43.2	46.3	42.7	42.2	41.7
黄铜矿	42.0～46.1	31.0	42.5	44.7	45.8
紫硫镍矿	39.0	38.3	42.3	44.1	42.3
方黄铜矿	39.0	30.1～32.2	37.8～40.3	40.0～42.4	42.4～44.4
磁黄铁矿	38.0～45.2	30.8～35.5	34.8～39.9	36.9～41.6	39.5～43.3
软锰矿	30.0～41.5	30.5～39.9	29.0～40.0	28.1～39.3	27.5～38.1
辉铜矿	32.2	35.5～36.7	32.5～33.4	30.5～31.8	28.7～30.2
黝铜矿	30.7	31.6	32.2	31.8	30.2
螺状硫银矿	32.0	32.5～34.0	30.3～31.3	29.0～29.8	28.3～20.0
钡硬锰矿	25.5	28.7～36.9	26.4～36.9	25.2～31.2	24.5～29.7
砷黝铜矿	29.0	31.5	30.0	29.8	28.8
辉钼矿	15.0～37.0	22.0～46.9	19.8～40.4	19.2～38.8	18.9～40.0
赤铁矿	25.0～30.0	27.4～32.6	26.0～31.0	25.3～29.6	23.1～26.3
辰　砂	28.0	27.4～29.9	25.0～29.3	24.5～28.2	23.9～26.6
黝(黄)锡矿	28.0	25.1～25.7	27.2～27.8	27.1～27.7	27.0～27.4
赤铜矿	27.1	30.9～31.1	26.4～26.6	24.6～25.1	23.0～23.4
硫砷铜矿	28.0	26.0～28.8	25.1～28.4	24.6～28.3	25.6～28.2
蓝辉铜矿	22.0	27.2	23.1	21.0	18.3
斑铜矿	21.9	17.8	20.1	22.4	26.0
磁铁矿	21.1	20.2	20.0	20.8	20.7
钛铁矿	17.8～21.1	15.5～20.5	15.8～20.1	16.4～20.2	17.1～20.4
闪锌矿	17.5	17.7	16.6	16.4	16.1
黑钨矿	16.2～18.5	15.5～16.6	15.0～16.2	14.7～15.9	14.6～15.8
白钨矿	10.0	10.2～10.35	9.0～10.0	9.75～9.9	9.65～9.9
针铁矿	16.1～18.5	15.3～18.1	14.2～16.5	14.3～15.5	13.1～14.8
铜　蓝	7.0～22	13.4～29.1	7.2～23.7	4.2～21.2	5.9～23.0
石　墨	6.0～17.0	6.6～16.1	6.8～17.4	7.0～18.1	7.3～19.3
锡　石	11.2～12.8	12.0～12.8	11.5～12.4	11.3～12.2	11.2～12.2

四、反射率的研究意义

从前述可知，反射率是金属矿物的最重要鉴定特征。它不但对于鉴定金属矿物的矿物种类具有重要意义，而且对于鉴定矿物的“变种”、“异种”甚至矿物的“多型”性也具有实际价值。例如，铁闪锌矿、闪锌矿、镉闪锌矿等变种的反射率存在差异，铁闪锌矿反射率高，而镉闪锌矿反射率最低；2H 型辉钼矿的反射率明显高于 3R 型辉钼矿。

在成因矿物学研究中，许多金属矿物因为其形成地质条件、成矿地质作用类型及形成物理化学条件的差异，其化学成分、晶体结构、物理性质(包括光学性质)、晶体形态、同位素组成(如硫化物矿物的硫同位素)、包裹体特征等都不同程度地存在差异，其可见光反射率高低及其随波长的变化具有成因标型性研究价值。

五、反射率测定的影响因素

影响反射率观测精度的因素较多，主要有以下几方面。

1. 光源质量

日常矿相鉴定研究使用卤素灯泡等作为光源，应该保持光强稳定、颜色纯白。但这种光源发出的混合光通常偏黄色，因而需要在调节好光源亮度的同时，加蓝色滤色片滤除过量的黄色光，更接近白光。若需要进行反射率的精确测定，则需要采用单色光。单色光源有单色仪和干涉滤光器两种，其光源质量控制可参考有关书籍和文献资料，在此不作全面介绍。

2. 光片磨光质量

无论采用视测对比法或光电管倍增法，光片的磨光质量都是影响反射率测定的重要因素。衡量光片磨光质量好坏不仅要看光片表面的光滑平整度，还要看是否存在显微擦痕及表面氧化或污染情况。应用光电倍增管测微光度计测量矿物和标样的反射光强时，为了获得准确可靠的矿物反射率数据或反射率波谱曲线，更要求有高质量的磨光(MgO 和 Al_2O_3磨料比 Cr_2O_3和 C 磨料的磨光效果好，磨料细度 50 μm 比 250 μm 的效果好)。

3. 光片安装质量

要求安装精确水平，否则光片磨光面与物镜后焦平面难以严格平行，视域各部分无法同时聚焦而获得清晰图像，影响发射率观测质量。在日常鉴定研究时，要保持矿相显微镜载物台清洁，胶泥软硬适中，光片载板平整、底面清洁，压平器底座表面及上方压片底面清洁。在光电倍增管测微光度计的附件中常有安装水平的专用装样台，可保证光片上表面与显微镜镜筒严格垂直(即保持水平)。

4. 准焦

无论采用视测对比法或光电管倍增法，要求精确准焦，以使视域各部分图像清晰，目标矿物颗粒表面的视觉亮度均匀。在使用光电管倍增法测定矿物反射率波谱曲线时，当光源波长有较大改变时必须重新准焦。

5. 耀光干扰

在显微镜光路系统中，一系列透镜的界面对入射光起反射作用，镜框则引起散射作用，这些干扰矿物各种光学性质观测的反射光、散射光统称为耀光。在日常鉴定研究时，应严格操作，将显微镜调节至其最佳光学状态，以减少耀光干扰。而在精确测定矿物的反射率数据时，还需要进行耀光校正。

6. 物镜孔径及放大倍率的影响

反射率是在垂直入射光和垂直反射光条件下测定的。但因为物镜的聚敛作用，无法获得完全垂直光，物镜的数值孔径越大，光的聚敛作用越强，因此在保证视域内观测矿物颗粒的物像清晰可辨的前提下，应尽量使用数值孔径较小的物镜观测。为得到较接近于垂直的入射光、反射光和取得较统一的观测结果，当使用 $N \cdot A > 0.15$ 的干物镜或 $N \cdot A > 0.25$ 的油浸物镜测量反射率时，应适当缩小孔径光圈以减小有效孔径值。另外，观测矿物反射率时，“标准矿物”与目标样应保持相同放大倍率观测。

7.“标准矿物”影响

视测对比时所采用的各“标准矿物”都是硫化物矿物，如果表面氧化或污染，将明显影响观测结果。另外，因为闪锌矿常含铁、锰、镉等元素，这些元素的含量高低也是闪锌矿反射率的重要影响因素。在光电法测量矿物反射率时，以往用单晶硅作为“标准物质”，但其色散较强，现在主要采用国际矿物协会矿相学委员会批准的化学性质稳定、硬度高、色散弱的黑色中性玻璃、黑色碳化硅及碳化钨作为“标样”。它们的白光反射率列于表4－5，但以测微光度计制造厂给出的每一套标准的具体反射率为准，如德国莱兹(Leitz)厂生产的 MPV－1 型测微光度计所附三种“标样”的反射率数值见表4－6。

表4－5　国际矿物协会矿相学委员会批准的“标样”

标样(标准)	在空气中的反射率(%)	在浸油中的反射率(%)
黑色中性玻璃，牌号 NG1	4.5	—
黑色碳化硅(SiC)单晶底面	20	7.5
碳化钨(W,Ti)C 单晶底面	47	33

表4－6　MPV－1 型测微光度计所附“标样”的反射率指标　　(单位：%)

波长(nm)	黑色中性玻璃	碳化硅		碳化钨	
	空气	空气	浸油	空气	浸油
400	4.66	22.5	8.6	45.7	29.7
420	4.61	22.2	8.5	45.1	29.6
440	4.56	21.9	8.3	45.4	29.7
460	4.52	21.6	8.1	45.7	29.5
480	4.49	21.4	8.0	45.6	29.5
500	4.46	21.2	7.9	45.1	29.3
520	4.43	21.0	7.7	44.5	29.0
540	4.41	20.8	7.7	44.1	28.6
546	4.41	20.7	7.6	44.1	28.5
560	4.40	20.6	7.5	44.0	28.2
580	4.40	20.4	7.4	43.9	28.3
589	4.40	20.3	7.4	43.8	28.2
600	4.39	20.2	7.3	43.6	28.1
620	4.39	20.1	7.2	43.5	28.2
640	4.38	20.0	7.2	43.4	28.3
660	4.38	20.0	7.2	43.3	28.2
680	4.37	19.0	7.1	43.2	28.1
700	4.37	18.9	7.1	42.9	27.8

8. **包裹体**

视测对比法用于测量在其他矿物内呈包裹体的细粒矿物的反射率时，常因为其与包裹它的矿物存在硬度差，接触界面成为斜面，而非水平面，反射光会发生扩散和集中现象，从而可能歪曲欲测矿物的反射率。

除上述各方面因素外，温差、光电倍增管加速电压等也是光电法测量矿物反射率的重要影响因素。

第二节 矿物的反射色及其观测

一、反射色的概念

矿物的反射色(reflection color)是指矿物抛光面在矿相显微镜光源发出的白光垂直照射下，其垂直反射光所呈现的颜色。它在概念上与天然矿物块在普通光线(以各种不同方向射向矿物)下以肉眼观察所看到的“矿物颜色”不同，而是人工磨制好的矿物光面对镜下白光光线垂直入射时的选择性反射作用造成的“表色”。因此，矿物的反射色是矿物对不同波长的入射光不等量吸收、选择性反射的结果，由矿物的反射率色散曲线决定。

图4－4是几种金属矿物的反射率色散曲线，曲线所处的位置的高低表征矿物在相应波段的反射率高低，而曲线的形态则表征矿物反射色的色调。如色散曲线呈水平状态，表明其对不同波长色光无选择性反射现象，根据其所处位置的高低反射色依次为亮白色、白色、灰白色、灰色、暗灰色；色散曲线在红、橙、黄波段上升，表明其这些色光的反射率较其他色光高，反射色依次为红、橙、黄色；在绿波段上升的反射色略带绿色；在蓝波段上升的带蓝色，在蓝波段下降的略带黄色；色散曲线在蓝波段和红波段都上升的，反射色略带紫色。依据图4－4的各矿物反射率色散曲线的位置和形态可知，自然银、自然铜、白铁矿、黄铁矿、方铅矿和铜蓝等的反射色依次为亮白色微带黄色、淡红色、白色微带绿色、淡黄色、微蓝白色和蓝紫色。

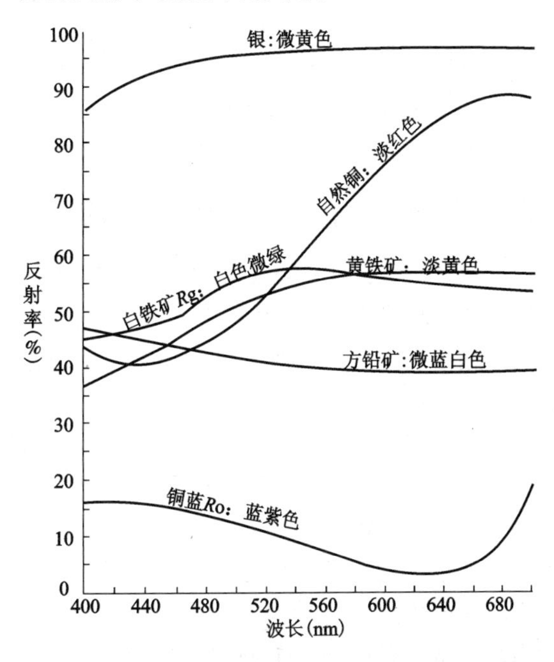

图4－4 矿物反射与反射率色散曲线的关系示意图

反射率色散曲线不但能够反映矿物反射色的一般颜色特征，还能够表示反射色颜色的细节(“色调”)。如砷黝铜矿在绿波段略微上升导致其反射色为灰白色微带绿色色调；又如红砷镍矿，除红波段上升外，在450～460 nm呈明显低谷，可解释其反射色呈玫瑰红色带黄色色调。因此，在日常矿相鉴定时，为了快速准确地鉴定矿物，不仅要详细观察描述矿物反射色的颜色，还应该仔细观察记录其色调。

二、反射色的分类

按照颜色的深浅程度，可将矿物的反射色划分为无色、微弱颜色及显著颜色 3 个色类，现将各色类的部分常见矿物列于表 4－7。

表 4－7　部分常见金属矿物的反射色色类(据 R. Galopin, N. F. M. Henry, 1972)

无色类(A 类)	微弱颜色类(B 类)	显著颜色类(C 类)
锡　石，自然锑，毒　砂 辉铋矿，方铅矿，辉锑矿 硫锰矿，辉钼矿，白钨矿 雌　黄，黑钨矿，雄　黄 针铁矿，辉银矿，闪锌矿 纤铁矿，磁铁矿	自然银，黑钨矿，辉铜矿 辉银矿，黝铜矿，针铁矿 自然铋，铬铁矿，赤铁矿 闪锌矿，褐锰矿，软锰矿 纤铁矿，石　墨，磁铁矿 砷黝铜矿，镍黄铁矿	自然金，辉钼矿，方黄铜矿 针镍矿，白铁矿，蓝辉铜矿 黄铜矿，斑铜矿，红砷镍矿 钛铁矿，黄铁矿，磁黄铁矿 自然铜，铜　蓝，硫砷铜矿 黝(黄)锡矿

从表 4－7 所列常见矿物可以看出，部分矿物，如闪锌矿、磁铁矿、针铁矿、纤铁矿、辉银矿、辉铜矿等，可同时在相邻两个色类出现，这既与这些矿物的反射色处于过渡状态有关，也可能与矿物所含类质同象混入物、杂质的种类及其含量高低有关。如磁铁矿，基本不含或仅含极少量钛时，属于无色类，而含钛较高时，略带棕红色色调。又如辉铜矿，如果比较纯净，基本不含或仅含极少量的铜蓝或蓝辉铜矿时，呈现浅灰色微带蓝色色调(属微弱颜色类)，而含有较多的斑铜矿时，则呈现浅黄棕色反射色(属显著颜色类)。

三、反射色的定性观察方法及影响因素

反射色常规定性观察方法简单，是在普通矿相显微镜单偏光条件下观察矿物的颜色。其颜色的表述，通常采用标准色谱颜色及其深浅对比，结合反射率的高低，根据观察者的色感定性地描述矿物的反射色或其色调。如表面抛光良好、质地纯净的黄铁矿，其反射色为淡黄色，因其反射率高，视觉反应会感觉黄色浓度较低，而可表述为“亮黄白色”。矿物的反射色常受连生矿物反射色的影响而产生“视觉色变效应”。这是因为两种矿物的颜色一起刺激观察者的视网膜，使得其颜色印象不同于观察单种矿物。如灰色矿物与白色矿物连生会使得灰色矿物显得更暗，而其与暗色矿物连生时则显得灰色较淡；淡黄色矿物与黄色矿物连生时，淡黄色的颜色浓度显得更低而显白色，而与灰色矿物连生时则显得更黄。例如磁黄铁矿的反射色实际为淡玫瑰黄色，但当其与蓝灰色的赤铁矿连生时就变成淡粉红色；黝铜矿的反射色实际为灰白带淡褐色，但与黄铜矿连生时往往显蓝灰色，而与方铅矿连生时则显褐灰色微带绿色；黄铜矿的反射色实际为铜黄色，但与磁黄铁矿连生就变成黄绿色。无疑视觉变色效应影响矿物反射色的准确观察，但某些矿物的这种视觉色变效应具有鉴定该矿物的特殊意义，可视为该矿物的特殊鉴定特征。如砷黝铜矿反射色为灰白色微带淡绿色色调，当其与黄铜矿连生时，呈蓝灰色，而与方铅矿连生时则为淡蓝色。

反射色是鉴定金属矿物的重要光学特征之一，尤其是部分显著颜色类金属矿物，其反射色鉴别特征非常突出，更是其鉴定的主要依据。如斑铜矿，其反射色为粉红(褐)色，但因其表面极易氧化成锖色而间杂淡紫、紫红、蓝色，使得其反射色非常独特，成为主要鉴别特征。

影响反射色观察的因素较多：(1)视觉色变效应：绝大多数金属矿石由多种矿物的集合体组成，矿物颗粒间相互连生普遍，因为矿物颗粒粒度限制，往往在显微镜相同观察视域难以避免目标矿物与其他连生矿物同时出现，尤其是目标矿物颗粒较小时更是如此，故视觉色变效应是矿物反射色观察最主要的影响因素；(2)光片磨光质量：如果光片抛光程度较差，擦痕、凹坑密集、表面氧化或污染，反射色观察容易失真；(3)光源质量：矿相显微镜的光源质量差，不是纯正的白光，则难以真实反映矿物的反射色，需要认真调节光源电压并加插适当的滤色片，以达到光源质量标准(实际操作时，可选取光片质量高、颗粒较粗的方铅矿光片，通过调节使之显纯白色而不带淡蓝色或淡黄色及其他颜色色调)。

四、反射色的颜色指数

1.颜色指数的概念及表达方法

在矿相显微镜下前述定性观察矿物的反射色的方法十分简单、直观。有经验的观察者常可根据反射色迅速、准确地鉴定许多常见金属矿物，但通常要描述某矿物反射色的具体颜色则比较困难。随观察者的辨色能力和色感性差异，即使相同矿物在同样观测条件下也可能得出颜色印象差异，导致反射色的颜色描述可能有明显差异。例如常见矿物斑铜矿，即使其抛光面新鲜，其反射色可有粉红褐色、粉红橙色、粉红色、玫瑰红色、粉红紫色等描述。又如常见矿物磁黄铁矿，其反射色常被描述为乳黄色、淡棕黄色、淡黄褐色、古铜黄色、奶油黄色带玫瑰色调等。显然，任何观察者如果不亲自观察体会，仅根据上述矿物的反射色颜色描述，很难知道斑铜矿或磁黄铁矿的反射色究竟是何颜色、如何描述更加准确。因此，如何用定量方法来表征矿物的反射色，以获得能更准确有效的金属矿物鉴定依据变得非常重要。从20世纪中后期开始，国外开始将色度学领域定量数字化测量颜色的方法引进到矿物学领域，并陆续实测了许多金属矿物的颜色指数。国内部分研究者也为矿物反射色的定量化研究作出了重要贡献。早在20世纪50年代，原中南矿冶学院(现中南大学)的张志雄就倡议利用矿物反射率色散曲线或直接测定三色刺激量的测量方法，采用国际照度委员会(CIE)规定的标准(XYZ)系统来确定矿物反射色的数值。从20世纪后期(1975年)开始，中国地质科学院的陈正等用MPV－I型光电倍增管测微光度计实测了100多种金属矿物的反射率色散曲线并计算这些矿物的反射色颜色指数，使我国成为最早开创这个领域的几个先进国家之一。

在色度学中，表征颜色的3个要素是亮度、色调和纯度。亮度是指颜色明亮的程度，是重要的颜色指数之一，金属矿物亮度以R_{vis}表示。色调是颜色的种类，它与光的波长有关(见表4－8)。一般以颜色指数中的主波长λ_d或颜色色散曲线主峰值的波长表示。纯度(P_e)指颜色的纯粹程度，因为各种颜色都可由红、绿、蓝三原色按不同比例混合而成，即任何颜色都是三原色变量的函数，故任何颜色都可用色光和白色的比例来定量表示，以光谱色为最大(100%为1)，颜色变淡P_e即减小，纯白光为零。例如主波长λ_d为650 nm、纯度P_e为0.6的颜色，它是由60%的波长650 nm的深红色光加上40%的白光混合构成的红光。它看起来不如100%的650 nm深红色那样鲜艳，但比纯度小于0.6的红光鲜艳一些。

表 4-8 颜色的色调 （单位：nm）

波长 λ	<450	450~480	480~510	510~550	550~570	570~590	590~610	>610
色调	紫色	蓝色	青色（蓝绿色）	绿色	黄绿色	黄色	橙色	红色

反射色颜色指数主波长 λ_d 和纯度 P_e 可根据国际照度委员会（CIE）规定的（XYZ）系统标准色度（图 4-5）求出。色度图中 X、Y 分别为横坐标和纵坐标方向，其数值是标准三原色中的红色和绿色系数值（色度坐标值 x、y）。可见光中每一种单色光（从 380~800 nm）的 x、y 系数值都落在图中马蹄形曲线（光谱色曲线或光谱色轨迹）之上，图中的 W 点为理论上的白光（等能光 S_E），其 X、Y 值都为 0.3333（Z 值也为 0.3333）。所有实际的颜色都包含在马蹄形光谱色曲线及曲线两端点连线范围之内。颜色的色度坐标越接近光谱轨迹，则纯度越高，即颜色越深或越浓；越接近 W 白点，则纯度降低，颜色越淡或越接近白色，280~400 nm 到 700~800 nm端点直线上的各点不代表光谱色，而表示由 380~400 nm 的紫色和 700~800 nm 的红色按不同比例相混而得的混合色（接近紫端紫色较深，接近红端红色较显）。

从 400~700 nm 每间隔 10 nm 的共 31 个单色光谱色的 x、y、z 色度坐标值见表 4-9（表的左半部）。该表同时列出与国际照度委员会（CIE）的（X、Y、Z）系统的 31 个单色光谱色相应的三色函数值（表 4-9 的右半部）。这些三色函数值是由图 4-6 所示的 CIE 的（X、Y、Z）系统的等能光谱谱色三色曲线图截量出来的。如图 4-6 中 $\overline{X}$ 曲线的峰值为 1.0622 在 600 nm 处，$\overline{Y}$ 曲线的峰值为 0.9950 在 550 nm 和 560 nm 处，$\overline{Z}$ 曲线的峰值为 1.7721 在 450 nm 处。另如 500 nm 单色光的三色函数值可由图 4-6 截量出 $\overline{X_\lambda}$ 为 0.0049，$\overline{Y_\lambda}$ 为 0.3230、$\overline{Z_\lambda}$ 为 0.2702。由于是等能光源，故图 4-6 中 $\overline{X}$、$\overline{Y}$、$\overline{Z}$ 三条曲线与水平基线之间的面积（$S-\overline{X}$、$S-\overline{Y}$、$S-\overline{Z}$）相等。

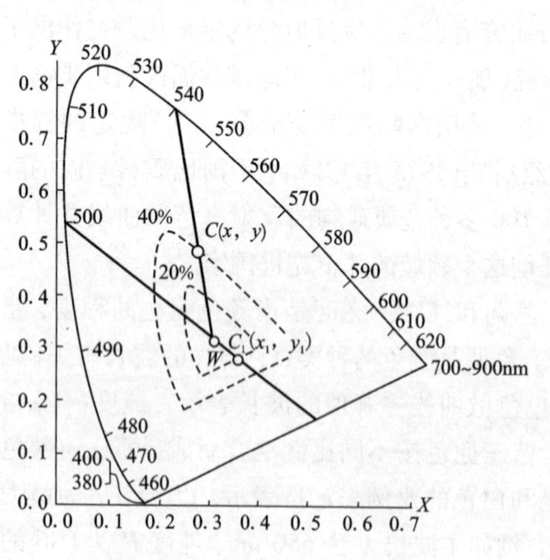

图 4-5 CIE（X、Y、Z）色度图

（据 Bowie 等改绘）

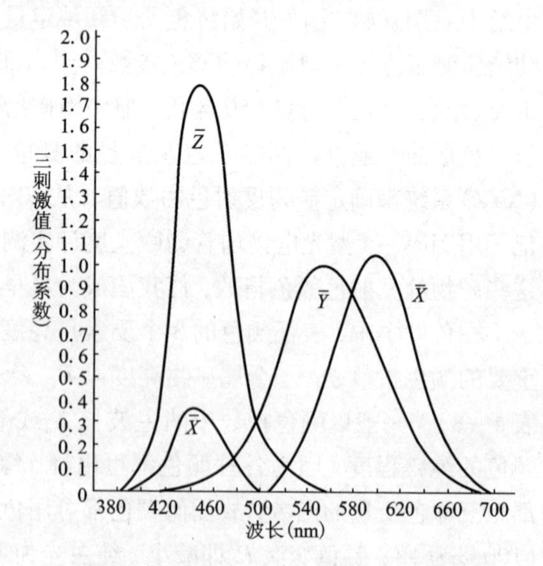

图 4-6 CIE 之（X、Y、Z）系统的等能光谱谱色三色曲线图

表 4-9 国际照度委员会之(X、Y、Z)系统的等能光谱色度坐标和三色函数

波长(nm)	色度坐标			三色函数		
	x_λ	y_λ	z_λ	$\bar{x}_\lambda$	$\bar{y}_\lambda$	$\bar{z}_\lambda$
400	0.1733	0.0048	0.8219	0.0143	0.0004	0.0679
410	0.1720	0.0048	0.8226	0.0435	0.0012	0.2074
420	0.1714	0.0051	0.8235	0.1344	0.0040	0.6456
430	0.1689	0.0069	0.8242	0.2839	0.0116	1.3856
440	0.1644	0.0109	0.8247	0.3483	0.0230	1.7471
450	0.1566	0.0177	0.8257	0.3362	0.0380	1.7721
460	0.1440	0.0297	0.8263	0.2908	0.0600	1.6692
470	0.1241	0.0578	0.8181	0.1954	0.0910	1.2876
480	0.0913	0.1327	0.7760	0.0956	0.1390	0..8130
490	0.0464	0.2950	0.6596	0.0320	0.2080	0.4652
500	0.0082	0.5384	0.4534	0.0049	0.3230	0.2720
510	0.0139	0.7502	0.2359	0.0093	0.5030	0.1582
520	0.0743	0.8338	0.0919	0.0633	0.7100	0.0782
530	0.154?	0.8059	0.0394	0.1655	0.8620	0.0422
540	0.2296	0.7543	0.0161	0.2904	0.9540	0.0203
550	0.3016	0.6923	0.0061	0.4334	0.9950	0.0087
560	0.3713	0.6245	0.0024	0.5945	0.9950	0.0039
570	0.4441	0.5547	0.0012	0.7621	0.9520	0.0021
580	0.5125	0.4866	0.0009	0.9163	0.8700	0.0017
590	0.5752	0.4242	0.0006	1.0263	0.7570	0.0011
600	0.6270	0.3725	0.0005	1.0622	0.6310	0.0008
610	0.6658	0.3340	0.0002	1.0026	0.5030	0.0003
620	0.6915	0.3083	0.0002	0.8544	0.3810	0.0002
630	0.7079	0.2920	0.0001	0.6424	0.2650	0.0000
640	0.7190	0.2809	0.0001	0.4479	0.1750	0.0000
650	0.7260	0.2740	0.0000	0.2835	0.1070	0.0000
660	0.7300	0.2700	0.0000	0.1649	0.0610	0.0000
670	0.7320	0.2680	0.0000	0.0874	0.0320	0.0000
680	0.7334	0.2666	0.0000	0.0468	0.0170	0.0000
690	0.7344	0.2656	0.0000	0.0227	0.0082	0.0000
700	0.7347	0.2653	0.0002	0.0114	0.0041	0.0000
总计				10.6676	10.6815	10.6504

如某一色光的色度坐标 x、y 已经求出(求法见后文),投入色度图中位于 C 点。将 C 点

与白点 W 连接并向光谱色曲线方向延长与光谱色曲线交于542点，此542点为光谱色轨迹上的波长数(此时为542 nm)，即为这一色光的主波长 λ_d(542 nm 的绿色)。C 点在 $W\lambda_d$连线中的位置代表该色光的纯度(P_e)：$P_e = \frac{WC}{W\lambda_d}$

也可用以下二式计算：$P_e = \frac{x - 0.3333(x_\omega)}{x_d - 0.3333(x_\omega)}$，$P_e = \frac{y - 0.3333(y_\omega)}{y_d - 0.3333(y_\omega)}$

式中，x_d、y_d为 λ_d点在色度图中的坐标值(由 λ_d在图中的位置量出)。

当某一色光色度坐标接近于光谱色曲线底端连线时(即处于 W 点、380 ~ 400 nm 点、700 ~ 800 nm 点三角形范围内)，习惯上对 λ_d、P_e另作规定：如 C_1点，按色度坐标 x_1、y_1投在色度图上，仍与白点 W 连接成 WC_1线，将一端延至500 nm点与光谱轨迹相交，另一端则与光谱轨迹端点直线相交于 -500 nm 点。500 nm 点就是 -500 nm 点的补色。规定 C_1色光的主波长即为 -500 nm。关于 C_1色光的纯度仍以 $WC_1/W-500$ 之比表示，同样也可用以下二式计算：

$$P_e = \frac{x_1 - 0.3333}{x_{-500} - 0.3333},\ P_e = \frac{y_1 - 0.3333}{y_{-500} - 0.3333}$$

式中，x_{-500}、y_{-500}为 -500 nm 点在色度图中的坐标值。

2. 反射色颜色指数的测算方法

下面介绍我国矿相学家陈正推荐的测量金属矿物反射色颜色指数的等能光源 S_E等值纵坐标法测量和计算步骤。

1)精确测定400 ~ 700 nm 范围内间隔20 nm 的16个反射率数值或较均匀分布的10多个反射率数值，并在反射率色散网格纸上投点连成欲测矿物的反射率色散曲线；

2)由上述16个反射率数值加上每2个之间的平均值共得出31个反射率数值或在上述网格纸上截量出 S_E光源等值纵坐标计算法所需要的间隔为10 nm 从400 ~ 700 nm 之间共31个反射率数值；

3)借助表4 -10将上述31个反射率数值乘以相对应的三刺激函数 $P_{E_\lambda} \cdot \overline{x_\lambda}$、$P_{E_\lambda} \cdot \overline{y_\lambda}$和 $P_{E_\lambda} \cdot \overline{z_\lambda}$。按三色分别相加得出 $\sum(P_{E_\lambda} \cdot \overline{x_\lambda} \cdot R_\lambda)$、$\sum(P_{E_\lambda} \cdot \overline{y_\lambda} \cdot R_\lambda)$ 和 $\sum(P_{E_\lambda} \cdot \overline{z_\lambda} \cdot R_\lambda)$，都乘以应乘因素1/10.6815即得出 X、Y、Z 值；

4)由 x 为 $X/(X+Y+Z)$ 和 y 为 $Y/(X+Y+Z)$ 算出色度坐标值 x、y；

5)由 x、y 在色度图(图4 -5)上求出 λ_d和 P_e；

6)Y 值即为欲测矿物反射色的亮度 R_{vis}，至此已求出欲测矿物的反射色全部颜色指数视觉反射率 R_{vis}、色度坐标值 x、y、主波长 λ_d和纯度 P_e。

表4 -10　等能光源 S_E等值纵坐标法计算记录表

波长(nm)	$P_{E_\lambda} \cdot \overline{x_\lambda} \cdot R_\lambda$	$P_{E_\lambda} \cdot \overline{y_\lambda} \cdot R_\lambda$	$P_{E_\lambda} \cdot \overline{z_\lambda} \cdot R_\lambda$
400	$0.0143 \cdot R_{400}$	$0.0004 \cdot R_{400}$	$0.0679 \cdot R_{400}$
410	$0.0435 \cdot R_{410}$	$0.0012 \cdot R_{410}$	$0.2074 \cdot R_{410}$
420	$0.1344 \cdot R_{420}$	$0.0040 \cdot R_{420}$	$0.6456 \cdot R_{420}$
430	$0.2839 \cdot R_{430}$	$0.0116 \cdot R_{430}$	$1.3856 \cdot R_{430}$

续表 4－10

波长(nm)	$P_{E_\lambda} \cdot \bar{x}_\lambda \cdot R_\lambda$	$P_{E_\lambda} \cdot \bar{y}_\lambda \cdot R_\lambda$	$P_{E_\lambda} \cdot \bar{z}_\lambda \cdot R_\lambda$
440	$0.3483 \cdot R_{440}$	$0.0230 \cdot R_{440}$	$1.7471 \cdot R_{440}$
450	$0.3362 \cdot R_{450}$	$0.0380 \cdot R_{450}$	$1.772I \cdot R_{450}$
460	$0.2908 \cdot R_{460}$	$0.0600 \cdot R_{460}$	$1.6692 \cdot R_{460}$
470	$0.1954 \cdot R_{470}$	$0.0910 \cdot R_{470}$	$1.2876 \cdot R_{470}$
480	$0.0956 \cdot R_{480}$	$0.1390 \cdot R_{480}$	$0.8130 \cdot R_{480}$
490	$0.0320 \cdot R_{490}$	$0.2080 \cdot R_{490}$	$0.4652 \cdot R_{490}$
500	$0.0049 \cdot R_{500}$	$0.3230 \cdot R_{500}$	$0.2720 \cdot R_{500}$
510	$0.0093 \cdot R_{510}$	$0.5030 \cdot R_{510}$	$0.1582 \cdot R_{510}$
520	$0.0633 \cdot R_{520}$	$0.7100 \cdot R_{520}$	$0.0782 \cdot R_{520}$
530	$0.1655 \cdot R_{530}$	$0.8620 \cdot R_{530}$	$0.0422 \cdot R_{530}$
540	$0.2904 \cdot R_{540}$	$0.9540 \cdot R_{540}$	$0.0203 \cdot R_{540}$
550	$0.4334 \cdot R_{550}$	$0.9950 \cdot R_{550}$	$0.0087 \cdot R_{550}$
560	$0.5945 \cdot R_{560}$	$0.9950 \cdot R_{560}$	$0.0039 \cdot R_{560}$
570	$0.7621 \cdot R_{570}$	$0.9520 \cdot R_{570}$	$0.0021 \cdot R_{570}$
580	$0.9163 \cdot R_{580}$	$0.8700 \cdot R_{580}$	$0.0017 \cdot R_{580}$
590	$1.0263 \cdot R_{590}$	$0.7570 \cdot R_{590}$	$0.0011 \cdot R_{590}$
600	$1.0622 \cdot R_{600}$	$0.6310 \cdot R_{600}$	$0.0008 \cdot R_{600}$
610	$1.0026 \cdot R_{610}$	$0.5030 \cdot R_{610}$	$0.0003 \cdot R_{610}$
620	$0.8544 \cdot R_{620}$	$0.3810 \cdot R_{620}$	$0.0002 \cdot R_{620}$
620	$0.6424 \cdot R_{630}$	$0.2650 \cdot R_{630}$	0.0000
640	$0.4479 \cdot R_{640}$	$0.1750 \cdot R_{640}$	0.0000
650	$0.2835 \cdot R_{650}$	$0.1070 \cdot R_{650}$	0.0000
660	$0.1649 \cdot R_{660}$	$0.0610 \cdot R_{660}$	0.0000
670	$0.0874 \cdot R_{670}$	$0.0320 \cdot R_{670}$	0.0000
680	$0.0468 \cdot R_{680}$	$0.0170 \cdot R_{680}$	0.0000
690	$0.0227 \cdot R_{690}$	$0.0082 \cdot R_{690}$	0.0000
700	$0.0114 \cdot R_{700}$	$0.0041 \cdot R_{700}$	0.0000
三者之和	$\sum(P_{E_\lambda} \cdot \bar{x}_\lambda \cdot R_\lambda) =$	$\sum(P_{E_\lambda} \cdot \bar{y}_\lambda \cdot R_\lambda) =$	$\sum(P_{E_\lambda} \cdot \bar{z}_\lambda \cdot R_\lambda) =$
应乘因素	1/10.6815	1/10.6815	1/10.6815
三刺激值	$X =$	$Y =$	$Z =$

颜色指数　视觉反射率：$R_{vis} = Y =$

色度坐标值：$x = X/(X+Y+Z) =$

$y = Y/(X+Y+Z) =$

颜色主波长：$\lambda_d =$

颜色纯度：$P_e =$

张志雄是我国矿相学研究领域最早运用计算机编程计算矿物颜色指数的矿相学家，早在1983年就利用PC－1500型袖珍电子计算机编制出计算 x、y、R_{vis}、λ_d 和 P_e 等反射色颜色指数的程序软件。随着矿相显微镜观测功能和自动化程度的显著提高，现在包括矿物颜色指数在内的许多光学性质及其他物理性质（如显微硬度）指标都实现了计算机实时计算输出。

3. 反射色颜色指数的研究意义

反射色颜色指数不仅是鉴定金属矿物的定量化光学性质指标，而且在许多类质同象系列矿物、矿物变种、异种鉴别方面有显著应用价值。如表4－11、表4－12所示，自然金－自然银系列矿物、铅锑硫盐矿物，利用其反射色颜色指数能有效鉴别其具体种类。又如表4－13、表4－14所示，黝铜矿变种、磁黄铁矿异种间，其反射色颜色指数也有可辨的差异。再如表4－15所示，黄铁矿的反射色颜色指数特征随含金量变化而显著变化，显然是寻找原生金矿的重要矿物学和矿相学标志。总之，定量数字化表征金属矿物反射色颜色指数的应用价值是传统视测对比法所不能比拟的，突出体现了矿相学研究方法创新的优势。反射色颜色指数有助于材料科学、成因矿物学和找矿矿物学的发展。

表4－11　自然金－自然银系列矿物的反射色颜色指数（S_E）

	视觉反射率 R_{vis}（%）	色度坐标值		主波长 λ_d（nm）	纯度 P_e
		x	y		
自然金	75.3	0.400	0.398	578	0.399
金银矿	81.6	0.349	0.349	578	0.093
自然银	88.7	0.340	0.341	577	0.042

表4－12　几种铅锑复杂硫盐类矿物的反射色颜色指数（S_E）

矿物（主反射率）		视觉反射率 R_{vis}（%）	色度坐标值		主波长 λ_d（nm）	纯度 P_e
			x	y		
斜辉锑铅矿	R_g	54.5	0.331	0.334	494	0.009
（Meneghinte）	R_m	50.5	0.329	0.332	487	0.015
	R_p	46.5	0.334	0.337	563	0.014
斜硫锑铅矿	R_g	42.3	0.324	0.328	484	0.036
（Plagionite）	R_m	40.1	0.325	0.334	492	0.029
	R_p	32.5	0.335	0.341	561	0.029
纤硫锑铅矿	R_g	44.6	0.325	0.326	480	0.035
（Robinsonite）	R_m	35.8	0.328	0.329	480	0.023
	R_p	32.1	0.329	0.331	484	0.016

表4－13　含铁量不同之砷黝铜矿的反射色颜色指数特征（S_E）

矿物变种	视觉反射率 R_{vis}（%）	色度坐标值		主波长 λ_d（nm）	纯度 P_e
		x	y		
合成铁砷黝铜矿（Fe 8.82%）	29.4064	0.3290	0.3335	492	0.0151
纯砷黝铜矿	29.0000	0.3290	0.3330	490	0.0140

表 4－14　磁黄铁矿不同异种的反射色颜色指数特征(S_E)

矿物异种		视觉反射率 R_{vis}(%)	色度坐标值		主波长 λ_d (nm)	纯度 P_e
			x	y		
六方磁黄铁矿	R_g	38.3	0.354	0.354	578	0.124
	R_p	34.9	0.358	0.356	579	0.141
单斜磁黄铁矿	R_g	39.8	0.353	0.353	578	0.110
	R_p	34.3	0.357	0.353	581	0.130

表 4－15　含金性不同之黄铁矿的反射色颜色指数特征(S_E)

含金性特点	视觉反射率 R_{vis}(%)	色度坐标值		主波长 λ_d (nm)	纯度 P_e
		x	y		
富含金的黄铁矿	52.6732	0.3649	0.3677	577	0.2000
不含金的黄铁矿	53.9000	0.3520	0.3590	571	0.1320

五、常见金属矿物的反射色

部分常见金属矿物的反射色特征见表 4－16。

表 4－16　常见金属矿物的反射色

矿物(反射色特征)	矿物(反射色特征)	矿物(反射色特征)
毒　砂(白色微带玫瑰黄色)	磁黄铁矿(乳黄色，微带玫瑰棕色	硫锰矿(浅灰色微带绿色)
黄铁矿(浅黄白色)	黝铜矿(灰白色微带浅棕色)	钛铁矿(灰白色带棕色)
白铁矿(浅黄白色微带粉红色)	砷黝铜矿(灰白色微带橄榄绿色)	黑钨矿(灰色)
红砷镍矿(浅玫瑰色微带黄色)	螺状硫银矿(灰白色带绿色)	针铁矿(灰微带淡蓝色)
自然银(亮白色微带乳黄色)	辉铜矿(强灰色微带蓝色)	锡石(灰色带棕色)
自然金(亮金黄色)	辰砂(浅蓝灰白色)	铜蓝(深蓝微带紫色－蓝白色)
自然锡(乳白色，易变为粉红乳色)	赤铜矿(浅灰色微带浅蓝色)	石墨(浅棕灰色－深灰色)
自然铜(铜红色，易变为淡棕色)	赤铁矿(浅灰白色微带蓝色)	辉钼矿(灰白色－灰色)
镍黄铁矿(浅黄白色微带棕色)	磁铁矿(浅灰色微带棕色)	软锰矿(白色微带乳黄色)
紫硫镍矿(白色微带紫、黄或棕色)	黝(黄)锡矿(黄灰色带橄棋绿色)	钡硬锰矿(浅灰白色微带黄色)
黄铜矿(铜黄色)	硫砷铜矿(浅粉红灰白色)	石英(深灰色)
辉铋矿(白色微带淡黄色)	斑铜矿(粉红棕色)	方解石(深灰色－灰黑色)
方铅矿(纯白色)	闪锌矿(灰色微带淡棕色)	
辉锑矿(白－浅灰白色)	蓝辉铜矿(灰蓝色)	

第三节　矿物的双反射(率)、反射多色性及其观测

一、矿物双反射(率)和反射多色性的概念

中低级晶质矿物晶体颗粒切面在两个相互垂直的方向上分别出现较高反射率和较低反射率的性质，称为(非均质矿物的)双反射(率)。这种光学性质是在矿相显微镜单偏光系统观察到的非均质矿物的非均质切面所特有的，其在单偏光系统的直接表现是，当转动载物台改变矿物晶体颗粒切面的方位时，可观察到亮度(反射率)的变化，其中一个方向反射率在该切面最大(最亮)，另一个与之垂直的方向反射率在该切面最小(最暗)，这两个明暗变化最大、相互垂直的方向称为切面主反射率方向，其最大反射率与最小反射率的差值称为切面的绝对双反射率，而这种因为切面反射率变化而引起的明暗(亮度)变化，称为双反射现象。

在矿相显微镜单偏光系统转动物台观察时，晶体颗粒切面的反射色随反射率变化而变化的性质，称为反射多色性。很明显，矿物反射多色性的出现，表明这种晶体颗粒切面不仅存在双反射现象，而且切面的不同方向对色光的选择性吸收、选择性反射具有明显差异。换言之，如果矿物晶体颗粒(切面)出现反射多色性则必定存在双反射(率)，但存在双反射(率)的矿物晶体颗粒(切面)未必出现反射多色性。

第二章第三节已经述及，非均质矿物光学指示体为旋转椭球体(中级晶族)或三轴椭球体(低级晶族)，因而除光学指示体圆切面以外，其他任何方向的切面，都是椭圆度不等的椭圆切面或复杂形状切面。因而，如果采用精密仪器测量，除等轴晶系矿物以外，中、低级晶族矿物的光性指示体的非椭圆切面在转动物台改变切面方位时，其反射率都不相同，其反射色的颜色指数(视觉反射率 R_{vis}、主波长 λ_d、纯度 P_e和色度坐标值 x、y)也都会有所差异。换言之，在理论上，任何中、低级晶族矿物的光性指示体的椭圆切面都存在双反射(率)和反射多色性。但在矿相显微镜下，观察者凭视觉能力只能看到部分中、低级晶族矿物显示双反射和反射多色性现象，而且无色类和微弱颜色类矿物通常只能观察到双反射现象，而显著颜色类矿物则因为颜色变化会(部分)掩盖亮度的变化而主要观察到反射多色性。值得指出的是，同种矿物晶体颗粒的不同方向切面，因为其光学指示体切面的椭圆度不同的椭圆切面(或复杂形状切面)，双反射(率)和反射多色性的明显程度不同，只有处在光学指示体主切面者最为明显。光学指示体主切面最大反射率与最小反射率的差值称为矿物的绝对双反射率；光学指示体其他任意椭圆切面的两个主反射率方向的最大反射率与最小反射率的差值称为切面的绝对双反射率。不同矿物晶体，因它们的光学指示体椭球度不同，双反射(率)和反射多色性的明显程度不同，正因如此，在矿相显微镜下，利用矿物的双反射和反射多色性可以鉴定金属矿物。

部分具有鉴定意义的矿物视觉双反射(率)和反射多色性列于表 4－17。

表4－17 部分金属矿物的视觉双反射和双射多色性

矿物	双反射(率)的明显程度	反射多色性		
		普通中间性颜色	特强低主反射率颜色	高主反射率颜色
铜蓝	特强	不同程度的蓝色	深紫蓝色	蓝白色
蓝硒铜矿	特强	绿灰到蓝灰色	深橄榄绿灰色	浅蓝灰色
辉钼矿	特强	白到灰色	白灰色	白色
辉铁锑矿	显著	鲜明褐灰色	粉红褐色	白色
辉铋矿	清楚	黄白色	白灰色	黄白色
淡红银矿	显著－清楚	蓝白到绿白色	蓝灰色	黄白色
磁黄铁矿	清楚－微弱	鲜明褐黄色	粉红褐色	褐黄色
红砷镍矿	显著－清楚	粉红色到褐白色	鲜明粉红褐色	蓝白色
红锑镍矿	显著	带紫的粉红色	紫红色	鲜明粉红黄色
方黄铜矿	微弱	古铜黄色	粉红褐色	鲜明黄色
墨铜矿	特强	无色	褐灰色	乳黄色
针镍矿	微弱	黄色	黄色	亮黄色

二、双反射和反射多色性的形成机理

双反射、反射多色性的形成机理与反射率、反射色的形成机理在本质上是相同的，可以用能带理论解释。但与反射率、反射色形成机理的差别在于，双反射、反射多色性形成的关键原因在于矿物晶体内部质点排列存在明显的各向异性，从而化学键类型、结合强度(键强)及方向(键向)也存在各向异性，导致其在不同的结晶方向对可见光的吸收、反射的强度不同，对不同波段色光的选择性吸收、选择性反射的强度也不同。

然而，非均质矿物的视觉双反射现象的显著程度取决于矿物(及其任意非圆切面)的相对双反射率($\Delta R'$)，$\Delta R'=\Delta R/[(R_1+R_2)/2]$，而不取决于矿物(及其任意非圆切面)的绝对双反射率(ΔR)，$\Delta R=R_1-R_2$。上述两式中，R_1和R_2分别为矿物(或其任意非圆切面)最高反射率和最低反射率，即2个相互垂直的主反射率。例如，方解石主切面的$R_1=5.9\%$，$R_2=3.9\%$，$\Delta R=2.0\%$，$\Delta R'=40.8\%$，其双反射特别显著，而红砷镍矿主切面$R_1=58.3\%$，$R_2=52.0\%$，$\Delta R=6.3\%$，$\Delta R'=11.4\%$，其双反射显著程度却远低于方解石。很明显，虽然红砷镍矿主切面的绝对双反射率值达方解石主切面绝对双反射率值的三倍以上，但其相对双反射率却不及方解石的相对双反射率的四分之一。实际上，决定双反射明显程度的关键因素是矿物晶体颗粒切面两个主反射率方向的反射亮度差与背景反射亮度(平均反射率)间的反差。这种反差越大，双反射显著程度越高。因为绝对双反射率没有反映亮度背景值的高低，因而不能反映矿物晶体颗粒切面两个主反射率方向的反射亮度差与背景亮度间的反差，故不是双反射显著程度的决定性因素。而相对双反射率的高低则是矿物晶体颗粒切面两个主反射率方向的反射亮度差与背景亮度间反差的有效表达，因而是双反射显著程度的决定因素。同理可知，同一矿物晶体颗粒切面在浸油中(油浸镜头)观察时，与在空气中(干镜头)观察相比，无论主反射率和平均反射率都较较低，双反射更加明显。

与双反射现象显著程度相似，矿物反射多色性的显著程度则取决于相对双色散率（$\Delta F'$），$\Delta F' = \Delta F / [\,|F_1| + |F_2|\,)/2\,]$，而不取决于矿物的绝对双色散率（$\Delta F$），$\Delta F = |F_1 - F_2|$。

上述两式中，F_1和F_2分别为高主反射率的色散率和低主反射率的色散率，两条竖线内不管正、负符号只取绝对数值。

据Л. Н. Вяльсов(1973)：$F_1 = R_{1(680)} - R_{1(480)}$，$F_2 = R_{2(680)} - R_{2(480)}$。式中$R_{1(680)}$、$R_{2(680)}$和$R_{1(680)}$、$R_{1(480)}$分别为高主反射率方位、低主反射率方位在680 nm单色光和480 nm单色光下的反射率，亦可用$R_{(650)}$、$R_{(470)}$代替。

如表4－18所示，一组黄色矿物（方黄铜矿和磁黄铁矿）的反射多色性显著程度取决于相对双色散率（磁黄铁矿的$\Delta F'$大于方黄铜矿的$\Delta F'$决定了磁黄铁矿的反射多色性较方黄铜矿显著，据此特征可鉴别二者）。一组白色矿物（辉钼矿和毒砂）中虽然辉钼矿的绝对双色散率ΔF大于毒砂，但因其相对双色散率$\Delta F'$小于毒砂而导致辉钼矿的反射多色性比毒砂弱。

表4－18　两组不同反射色矿物的470 nm和680 nm主反射率、色散率、ΔF及$\Delta F'$

矿物	$R_{1(650)}$ (%)	$R_{1(470)}$ (%)	$R_{2(650)}$ (%)	$R_{2(470)}$ (%)	F_1 (%)	F_2 (%)	ΔF (%)	$\Delta F'$ (%)	视觉效放
方黄铜矿	44.4	32.2	42.4	30.1	12.2	12.3	0.1	0.008	反射多色性微弱
磁黄铁矿	43.25	35.5	39.5	30.8	7.75	8.7	0.95	0.1155	反射多色性较明显
辉钼矿	40.0	46.9	18.9	22.0	−6.9	−3.1	3.8	0.76	反射多色性较微弱
毒　砂	53.7	55.3	49.5	48.7	−1.6	0.8	2.4	2.0	反射多色性明显

注：F_1、F_2为正值时表示矿物红光反射率高于蓝光反射率，为负值时表示矿物蓝光反射率高于红光反射率。

应该指出，如果将显示双反射和反射多色性的矿物精确地测量两个主反射率位置的反射色颜色指数（色度坐标值x、y，视觉反射率R_{vis}，主波长λ_d，纯度P_e），并将$R_1(x_1、y_1)$和$R_2(x_2、y_2)$投在色度图上，则这两个色点在色图上的差异可以精确地表示该矿物的双反射和反射多色性特征。

三、矿物双反射和反射多色性的观察方法与视测分级

1. 矿物双反射和反射多色性的观察方法

因为矿物的双反射和反射多色性是随着非均质矿物晶体颗粒切面上主反射率方向相对入射偏光振动方向变化而显示的反射率和反射色的变化，故只能在矿相显微镜单偏光系统转动载物台观察。观察时，将注意力集中在欲测矿物的单个晶体颗粒或颗粒集合体切面，通过不断转动载物台，观察其亮度、颜色的变化即可。由于多颗粒集合体的不同颗粒切面所处光性指示体切面椭圆度或复杂形状切面不同，其反射率、颜色变化明显程度不同，以主切面最为明显，因此可以观察到在不同晶粒之间的反射率和反射色的差异，使得这种反射率、颜色的差异能够在矿相显微镜视域内同时显示出来，更有利于双反射、反射多色性的观察。单个颗粒的反射率、颜色的差异，只能在转动物台改变晶粒方位的不同时间内显示出来，要经过“视觉暂留”作用将前后的印象叠加起来对比才能显示，故其远不如前者在同一时间内直接感觉

出来的明显。事实上，只有少数双反射和反射多色性很强的矿物才能在单个晶粒中观察到亮度和颜色的变化，大多数双反射和反射多色性较弱的矿物须在多颗粒集合体中观察不同颗粒之间的反射率和反射色的变化。观察集合体时，可先在正交偏光下转动物台，看到不同颗粒的轮廓、界线之后，再用单偏光观察双反射和反射多色性。

2. 矿物双反射和反射多色性的视测分级

前已述及，矿物的双反射和反射多色性的明显程度主要取决于其相对双折射率或相对双色散率，为了有效地反映矿物的双反射和反射多色性的相对强弱或明显程度，以便使其作为部分矿物的光学性质鉴定特征，帮助鉴定金属矿物，通常定性地将矿物双反射和反射多色性的视测分级划分为特强（单个晶粒特别显著）、显著（单个晶粒清楚可见）、清楚（多颗粒集合体清楚可见）、微弱（多颗粒集合体隐若可见）、无（多颗粒集合体在浸油中也不显示亮度和颜色的差异）5 个等级。

但有必要指出的是，除观察者对亮度、颜色变化的敏感性差别以外，矿物双反射和反射多色性视测分级的详略程度与矿相显微镜的质量性能及光路系统调节的好坏有关。质量性能好、光路系统调节至最佳状态的矿相显微镜，因为光学成像清晰度高、单偏光偏振化程度高、光源强度（光通量）大、观察条件好，微弱的亮度和颜色变化也能显现，观察者能够根据其显现程度详细地区分双反射和反射多色性的视测等级。相反，在质量性能较差、光路系统调节较差的矿相显微镜观察时，较微弱的亮度、颜色变化难以显现，即使应该相对较明显的亮度、颜色变化也显得比较微弱，观察者就难以有效地区分双反射和反射多色性的视测等级，则显示不出矿物反射率和反射色的微弱变化，也不能详细区分很多等级。

通常教学用矿相显微镜质量性能劣于同时代的先进矿相显微镜，而操作者主要是初学者，操作调节熟练程度低，加之维护保养难，故在教学实验时，可采用较粗略的三级视测分级：Ⅰ级——清楚：教学用矿相显微镜单偏光下转动载物台（调节较好时）观察矿物单个晶体颗粒切面能显示亮度、颜色变化者；Ⅱ级——可见：教学用矿相显微镜单偏光下转动载物台（调节较好时）虽然观察矿物单个晶体颗粒切面时难察觉其亮度、颜色变化，但观察矿物多晶集合体颗粒切面能显示亮度、颜色变化者；Ⅲ级——未见：教学用矿相显微镜单偏光下转动载物台（调节较好时），即使观察矿物多晶集合体颗粒切面，也察觉不出亮度、颜色变化者。也有少数矿相学教程建议采用更粗略的两级视测分级：Ⅰ级——可见：在空气中用一般教学用矿相显微镜单偏光下转动物台观察矿物单个晶粒或多颗粒集合体可显示反射率或反射色变化者属于本级；Ⅱ级——未见：在上述条件下未显示亮度和颜色变化者属于本级（徐国风，1987）。

在开展矿相学研究与实际生产应用时，通常配备有同时代质量性能较好的高级矿相显微镜，并经常使用浸油作为观察介质，因而既需要、也能够采用较为复杂的双反射和反射多色性的视测分级（4 级或 5 级分级），甚至还可以定量地测定最大和最小反射率的精确数值及颜色指数 x、y、R_{vis}、λ_d、P_e，确切地表示矿物的双反射和反射多色性的特征。

四、矿物双反射和反射多色性视测的影响因素

很显然，在矿相显微镜下定性观测矿物双反射和反射多色性，除受矿相显微镜的质量性能（精密程度）影响外，前述矿物反射率、反射色观察的诸多影响因素都是矿物双反射和反射多色性观测的影响因素。它们主要包括：（1）光源质量，（2）光片磨光质量，（3）光片安装质量，（4）耀光，（5）准焦，（6）物镜孔径数值；等等。

不仅如此，矿物双反射和反射多色性视测的影响因素还包括另外两种：(1)晶体颗粒切面方向：因为无论中级晶质晶或低级晶族矿物，在特殊切面方向为光性指示体圆切面(如一轴晶垂直光轴的切面)，其余为椭圆度或切面形状各异的切面。显然，只有光学指示体最大椭圆度切面(主切面)的双反射和反射多色性最为明显，也才能代表矿物双反射和反射多色性特征。因此，应尽量同时观测全视域多晶颗粒集合体以进行双反射和反射多色性的视测分级，并在此基础上尽量选择主切面晶粒准确表征两个主反射率方向的颜色；(2)因为矿物双反射和反射多色性需要转动载物台改变矿物晶体颗粒切面相对入射偏光振动方向的方位进行观测，无论亮度或颜色变化都存在时间差，需要利用"视觉暂留效应"对比确定，尤其是单晶体颗粒切面更是如此，因而观察者的"视觉暂留"能力也是矿物双反射和反射多色性的重要影响因素。为了尽量减小该因素的影响，应尽量在单偏光系统先采用数值孔径较小的物镜同时观测全视域多晶颗粒集合体，如有必要，可再选择其中反射多色性最明显的矿物晶体颗粒在数值孔径中等的物镜进行观测。

五、非均质矿物反射光性符号确定

反射光性符号是鉴定不透明非均质矿物的光学特征之一。非均质矿物的反射光性符号是根据矿物主反射率的相对大小来确定的。规定：一轴晶矿物 $R_e > R_0$ 为正光性(+)，$R_0 > R_e$ 为负光性(-)；低级晶矿物 $(R_g - R_m) > (R_m - R_p)$ 为正光性(+)；$(R_g - R_m) < (R_m - R_p)$ 为负光性(-)。

确定矿物的反射光性符号需测出非均质矿物的主反射率(R_0、R_e 或 R_g、R_m、R_p)。但在矿相显微镜下，要精确测定非均质矿物的主反射率比较困难，因此一般只能测一系列任意切面的数据(切面主反射率数据)，用统计法来近似地求出矿物的各主反射率。方法如下：在同种矿物的不同晶体颗粒的任意切面上，测定其切面主反射率，即较高反射率 R_2 与较低反射率 R_1，根据这些数据用下述两种方法确定其反射光性符号。

1. 卡梅伦法

将所测得的同种矿物不同颗粒的反射率 R_1 与 R_2 列表，若发现该反射率中有一组 R_1 或 R_2 相等或近似为常数值，则说明此矿物为中级晶族矿物，且该组反射率为该矿物的 R_0，其数据的轻微波动是由测量误差引起的。若 $R_0 = R_1$，则反射率较大的变数值组的最大值必等于或近于 R_e，即 $R_e > R_0$，此矿物为反射正光性；反之若 $R_0 = R_2$，则为反射负光性，其变数值组的最低值等于或近似于 R_e。

例如某矿物共测5个颗粒(表4-19)，R_1 变化范围狭窄，近似常数值，应为 R_0，其数值应取各测此 R_1 的平均值，即 $R_0 = 21\%$。各 R_2 应为 R'_e，其最大值≈$R_e = 32\%$，此矿物的 $R_0 > R_e$，其反射光性符号应为中级晶族正光性符号。

表4-19　某矿物不同颗粒上所测得的切面主反射率数值

反射率＼颗粒	1	2	3	4	5		
R_1(%)	21.0	21.1	20.9	21.0	21.0	R_0	21
R_2(%)	32.0	30.1	27.3	26.8	28.6	R_e	32

再如某矿物共测得33个颗粒的切面主反射率，其数值列于表4－20。测定结果表明，所测矿物的一组R_1或一组R_2中，并没有相等或近似的常数值，说明该矿物属低级晶族矿物。这时需要将所得结果列表后，再用统计作图法将各颗粒的R_1与R_2按测次顺序标在图上，并用直线分别将各颗粒的R_1与R_2联接起来，如图4－7所示。

表4－20　某矿物不同颗粒的切面主反射率数值　（单位：%）

测次号	1	2	3	4	5	6	7	8	9	10	11
R_2	41.5	42.1	42.3	42.3	42.6	42	41.9	41.5	43.8	42.1	47.8
R_1	32.2	36	34.1	31.1	38.1	34	32	31.1	31.7	35.7	40.1
测次号	12	13	14	15	16	17	18	19	20	21	22
R_2	45.8	42.3	43.2	47.5	42.5	42.8	42	44.7	47.9	48.5	47.1
R_1	40.2	31.4	38.5	40	37.2	32.2	31.2	38.7	40.3	39	34.4
测次号	23	24	25	26	27	28	29	30	31	32	33
R_2	44.9	47.1	45.3	42.4	44.5	44.7	45.7	44.5	43.3	48.5	47.9
R_1	31.1	38.1	36.4	39.7	35.2	35.7	35.1	31.4	31.4	41.5	41.1

图中横坐标为各矿物颗粒的测次号，纵坐标为反射率值。由于各颗粒的R_1至R_2的数值域内，必定包含有R_m，所以，可作出一条同时穿切所有R_1-R_2连线的公共水平直线。该水平直线与直立轴相交的反射率数值，即代表该矿物的R_m(41.5%)。从图中还可以看出，R_2的最大值＝48.5% ≈ R_g；R_1的最小值＝31.1% ≈ R_p。矿物的三个主反射率确定后，既可用计算的方法确定此低级晶族矿物的光性正负，也能直观地从图上判断出其光性正负。若R_gR_m的长度大于R_mR_p，则该低级晶族矿物的反射光性符号为正光性，反之为负光性。

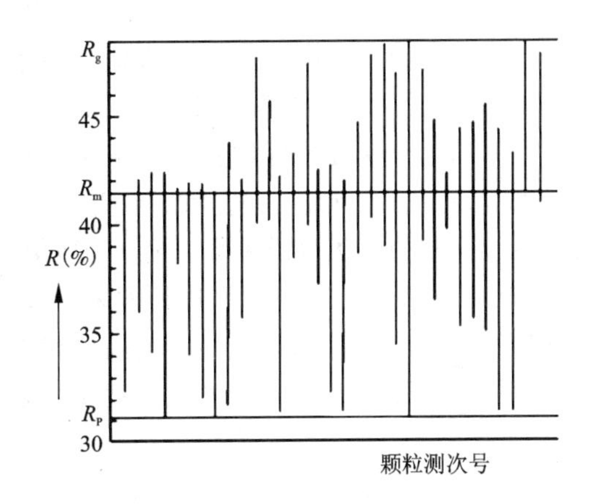

图4－7　辉锑矿实测数据统计图

2.维亚利索夫法

该方法以矿物任意切面的较高反射率R_2作横坐标，较低反射率R_1为纵坐标，将所测定矿物每一颗粒的切面主反射率R_1与R_2作一点投绘在坐标图上。测定若干颗粒，图上便有若干个投影点。根据这些点的排列情况，可分析矿物所在晶族及其反射光性符号。如果这些投影点成直线或近似直线排列，则为中级晶族矿物。再根据直线的方向，判断其光性符号。如将上述表4－19所测某矿物5个颗粒的反射率数据作成图4－8，可以看出，R_1近似为常数值，投影点沿水平直线分布，表示矿物为中级晶族正光性矿物（图4－9的Cv也为正光符）。相反，若R_2近似为常数值，投影点成直立线分布（图4－9的Mo），表示该矿物（辉钼矿）为一轴晶负光性矿物。

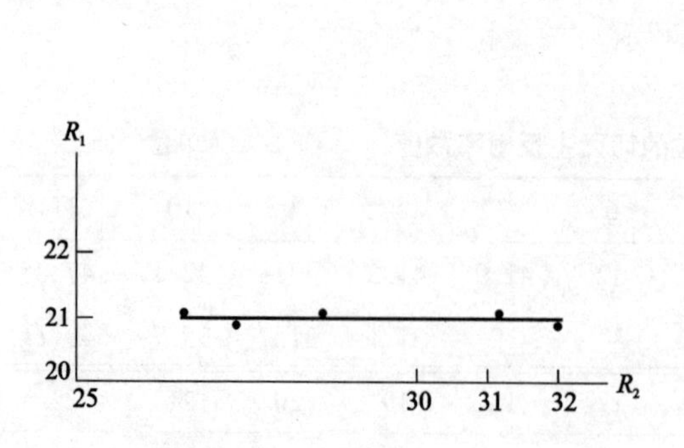

图4－8　某矿物中级晶族反射率实测统计图

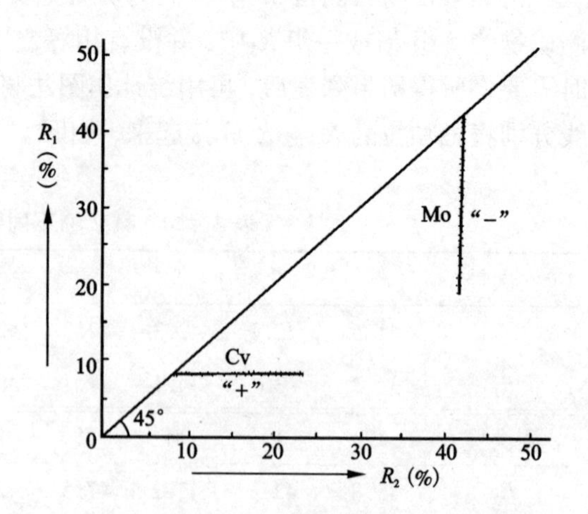

图4－9　辉钼矿（一轴晶负光性，Mo）及铜蓝（一轴晶正光性，Cv）的实测反射率统计图

如果矿物各颗粒的投影点不构成一条直线，而是较分散地排列在一矩形内，则此矿物属二轴晶。根据矩形长边的方向可以确定其反射光性符号。现仍以上述辉锑矿的33个颗粒测定值为例作图（图4－10）。可看出各投影点大致分布在矩形范围内。为了清楚起见，可将四周各投影点连成矩形。连接方法是先从测量数据表找出R_1的最大值与最小值（即$R_1=41.5$与$R_1=31.1$）的点，再找出R_2的最大值与最小值（即$R_2=48.5$与$R_2=41.5$）的点，通过这四个点分别作东西、南北的直线，四条直线相交成一矩形。或者自最东、最南、最西、最北各点分别作平行东西、南北坐标的直线，四条直线相交成一矩形。矩形的东边延长与R_2轴（横轴）的交点数值为R_g；矩形的南边延长与R_1轴（竖轴）的交点数值为R_p；矩形的左上角顶点必与和坐标轴成45°的一条直线相交，此点的数值应为R_m（图4－10）。矩形平行R_1的竖边长度表示R_m-R_p，矩形平行R_2的水平边长度表示R_g-R_m。因此，矩形长边平行于R_1时表示$(R_g-R_m)<(R_m-R_p)$，为反射负光性二轴晶。如果矩形的长边平行于水平的R_2轴，则表示$(R_g-R_m)>(R_m-R_p)$，应为反射正光性二轴晶（见图4－11）。

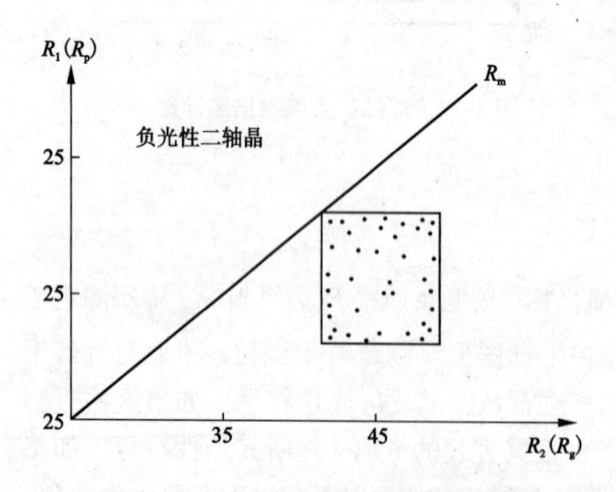

图4－10　辉锑矿实测反射率值统计图

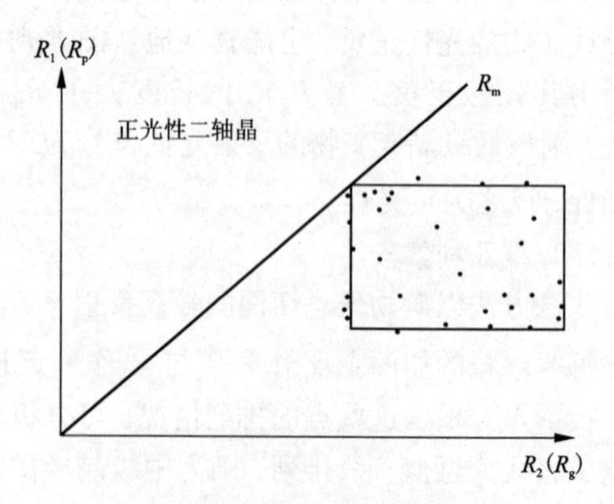

图4－11　斜辉锑铅矿实测反射率统计图

由于各种反射率测量误差的影响，使作出的矩形有时不会那样规整。在连接成矩形时，

应注意必须使矩形左上角交于45°线。这样可能有个别点落在矩形之外，那是由于各种误差所引起的。

实际测量时，应特别注意试样中的矿物晶体颗粒有无明显的定向性生长特征。如果试样中的矿物晶体颗粒明显定向生长，则光片抛光面切割矿物晶体颗粒的结晶方位差别小，所测各颗粒无论 R_1 或 R_2 的数值变化范围都小，它们的数据投影点都落在非常狭窄的范围内，使得判断矿物的轴性和反射光性符号变得困难。在这种情况下，应尽量选择切面形态及大小各异的矿物颗粒进行较多颗粒数的测定。如果试样中的矿物晶体颗粒无明显的定向生长现象，则要尽量选择切面形态及大小各异的矿物颗粒进行测定，而要避免选择相同切面形态和大小的颗粒进行测定。根据维亚利索夫的意见（邱柱国，1987），反射率测定精度为绝对值的 ±0.3% 时，对于一轴晶矿物一般测2、3个颗粒即可确定反射光性符号。对于二轴晶，当欲测矿物颗粒的差别很大时，则几个晶粒也可确定，但要确定 R_g、R_m、R_p 值，则必须测20个不同方位的颗粒。

第五章 矿物的均质性、非均质性、偏光色及内反射

第一节 矿物的均质性、非均质性

一、均质性、非均质性及相关概念

1. 均质性、非均质性

矿物的均质性和非均质性都是用矿相显微镜正交偏光系统观察的光学性质。从不透明矿物的光学指示体（K、N决定的R）特征可知，均质矿物（非晶质矿物和晶质的等轴晶系矿物）的所有切面、非均质矿物垂直光轴（指R椭球体，一轴晶K、N及R旋转轴同向，二轴晶K、N及R椭球体的三主轴可互不不同向）的切面为圆切面，对垂直入射平面偏光的反射没有“方向性”的影响，对入射平面偏光（一般将其振动方向调节为东西向）的反射光仍保持原偏振方向不变，故抵达偏光振动方向与之垂直的上偏光镜后不能透过而显示“消光”现象，转动物台也不会发生亮度和颜色的变化。这种在正交偏光镜间矿物颗粒切面各方位均呈“消光”状态的光学现象称为“均质效应”。矿物任何切面都显示“均质效应”的性质称为矿物的均质性。

与均质矿物不同，非均质矿物（等轴晶系以外的晶质矿物）除特殊切面外，对垂直入射平面偏光的反射都具有“方向性”的影响，除处在特殊方位时不改变入射平面偏光的振动方向外，其他任何方位都改变入射平面偏光的振动方向（不透明、半透明矿物可程度不同地改变入射平面偏光性质成为椭圆偏光），故抵达上偏光镜后能部分透过而显示一定的亮度和颜色，且转动物台改变矿物方位时还出现亮度和颜色的变化，这种在正交偏光镜间矿物颗粒切面除特殊方位“消光”外都显示亮度和颜色变化的光学现象称为“非均质效应”，矿物显示“非均质效应”的性质称为矿物的非均质性，是非均质矿物所特有的光学性质。非均质矿物显示“均质效应”的特殊切面（如中级晶族垂直R旋转轴的切面）称为均质切面。

2. 消光位、全消光

矿物非均质切面处于“消光”状态的特殊方位称为消光位。显然，消光位是非均质切面主反射率方向与前偏光振动方向重合的位置。均质矿物的所有切面和非均质矿物的均质切面各方位均呈“消光”状态，称为“全消光”。

3. 消光类型、消光角

消光位与非均质矿物晶体轮廓、解理纹、双晶纹等的延伸方向之间的相互关系称为消光类型。如果非均质矿物（切面）的晶体轮廓、解理纹或双晶纹，在平行前偏光镜或上偏光镜的偏振方向时产生消光现象，其消光类型为平行消光；如果非均质矿物（切面）处在消光位时，其两组解理纹或两个晶面迹线夹角的平分线与前偏光镜或上偏光镜的偏振方向一致，其消光类型为对称消光；若非均质矿物（切面）消光时，其晶体轮廓、解理纹或双晶纹与前偏光镜或上偏光镜的偏振方向斜交，其消光类型为斜消光。晶体轮廓、解理纹和双晶纹等所反映的结

晶学要素（晶轴或晶面）与反射光学主轴（R_o、R_e 或 R_g、R_m、R_p）或切面主反射方向（R_2、R_1）即消光位之间的夹角称为消光角。矿物的消光类型及消光角可帮助鉴定部分非均质矿物。

值得指出的是，实际观察时，上述“消光”现象，并不意味着在正交偏光镜间视域完全没有光亮而全黑，只有透明均质矿物、非均质矿物的均质切面及处在消光位的非均质切面可能全黑。因为反射率较高、吸收性较强，不透明均质矿物、非均质矿物的均质切面及处在消光位的非均质切面由于椭圆偏化作用会显示一定的亮度。

二、均质性、非均质性的形成机理

毫无疑问，决定矿物均质性、非均质性的本质原因是矿物晶体内部质点排列空间特征。如果其质点排列呈各向同性，则化学键类型、键强及键向也呈各向同性，该矿物为均质矿物；如果其质点排列呈各向异性，则化学键类型、键强及键向也呈各向异性，该矿物为非均质矿物。然而，矿物在矿相显微镜的正交偏光镜间显示均质性、非均质性的原因却在于均质矿物对垂直入射平面偏光的反射既没有偏振面旋转，也没有椭圆偏化作用，而非均质矿物则对垂直入射平面偏光的反射既有偏振面旋转，也有椭圆偏化作用（透明矿物只有偏振面旋转）。

物理光学表明，两个互相垂直振动的平面偏光如有非 0 非 π 的周相差，其合成光波必然形成椭圆偏光，只有在特殊情况下才变成平面偏光，如图 5－1 所示，r_1、r_2为代表非均质矿物在 45°位置时二主反射率方向的反射光振幅，r_1为慢光，r_2为快光。二者之间的周相差（δ）自 0 至 $9\pi/4$。$\delta=0$ 时，没有周相差，其合成光波为平面偏光，其振动方向即为 r_1与 r_2组成的长方形的一、三象限对角线方向。δ 渐增至 $\pi/4$、$\pi/2$、$3\pi/4$ 时，合成光波变成各种形式的椭圆偏光，这些椭圆振动的方向为逆时针方向。$\delta=\pi$ 时，又合成为平面偏光，但其振动方向与 $\delta=0$ 时不同，是上述长方形的二、四象限对角线方向。δ 增至 $5\pi/4$、$3\pi/2$、$7\pi/4$ 时又合成椭圆偏光，但其振动方向与 $\delta=\pi$ 前不同，为顺时针方向。当 δ 为 2π 时与 δ 的 0 时相同。δ 自 2π 到 4π 完全重复自 0 到 2π 的情况。

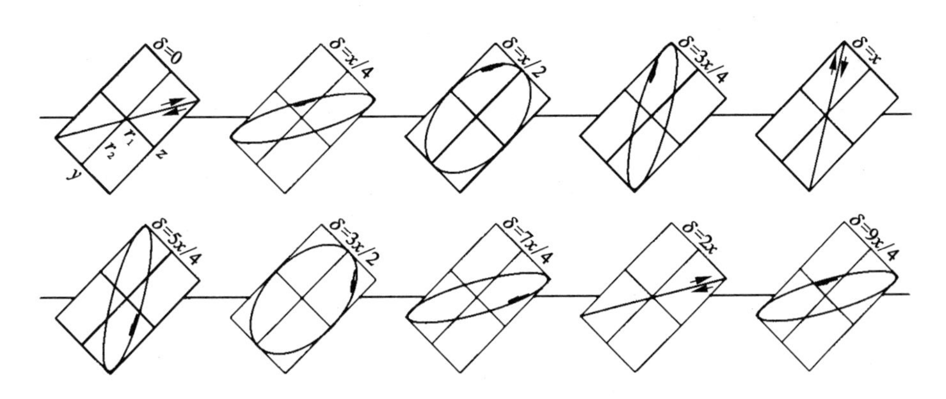

图 5－1　同频率不同周相及振幅的两个互相垂直振动的合成示意图

反射平面偏光与反射椭圆偏光可利用能旋转 360°的顶偏光镜加以鉴别。将显微镜的上偏光镜拉出，当旋转顶偏光镜一周显示 2 次消光时即为平面偏光，偏光振动面在与顶偏光镜振动面垂直的方位上。如显示 2 次较暗 2 次较亮（不是上面的全明全暗）即为椭圆偏光。

1. **透明非均质矿物的反射偏光振动面旋转**

透明非均质矿物的2切面主反射率方向的反射光不存在非0非π的周相差，其合成光波仍为平面偏光。当入射平面偏光垂直入射到透明非均质矿物的任意切面时，若其振动方向与切面二互相垂直的主反射率方向之一平行或垂直，则反射光不发生分解(或认为与之垂直的方向的分量为零)。反射光的振动方向与入射光的振动方向一致，不发生反射偏光振动面旋转。但若入射平面偏光的振动方向与切面主反射率方向斜交，则会沿切面两主反射率方向分解为两个反射分振动。由于互相垂直的两个主反射率方向的反射分振幅不相等，按振幅合成的平行四边形法则，所合成的反射振幅，必然不同于原来的入射平面偏光的振动方向，且必然向着较大反射振幅 E_2 的方向旋转(图5－2)，与入射平面偏光的振动方向间形成夹角。这种旋转称为“偏光振动面非均质旋转”。此夹角称非均质旋转角，用 $A_{\gamma\beta}$ 表示。

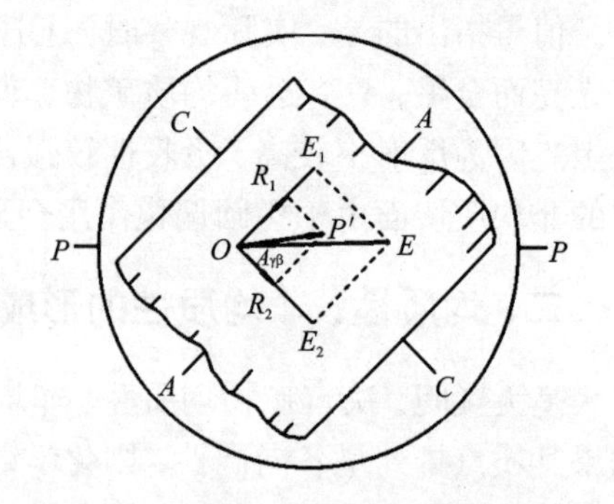

图5－2　一轴晶透明矿物在反射时的偏光振动面旋转示意图

2. **非均质矿物的反射椭圆偏化作用**

对于不透明非均质矿物，除了产生上述“偏光振动面非均质旋转”以外，还能使反射平面偏光产生非0和非π的周相差，导致合成反射偏光变为椭圆偏光(此即为“椭圆偏化作用”)。非均质不透明矿物在反射时的椭圆偏化及偏光振动旋转如图5－3所示，非均质反射椭圆的长轴(OP'或A)必将从入射平面偏光的东西振动方向朝反射分振幅较大的 E_2 方向旋转，这种旋转称为“非均质视旋转”。非均质反射椭圆的长轴与入射平面偏光振动方向间形成夹角称为非均质视旋转角，用 A_γ 表示。与图5－1非均质透明矿物上偏光镜振动方向垂直于 OP' 方向可测出透明矿物的非均质旋转角 $A_{\gamma\beta}$ 不同(此时显示消光)，图5－3中不透明非均质矿物上偏光镜振动方向垂直于反射偏光振动轨迹椭圆长轴 A 时(显示“最暗”但不完全消光)只能测出不透明矿物的“非均质视旋转角 A_γ”。

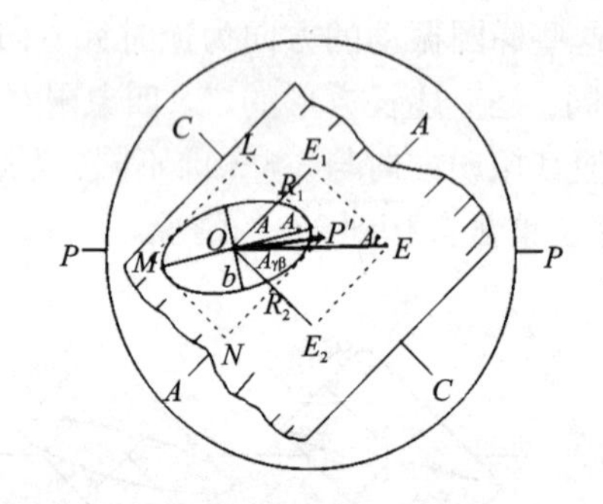

图5－3　非均质不透明矿物在反射时的椭圆偏化及偏光振动面旋转示意图

事实上，非均质视旋转角 A_γ 与非均质旋转角 $A_{\gamma\beta}$ 差别甚微，只有当周相差很大时两者的差别才有实际意义，但不透明矿物切面主反射率方向反射光的周相差一般都比较小。

从图5－2和图5－3可知，在严格正交偏光系统，透明非均质矿物切面如果呈消光状态，其必有一个主反射率方向与 PP 平行，OP'、E 与该主反射率方向相互重合，此时非均质旋转角 $A_{\gamma\beta}$ 等于零。如果主反射率方向与 PP 斜交，则在交角达到45°之前，$A_{\gamma\beta}$ 随交角增大而逐渐增大，能通过上偏光镜的光强也逐渐增大，交角45°时最亮。显然，如果旋转载物台一周，矿物切面交替出现4次消光和4次明亮。4次消光各相距90°，4次最亮出现于2相邻消光位间的45°方位。这就是在严格正交偏光下旋转物台一周显示的“正四明四暗”光学现象。如果前偏光镜和上偏光镜的偏振方向非严格正交(通常将前偏光镜的偏振方向调节为正东西方向，使上偏光镜的偏振方向偏离正南北向，其偏离与前偏光镜振动方向正交的角度称为“偏离角”)，上述“正四明四暗”现象就发生改变。如偏离角小于矿物的最大非均质旋转角($A_{\gamma\beta}$)时，将显示“歪四明四暗”现象：4次消光或“最暗”不在“正位置”(主反射率方向)，且其间隔不为90°，“四明”中有2个“最亮”，另2个“次最亮”。如果偏离角等于或大于矿物的$A_{\gamma\beta}$时则显示“两明两暗”现象：2次消光(透明矿物)或“最暗”(不透明矿物)和2次“最亮”相间出现且都不是准确的45°位置。不透明非均质矿物切面在严格正交、偏离角小于A_{γ}的非严格正交、偏离角等于或大于A_{γ}的非严格正交偏光系统，所出现的明暗变化规律与透明非均质矿物完全相同，但与透明非均质矿物比较，因为其合成反射光为椭圆偏光，处在消光位时，仍有椭圆短轴分振幅的反射光能透过上偏光镜，从而有微弱亮度，只是相对其他位置最暗而已。

三、矿物均质性、非均质性的观察方法与视测分级

矿物均质性非均质性的观察方法常用的有以下3种：(1)严格正交偏光法：即使前、上偏光镜两者严格正交(可用铜蓝、辉钼矿等在4个45°位置的偏光色完全相同为标准)，对非均质性较强的矿物，其合成平面偏光或椭圆偏光通过上偏光镜的光量较大，因而旋转物台暗亮变化比较显著；对非均质性较弱的矿物，则通过上偏光镜的光量甚小，因而旋转物台暗亮变化不甚明显。应该指出，矿相显微镜光源强弱对镜下显示的暗亮变化有直接的影响，用15 W灯泡作光源则“非均质效应”不太明显；用30 W、50 W(以至100 W)灯泡作光源则“非均质效应”显著得多。现代矿相显微镜的光源亮度连续可调，通常应该保持光源亮度相对稳定，以便对比研究不同非均质矿物或相同非均质矿物的不同方向切面的非均质性效应显著程度。(2)不完全正交偏光法：将上偏光镜偏离1°~3°的角度以增加通过上偏光镜的光量使“非均质效应”更加清楚，特别是颜色效应将显著加强。许多在严格正交偏光下显示不太清楚的“非均质效应”可以在不完全正交偏光下显示清楚。(3)油浸法：在严格正交或不完全正交偏光下用油浸镜头将矿物光片置于浸油中观察“非均质效应”。由于在浸油中$\sqrt{R_1/R_2}$值比在空气中大而$A_{\gamma\beta}$(A_{γ})增大，故增强了“非均质效应”。

由前述得知，不但根据“均质效应”和“非均质效应”可区分均质矿物和非均质矿物，而且非均质矿物还可根据“非均质效应”的强弱划分出其非均质性强度等级。在实际科研工作中，通常使用高质量矿相显微镜将矿物的非均质性划分为特强、显著、清楚、微弱4级。但使用普通矿相显微镜时，特别是教学实验时，将矿物的非均质性划分为强非均质性和弱非均质性2级即可。

为了方便教学实验，现将部分常见金属矿物的均质性、非均质性分级情况列于表5-1。

表 5－1　常见金属矿物的均质性和非均质性及其强弱分级

非均质性矿物				均质性矿物	
强非均质性矿物		弱非均质性矿物			
辉铋矿	墨铜矿	黄铜矿	赤铁矿*	自然金	砷黝铜矿
辉锑矿	钨锰矿	辉铜矿	硫铜锑矿*	自然银	硫锰矿
辉钼矿	硬锰矿	自然铋	钛铁矿*	自然铜	闪锌矿
铜蓝	赤铁矿*	自然锑	锡石*	自然铂	蓝辉铜矿
毒砂	硫铜锑矿*	砷硫锑铅矿	雄黄(内反射掩盖)	砷铂矿	铬铁矿
白铁矿	钛铁矿*	车轮矿	红锌矿(内反射掩盖)	黄铜矿	沥青铀矿
红砷镍矿	锡石*	钴硫砷铁矿	白钨矿(内反射掩盖)	镍黄铁矿	赤铜矿(内反射掩盖)
脆硫锑铅矿	硫砷铜矿	四方斑铜矿	纤锌矿(内反射掩盖)	方铅矿	锌铁尖晶石(内反射掩盖)
方黄铜矿	雌黄(内反射掩盖)	螺状硫银矿		等轴斑铜矿	
石墨	辰砂(内反射掩盖)	针铁矿		磁铁矿	
纤铁矿	金红石(内反射掩盖)	黑钨矿		辉银矿	
磁黄铁矿		褐锰矿		黝铜矿	

注：带＊号上标的矿物（赤铁矿、硫铜锑矿、钛铁矿、锡石）的非均质性分级处于过渡状态。

四、均质性、非均质性观测的影响因素

利用矿相显微镜在正交(相交)偏光系统判断矿物的均质性和非均质性，实际上是观察矿物晶体颗粒切面的均质效应和非均质效应，除显微镜精密程度、安装及调节质量以外，其观察效果明显受多种因素影响。

1. 切面方向的影响

虽然均质矿物的任意切面都为均质切面，在正交偏光系统都显示均质效应。但非均质矿物反射率光学指示体的圆切面，在正交偏光系统地显示均质效应；那些椭圆度(切面形状)较小的切面，也因为矿相显微镜的精密程度及观察者视觉敏感度的限制，在正交偏光系统难以有效显示非均质效应。因此，应尽量选择多个切面、形态大小有别的单晶体颗粒或多晶集合体颗粒进行观测，以免将非均质矿物误判为均质矿物。

2. 光片磨光质量的影响

光片磨光质量较差时，抛光面能出现凹坑、突起、擦痕等，垂直抛光面入射的光线遇到这些界面时，反射光多方向斜反射，成为散射光，旋转载物台会出现明暗变化，产生“异常非均质效应”。但这些明暗变化与正常“非均质效应”不同，不受切面主反射率方向与入射偏光振动方向间的关系控制，在严格正交偏光系统转动载物台 360°不是“正四明四暗”。

3. 矿物解理缝隙的影响

当矿物解理发育，且解理面与抛光面斜交时，尤其是解理缝隙较粗时，也会产生与擦痕等类似的“异常非均质效应”，但其不受切面主反射率方向与入射偏光振动方向间的关系控制，在严格正交偏光系统转动载物台 360°不是“正四明四暗”，而是“两明两暗”。

4. 内反射的影响

透明、半透明矿物具有较强的内反射，在严格正交偏光下显示有透明感的内反射效应，会严重干扰“非均质效应”和“均质效应”的观察。可偏转上偏光镜一定角度以减小内反射影响再旋转物台观测矿物的均质性和非均质性。

5. 物镜倍率的影响

中、高倍率物镜孔径角比较大，越往物镜透镜边缘，入射角偏离垂直入射程度越大，为了减少反射旋转、反射视旋转对矿物均质性、非均质性观测的影响，应尽量采用低倍物镜观测。如果矿物颗粒小，不得不采用中高倍物镜观测，则需要适当缩小孔径光圈。

6. 光源强度的影响

因为矿物的吸收性，反射光强度明显低于入射光强度，尤其是透明、半透明矿物更是如此，应保持较高的光源亮度，以免视域太暗影响矿物非均质性强弱的判断，甚至将非均质矿物误判为均质矿物。

第二节 非均质矿物的偏光色及其观测

一、非均质矿物的偏光色

矿物的非均质效应不仅表现在矿相显微镜正交（相交）偏光系统转动载物台出现有规律的亮度变化，往往同时还会有颜色的变化。非均质矿物的偏光色是指白光垂直入射时，在严格正交偏光条件下，于主切面的主反射率方向与入射偏光振动方向相交45°的位置上显示的颜色。每种具有偏光色的非均质矿物在其主切面上显示的偏光色通常较为固定，是非均质矿物的一项重要光学性质，部分非均质矿物的偏光色颜色独特，可用其有效鉴定矿物。如铜蓝的火橙红色偏光色，辉钼矿的淡紫色偏光色，红砷镍矿的蓝色偏光色，石墨的棕黄色偏光色等，都非常具有代表性，可有效鉴别这些矿物。但是，绝大多数非均质矿物需要多项光学性质及其他性质综合分析鉴定。

值得强调的是，非均质矿物的偏光色是定义在其主切面的主反射率方向与入射偏光振动方向相交45°的位置上的正交偏光系统的光学性质，但其他任意非均质切面在正交偏光系统转动载物台时，也存在颜色变化，在其主反射率方向与入射偏光振动方向相交45°的位置上，其颜色可称为“切面偏光色”，如果精确测定其颜色指数，与矿物偏光色的颜色指数有明显差异，视觉反映也有所不同，不能完全代表非均质矿物的偏光色。

二、偏光色的形成机理

简单地说，非均质矿物偏光色是垂直入射平面偏光的反射光发生偏光振动面旋转色散（$A_{\gamma\beta}$色散）和反射合成椭圆偏光色散（A_{γ}）的结果。由于矿物反射率随入射光的波长而变化，故不同色光的非均质旋转角$A_{\gamma\beta}$、非均质视旋转角A_{γ}各具差异。透明矿物的非均质旋转色散如图5－4所示。图中PP为前偏光镜振动方向，AA为上偏光镜振动方向，OE为入射偏光的振幅，矿物晶体颗粒切面（主切面）的主反射率方向与前偏光镜的偏振方向相交45°，即处在惯称的45°位置。不同色光合成反射偏光的非均质旋转角（$A_{\gamma\beta}$）各具差异，如OP'为红色、OQ'为橙光、OR'为绿光合成反射偏光的振幅，则AA线上的投影Oa、Ob、Oc为能够透过上偏光镜的红、橙、绿单色光的振幅，其合成的混合色便构成偏光色的最主要部分。图5－4表示绿光通过上偏光镜的光强($\overline{Oc^2}$)最大，橙光次之($\overline{Ob^2}$)，红光最小($\overline{Oa^2}$)。由此可见，透过上偏光镜的混合光不是白光，而是蓝绿灰色的混合光，即显示偏光色为蓝绿灰色。

不透明矿物的非均质视旋转色散如图5－5所示。图中PP为前偏光镜振动方向，AA为上偏光镜振动方向，OE为为入射偏光的振幅，矿物晶体颗粒切面(主切面)的主反射率方向与前偏光镜的偏振方向相交45°，因为其两主反射率方向间的周相差也可随光波波长改变而变化，即所合成的反射椭圆偏光也有色散作用，不透明矿物的非均质视旋转角A_γ也随光波波长而有所差异，从而不同色光透过上偏光镜的光强也有因椭圆偏光色散作用而出现差异。如图中红色光的非均质视旋转角大于蓝色光的非均质视旋转角，Oq_b为蓝光椭圆长半径，Oq_r为红光椭圆长半径，它们在AA方向的投影分量分别为Ob'和Or'，$Or' > Ob'$，从而该矿物显示红橙色的偏光色。

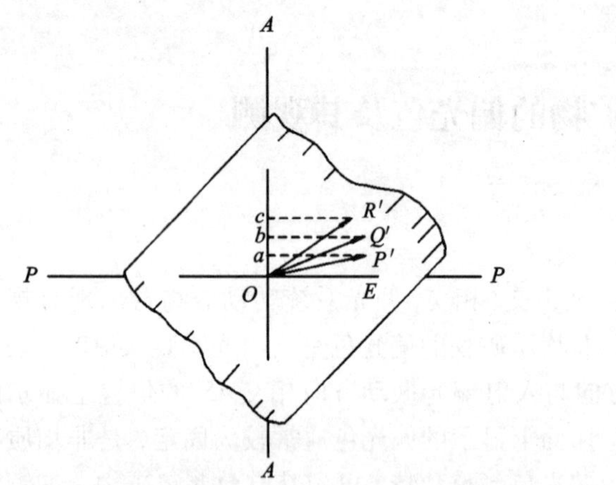

图5－4　非均质矿物偏光振动面旋转色散示意图

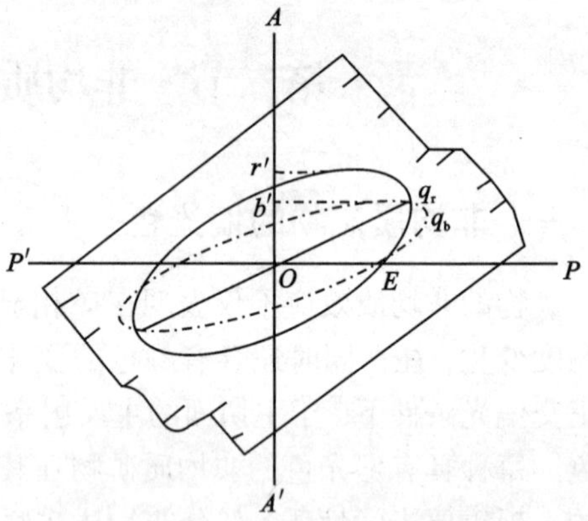

图5－5　不透明矿物非均质切面椭圆色散示意图

值得指出的是，在正交偏光系统使用中、高倍物镜时，因为有反射旋转色散和反射视旋转色散存在，所观测到的矿物偏光色不同程度地存在这种色散作用的影响。

三、偏光色的观察方法

观察非均质矿物的偏光色时，须在严格正交偏光条件下选择视域内非均质性最显著的矿物晶体颗粒切面(主切面)，并将其置于45°位置。在严格正交偏光条件下，旋转载物台一周，4个45°位的偏光色都会是严格相同的(如铜蓝的火橙红色)。如果偏光镜不正交，则旋转载物台一周，会出现2种“偏光色”：视域的对角线象限偏光色相同，相邻象限有别。一组对角线象限的颜色加深某种或某些色光，另一组对角线象限则减弱这种或这些色光。如铜蓝，旋转载物台一周，在不同象限显示深红色或浅橙色。当非均质矿物晶体颗粒主切面处在45°位时，若沿非均质(视)旋转方向转动上偏光镜，将依次消除其$A_{\gamma\beta}$(A_γ)由小到大的色光，而顺序显现未被消除的、透过上偏光镜振幅大小不等的色光的混合色。如铜蓝的R_2处于一、三象限的45°位时，偏光色为火橙色，将分析镜自正交零位作反时针方向逐渐旋转时，便可见偏光色的变化为火(红)橙→橙红→血红→暗红→灰蓝→蓝色。反方向转动分析镜时，将依次增大色光合振幅或长轴与上偏光镜的平行程度，并依次出现$A_{\gamma\beta}$(A_γ)由大至小的色光合振幅(椭圆长轴)起主要作用的混合色；如将上偏光镜自正交零位作顺时针方向逐渐旋转，则上述铜蓝偏光色的变化顺序为火(红)橙→浅玫瑰色→灰蓝→蓝色。注意观察和记录这种旋转上偏光镜时偏光色的变化，在一定程度上对鉴定是有帮助的。

偏光色的明亮程度，除受入射光强度影响外，取决于透过上偏光镜的光振幅大小。透过振幅的大小，又决定于$A_{\gamma\beta}$和非均质合成振幅E_a的大小或A_γ、非均质椭圆半长轴和椭圆度(切面形状)的大小。而它们都取决于矿物的反射率、相对双反射率及吸收系数等。故反射率较高、相对双反射率较大、吸收系数较大的非均质矿物，其偏光色较为明亮。

四、矿物偏光色观测的影响因素

矿物的偏光色是部分非均质矿物在正交偏光系统的重要光学性质，其准确观察描述可帮助有效地鉴定这些矿物。除显微镜精密程度、安装及调节质量以外，大多数影响矿物均质性、非均质性观察的因素也是矿物偏光色观察的影响因素。

1. 切面方向的影响

矿物的偏光色是定义为非均质矿物主切面在正交偏光系统45°位置所呈现的颜色，其他过渡型椭圆切面在相同观察条件下所呈现的颜色只是切面偏光色，其不能代表矿物的偏光色。因此，应尽量选择多个切面形态、大小有别的单晶体颗粒或多晶集合体颗粒观测，找出非均质性最强的切面，在严格正交偏光系统45°位置观测所呈现的颜色，代表矿物的偏光色。

2. 光片磨光质量的影响

光片磨光质量较差时，抛光面能出现凹坑、突起、擦痕等，垂直抛光面入射的光线遇到这些界面时，反射光多方向斜反射，成为散射光，旋转载物台会出现明暗及颜色变化，产生“异常非均质效应”。这些明暗及颜色变化可能干扰矿物的偏光色观测，应尽量提高光片抛光质量，并尽量选择抛光面平整光滑的视域，观测矿物的偏光色。

3. 矿物机械包裹体的影响

当矿物晶体颗粒内部机械包裹体(杂质)较多时，因为这些机械包裹体的反射光学性质及硬度等与欲观测矿物存在差异，它们的切面类型也未必都是均质切面，从而干扰矿物的偏光色观测。因此，应尽量选择不含或少含机械包裹体的矿物主切面观测。

4. 内反射的影响

透明、半透明矿物具有较强的内反射，在严格的正交偏光系统、尤其是当使用中高倍物镜时，显示有透明感的内反射效应，会严重干扰矿物偏光色的观察。如果选用低倍物镜依然有明显的内反射干扰，则该矿物无法可靠地获得其偏光色。因此，对透明、半透明非均质矿物，偏光色没有明显的矿物鉴定意义。

5. 物镜倍率的影响

中、高倍率物镜孔径角比较大，越往物镜、透镜边缘，入射角偏离垂直入射程度越大，为了减少反射旋转、反射视旋转对矿物的偏光色观测的影响，应尽量采用低倍物镜观测。如果矿物颗粒小，不得不采用中高倍物镜观测，则需要适当缩小孔径光圈。

6. 光源强度的影响

因为矿物的吸收性，反射光强度明显低于入射光强度，应保持较高的光源亮度，以免视域太暗，影响偏光色的正确观测。

第三节　非均质矿物的旋向及相差符号

一、非均质矿物的旋向

1. 概念

非均质矿物的旋向(rotation sense)是指非均质合振幅或非均质合成椭圆长轴的旋转方向与矿物晶体颗粒切面线型结晶学要素延伸方向间的关系。若合成振幅(椭圆长轴)朝向某结晶学要素(如解理、晶轴、延长、双晶接合面等)方向旋转，则对该结晶学要素而言，其旋向为正，以(+)或“+”表示。如图5-6所示的透明非均质矿物的非均质合振幅E与解理和a轴的关系，以RS{001}解理、a轴“+”表示，或以RS“+”(001解理、a轴)表示均可。如果背离某结晶学要素方向旋转，则对该结晶学要素而言，其旋向为负，以RS“-”表示。如图5-6所示E与c轴的关系，用RSc轴“-”表示或RS“-”(c轴)表示均可。因为非均质合成反射振动(椭圆长轴)总是朝较高反射率R_2方向旋转，故当结晶学要素方向为$R_2(E_2)$方向或离$R_2(E_2)$较近时(图5-7)，非均质合成振动就会朝该结晶学要素方向旋转(正旋向)；当结晶学要素方向为较低反射率(R_1)方向(图5-6)或离$R_1(E_1)$较近(图5-7)，合成振动就会旋转背离该结晶学要素方向(负旋向)。换言之，R_2方向与结晶学要素方向间的夹角小于45°，则该结晶学要素方向为正旋向，R_1方向与结晶学要素方向间的夹角小于45°，则该结晶学要素方向为负旋向。

2. 测量方法

毫无疑问，旋向符号的测量就是要确定切面线型结晶学要素(可以是矿物晶体颗粒的面型结晶要素)方向与切面较高反射率R_2方向的夹角大小。因此，可以用多种方法来测量矿物的旋向符号，现选择部分方法予以简要介绍。

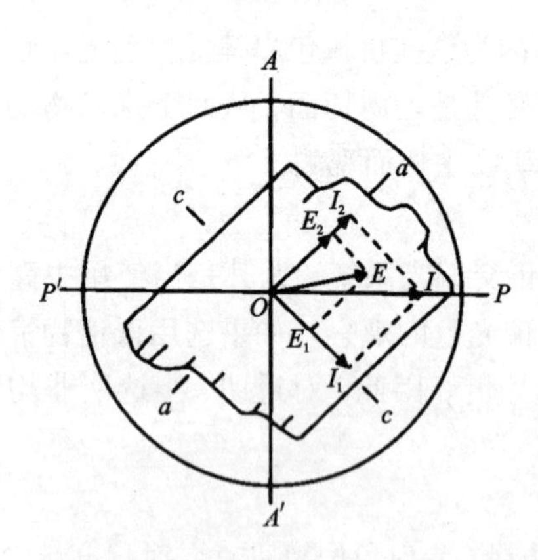

图5-6　矿物结晶要素与E_2、E_1一致时旋向的确定

E_2方向与解理、a轴一致，E_1方向与c轴一致；非均质合振幅朝向解理、a轴方向旋转，背离c轴

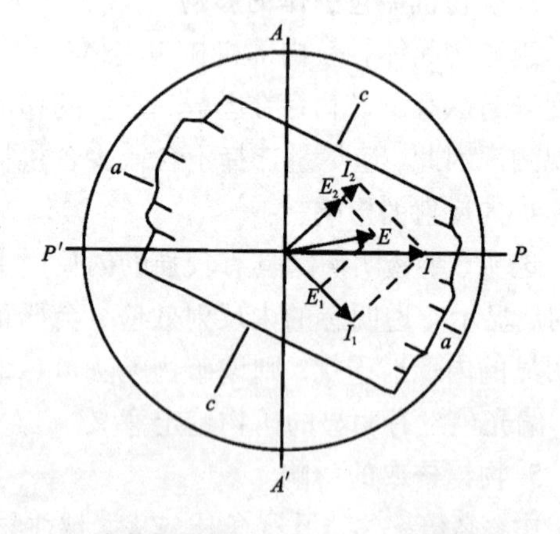

图5-7　矿物结晶要素与E_2、E_1不一致时旋向的确定

{001}解理和a轴与E_1接近，非均质合振幅背离它们旋转，故RS{001}、a轴“-”；c轴与E_2接近

1)单偏光系统双反射测量法

在单偏光系统，利用双反射现象，根据某线型结晶学要素方向相对切面较高反射率方向

间的夹角，即可确定旋向符号。例如，将辉钼矿延长方向（即{0001}解理方向）旋转至平行前偏光镜偏振方向（东西向）时，其反射率明显高于垂直延长方向，因此，辉钼矿延长方向和{0001}解理方向的旋向符号为正，即RS延长、{0001}解理“+”，与{0001}解理方向垂直的c轴则为负，即RS“-”(c轴)。这种测量方法简便迅速，但仅适用于双反射特强、显著或清楚的矿物。

2）偏转上偏光镜消光法

将非均质矿物晶体颗粒切面的线型结晶学要素置于视场中心部位并转至Ⅰ、Ⅲ象限45°位，再自正交位转上偏光镜使之消光或变暗，如果逆时针方向偏转上偏光镜才能使之消光或变暗，则说明该线型结晶学要素方向为R_2方向，其非均质旋转或非均质视旋转是朝向该结晶学要素方向旋转的，其旋向符号为正；反之，如果需要顺时针方向偏转上偏光镜才能使之消光，则说明该线型结晶学要素方向为R_1方向，合振动是背离此方向旋转的，其旋向符号为负。例如，六方晶系的辉钼矿，其底板面解理、延长的旋向为正，即RS延长、{0001}解理“+”。

这种测量方法适用于非均质旋转或非均质视旋转色散不显著的中级晶族矿物，如果是非均质旋转或非均质视旋转色散显著的矿物，尤其是低级晶族单斜、三斜晶系的矿物，因为其旋向正负可随波长变化而变化，测定可在白光中进行，若为单斜、三斜系矿物，需要采用单色光光源才能测量。

3）偏光图双曲线暗带所处象限法

在正交聚敛偏光系统，根据非均质矿物晶体颗粒切面45°位偏光图的双曲线暗（黑）带所处象限位置可测定旋向符号。先将非均质矿物的线型结晶学要素方向转至Ⅰ、Ⅲ象限45°位置，然后推入勃氏镜，观察偏光图：如果双曲线暗（黑）带也出现在Ⅰ、Ⅲ象限，则旋向符号为正（此时较高反射率方向必在Ⅰ、Ⅲ象限）。因为Ⅰ、Ⅲ象限的反射（视）旋转方向为顺时针方向，只有非均性旋转为反时针方向，才能使两者在一定位置相互抵消而使综合振幅或半长轴成东西向，从而出现双曲线暗（黑）带。反之，如果双曲线暗（黑）带出现在Ⅱ、Ⅳ象限，与结晶学要素方向所处的Ⅰ、Ⅲ象限，则说明此结晶要素方向的旋向为负。

这种测量方法虽然观测操作较为繁琐，但适用各种非均质矿物，测量结果也较准确。

二、相差符号

1. 概念

相差符号（P_s）是指非均质矿物晶体颗粒光学指示体椭圆切面R_1、R_2轴方向位相差的关系。规定较高反射率R_2方向为慢光方向时（反射非均质椭圆偏光为左旋），P_s为正号，以$P_s=(+)$表示；较低反射率R_1方向为慢光方向时（反射非均质椭圆偏光为右旋），P_s为负号，以$P_s=(-)$表示。

2. 测量方法

测定相差符号（简称相符）的简易方法是“石膏试板法”。

对于相差较明显的非均质矿物，可用此法进行测定。使用自然光，先在直射正交偏光系统确定矿物的消光位；然后旋转载物台，使R_2方向位于Ⅰ、Ⅲ象限的45°位（要正确判定此位置，可逆时针方向偏转上偏光镜，如能变暗或消光，则说明R_2位于Ⅰ、Ⅲ象限，校验后要将上偏光镜转向正交位置）；将已知N_g和N_p方向的石膏试板从45°位置的试板孔插入。因石膏试板的慢光方向在Ⅰ、Ⅲ象限方向(是否如此，要检查石膏试板标示)，如色序升高(紫红变二级紫蓝、蓝或蓝绿)，说明矿物晶体颗粒切面的慢光方向与石膏试板的慢光方向重合，即切面R_2方向为慢光，则相符P_s为正，如色序降低(紫红变一级橙红、橙或黄)，则相符P_s为负。

相符为正，即$P_s=(+)$或"+"的矿物，如石墨、辉钼矿、辉锑矿、水锰矿等。相符为负，即$P_s=(-)$或"-"的矿物，如铜蓝、黑柱石、红硒铜矿等。

中级晶族矿物(一轴晶)任何非均质切面的相差符号相同，低级晶族矿物(二轴晶)的相差符号则可随切面方向变化而变化，甚至相同切面还随光波波长变化而变化，只有测量其主切面的相符有矿物鉴定参考价值。

三、非均质矿物旋向及相差符号的矿物鉴定意义

非均质矿物的旋向及相差符号是非均质矿物矿相显微镜鉴定的辅助性鉴定特征。

对于中级晶族矿物，其旋向及相差符号稳定，不随切面类型变化，因而在区分其他鉴定特征相似程度较高的矿物时，旋向及相差符号，特别是旋向符号，具有重要的矿物鉴定指标价值。对于低级晶族矿物，尤其是单斜、三斜晶系矿物，因为随切面类型变化，故在其任意切面的旋向及相差符号没有矿物鉴定意义，只有在部分特殊切面(如平行光学指示体R壳层主轴的切面)可视为辅助性鉴定指标。

第四节　矿物内反射及其观测

一、内反射的概念及形成机理

1. 内反射的概念

白光射向矿物光片表面除反射光外，一部分光线折射透入矿物内部。当遇到矿物内部的充气或充液的解理、裂隙、空洞、晶粒界面、包裹物等不同介质分界面时，将发生反射、全反射和折射，使一些光线从矿物内部折射出来，这种现象成为矿物的内反射。若内反射出来的光线没有色散现象则仍为白光；若发生色散则显示颜色，称为内反射色。因此，内反射色是矿物内反射色散作用的结果。

2. 内反射的形成机理

从基础理论方面考查，成离子键、共价键或分子键的透明矿物，当其中电子基态和激发态能级间的能量差比各种可见光"光子"的能量都均匀地大，大量不同波长的可见光均匀地进入矿物透射，遇到矿物内部的解理、包裹物等再均匀地反射出各种不同波长的可见光，这些光汇集成为"白色内反射"或"无色内反射"(如石英、方解石、白钨矿等)。若透明矿物内电子基态和激发态能级间的能量差比不同波长可见光"光子"的能量大的程度不同，则大量不同波长的可见光不均匀地进入矿物透射，遇到矿物内部的解理、包裹物等有选择地反射出来构成"有色内反射"，显示各种不同的内反射色(如孔雀石的翠黄色、蓝铜矿的蓝色、闪锌矿的黄色和褐色等)。由上可知，内反射色实际上就是矿物的透射色，即矿物的体色。前已论及，反射色是矿物表面反射光色散作用造成的表色。矿物的体色和表色互为补色。当互为补色的二波长色光等量混合时呈现白色，当电子跃迁较多地吸收白光源的某种(些)波长色光比例较大，其表面反射光形成这种(些)波长色光为主的表色后，透射光必然是被吸收波长色光的补

色或近似补色。表5－2列出了被吸收光与透射光的颜色互补关系。

表5－2　被吸收光与透射光的互补关系　　（单位：nm）

被吸收光的波长	400	425	450	490	510	530	550	590	640	730
反射色（表色）	紫色	紫蓝色	蓝色	青色	绿色	黄绿色	黄色	橙色	红色	深红色
内反射色（体色）	绿黄色	黄色	橙色	红色	紫红色	紫色	深蓝色	蓝色	青色	绿色
透射光的波长	568	569	570	594	505	504	512	489	495	596

虽然矿物的表色（反射色）与体色（内反射色）互为补色的原则是普遍适用的，但因矿物对入射光的吸收率差异，透射光强度与反射光强度存在差异，这种颜色互补关系的显现程度也有差异，与矿物的透明度直接相关。如透明矿物的反射光强度极低，透射光强度极高，其反射色多为灰色、暗灰色、灰黑色，所带色调极弱（即颜色纯度极小，如石英、方解石等）；内反射显著，且当内反射色显著时（如孔雀石和蓝铜矿）可呈现明显的内反射色。因此，典型的透明矿物的反射、内反射颜色互补现象不明显，肉眼观察矿物的颜色（应为反射色和内反射色的综合）与内反射色相同或相近，如孔雀石都为绿色和蓝铜矿都为蓝色。不透明矿物则相反，反射光强度极高，透射光强度极低，其看不出内反射（如自然银），反射率高，且当色散显著时（如自然铜）可呈现明亮的反射色（即颜色的亮度高）。因此，典型的不透明矿物的体色与表色互补现象也不明显，肉眼观察矿物的颜色与反射色相同或相近，如自然银都为银白色和自然铜都为铜红色。只有半透明矿物，其透射光和反射光都能起较大作用，容许内反射色和反射色在颜色上都较为鲜艳（即颜色纯度较大，在色度图上靠近光谱色轨迹位置），内反射色与反射色的互补现象较为明显，肉眼观察矿物的颜色与内反射色和反射色都有差异，而是内反射色和反射色的综合结果（但透明度不同，二者所起的作用不同）。如赤铁矿的反射色（灰白色带淡蓝色调）和内反射色（深红色）的互补现象较为典型。

二、内反射的观察方法

利用矿相显微镜观察矿物的内反射，毫无疑问，应使光源斜向入射到光片抛光面以尽量减少矿物表面反射光的干扰。因此，有自然光斜照法和正交偏光法两种基本观察方法。在传统矿相显微镜为外接光源（独立射灯）时，多直接采用光源没有经过前偏光镜的自然光斜照法观察矿物的内反射现象。但是，现代矿相显微镜都是将光源作为其固定光学组件安装在镜架上的光路系统前端，限制了自然光斜照法的应用，多采用正交偏光法观察。

1. 自然光斜照法

如图5－8所示，将白光光源从矿相显微镜的侧面以适当的角度斜照在光片抛光面上，此时矿物的表面反射光线不会进入物镜，若矿物没有内反射则显微镜视域是暗黑的。只有当光线斜射到透明或半透明矿物时，除被反射掉少部分外，其余都透入矿物内部，遇到倾斜度合适的包裹物、充气或充液的解理、裂隙、孔洞等界面，经过复杂的折射、反射、全反射过程，再从矿物内部反射出来进入物镜，使矿物内部明亮，显微镜视域较明亮，所观察的矿物具透明感，甚至透明显色。如果只是透明而无颜色，表示该矿物有内反射，但无内反射色；如果矿物既透明又显色，则表示该矿物既有内反射，还有内反射色。

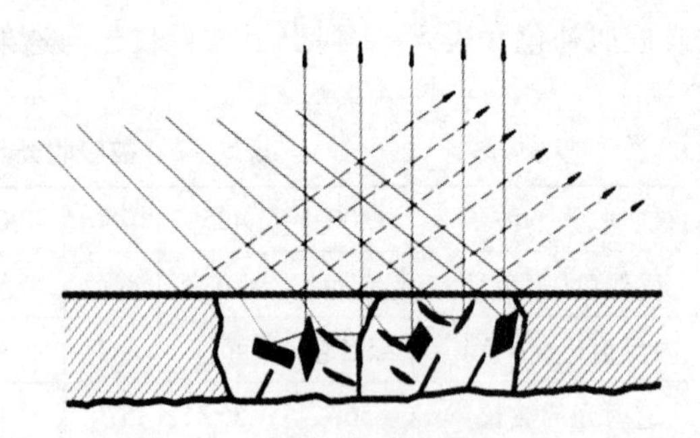

图 5-8 矿物内反射斜照法示意图

自然光斜照法要求采用白色光源，斜入射角不能过陡，以尽量避免表面反射光进入视域，也不能过缓（如接近平射），以免折射到矿物内部的光量过低，以 30°～45°为宜。因为需要物镜的工作距离较大，故应尽量采用低倍物镜观察，矿物颗粒细小者可采用中倍物镜观察。斜照方向和角度应有变化，找出适宜方向和角度以增大经内反射进入物镜的光量，加强视域的透明视感。观察时应特别注意，在光片抛磨加工时，矿物裂隙、凹坑可能夹杂微细粒抛光磨料，如氧化铬、氧化铁等，其有鲜艳的内反射色（氧化铬绿色、氧化铁红色），要根据其形态、分布及颜色等加以判别，避免误认为是矿物的内反射色。另外，有些无色透明矿物（如石英、方解石等），内反射强烈而无内反射色，但斜射白光射入它内部后可能出现棱镜色散而产生干涉现象，使得矿物内部显示“彩色”，不能将这种干涉成因的彩色误认为是“彩色内反射色”。

自然光斜照法的灵敏度较低，只能观察到内反射很显著的矿物（如赤铜矿、铜蓝、雌黄等）的内反射现象，而透明度稍差的矿物（如铁闪锌矿、黑钨矿、硫锰矿等）则常常看不到内反射现象。为了增强自然光斜照法矿物内反射现象的观察灵敏度，应将目标矿物用钢针或金刚刀（笔）刻划成粉末观察。因刻划成粉末后颗粒变细，更易于透光，且界面增多，易于内反射和内全反射，从而可以得到更多的内反射光，观察起来更加明显。操作步骤是用钢针或金刚石笔（对高硬度矿物）刻划矿物光面，在视域内观察堆在划痕两侧的粉末：凡粉末为无透明感的黑色或黑灰色者可认为无内反射；粉末为白色者为具强内反射的无色透明矿物所特有；粉末有透明感具各种颜色（如绿色、橙色、红色）者，既有内反射，又有内反射色（内反射色为见到的绿色、橙色、红色）。

2. 正交偏光法

正交偏光法观察矿物的内反射现象的基础是物镜的聚敛作用，使入射光成为各种方向和入射角的斜射光。这种斜射光折射进入透明、半透明矿物后，经折射旋转、非均质折射旋转和内反射旋转作用，使东西向振动的入射平面偏光发生旋转，同时，由内部界面全反射（由光密介质以临界角斜射光疏介质）的相差变化及非均质折射光程差引起的椭圆偏化等，均能使部分光经分解透过上偏光镜而到达目镜，从而在正交偏光下才能看到透明、半透明矿物的内反射。这种方法对透明、半透明均质矿物，分别平行前偏光镜、上偏光镜偏振方向的表面反射光不能改变其原振动方向，透不过上偏光镜而消光，其他部位虽存在反射旋转，但反射旋转角一般很小，能透过上偏光镜的光强极弱，故视域内几乎看不到表面反射光，从而使内反射的观察不受干扰。若为非均质的透明、半透明矿物，因为它们处于非消光位时，反射平面偏光会产生非均性旋转（旋转角 $A_{\gamma\beta}$），在正交偏光系统也有部分反射光经分解透过上偏光镜，而形成偏光色，干扰内反射的观察。因此应将矿物转至消光位，消除偏光色的干扰后，再进行观察。

用钢针或金刚石刀（笔）将矿物刻成粉末后进行观察，效果更好。有些无内反射但反射色鲜艳的矿物，其粉末体积小，形态复杂，多向表面发育，可显反射色，要注意其与内反射的区别。如黄铜矿，其粉末在正交偏光下常可见到闪亮的铜黄色反射色。其与内反射区别明显：内反射有透明感、立体感和不均匀感，旋转载物台虽有所变化，但不会消失透明感、立体感和不均匀感，而粉末反射色不具透明感、立体感和不均匀感，转动物台时因斜面方向改变某些表面变黑，另一些表面却又可能变亮并呈现颜色（反射色）。另外，刻划时造成的沟槽（以致磨片时磨料刻划留下的擦痕）在斜射方向角度合适时也会出现亮线，旋转物台即变暗。故视察内反射现象应看堆在沟槽两边的粉末，而不要被刻痕沟槽的表面反射所干扰。

在正交偏光系统用油浸镜头在浸油中观察矿物粉末有无内反射最为灵敏。矿物在浸油中的反射率一般大为降低，透入矿物粉末内部的光量大大增加，使内反射现象更易显现。例如辉锑矿、脆硫锑铅矿等用干镜头看不出内反射，用油浸镜头观察则可以看出内反射。

值得特别注意的是，用正交偏光法观察矿物的内反射，为了保证光线获得较宽的斜射角度，应使用中、高倍物镜，最好使用高倍物镜，而不使用低倍物镜。

3. 偏光图观察法

无论均质或非均质矿物，其晶体颗粒切面在正交聚敛偏光系统都能形成背景明亮的黑（暗）十字偏光图或黑（暗）双曲线偏光图。这些偏光图，无论仅由反射（视）旋转效应（均质矿物或非均质矿物消光位）或由综合（视）旋转效应（非均质矿物任意位）所致，其黑（暗）带部位都是表面反射光被上偏光镜消除所致。因此，偏光图的黑（暗）带部位能有效显现内反射现象。但观测时，应特别注意内反射现象遍布黑（暗）带各部分，具透明感、立体感及不均匀感的特征，而椭圆度（切面形状）及椭圆色散集中在双曲线黑（暗）带顶端及中段，且没有透明感及立体感。

三、内反射的视测分级

根据用不同观察方法所获得的内反射现象明显程度，可将内反射分为4级。从强到弱依次是：(1)明显，使用空气介质，无论自然光斜照法或正交偏光法观察矿物抛光面，内反射现象都很明显，如孔雀石、蓝铜矿、辰砂等；(2)可见，使用空气介质，无论自然光斜照法或正交偏光法观察矿物抛光面均可显示，观察粉末或使用浸油介质观察显示明显，如赤铁矿、铬铁矿等；(3)微弱，只有使用浸油介质观察粉末稍可见到，如砷黝铜矿、硫砷铜矿等；(4)无，用任何方法观察都无内反射现象显示，如黄铁矿、黄铜矿等。

在实验教学时，受实验室条件、教学要求、实验学时等约束，通常不使用浸油作为观察介质，也很少在光片抛光面刻划观察矿物粉末，可以简单地将内反射分为2级：(1)显内反射，以空气为观察介质，用自然光斜照法或正交偏光法观察矿物抛光面或粉末显示内反射现象；(2)不显内反射，以空气为观察介质，用自然光斜照法或正交偏光法观察矿物粉末也不显示内反射现象。

有必要指出的是，对于矿物内反射现象的观察描述，不仅要确定其等级，有颜色者还要描述其内反射色。

表5－3列出部分常见金属矿物的内反射等级及内反射色，供实验教学参考使用。

表5－3　部分常见矿物的内反射分级

显内反射的矿物		不显内反射的矿物		
孔雀石（翠绿色）	赤铁矿（深红色）	自然金	黄铜矿	黝铜矿
蓝铜矿（蓝色）	黑钨矿（棕红色）	自然银	方铅矿	斑铜矿
硫锰矿（淡绿色或棕色）	红锌矿（黄红色）	自然铜	辉铋矿	辉铜矿

续表 5-3

显内反射的矿物		不显内反射的矿物		
雌黄(稻草黄色)	硫汞锑矿(血红色)	毒　砂	辉锑矿	石墨
雄黄(橙红色)	金红石(红棕色)	红砷镍矿	磁黄铁矿	磁铁矿
辰砂(珠红色)	淡红银矿(鲜红色)	黄铁矿	辉钼矿	软锰矿
赤铜矿(血红色)	针铁矿(棕黄色)	白铁矿	铜蓝	硬锰矿

四、内反射研究的意义

1. 矿物的内反射现象是矿相显微镜鉴定矿物的重要光学性质

利用矿相显微镜观察矿物是否具有内反射现象，可较容易地鉴别是透明、半透明矿物还是不透明矿物。许多透明、半透明矿物的反射光学性质(如反射率、反射色、反射多色性、偏光色等)差异表现不突出，但它们不仅随透明度降低而内反射显示程度降低，而且内反射色也往往各具特色，所以内反射现象是鉴定这些矿物的重要光学性质。

2. 研究矿物的内反射现象可以帮助了解矿物的可见光吸收性能

矿物的内反射现象明显程度取决于其透明度，而矿物的透明度直接与矿物的吸收性能(以吸收系数 K 表征)有关，吸收系数越低，内反射现象越明显。有资料表明，$K>0.73$ 的矿物，如石墨，毒砂等，在以空气为观察介质时，即使矿物粉末也无内反射现象；$K<0.025$ 的矿物，如萤石、石英、白钨矿、菱铁矿等，在以空气为观察介质时，即使在正交偏光系统采用低倍物镜观察，其内反射现象也很显著；$0.73<K>0.025$ 的矿物，如辰砂、闪锌矿、赤铁矿、深红银矿等，往往随 K 值增高，分别在空气介质正交偏光系统抛光面、空气介质正交偏光系统粉末、浸油介质正交偏光系统抛光面或粉末，显内反射现象。

有必要说明的是，虽然矿物的吸收系数与其反射率一般呈正关系，内反射现象的明显程度往往也随反射率增高而降低直至无内反射现象，如 $R>40\%$ 的矿物无内反射现象，$R<12\%$ 的矿物内反射现象明显。但有少数矿物，尤其是 $12\%<R<40\%$ 的少数矿物，内反射现象的明显程度与反射率的高低没有直接联系。如石墨的反射率约为14%，无内反射现象，而硫汞锑矿的反射率约为35%，却内反射现象明显。这种现象可能与少数矿物强烈选择性吸收部分色光有关。由此可见，矿物内反射明显程度与矿物吸收系数高低间的对应关系较其与反射率高低的对应关系更加显著。

3. 利用矿物的内反射现象变化可获取矿物成因信息

内反射是矿物透明度的反映，而透明度往往受其类质同象替换组分及替换量影响，故矿物类质同象替换组分及替换量可能引起内反射现象的变化。如纯闪锌矿的内反射为乳黄白色，几乎不含铁(锰)而含少量镉的闪锌矿，内反射色为乳黄微绿色，随含铁量增高，闪锌矿内反射现象的明显程度降低，内反射色从浅乳黄色、浅棕黄色、黄褐色、褐色变化，铁闪锌矿几乎不显内反射。又如硼镁铁矿，富镁时粉末可显示淡红棕色内反射，而贫镁时无内反射。再如钛铁矿富镁时显示棕色内反射，而贫镁的钛铁矿则很难看到内反射。因此，深入地研究矿物内反射的细微特征，可能获得矿物的化学成分信息，形成环境(如温度)、形成地质作用类型等成因信息。

第六章　矿物的偏光图

矿物的偏光图是金属矿物在正交聚敛偏光系统平面偏光从各个方向以不同的入射角斜射到矿物光面时，经反射后所产生的光学现象，为正交聚敛偏光系统金属矿物的反射光学性质。透明矿物的晶体光学表明，在透射偏光显微镜的聚敛正交偏光系统，非均质透明矿物晶体颗粒切面显示不均匀的干涉图，均质矿物则不形成干涉图。但在反射矿相显微镜的聚敛正交偏光系统，不仅非均质矿物显示亮度和颜色不均匀的偏光图，均质矿物也形成偏光图。金属矿物的偏光图不仅能像透明矿物那样，可以区分均质矿物、一轴晶矿物、二轴晶矿物及其光性正负相似，还可以提供更多鉴别矿物的光学特征。如鉴别软锰矿和硬锰矿，在矿相显微镜的单偏光、正交偏光系统的光学特征无显著差异，但在聚敛正交偏光系统，软锰矿的双曲线暗带偏光图的暗带凹部显蓝色、凸部显红色；而硬锰矿则是凹部显红色、凸部显蓝色。因此，不透明矿物在正交聚敛偏光系统的偏光图具有鉴定矿物的实际意义，受到许多矿相学家的重视。

根据教学大纲和实际应用需要，本章只简略介绍偏光图形成的基本原理、光学现象及其观察方法，详细的光学原理、计算公式、测量方法及测定结果可参阅有关专著及参考书。

第一节　偏光图的形成原理

一、物镜圆内入射角和入射方位角的分布规律

因为物镜的聚敛作用随其倍率增大而增大，为获得显著的聚敛效果，投射光束边缘的最大入射角应大于40°。使用空气物镜时，其数值孔径应大于0.65，$N \cdot A = N_s \cdot \sin\alpha = 0.65$，$\alpha = 40°33'$；用油浸物镜时，其数值孔径应大于1.0，因为$N \cdot A = N_s \cdot \sin 40°33' = 1.02$，才能使边缘的最大入射角大于40°。当使用高倍物镜时，除中心部分的光线为垂直或近于垂直入射外，其余均斜射到光片表面，越远离物镜中心，入射角(α)值越大，至物镜后透镜亮圆(简称物镜圆)的周边达到最大值，且物镜圆内α等值线呈同心圆状分布。经物镜向下入射的光线各有其入射面，其为入射线与反射点法线所构成的直立平面，其与水平面的交线为通过中心的径向线。入射面的方位称为入射方位角(φ)，它是光线斜入射时，入射直线振动与入射面法线间的夹角。在相同径向线上，其入射方位角φ值相等。习惯

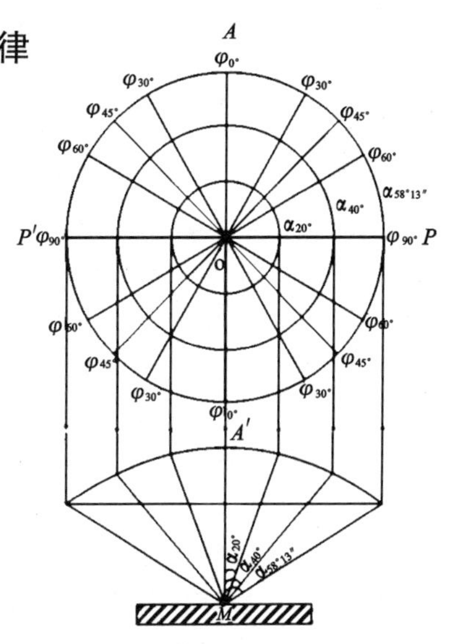

图6-1　物镜圆内入射角α、入射方位角φ的分布规律示意图

上将南北径向线规定为$\varphi=0°$，东西径向线规定为$\varphi=90°$，各象限内部的φ值介于0°与90°之间(图6－1)。以第Ⅰ象限而论，在AA'方向，$\varphi=0°$(入射面方向为南北向，其法线为东西向，与东西向入射直线振动间的交角为0°)；沿顺时针方向，φ值逐渐增大，至东西径向线时，$\varphi=90°$。各象限φ角均以PP'、AA'为对称面呈对称分布。

二、反射(视)旋转角及反射(视)旋转色散

在正交聚敛偏光系统，因为入射平面偏光从各方向以不同的入射角斜射到矿物光面，其反射合成平面偏光(透明矿物)振动方向或合成椭圆偏光(不透明矿物)的长轴方向必然偏离入射平面偏光的振动方向，且在物镜圆各部位的偏离方向和角度有规律地分布、变化。

1.透明均质矿物的反射旋转及色散

斜射光投射于透明均质矿物的光面后，将分解为垂直入射面的反射分振动和平行入射面的反射振动。由于这2个反射分振动间的周相差为0或π，必将合成反射平面偏光；由于垂直入射面的反射分振动振幅(R_s)与平行入射面的反射分振动振幅(R_p)不相等($R_s>R_p$，且随α增大，R_s与R_p的差值增大)，从而使合成反射直线振动的振幅R必然朝向较大振幅R_s方向旋转。反射合振幅R与入射直线振动方向(PP')间的夹角称为反射旋转角，以$R_{\gamma\beta}$表示（图6－2）。因为不能波长色光的$R_{\gamma\beta}$不同而引起的色散称为反射旋转色散。

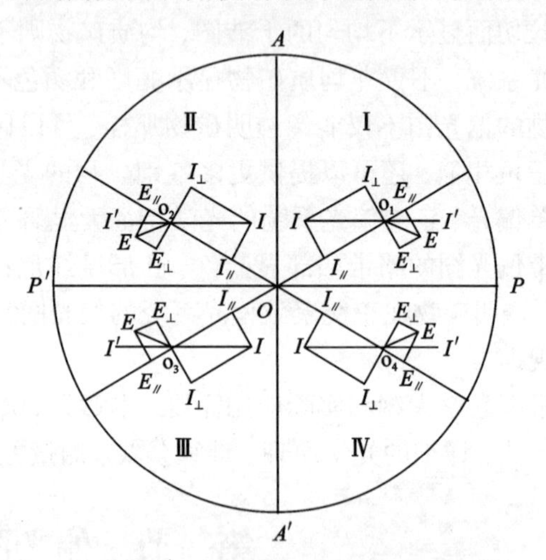

图6－2　透明均质矿物在视场各象限对入射平面偏光的反射旋转及反射旋转方向

Ⅰ、Ⅲ象限的合成反射振幅O_1E、O_3E顺时针方向旋转，Ⅱ、Ⅳ现象的合成反射振幅O_2E、O_4E反时针方向旋转，$\angle I'O_xE$为反射旋转角$R_{\gamma\beta}$

$R_{\gamma\beta}$大小与α和φ有关：设反射方位角为φ'，折射角为β，$\beta=\arcsin(\sin\alpha/N)$，显然，$R_{\gamma\beta}=\varphi-\varphi'$，$\tan\varphi'=\sqrt{R_s/R_p}\cdot\tan\varphi$，而$\sqrt{R_s/R_p}=\cos(\alpha+\beta)/\cos(\alpha-\beta)$，故$R_{\gamma\beta}=\varphi-\mathrm{arctg}[\cos(\alpha+\beta)/\cos(\alpha-\beta).\tan\varphi]$。当折射率已知时，$R_{\gamma\beta}$是入射角和入射方位角的函数，可由上式进行计算。在相同径向线上，$R_{\gamma\beta}$随α值增大而增大。在等入射角同心圆上，当$\varphi=0°$或$\varphi=90°$时，$R_{\gamma\beta}=0$；φ介于0°与90°之间时，大量计算数据表明，在入射角不大(如$<20°$)时，$R_{\gamma\beta}$最大值在$\varphi=45°$径向线线上，随着入射角α的增大，$R_{\gamma\beta}$最大值将不再位于$\varphi=45°$径向线上，而逐渐位于$\varphi>45°$的径向线上。即最大旋转角点的轨迹，呈抛物线形式随α的增大而自$\varphi=45°$线向φ值增大的方向逐渐移动。例如，当$\alpha=45°$时，最大的反射旋转角并不在$\varphi=45°$径向线上，而是在$\varphi=60°$的径向线与$\alpha=45°$同心圆交点上。

由此可见，在物镜圆内各象限，$R_{\gamma\beta}$等值点以物镜圆的圆心为对称中心在各对角线象限呈双曲线分布，双曲线的曲率随α增大而减小。图6－2内虚线曲线表示$R_{\gamma\beta}$等值线，四角部分表示四个象限$R_{\gamma\beta}$的旋转方向(东北、西南两象限因合成振动R趋向S线而为顺时针方向旋转，西北、东南两象限因合成振动R趋向S线而为逆时针方向旋转)。因此，透明均质矿物的偏光图是反射旋转效应的结果，其偏光图色散则是反射旋转色散的结果。

2. **不透明均质矿物的反射视旋转角及反射视旋转色散**

如图6－3所示，不透明均质矿物，由于平行入射面的反射分振动和垂直入射面的反射分振动之间有非0非π的周相差，从而使合成反射光成为椭圆偏光。其反射椭圆偏光之长轴，偏离原入射光振动方向（东西向），称为反射视旋转现象，所偏离的角度称为反射视旋转角，以 R_γ 表示。因为不同波长色光的反射视旋转角差异而引起的色散称为反射视旋转色散。

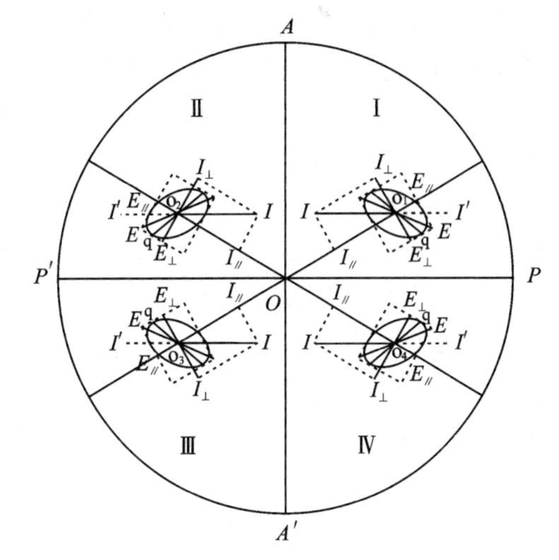

图6－3　不透明均质矿物在视场各象限对入射平面偏光的反射椭圆偏化及反射椭圆长轴旋转

Ⅰ、Ⅲ象限的反射椭圆长轴顺时针方向旋转，Ⅱ、Ⅳ现象的反射椭圆长轴反时针方向旋转，$\angle I'Oxq$ 为反射旋转角 R_γ

理论上，在矿物的折射率 N、吸收系数 K 已知时，也可以根据入射角 α 及入射方位角 φ 计算出物镜圆内各点的反射视旋转角 R_γ。

正交聚敛偏光系统反射视旋转角 R_γ 的分布，与透明均质矿物基本相同，四个象限的 R_γ 等值点也在各对角线象限呈双曲线分布，其曲率随 α 增大而减小；双曲线也不是以 $\varphi=45°$ 线为二次对称轴，也是向 φ 略大于45°的方向偏移（但与透明矿物比较，其偏差要小得多），而以物镜亮圆圆心为对称中心。因此，不透明均质矿物的偏光图是反射视旋转效应的结果，其偏光图色散则是反射视旋转色散的结果。

三、反射（视）旋转效应与非均质（视）旋转效应叠加及综合（视）旋转色散

在正交聚敛偏光系统，非均质矿物既存在反射旋转效应（透明矿物）或反射视旋转效应（不透明矿物），还存在非均质旋转效应（透明矿物）或非均质视旋转效应，反射（视）旋转效应与非均质（视）旋转效应必然叠加，使得物镜圆内各部分的反射合成平面偏光振动方向（透明矿物）或合成椭圆长轴方向偏离入射平面偏光振动方向，且在物镜圆各部位的偏离方向和角度有规律地分布变化。

1. **透明非均质矿物的综合旋转角（AR_β）及综合旋转色散（DAR）**

在正交聚敛偏光系统，透明非均质矿物无论在消光位还是非消光位，其反射旋转效应与透明均质矿物相同，不随载物台转动或切面方位角的改变而变化。即东西、南北直径上无反射旋转，物镜圆内各象限不同大小的等反射旋转角呈双曲线状对称分布，Ⅰ、Ⅲ象限的反射合振幅（$R_{\gamma\beta}$）顺时针方向旋转，Ⅱ、Ⅳ象限的反射合振幅反时针方向旋转。即反射旋转效应所形成的 $R_{\gamma\beta}$ 方向变化和 $R_{\gamma\beta}$ 大小变化是静态图案。但是，非均质旋转效应，无论非均质旋转合振幅（E_a）的振动方向或非均质旋转角 $A_{\gamma\beta}$ 大小都随非均质矿物的切面方位角 φ 的变化即随载物台的转动而变化，为动态图案，但当非均质矿物随载物台的旋转处在切面某具体方位角时，物镜圆内各点 E_a 的振动方向和 $A_{\gamma\beta}$ 大小都是相同的。显然，在正交聚敛偏光系统，透明非均质矿物，除处在消光位外，其反射旋转效应与非均质旋转效应必然叠加，使得物镜圆内各部分最终合成反射振幅的振动方向和最终旋转角与反射旋转和非均质旋转都不同，这种叠

加旋转效应称为综合旋转效应，其旋转角称为综合旋转角，以 AR_{β} 表示。AR_{β} 随波长而变化的性质，称为综合旋转色散，以 DAR 表示。因此，非均质透明矿物的偏光图及其色散是反射旋转效应与非均质旋转效应叠加的结果，即是综合旋转效应的结果。

2. 不透明非均质矿物的综合视旋转角(AR)及综合旋转色散(DAR)

与透明非均质矿物相似，在正交聚敛偏光系统，不透明非均质矿物的反射视旋转效应所形成的椭圆长轴方向及反射视旋转角 R_{γ} 的分布不随物台的转动而变化，是静态图案；非均质视旋转效应的视旋转椭圆长轴方向、非均质旋转角 A_{γ} 大小随非均质矿物的切面方位角 φ 即随物台的转动而变化，为动态图案，但当不透明非均质矿物随载物台旋转处在切面的某具体方位角时，物镜圆内各点的椭圆长轴方向和 A_{γ} 大小都是相同的。显然，在正交聚敛偏光系统，不透明非均质矿物，除处在消光位外，其反射视旋转效应与非均质视旋转效应必然叠加，使得物镜圆内各部分最终合成反射椭圆的长轴方向和最终视旋转角与反射视旋转和非均质视旋转都不同，这种叠加视旋转效应称为综合视旋转，其旋转角称为综合旋转角，以 AR 表示。AR 随波长而变化的性质，称为综合视旋转色散，也简称综合旋转色散，与透明非均质矿物的综合旋转色散符号相同，以 DAR 表示。因此，非均质不透明矿物的偏光图是反射视旋转效应与非均质视旋转效应叠加的结果，即是综合旋转效应的结果。

第二节　各类矿物的偏光图基本特征

各类矿物在正交聚敛偏光系统的偏光图是入射平面偏光发生反射(视)旋转效应(均质矿物)或反射(视)旋转效应与非均质旋转效应叠加的结果(非均质矿物)，其变化与聚敛偏光系统是否严格正交有关，非均质矿物还与其晶体颗粒切面方位角 φ 有关。

一、均质矿物的偏光图

1. 透明均质矿物的偏光图

在严格正交的聚敛偏光系统，沿东西、南北径向入射的平面偏光，分别与入射面平行或垂直，不发生分解，仍按入射光的振动方向反射，不能透过偏振方向为南北向的上偏光镜，从而在东西、南北径向带呈现消光状态，构成黑“十”字。在物镜圆的各象限内，任意具体点位的合成反射振幅都与上偏光镜偏振方向斜交，而随着远离视域中心和南北、东西径向线，其反射旋转角 $R_{\gamma\beta}$ 渐增，故能透过上偏光镜的反射振幅分量也随之渐增而显得相对更明亮。因此，在严格正交聚敛偏光系统，透明均质矿物的偏光图是背景明亮的黑“十”字偏光图(图 6－4)。

如果旋转载物台，在严格正交的聚敛偏光系统，因为物镜圆内各点的合成反射振幅方向和反射旋转角是静态图案，不随载物台旋转而变化，故偏光图没有变化，仍为背景明亮的黑“十”字。

如果沿顺时针方向或逆时针方向小角度偏转上偏光镜(偏转角小于视域内最大反射旋转角)(图 6－5)，此时东西、南北径向上的东西向反射振幅与上偏光镜的偏振方向斜交，故不再消光而呈现明亮。沿反时针方向小角度偏转上偏光镜时(图 6－5)，因为Ⅰ、Ⅲ象限的反射振动为顺时针方向旋转，现与反时针转动后的上偏光镜 AA' 更加斜交，故较东西、南北的“十”字部位更显得明亮。Ⅱ、Ⅳ象限各点的反射振动为反时针方向旋转，其等反射旋转角

$R_{\gamma\beta}$的各点成双曲线状分布，且其$R_{\gamma\beta}$由中心向外逐渐增大，故当上偏光镜沿反时针方向小角度旋转时，便有可能与Ⅱ、Ⅳ象限反时针方向旋转后的反射振动垂直而消光。因为等反射旋转角呈双曲线状分布，故当上偏光镜沿反时针方向由小到大地逐渐转动时，就会逐渐与这些呈双曲线状分布的等反射旋转角的反射振幅垂直，从而黑"十"字逐渐分裂变成双曲线黑带，并随上偏光镜偏转角度增大逐渐由中心向外移动，直至该偏转角达到最大分离角时从$\varphi=45°$径向线偏南的部位（即$\varphi>45°$部位）逸出视场。上偏光镜自正交位的任何转角，都必定正好等于该双曲线黑带部位的反射旋转角$R_{\gamma\beta}$，且上偏光镜转入哪两象限，双曲线黑带也必然出现在这两象限。

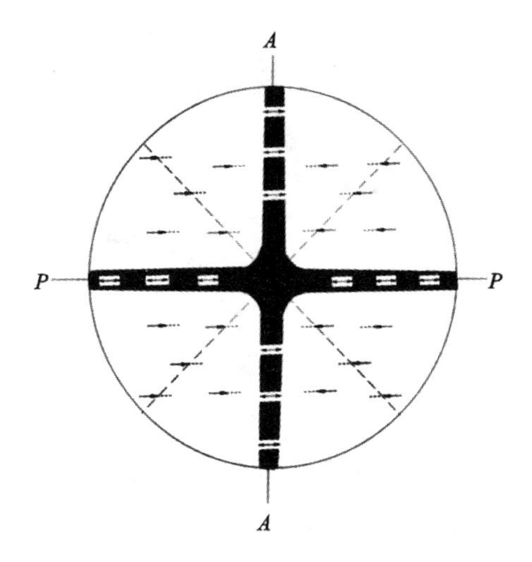

图6-4　在严格正交聚敛偏光系统透明均质矿物的偏光图（据Cameron，1961）

黑"十"字处反射光振动方向无旋转，用双向箭头表示；各象限内的实线表示入射光振动方向，虚线表示反射振动方向

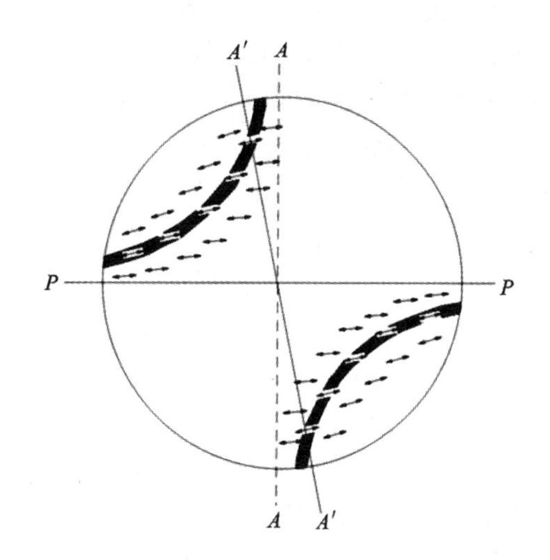

图6-5　在偏转上偏光镜的斜交聚敛偏光系统透明均质矿物的偏光图（据Cameron，1961）

双曲线暗带反射光振动方向与偏转后的上偏光镜振动防线$A'A'$垂直，其他位置反射光振动方向均与$A'A'$斜交

2. 不透明均质矿物的偏光图

在正交聚敛偏光系统，因反射视旋转效应，不透明均质矿物的合成反射椭圆偏光的长轴方向及反射视旋转角R_{γ}在物镜圆内各部位的分布变化规律与透明均质矿物的合成反射振幅方向及反射旋转角$R_{\gamma\beta}$完全相同。即在Ⅰ、Ⅲ象限为顺时针方向旋转，在Ⅱ、Ⅳ象限为逆时针方向旋转，故其偏光图与均质透明矿物偏光图相似。所不同的是，即使在严格正交的聚敛偏光系统，因为合成反射椭圆短轴方向的光亮可透过上偏光镜，透明均质矿物的黑"十"字变为暗"十"字，双曲线黑带变为双曲线暗带。同时，因为物镜圆内相同位置的不透明矿物反射视旋转角R_{γ}通常略小于透明矿物反射旋转角$R_{\gamma\beta}$，上偏光镜转动角度渐增时，双曲线暗带逸出视场更迅速。即当转动上偏光镜时，不透明矿物的双曲线暗带逸出视场的偏转角要略小于透明矿物的双曲线黑带逸出视场的偏转角。

二、非均质矿物的偏光图

在正交聚敛偏光系统，非均质矿物的偏光图是反射（视）旋转效应和非均质（视）旋转效应叠加的结果，而非均质（视）旋转效应是随切面方位角变化而变化的动态图案，故非均质矿物的偏光图随切面方位角变化而变化，即随载物台旋转而变化。

1. 透明非均质矿物的偏光图

如果非均质矿物晶体颗粒切面处在消光位，即切面方位角 $\varphi=0°$ 或 $\varphi=90°$，则只显现反射旋转效应，不显非均质旋转效应。在严格正交的聚敛偏光系统，所形成的偏光图与透明均质矿物相同，为背景明亮的黑"十"字。如果小角度缓慢偏转上偏光镜，黑"十"字随偏转角增大而逐渐分裂成沿偏转方向所在对角线象限的双曲线黑带，并随偏转角渐增而沿 $\varphi=45°$ 径向线偏南的部位（即 $\varphi>45°$ 部位）向视域边缘移动，直至该偏转角达到最大分离角时逸出视场而变得全视域明亮。

如果在严格正交的聚敛偏光系统，转动载物台改变切面方位角 φ 使之处在非消光位，如图6－6所示，当透明非均质矿物的主反射振幅方向处在Ⅱ、Ⅳ象限的45°位（$\varphi=45°$）时，在Ⅱ、Ⅳ象限由于 E_r 和 E_a 的旋转方向相反，按照平行四边形法则，其综合旋转方向介于二者之间。当 E_r 和 E_a 恰好抵消时，其合成的综合（联合）振幅 E_{AR} 刚好成为东西向时，与上偏光镜的偏振方向垂直，不能透过上偏光镜而形成双曲线状消光黑带。在图6－6双曲线黑带的凹边区域，由于反时针方向旋转的 E_r 的偏转角较大，顺时针方向旋转的非均质合振幅 E_a 旋转的角度较小（$R_{\gamma\beta}>A_{\gamma\beta}$），故综合振幅 E_{AR} 也反时针方向旋转偏离东西向而与上偏光镜偏振方向斜交，从而有一定振幅（或强度）的光透过上偏光镜而呈现明亮；在凸边区域，因为顺时针方向旋转的 E_r 的转角较大，故 E_{AR} 也顺时针方向旋转偏离东西向而与上偏光镜的偏振方向斜交，也有一定振幅（或强度）的光透过上偏光镜而呈现明亮（但因综合振幅近于与分析镜垂直，透过分析镜的光很弱）。在Ⅰ、Ⅲ象限，各点的 E_a 与 E_r 均为顺时针方向旋转，故各点的综合振幅 E_{AR} 也为顺时针方向旋转，以致各点的 E_{AR} 方向均与上偏光镜的偏振方向斜交，故全象限呈现明亮。由于 $R_{\gamma\beta}$ 随入射角 α 的增大而增大，即 E_r 随 α 的增大而愈偏离东西向，故叠加上非均质效应（全视场的 $A_{\gamma\beta}$ 为定值）的综合旋转角 AR 随 α 的增大而增大，即 E_{AR} 随 α 的增大而愈偏离东西向，与上偏光镜的偏振方向斜交程度更高，透过上偏光镜的振幅越大，从而越远离中心，越显得明亮。这样，就在明亮程度随所处部位而异的明亮背景上形成双曲线黑带处在Ⅱ、Ⅳ象限的非均质矿物偏光图。当透明非均质矿物的主反射振幅方向处在Ⅰ、Ⅲ象限的45°位（$\varphi=45°$）时，则Ⅱ、Ⅳ象限变明亮，形成双曲线黑带在Ⅰ、Ⅲ象限的非均质矿物偏光图。

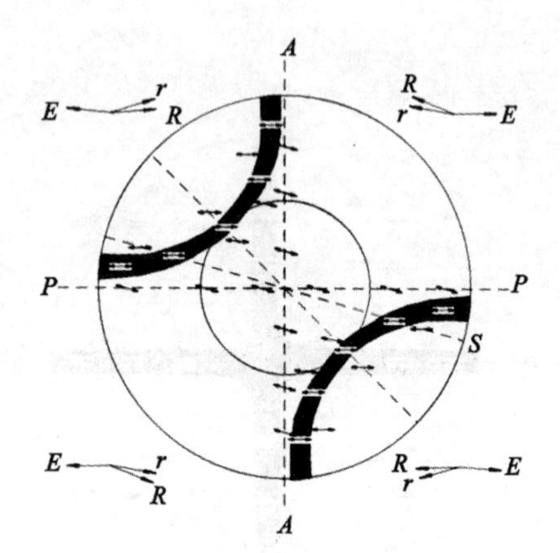

图6－6　严格正交聚敛偏光系统非均质矿物45°位偏光图（据 Cameron，1961）

视域外四角 E 代表入射平面偏光振动方向，r 代表矿物在各象限经反射旋转后的振动方向，黑十字线上双箭头代表视域任意点的非均质旋转量，R 则表示非均质旋转与反射旋转叠加后在各象限反射光的总振动方向。

如果在严格正交聚敛偏光系统，转动载物台360°，非均质旋转角 $A_{\gamma\beta}$ 将随切面方位角 φ（即主反射振幅 E_2 方位）的变化而变化。当 $\varphi=0°$、90°、180°、270°、360°时，$A_{\gamma\beta}=0$；在4个象限的主切面方位角（如前所述，略大于45°）时，$A_{\gamma\beta}$ 达极大值；任意方位角 φ 时，$A_{\gamma\beta}$ 介于0°与主切面极大值之间。因此，随载物台转动，非均质旋转角 $A_{\gamma\beta}$ 及 E_a 动态变化，与不随载物台转动而变化的反射旋转角 $R_{\gamma\beta}$ 及其振幅 E_r 叠加，按照平行四边形合成法则，其综合振幅 E_{AR} 及综合旋转角 AR 与上偏光镜偏振方向间的关系，有些部位消光黑暗、有些部位变得明亮，从而随载物台转动多次呈现黑“十”字或不同分离程度的双曲线黑带的偏光图动态图案。转动载物台360°，消光双曲线黑带4次合为黑“十”字（$\varphi=0°$、90°、180°、270°，$A_{\gamma\beta}=0$ 时），4次分为分离度（角）最大的消光黑双曲线（当 φ = 主切面方位角，$A_{\gamma\beta}$ = 极大值时），形成“四合四分”的黑带变化。

在非消光位小角度偏转上偏光镜后的不完全正交聚敛偏光系统，当偏离角 $\theta < A_{\gamma\beta}$ 时，转动载物台360°，将出现“歪四合四分”。黑“十”字将不会出现在原消光位，四象限的双曲线分离度（角）也将不等，而是在上偏光镜转入的对角线象限的双曲线分离度增大，上偏光镜转离的对角象限的双曲线分离度缩小。当上偏光镜的偏离角 $\theta = A_{\gamma\beta}$ 时，在上偏光镜转离的对角象限，其综合振幅将不会出现与转动后的上偏光镜偏振方向垂直的情况，因而不会出现双曲线黑带，故转动载物台360°，仅出现双曲线黑带的“两合两分”现象，即仅在上偏光镜转入的两象限出现双曲线黑带两次合为黑“十”字（其位置也不在原消光位，即不在 $\varphi=0°$ 或 $\varphi=90°$ 等位置），两次分离为双曲线，其最大分离度（角）较上述两种情况增大。当上偏光镜的偏离角 $\theta > A_{\gamma\beta}$ 时，旋转载物台360°，双曲线黑带将出现“两分不合”，即只在上偏光镜转入的对角象限出现两次双曲线分离度（角）大小的变化，不再出现合为黑“十”字的情况，双曲线的最大分离度（角）较上述3种情况都更大。

2. 不透明非均质矿物的偏光图

不透明非均质矿物的综合椭圆和综合旋转角 AR（综合椭圆长轴与入射平面偏光振动方向间的夹角），是由反射椭圆和非均质椭圆合成的。但通常不透明非均质矿物的综合椭圆都很扁窄，可近似地将其椭圆长轴作平面偏光振动方向处理，可以大致像透明非均质矿物那样来理解其非均质偏光图的成因，从而在消光位、在消光位小角偏转上偏光镜、非消光位旋转载物台及非消光位小角度偏转上偏光镜后旋转载物台等观察操作环境的偏光图及其变化特征与透明非均质矿物的偏光图及其变化特征相似。

但是，不透明非均质矿物的两种旋转效应叠加的合成振动是综合椭圆，即使当综合椭圆的长轴成东西向与分析镜垂直时，也还是有以半短轴为振幅的光透过上偏光镜而不能完全消光，其“十”字偏光图为暗“十”字偏光图，而非黑“十”字偏光图；其双曲线偏光图为双曲线暗带而不是双曲线（消光）黑带。这种情况随吸收系数 K 增高或反射率 R 增高而更加明显。当 K、R、A_{γ} 大幅度增高时，在双曲线顶端部位，因为综合椭圆的半短轴较长、透过上偏光镜的光强较大，暗带甚至会变得非常模糊。

3. 非均质矿物偏光图双曲线黑（暗）带的最大分离度和最大分离角

非均质矿物晶体颗粒切面自消光位旋转载物台至45°位（$\varphi=45°$），此时双曲线黑（暗）带分离的距离达最大值（严格的说，使切面处于 $\varphi=45°+1/2A_{\gamma\beta}$ 或 $\varphi=45°+1/2A_{\gamma}$ 的位置，才是其分离度的极大值，但由于 $A_{\gamma\beta}$、A_{γ} 的确定相当费时，且与45°位的分离度差别很小，故以 $\varphi=45°$ 位的最大分离度为标准值）。这种双曲线的最大分离程度称为双曲线黑（暗）带的最大分离度，用 S_{max} 表示。S_{max} 是视场内两双曲线顶点间的距离占视场直径的百分数。

非均质矿物晶体颗粒切面处在45°位时，黑（暗）双曲线的分离程度也可用最大分离角 2α 来表示。其测量方法如图6－7所示：在晶体颗粒切面45°位固定载物台，再将测微尺也置于45°方向（通过视域中心）然后分别测量偏光图的直径 d 和黑（暗）双曲线顶点间的距离 r。检查所用物镜的数值孔径 $N \cdot A(N \cdot A) = \sin\alpha_0$，$\alpha_0$ 为物镜孔角的1/2)，则：

$\sin\alpha / \sin\alpha_0 = r/d$

$\sin\alpha = r/d \cdot \sin\alpha_0 = r/(d \cdot N \cdot A)$

$2\alpha = 2\arcsin(r/d \cdot N \cdot A)$

最大分离度 S_{max} 和最大分离角 2α 是非均质(视)旋转角的函数，所以根据 S_{max} 和 2α 的大小可以反映出 $A_{\gamma\beta}$、A_{γ} 的大小，也可反映出矿物非均质性的强弱。一轴晶平行 C 轴的切面和低级晶平行 XZ 的切面上，可以得到该矿物的最大的、具有一定鉴定意义的 S_{max} 和 2α 数值。因为 S_{max} 和 2α 的数值是随物镜数值孔径而变化的，因此所测定的 S_{max} 和 2α 值都须注明所用物镜的数值孔径。

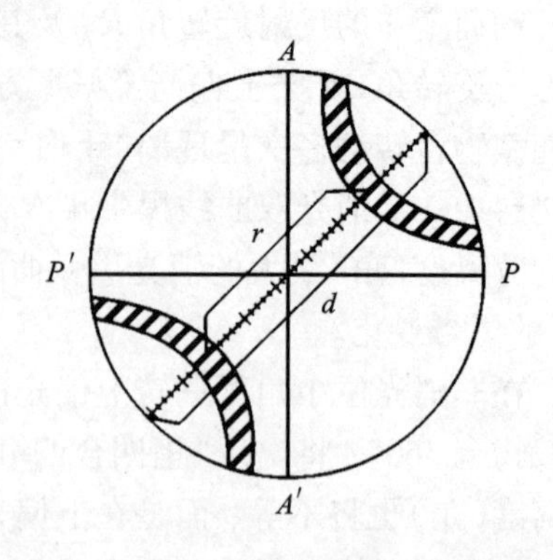

图 6-7　测量最大分离角 2α 的图解

图中 d 为偏光图直径的刻度数，r 为双曲线顶点间的刻度数

第三节　矿物的旋转色散

如本章第一节所述，矿物的旋转角和视旋转角色散(简称旋转色散)是指矿物的旋转角(透明矿物)和视旋转角(不透明矿物)随入射光波波长而变化的性质。这些性质主要包括反射旋转角 $R_{\gamma\beta}$ 和反射视旋转角 R_{γ} 的色散，非均质旋转角 $A_{\gamma\beta}$ 与非均质视旋转角 A_{γ} 的色散，综合旋转角 AR_{β} 和综合视旋转角 AR 的色散。另外，对于不透明矿物而言，无论反射椭圆、非均质椭圆或综合椭圆，其椭圆度(切面形状)和大小等都可能随入射光波波长而变化，从而引起色散。这类色散简称椭圆色散。矿物的旋转角和视旋转角是折射率 N、吸收系数 K 和反射率 R 的函数。矿物的折射率、吸收系数和反射率是随光波波长变化而变化的。不同矿物的 N、K、R 的色散不同，其所决定的旋转角和视旋转角等色散也必然不同。有些矿物的旋转(角)色散或视旋转(角)色散具有特征性，是鉴定矿物的重要光学性质。

虽然矿物的旋转色散与视旋转色散在形成机制上存在差别，但其所产生的光学效果的表现形式相似，从而它们的观测方法相同。

一、矿物的反射旋转色散和反射视旋转色散

1. 表示方法

透明矿物反射旋转角的色散(简称反射旋转色散)如图 6-8 所示，该透明矿物的紫光 v、蓝光 b、红光 r 的反射旋转角分别为：$R_{\gamma\beta(v)} = \angle E_v O_1 I'$，$R_{\gamma\beta(b)} = \angle E_b O_1 I'$，$R_{\gamma\beta(r)} = \angle E_r O_1 I'$，其 $R_{\gamma\beta(v)} > R_{\gamma\beta(b)} > R_{\gamma\beta(r)}$。可用反射旋转色散符号(公式)表示为：$DR_r = v > r$。为简化，反射视旋转色散亦用此符号表示。

若为不透明矿物，如图 6-9 所示，该矿物的红光 r 和紫光 v 的反射视旋转角分别为 $R_{\gamma(v)} = \angle I' O_1 q_v$，$R_{\gamma(r)} = \angle I' O_1 q_r$，可用反射视旋转色散符号(公式)表示为：$DR_r = r > v$。

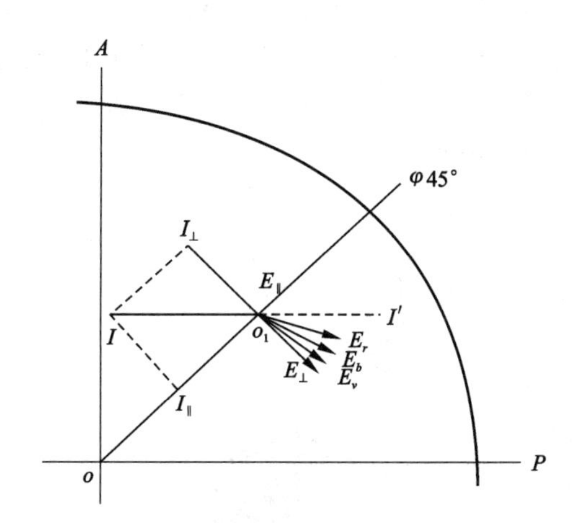

图 6-8 透明矿物的反射旋转色散示意图

Ⅰ象限内任意点 O_1 在斜入射条件下，其红光 r、蓝光 b、紫光 v 的合成反射振幅分别为 E_r、E_b、E_v，其反射旋转角 $\angle E_vO_1I' > \angle E_bO_1I' > \angle E_rO_1I'$

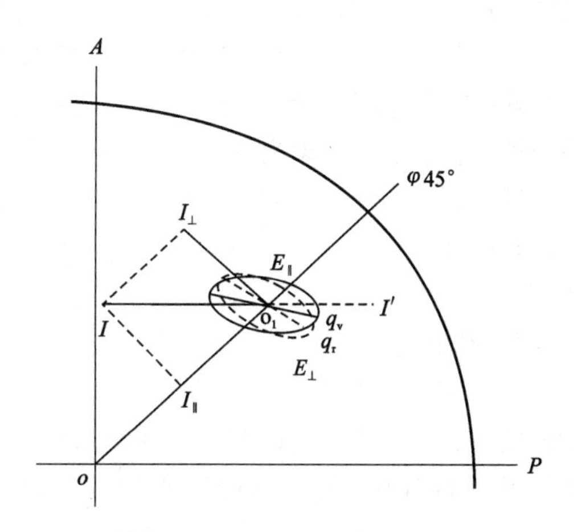

图 6-9 不透明矿物的反射视旋转色散示意图

Ⅰ象限内任意点 O_1 在斜入射条件下，其红光 r、和紫光 v 的反射椭圆半长轴分别为 O_1q_r 和 O_1q_v，其反射视旋转角 $\angle q_rO_1I' > \angle q_vO_1I'$

2. 观测方法

从光源条件考察，反射(视)旋转色散 DR_r 的观测方法可分为 2 类：一类为白光源，另一类为单色光源。限于实际教学条件和矿物鉴定的一般需要，本教程只介绍白光源观测方法即偏光图色边(区)法。

如前所述，在正交聚敛偏光系统，均质矿物的任意位和非均质矿物的消光位(或暗光位)都呈现“十”字偏光图，如果小角度偏转上偏光镜，黑(暗)“十”字则分裂为双曲线黑(暗)带，并随上偏光镜偏转角增大，双曲线逐渐自中心向边缘移动。当双曲线暗(黑)带外移至一定距离后，某些矿物的双曲线暗(黑)带在其中段两侧出现色边或显现色区(旋转色散较显著的矿物，可在暗带两侧的较宽阔区域显现颜色，该宽阔的显色区域，称“色区”)。若凹边(区)带红色、凸边(区)带蓝色(图 6-10)，则此反射(视)旋转色散现象可用 DR_γ：r)b 表示。反之，若凹边(区)蓝色，凸边(区)红色，则可用 DR_γ：b)r 表示。若为其他颜色现象，可如实地写出其具体颜色来表示，如 DR_γ：嫩绿黄)灰蓝。

这些色散现象显然是由于反射视旋转色散或反射旋转色散所形成的。如图 6-10 所示，第Ⅰ象限中 α_1、α_2、α_3 各点依次远离视场中心，入射角 α 依次增大，各色光波 R_γ($R_{\gamma\beta}$)也依次逐渐增大。在凸边的点 α_1 处，红光的合成反射振幅或半长轴 α_1r 正好达到与旋转后的上偏光镜偏振方向 A_1 垂直而消光或变暗；蓝光的 R_γ($R_{\gamma\beta}$)较小，其合成反射振幅或半长轴 α_1b 尚未能达到与 A_1 垂直的位置，故有一定的分量透过 A_1 而使凸边呈现蓝色。在双曲线黑(暗)带通过的点 α_2，各色光波的反射旋转角又都有所增大，此时中等波长波段的色波(如绿光)的合成反射振幅或半长轴垂直 A_1 而消光，红光、蓝光近似垂直 A_1 而近似消光，故此处消光变暗。在凹边的点 α_3 处，各色光波的 R_γ($R_{\gamma\beta}$)随入射角增大又再度增大。此时，蓝光的合成反射椭圆半长轴或合成反射振幅已增大至恰好垂直 A_1 的位置而被消除，此时红光的 R_γ($R_{\gamma\beta}$)更大，超过了与 A_1 垂直的位置而斜交，从而有一定分量透过 A_1 而使凹边显现红色。在实际观测时，虽然观察者所见到的仅仅是那些肉眼敏感的红色与蓝色，但事实上蓝色紧邻波长更短的紫色，所以在表示反射(视)旋转色散符号时，仍用两个极端波长，即用紫光 v 和红光 r 来表示。如图 6 - 10 的色散现象，我们用反射(视)旋转色散符号 DR_{γ} = r > v 表示。如若双曲线的凹、凸边不显色边，其现象为 DR_{r}：不显；符号表示为 DR_{γ} = 0 或 DR_{γ} = r≈v。

反射(视)旋转色散的类型、强度和清晰程度是矿物的属性，其强度和清晰程度还与物镜的数值孔径、偏光镜的种类以及所用光源等有关。对于显现红色(橙色或黄色)和蓝色边缘时，比较易于用补色理论解释。但有些矿物显现一些可见光波谱中段的颜色，这时的理论解释比较复杂。但从鉴定矿物的目的出发，为了利用该矿物的反射(视)旋转色散来区分其他鉴定特征与之相似的矿物，需要如是地将此现象记录下来，如 DR_{γ}：g) b 或绿) 蓝[表示凹边(区)绿，凸边(区)蓝]，并与已知矿物或相似矿物在相同观测条件下的色散现象进行比较，这是利用这种现象的最简便途径。否则，须用单色光测出 R_{γ} 或 $R_{\gamma\beta}$ 色散曲线后才能确定。

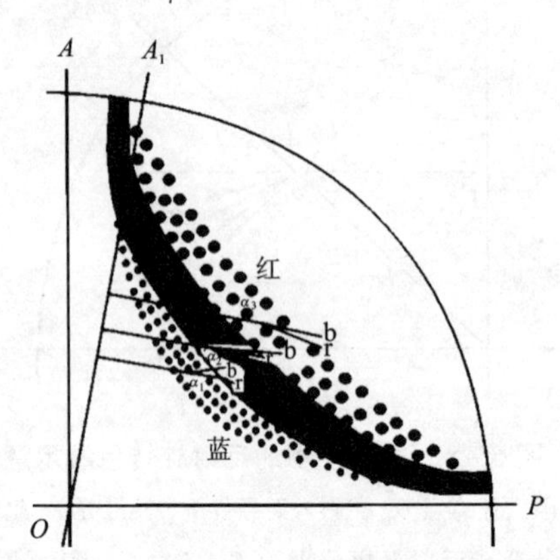

图 6 - 10　聚敛偏光系统均质矿物任意位或非均质矿物消光位转上偏光镜后双曲线黑(暗)带凸、凹边的色边与红、蓝光 $R_{\gamma\beta}$(R_{γ})大小的关系

图中 $\alpha_1 < \alpha_2 < \alpha_3$，三点的红、蓝光的合成反射振幅(椭圆半长轴)分别用 r、b 表示，红光的 $R_{\gamma\beta}$(R_{γ})大于蓝光的 $R_{\gamma\beta}$(R_{γ})

根据偏光图中反射旋转色散或反射视旋转色散现象的鲜明、强弱程度，DR_{γ} 视测分级可分为如下 4 级：(1)强，颜色鲜明，如铜蓝、斑铜矿。(2)中，颜色清楚可见，如黄铜矿、方硫铁镍矿。(3)弱，颜色微弱，如蓝辉铜矿。(4)无，颜色不显，如镍黄铁矿、铬铁矿、闪锌矿。

二、非均质矿物的综合旋转色散和综合视旋转色散

非均质透明矿物的综合旋转角 AR_{β} 和非均质不透明矿物的综合视旋转角 AR 都是有色散的，即其数值随波长而变化。AR_{β} 随波长而变化的性质，称为综合旋转色散，AR 随波长而变化的性质，称为综合视旋转色散。虽然矿物的综合旋转色散与综合视旋转色散在形成机制上存在差别，但其所产生的光学效果的表现形式相似，观测方法相同，为简化表述，两者统称综合色散，均用 DAR 表示。

与反射旋转色散观测方法相似，综合色散的观测方法随光源条件不同也可分为白光源观测法和单色光源观测法 2 类。限于实际教学条件和矿物鉴定的一般需要，本教材只介绍白光源观测方法即偏光图色边(色区)法。

当非均质矿物处于 45°位时，在正交聚敛偏光系统，可见某些矿物的双曲线黑(暗)带两侧具有颜色边或颜色区，此即综合色散现象。若凹边或凹区为蓝色，凸边或凸区为红色，可表示为 DAR：蓝))红；若凹边或凹区为灰黄色，凸边或凸区为绿色，可表示为 DAR：灰黄))绿。确定此种综合色散符号的方法与确定反射旋转色散符号的方法相似。参看图 6 - 14 的第二部分，凸边为蓝色，表示此处的红光的综合振幅(或半长轴)垂直正交的上偏光镜而被消除，蓝光自非均质合成振幅(半长轴)的综合旋转量较小，其综合振幅(或半长轴)尚未达到与上偏光镜垂直的位置，而有一定分量透过，故显蓝色。至凹边位置，蓝光的反时针方向的综

合旋转量已随 α 角的增大而增大，其综合振幅（或半长轴）已达垂直上偏光镜的位置而被消除；此时，红光的反时针方向的综合旋转量则进一步增大，其综合振幅（或半长轴）已超过了与上偏光镜垂直的位置而斜交，故有一定分量的红光透过而呈红色。显然，红光的综合旋转量大于蓝光的综合旋转量，其综合色散符号为 DAR = r > v。若凹边呈蓝色、凸边呈红色（图6－12的第二部分），则 DAR = v > r。与 DR_r 的确定方法相似，也可记住：凹边色的综合旋转角 > 凸边色角综合旋转角。

三、非均质矿物的非均质旋转色散和非均质视旋转色散

非均质矿物的非均质旋转角 $A_{\gamma\beta}$ 和非均质视旋转角 A_{γ} 是随所用色光波长的不同而变化的，这种性质叫非均质旋转（角）色散和非均质视旋转（角）色散，可用 $DA_{\gamma\beta}$ 和 DA_{γ} 表示。非均质视旋转色散与非均质旋转色散的光学效果的表现形式相似，观测方法相同，为简化表述，两者都用 DA_{γ} 表示。

DA_{γ} 观测可在直射正交偏光系统，也可在正交聚敛偏光系统完成；既可用单色光源，也可用白光源观测。限于实际教学条件和矿物鉴定的一般需要，本书只介绍白光源观测方法。

1. 直射正交偏光系统测定

使用白光源在直射正交偏光系统观测 DA_{γ} 是运用 R. 加洛平提出的偏光色消色顺序法（R. 加洛平，1947）。该方法是在直射正交偏光系统使矿物晶体颗粒切面处于45°位时，转动上偏光镜至图6－11 中的 A_0 位置以得到最暗位。再仔细转动上偏光镜，观察“暗前”（先）和“暗后”（后）的颜色变化。如“暗前”显紫、蓝等短波段颜色，说明此时位于 A_1 的上偏光镜与长波段的非均质反射椭圆长轴（或合振幅）垂直，而将长波段的光消除；“暗后”显红、橙、黄等长波段颜色，说明此时位于 A_2 的上偏光镜与短波段的非均质反射椭圆长轴（或合振幅）垂直而将其消除。此现象说明长波段的 A_{γ}（或 $A_{\gamma\beta}$）小于短波段的 A_{γ}（或 $A_{\gamma\beta}$），其 DA_{γ} = v > r。若现象相反，则 DA_{γ} = r > v。

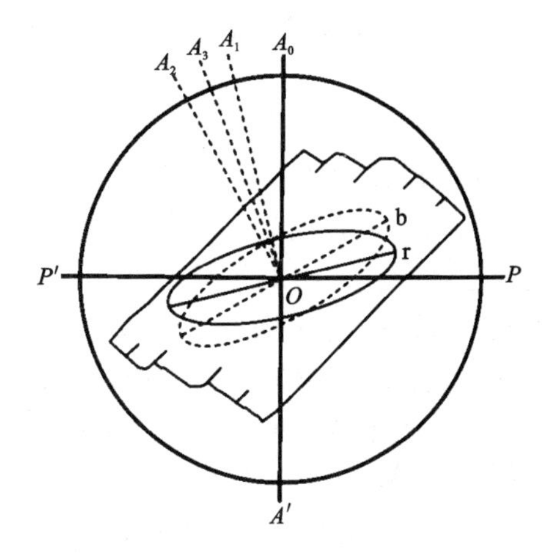

图6－11 不透明矿物的非均质视旋转色散及其正交直射偏光观察方法示意图

O_r、O_b 分别为红光、蓝光的半长轴；$A_{\gamma(r)} = \angle rOP$，$A_{\gamma(b)} = \angle bOP$；$A_1O \perp O_r$，$A_2O \perp O_b$；上偏光镜位于 A_0 时为最暗位，位于 A_1 时显“暗前”的蓝色，位于 A_2 时显“暗后”的红色，DA_{γ} = v > r

对于某些色散度大的矿物，如铜蓝、硼镁铁矿、黑柱石等，运用偏光色消色顺序法是易于观测的，但此法对一些色散度不大的非均质矿物则不能测定。此外，对于一些 A_{γ}（或 $A_{\gamma\beta}$）随波长呈畸形变化的矿物，因补色关系比较复杂，不能轻率地用一般的 v > r 或 r > v 的符号表示。只能记录这种现象，如“暗前”显蓝色，“暗后”显绿色，并用其他定量测量的方法测出各色光的 A_{γ}（或 $A_{\gamma\beta}$）后，再进行解释。

2. 聚敛正交偏光系统 DR_{γ} 与 DAR 的色边或色区对比法

这种方法需要两次操作观察记录。首先，在正交聚敛偏光系统，将非均质矿物晶体颗粒切面旋至消（暗）光位，使之呈现黑（暗）“十”字偏光图，继而小角度偏转上偏光镜，使之呈现

双曲线黑(暗)带偏光图。这时仅具有反射(视)旋转效应，而没有非均质旋转效应。因反射(视)旋转色散，在双曲线黑(暗)带的两侧可能显现色边(或色区)，记录其两侧是否显色及具体颜色。然后，将上偏光镜转回原位，使偏光系统严格正交，再自该非均质矿物晶体颗粒切面的消光位旋转载物台至45°位，使之呈现双曲线黑(暗)带偏光图。这时既有反射(视)旋转效应，又有非均质旋转效应。因综合旋转色散，在双曲线黑(暗)带的两侧可能显现色边(或色区)，也记录其两侧是否显色及具体颜色。完成上述两次操作观察记录后，根据 DR_{γ}和 DAR 所产生的色边(或色区)的相对配置和相对强度，可以确定 DA_{γ}符号。

DR_{γ}和 DAR 所产生的色边(或色区)的相对配置和相对强度可以出现以下 5 种情形。

1)如图 6－12 所示(Ⅱ象限)，第一部分表示小角度偏转上偏光镜，使处在消光位的非均质矿物晶体颗粒切面呈现反射(视)旋转色散的双曲线黑(暗)带两侧的显色现象。该部分的双曲线黑(暗)带凸边部位显蓝色(用细点表示)，凹边部位显红色(用粗点表示)，这表明其反射旋转色散符号必定是：$DR_{\gamma} = r > v$。

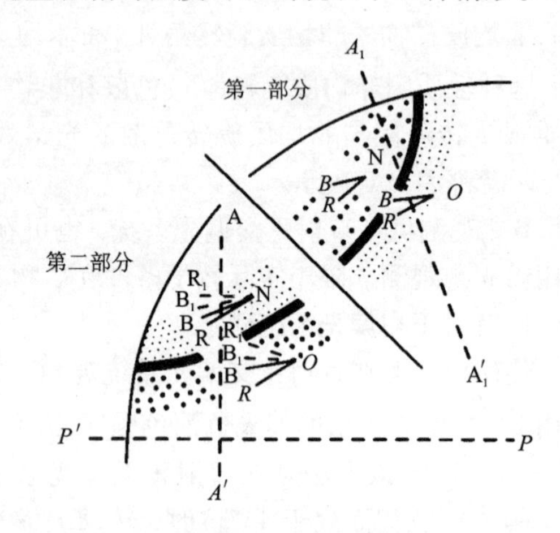

图 6－12　非均质矿物偏光图中红光与蓝光的 R_{γ}、A_{γ}、A_R 的相对大小与所形成色边的关系

图中区域为第Ⅱ象限，第一部分为矿物处在消光位反时针偏转上偏光镜，确定 DR_{γ}；第二部分为矿物处在 45°位，确定 DAR。根据 DR_{γ} 和 DAR 分析确定 $DA_{\gamma} = r > v$

第二部分表示严格正交聚敛偏光系统该非均质矿物晶体颗粒切面处在处于 45°位时呈现综合(视)旋转色散的双曲线黑(暗)带两侧的显色现象。与 DR_{γ}符号正好相反，该部分的双曲线黑(暗)带凹边部位显蓝色，凸边部位显红色，即 DAR = v > r。如该部分所示，非均质(视)旋转为顺时针方向(右旋)，恰与该象限反射(视)旋转的反时针方向(左旋)相反。此时，在凸边显红色，必定是蓝光反时针方向反射旋转与顺时针方向非均质旋转正好抵消，其综合振幅(或半长轴)方向正好成东西向，与 AA'垂直而被消除，红光综合旋转的综合振幅(或半长轴)方向此时则尚未达到东西向，与 AA'斜交，有一定分量透过上偏光镜，从而显红色。在凹边部位，因为入射角 α 已增大，使 $R_{\gamma\beta}$(R_{γ})相应增大，将红光的综合振幅(或半长轴)更向反时针方向旋转，使其合成的综合振幅(或半长轴)自北西西向转至东西向，与 AA'垂直而被消除；蓝光的综合振幅(或半长轴)已被反射旋转效应更向反时针方向旋转而不再与 AA'垂直，有一定分量的蓝光透过上偏光镜而使凹边呈现蓝色。

第二部分的色散现象，不可能用 R_1在 B_1的南面(反时针方向)来解释。如果 OR_1在 OB_1的南面，经随入射角增大而增大的反射旋转，就会使 NR_1更沿反时针方向转动，将会与 AA'更加斜交，便不会出现此种色散现象。

如图 6－12 第二部分所示，原来位于 OR、NR 的红光合成反射振幅或半长轴被非均质(视)旋转效应旋转至 OR_1、NR_1，其综合旋转角大于蓝光的综合旋转角，说明红光的非均质旋转角(或视旋转角)大于蓝光的非均质旋转角(或视旋转角)，故其非均质旋转色散符号为 $DA_{\gamma} = r > v$。由此分析可知，该图所示情形，DR_{γ}和 DA_{γ}都是 r > v。

假如色边的配置情况与图 6－12 相反，则 DA_r和 DR_r都是 v > r。

2)如图6-13所示(Ⅱ象限),第一部分显示反射旋转色散符号为 $DR_{\gamma}=r>v$。第二部分的双曲线黑(暗)带不显色边,此时必定是红光与蓝光的综合振幅或半长轴都成东西向垂直 AA',才会使黑(暗)带的色边消失。从该图可看出,原来反射旋转的振幅(或半长轴)R、B 的位置是不同的,且红光 $R_{\gamma\beta}(R_{\gamma})$ 大于蓝光的 $R_{\gamma\beta}(R_{\gamma})$。现在由非均质旋转效应将它们旋转至同一位置,必须是 $R_{\gamma\beta(r)}>R_{\gamma\beta(b)}$ 或 $R_{\gamma(r)}>R_{\gamma(r)}$ 时才有可能使其合成的综合振幅或半长轴位于东西向的同一位置。故其非均质(视)旋转色散符号必定是 $DA_{\gamma}=r>v$。

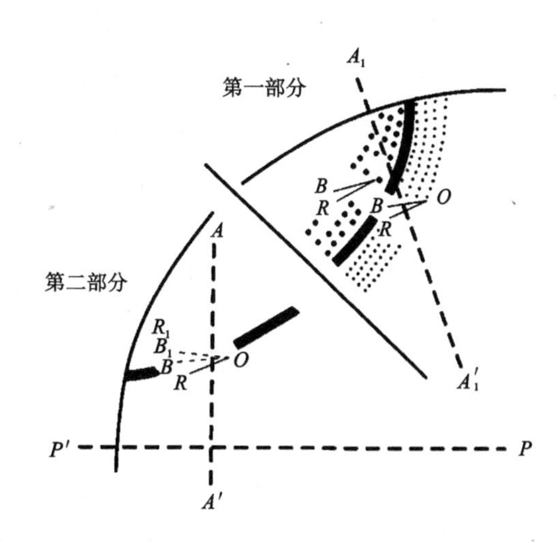

图6-13 非均质矿物偏光图中红光与蓝光的 R_{γ}、A_{γ}、A_R 的相对大小与所形成色边的关系

图中区域为第Ⅱ象限,第一部分为矿物处在消光位反时针偏转上偏光镜,确定 DR_{γ};第二部分为矿物处在45°位,确定DAR。根据 DR_{γ} 和DAR分析确定 $DA_{\gamma}=r>v$。

假如色边配置情况与图6-13相反,则 DA_{γ} 和 DR_{γ} 都是 $r>v$。

3)如图6-14所示(Ⅱ象限),第一部分显示没有反射(视)旋转色,即 $DR_{\gamma}=0$($DR_{\gamma}=r\approx v$)。第二部分在的双曲线黑(暗)带凸侧显蓝色边缘,凹侧显红色边缘,即 $DAR=v>r$。凸侧显蓝色,必定是红光的综合振幅(或半长轴)OR_1 垂直 AA' 而被消除;蓝光反射合振幅(或半长轴)则因非均质合振幅(或半长轴)的叠加,其综合振幅(或半长轴)OB_1 被右旋在 OR_1 之北,与 AA' 斜交而部分透过上偏光镜而成蓝色。凹侧显红色,必然是蓝光的 $R_{\gamma\beta}(R_{\gamma})$ 因 α 增大而增大,将蓝光沿反时针方向旋至 NB_1,使之垂直 AA' 而被消除,OR_1 则被反射旋转作用沿反时针方向至 NR_1,而不再与 AA' 垂直,从而有部分透过上偏光镜而显红色。

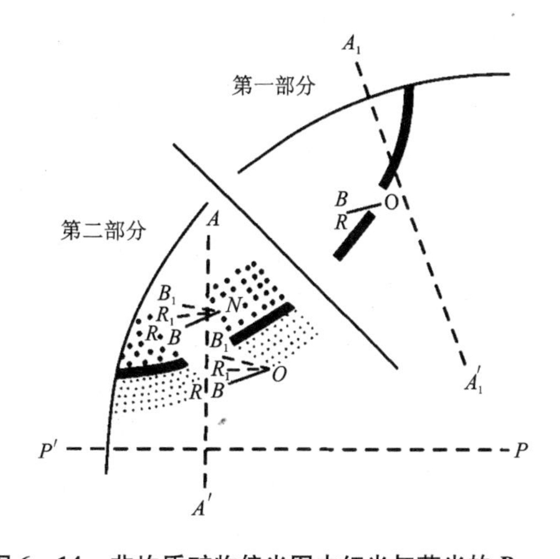

图6-14 非均质矿物偏光图中红光与蓝光的 R_{γ}、A_{γ}、A_R 的相对大小与所形成色边的关系

图中区域为第Ⅱ象限,第一部分为矿物处在消光位反时针偏转上偏光镜,确定 DR_{γ};第二部分为矿物处在45°位,确定DAR。根据 DR_{γ} 和DAR分析确定 $DA_{\gamma}=v>r$。

第二部分的色散现象,不可能用 B_1 在 R_1 的南面(反时针方向)来解释。如果 B_1 在 R_1 的南面,经随 α 增大而增大的反射(视)旋转,就会使 NB_1 沿反时针方向旋转而与 AA' 更加斜交,就不会呈现此一色散现象。

如图6-14所示,RO、BO 经反射(视)旋转后在同一位置;经叠加非均质(视)旋转后蓝光旋转角要比红光旋转角大。显然,蓝光的 $A_{\gamma\beta(b)}(A_{\gamma(b)})$ 必定大于红光 $A_{\gamma\beta(r)}(A_{\gamma(r)})$,其非均质(视)旋转色散符号必然为 $DA_{\gamma}=v>r$。即该非均质矿物晶体颗粒切面的 $DA_{\gamma}=v>r$,$DR_{\gamma}=0$。

如果第二部分的色边、色区配置与上述相反,即DAR:蓝))红,则 $DA_{\gamma}=r>v$,$DR_{\gamma}=0$。

4）如图 6－15 所示（Ⅱ象限），此非均质矿物颗粒切面在消光位的反射旋转色散和45°位的综合旋转色散的色边配置相同。其 DR_{γ}：红）蓝，故其 DR = r > v 是很容易确定的。但其非均质旋转色散 DA_{γ} 的符号只能根据两种色散色边（色区）的相对强弱程度的差别来确定，但只有在两种色散现象间的强度差别明显时，才能较为准确地判断。具体有 3 种对比情况：

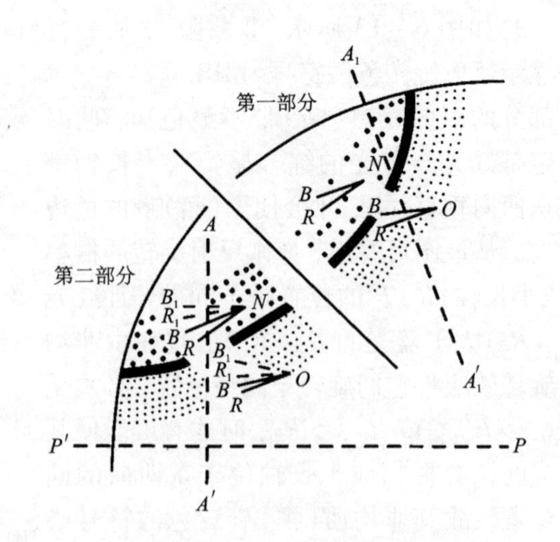

图 6－15　非均质矿物偏光图中红光与蓝光的 R_{γ}、A_{γ}、AR 的相对大小与所形成色边的关系

图中区域为第Ⅱ象限，第一部分为矿物处在消光位反时针偏转上偏光镜，确定 DR_{γ}；第二部分为矿物处在 45°位，确定 DAR。根据 DR_{γ} 和 DAR 分析 DA_{γ} 有三种情况：$DA_{\gamma}=0$，$DA_{\gamma}=r>v$，$DA_{\gamma}=v>r$

（1）反射（视）旋转色散边（区）的强度与综合旋转色散边（区）的强度相等。因为色边颜色的强度决定于红、蓝光的反射振幅（或半长轴）和综合振幅（或半长轴）与上偏光镜的夹角大小或偏离正交位的程度。据马・吕斯定律，透过偏光镜的光强与自正交位起算的转角正弦的平方成正比，即自正交位的转角越大透过偏光镜的光强便越大。现在的现象是 DR_{γ} 的色边强度与 DAR 的色边强度相等。在凸边，必然是第一部分的 OB 与 $A_1A'_1$ 的交角和第二部分的 OB_1 与 AA' 的交角相等，所以透过上偏光镜的光强才相等。在凹边，必然是第一部分的 NR 与 $A_1A'_1$ 的交角和第二部分的 NR_1 与 AA' 的交角相等，所透过上偏光镜的光强才相等。因此，其光 $A_{\gamma\beta(b)}=A_{\gamma\beta(r)}$ 或 $A_{\gamma(b)}=A_{\gamma(r)}$，亦即 $DA_{\gamma}=0$。

（2）第二部分的 DAR 色边的强度弱于第一部分 DR_{γ} 色边的强度：此现象必定是凸边的 $\angle B_1OR_1<\angle BOR$ 和凹边的 $\angle B_1NR_1<\angle BNR$，才会使第二部分透过上偏光镜的光弱于第一部分透过上偏光镜的光，从而使 DAR 的色边强度弱于 DR_{γ} 的色边强度。这表明该非均质矿物晶体颗粒切面的 $DA_{\gamma}=r>v$。

（3）第二部分的 DAR 色边的强度强于第一部分 DR_{γ} 色边的强度：此现象必定是凸边的 $\angle B_1OR_1>\angle BOR$，凹边的 $\angle B_1NR_1>\angle BNR$，显然表明该非均质矿物晶体颗粒切面的 $DA_{\gamma}=v>r$。

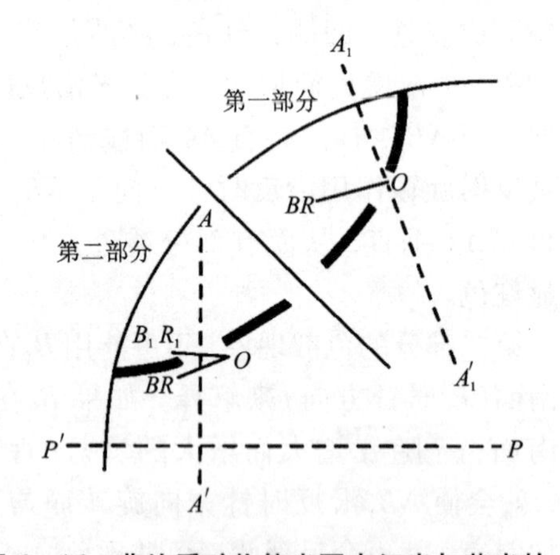

图 6－16　非均质矿物偏光图中红光与蓝光的 R_{γ}、A_{γ}、A_R 的相对大小与所形成色边的关系

图中区域为第Ⅱ象限，第一部分为矿物处在消光位反时针偏转上偏光镜，确定 $DR_{\gamma}=0$；第二部分为矿物处在 45°位，确定 DAR = 0。根据 DR_{γ} 和 DAR 分析确定 $DA_{\gamma}=0$

总结上述 3 种具体相对强度对比情况为：DAR 色散边强度弱于 DR_{γ} 色散边强度时，$DA_{\gamma}=r>v$；等于 DR_{γ} 色边强度时，$DA_{\gamma}=0$；强于 DR_{γ} 色边强度时，$DA_{\gamma}=v>r$。

若色边（区）配置情况与图 6－15 所示者相

反，则所得的 DR_γ 和 DA_γ 符号也和上述相反。

5）如图 6－16（Ⅱ象限）所示，矿物在消光位和 45°位的双曲线偏光图均不显色边，显然既无反射（视）旋转色散，也无综合（视）旋转色散，从而也没有非均质（视）旋转色散。即其 $DR_\gamma=0$，$DA_\gamma=0$。

值得注意的是，中级晶族非均质矿物任意方向切面的 DA_γ 符号均相同，低级晶族非均质矿物的不同方向切面，有的可显示相同的 DA_γ 符号（如斜方晶系的硫砷铜矿都为 $r>v$），也可显示不同的 DA_γ 符号（如斜方晶系的硫铜锑矿、丁硫铋锑铅矿，单斜系的水锰矿等），它们有的切面显 $DA_\gamma=r>v$，有的切面则显 $DA_\gamma=v>r$。

四、偏光图中双曲线暗带顶端所表现的椭圆度和椭圆色散

在正交聚敛偏光系统，小角度偏转上偏光镜，使高反射率的均质矿物或处于消（暗）光位的非均质矿物从“十”字偏光图形成双曲线偏光图时，或处在 45°位的高反射率不透明非均质矿物形成双曲线偏光图时，都可见双曲线暗带的顶端或中段亮度增大，暗带变得模糊不清或甚至消失；有时还显著赋色。之所以在这些部位变得明亮，主要是因为椭圆度 $\theta[\theta=\arctan(b/a)]$ 较大，有较大的半短轴的光能透过上偏光镜所致，之所以在这些部位呈现颜色，是因为存在椭圆色散。

大多数不透明矿物的吸收性不强，反射椭圆偏光近似平面偏光，椭圆度 θ 不大。但有些强吸收性的高反射率矿物，在入射方位角 $\varphi=45°$ 位置，因为在垂直入射面和平行入射面的反射分振幅间的差值相对较小，所形成的反射椭圆较宽（θ 较大），故双曲线暗带的顶端或中段显得模糊，当暗带越往视场周边移动时，随 α、δ 和 θ 增大而更加模糊，甚至完全消失。

在反射视旋转的条件下，各色光波所形成反射椭圆的椭圆度、长轴方位和半长轴大小不同，透过上偏光镜的各色光振幅大小也就存在差异，其合成反射光可带有透过振幅较大的色光所主导的颜色。如果所呈现的颜色是红、橙、黄等长波段颜色（如自然金显黄色、自然铜显粉红色），说明长波段色光的椭圆度（切面形状）较大，或半长轴较长，抑或长轴旋转角较大，可用反时椭圆色散符号 $DRE=r>v$ 表示；如果所呈现的颜色是蓝、青、紫等短波段颜色，则用 $DRE=v>r$ 表示；若呈现白、灰白、灰等无（均）色类颜色，则可用 $DRE=0$（或 DRE $r\approx v$）表示。

在偏光图中，除显现反射椭圆色散 *DRE* 外，还显现综合椭圆色散 *DARE*，这种色散是指非均质矿物晶体颗粒切面处于 45°位时，在双曲线暗带的顶端或中段显现的颜色。

另外，可根据双曲线顶端的相对明亮程度，将椭圆度 θ 分为大（如自然银、自然金）、中（如自然铋、铱锇矿）、小（如镍黄铁矿、辉钼矿）及 0（透明、半透明矿物）4 级。

第四节　各类矿物偏光图的矿物鉴定意义及观测注意事项

在聚敛偏光系统，通过多种观测操作，可以获得各类矿物的偏光图及其变化特征，从而可以观测这些矿物的反射旋转角 $R_{\gamma\beta}$ 和反射视旋转角 R_γ，综合旋转角 AR_β 和综合视旋转角 AR，反射旋转色散和反射视旋转色散 DR_γ，反射旋转与非均质旋转的综合旋转色散和反射视旋转与非均质视旋转的综合视旋转色散 DAR，非均质旋转色散和非均质视旋转色散 DA_γ，各种椭圆色散 DE，旋向 *RS* 及内反射等光学性质。因此，通过各种严格操作和认真观测，所获

得的各类矿物偏光图及其色散具有非常重要的矿物鉴定意义，是部分研究者编制金属矿物鉴定表的鉴定指标。

一、快速准确地区分均质矿物和非均质矿物

因为在正交聚敛偏光系统，均质矿物仅具有反射(视)旋转效应，而非均质矿物还具有非均质(视)旋转效应，故根据矿物偏光图及其变化特征，可以快速准确地区分均质矿物和非均质矿物：在严格正交聚敛偏光系统，均质矿物偏光图为明亮背景的黑(暗)"十"字图案，旋转载物台该偏光图图案没有变化，而非均质矿物偏光图图案取决于其切面方位，可能是明亮背景的黑(暗)"十"字图案，也可能是分裂程度变化的黑(暗)双曲线图案，旋转载物台偏光图图案明显变化，旋转载物台360°，偏光图图案呈现"四分四合"现象。在区分弱非均质矿物与均质矿物时，这种方法尤其具有非常重要的作用。

二、反射(视)旋转角及反射(视)旋转色散是均质矿物的重要鉴定特征

在正交聚敛偏光系统，在相同入射角和入射方位角的物镜圆部位，因为不同均质矿物的可见光吸收系数 K 和折射率 N 存在差异，其反射(视)旋转角 $R_{\gamma\beta}$(R_{γ})及反射(视)旋转色散符号也有差异，因而 $R_{\gamma\beta}$(R_{γ})和 DR_{γ} 是均质矿物的重要鉴定指标，尤其是在鉴定单偏光、正交偏光系统的许多光学性质相似、切面形态及其他性质无典型特征的矿物时，这些鉴定指标尤其显得非常重要。例如黝铜矿和砷黝铜矿，许多光学性质都相似，切面形态及其他性质也难以区分，但它们的反射视旋转角及其色散类型明显不同：前者 $DR_{\gamma} = v > r$，后者 $DR_{\gamma} = r > v$。

部分常见不透明均质矿物的反射视旋转色散列于表6-1，供教学实验参考使用。

表6-1 部分常见不透明均质矿物的反射旋转色散分类表

"红>蓝"型	"蓝>红"型	"红≈蓝"型
自然铁	黄铁矿 r	自然铂
辉银矿	紫硫镍矿	磁铁矿
砷黝铜矿	黝铜矿	方铅矿
蓝辉铜矿	斑铜矿	闪锌矿

三、各种(视)旋转色散等光学性质是非均质矿物的重要鉴定特征

非均质金属矿物的反射(视)旋转角和反射(视)旋转色散、非均质矿物的反射(视)旋转角 $R_{\gamma\beta}$(R_{γ})、非均质(视)旋转角 $A_{\gamma\beta}$(A_{γ})及各种(视)旋转色散都是非均质矿物的聚敛偏光系统反射光学性质，可以帮助鉴定非均质矿物，尤其是在单偏光、正交偏光系统的许多光学性质相似、切面形态及其他性质无典型特征的矿物鉴定时，这些鉴定指标尤其显得非常重要。例如辉铋矿与辉锑矿，虽然在单偏光、正交偏光系统的光学性质如果仔细观测，能有效鉴定，但利用其偏光图观测各种旋转色散，更容易较快速而准确地鉴别：前者 DR_{γ}、DA_{γ}、DAR 都是 $r > v$，后者则 $DR_{\gamma} = 0$，$DA_{\gamma} = v > r$，DAR：蓝)红。

部分不透明非均质矿物的反射视旋转色散、非均质视旋转色散及综合旋转色散列于表6－2，供教学实验参考使用。

表6－2　常见非均质不透明矿物的几种旋转色散分类表

矿　物	DR_γ	DAR	DA_γ
自然铋	蓝＞红	蓝＞红	蓝＞红
石　墨	红≈蓝	红＞蓝	红＞蓝
赤铁矿	红＞蓝	蓝＞红	红≈蓝
钛铁矿	蓝＞红	蓝＞红	蓝＞红
软锰矿	红≈蓝	红＞蓝	红＞蓝
硬锰矿	红≈蓝	蓝＞红	蓝＞红
黑锰矿	红≈篮	红＞篮	红＞蓝
白铁矿	蓝＞红	蓝＞红	蓝＞红
磁黄铁矿	蓝＞红	蓝＞红	蓝＞红
辉钼矿	红≥蓝	红≈蓝	红＞蓝
铜　蓝	红＞蓝	红＞蓝	红＞蓝
墨铜矿	蓝≥红	红＞蓝	红＞监
辉铜矿	红＞蓝	蓝＞红	红＞蓝
黄铜矿	蓝＞红	红＞蓝	红≈蓝
硫砷铜矿	篮＞红	红＞蓝	红＞篮
辉锑矿	红≈蓝	蓝＞红	蓝＞红
辉铋矿	红＞蓝	红＞蓝	红＞蓝
黝锡矿	蓝＞红	蓝＞红	蓝＞红
红砷镍矿	蓝＞红	蓝＞红	篮＞红
毒　砂	蓝＞红	蓝＞红	蓝＞红

四、矿物偏光图观测注意事项

矿物偏光图及其变化、各种(视)旋转角和(视)旋转色散都是鉴定金属矿物的重要依据，但其观测条件要求较高，因而其准确观测应充分注意以下几个方面的问题。

1. 物镜中心校正

物镜中心(或载物台中心)必须准确校正，这样才能保证视域中心的光线垂直入射垂直反射，视域各部分光线的入射角环绕视域中心点呈同心圆状分布，使各类偏光图图案均以视域中心为对称中心，获得准确的偏光图观测条件。否则，无非保证偏光图的质量和各种色散的准确观测。

2. 偏光系统校正

偏光系统要仔细校正，不但要严格正交，还必须确保下偏光镜的偏振方向为东西方向，上偏光镜的偏振方向为南北方向，这样才能保证在严格正交聚敛偏光系统的均质矿物晶体颗粒切面、非均质矿物晶体颗粒切面消（暗）光位的偏光图为黑带严格垂直相交的明亮背景的黑（暗）十字偏光图图案及偏光图变化的各种后续操作观察的准确性。

3. 光片安装质量

光片安装要严格，确保光片磨光面严格水平，这样才能保证视域中心的光线垂直入射垂直反射，视域各部分光线的入射角环绕视域中心点呈同心圆状分布，使各类偏光图图案均以视域中心为对称中心，获得准确的偏光图观测条件。否则，也无非保证偏光图的质量和各种色散的准确观测。

4. 晶体颗粒切面的选择

晶体颗粒切面的选择是保证偏光图的质量和各种色散的准确观测的重要前提。首先，应尽量选择没有明显污染和擦痕、麻点或机械包裹体的光滑平整表面，以避免这些因素影响偏光图质量。其次，应尽量选择符合上述要求的较大晶体颗粒切面，以保证物镜全孔径视域范围内没有其他周边矿物的干扰，否则因为周边矿物的干扰而无法获得高质量的偏光图。如果矿物颗粒细小，即使最高倍的物镜也无非避免周边矿物的干扰，可适当缩小视域光圈，但应保证入射角范围不明显影响锥光效果。

5. 偏光图变化观察操作

反射（视）旋转及其色散观察操作时，上偏光镜的小角度偏转操作要细致严谨，偏转角太小，黑（暗）“十”字尚未完全分裂为双曲线黑（暗）带，偏转角过大，双曲线黑（暗）带逸出视域而无法观测。如果是非均质矿物，还要切记使晶体颗粒切面处在严格暗（消）光位才能进行反射（视）旋转及其色散观察操作。在聚敛偏光系统，因为反射（视）旋转及其色散的叠加，非均质（视）旋转角及其色散是不能通过观测操作直接获得的，需要通过综合（视）旋转及其色散与反射旋转及其色散对比分析才能确定（当然在直射正交偏光系统是可直接观测的），而综合（视）旋转及其色散的观测必须保证视切面处在严格45°位，才准确无误。

6. 剔除内反射干扰

内反射现象是透明、半透明矿物偏光图及各类色散准确观测的最严重干扰因素。对于这些矿物，在观测其偏光图及各类色散时，要结合内反射形成机理和表现特征，仔细观察判断，尽量消除其干扰。较好的做法是，先将聚敛偏光系统的上偏光镜退出光路系统，观察矿物是否存在内反射现象，尤其注意内反射显色现象及具体颜色，然后在正交聚敛偏光系统观测偏光图及其变化和各类色散现象。

第七章 矿物的显微硬度及其观测

第一节 矿物硬度的概念及研究意义

一、矿物硬度的概念及形成机理

矿物抵抗外来机械作用力的能力，称为矿物的硬度。外来机械作用力类型不同，矿物的硬度类型也不同。通常将矿物抵抗刻划作用力的能力称为“刻划硬度”，抵抗研磨作用力的能力称为“抗磨硬度”，抵抗压入作用力的为“抗压硬度”。

硬度是矿物的重要物理性质，是矿物学用来鉴定矿物的重要物理指标。利用矿相显微镜的单偏光系统，可在显微尺度上观测矿物的硬度，比较视域内相邻矿物的硬度差，因而也是鉴定不透明矿物的重要鉴定指标，还是大部分学者编制不透明矿物鉴定表的基础指标之一。

决定矿物硬度的主要内部因素包括晶体化学、晶体结构及结晶条件。也就是说，矿物的化学成分(包括类质同象混入物)，组成矿物的原子或离子(团)半径大小，电价高低，化学键类型，配位数，结晶方位，矿物结晶条件等都是决定矿物硬度的内部因素。

一般来说，以共价键结合的矿物硬度较高(但配位键作为其特殊类型，结合力并不强，故许多具有配位键的硫化物的硬度并不高)，离子键者硬度中等，金属键者硬度一般较低，分子键(范德华键)的硬度最低。当矿物的键型、电价相同时，硬度随原子或离子(团)半径大小而变化：半径大者结合力小，硬度低，半径小者结合力大，则硬度较高。当矿物的键型、半径大小相同时，则硬度随电价高低而变化：电价高者结合力大，硬度较高，电价低者结合力小，硬度较低。此外，配位数的大小、晶格能、原子或离于的紧密堆积程度也有影响。在其他因素相同时，配位数增高，晶格能增大，密度愈大，其硬度愈高。

因为矿物晶体内部原子或离子(团)在空间上作有规律排列，其化学键类型、键向、质点堆积紧密程度等往往存在各向异性，故矿物晶体的不同结晶方向往往存在硬度差，甚至在同一晶面上硬度也有方向性变化。比如蓝晶石，为低级晶族三斜晶系的板状晶体，在{100}晶面上平行晶体延长方向的硬度远大于垂直晶体延长方向，惯称二硬石。具有解理的矿物，其解理面即是化学键弱面，当光片的抛光面垂直解理面时硬度最小，平行解理面时，硬度最大。如石墨，为中级晶族六方晶系的层片状矿物，层内为共价键，键力很强，而层间为范德华键，键力很弱，因而其平行{0001}具极完全解理，光片抛光面平行该方向时的抗压硬度最大。具S. H. U. Bowle 和 K. Taylor 的试验，许多矿物由于方位不同引起的硬度差异可达其平均数的5% ~35% 。

有必要指出的是，因为外来机械力类型及作用方式差异，矿物的刻划硬度、抗压硬度和抗磨硬度的形成机理并非完全相同。刻划硬度反映矿物的弹性极限、屈服极限、强度极限和破裂极限，受方向性的影响较大；抗磨硬度是较硬物质(磨料)在矿物表面上沿着不同方向长时间刻划的积累，其形成机理与刻划硬度相似，除了抵抗塑性变形以外，主要反映矿物抵抗破裂、剥离的能力。抗压硬度则主要反映矿物对塑性变形的阻力，一般反映矿物的强度极限，弹性、破裂居从属地位。矿物的解理面是质点最紧密堆积的表面，也是化学键弱面，故解理面抗压硬度最高，而刻划硬度和抗磨硬度却往往最小。其原因在于抗压硬度反映的是矿物抵抗垂直压力的能力，但刻划、研磨作用力不仅有挤压、推移晶格的作用，还明显具有剥离和撕裂作用，而解理面作为化学键弱面，抵抗剥离和撕裂作用的能力最差。由此可见，上述 3 种类型矿物硬度的形成机理不尽相同，它们在数值上也难以完全对比，但都能反映矿物受外来机械力作用后的某些机械特征(弹性极限、屈服极限、强度极限及破碎强度)，故这 3 种硬度又可定性对比。

二、矿物硬度的研究意义

矿物硬度是矿物的重要物理性能指标。利用矿相显微镜观测的矿物硬度是矿物在显微尺度上的硬度，可称矿物的显微硬度。在矿相显微镜的单偏光系统，不用任何专门工具即可获得矿物的抗磨硬度的定性资料，并对比毗邻矿物的抗磨硬度高低，借助极简单的刻划工具(如钢针、铜针)可迅速地获得矿物刻划硬度的定性资料，而利用特定材料制成的压锥施以给定负荷(压力)，可根据负荷与压痕面积的关系来定量测算矿物的抗压硬度。这些定性或定量的矿物显微硬度资料，既是矿相显微镜金属矿物鉴定的重要指标，又是在矿相显微镜下反射光学性质不明显、常与矿石中金属矿物伴生的部分透明矿物快速鉴别的重要指标，抗压硬度的定量测量数据还是部分矿物的重要成因标型特征。

在鉴定金属矿物方面，许多矿相学家将反射率和硬度作为金属矿物的两项最主要鉴定特征编制矿物鉴定表，以便根据这两项鉴定特征缩小金属矿物鉴定表的检索范围，结合其他反射光学性质等快速鉴定矿物。有些硬度很高或很低的金属矿物，如黄铁矿抗磨硬度很高，磨光面常有“麻点”，辉钼矿抗磨硬度很低，磨光面常有密集的擦痕，其硬度特征就是其最主要的鉴别特征。有些透明矿物，如方解石、重晶石、石英，常常是金属矿石的重要伴生矿物，在矿相显微镜下，它们的反射光学性质差异不明显，但石英是高硬度矿物，重晶石是中 - 低硬度矿物，方解石是低硬度矿物，根据它们的抗磨硬度特征不难鉴别。许多固溶体分解矿物，如闪锌矿 - 黄铜矿 - 磁黄铁矿固溶体体系，客晶黄铜矿和磁黄铁矿常呈乳滴状、叶片状定向分布在闪锌矿内，颗粒微细，反射光学性质难以准确观测，反射率、反射色又较接近，但黄铜矿抗磨硬度低于闪锌矿，而磁黄铁矿抗磨硬度高于闪锌矿，利用抗磨硬度差可较准确鉴别。定量测定的抗压硬度数值，矿物鉴定价值更显著。例如，很多特性都相近的锌锰矿和黑锌锰矿，在矿相显微镜下鉴别困难，但前者的维克硬度值(Hv)为 583 ~ 985 kg/mm^2，后者则仅为 71 ~ 246 kg/mm^2，可明显地将两者加以鉴别。又如在自然界产出极少的铂族矿物微细颗粒，抗压硬度精确数值也具有重要的鉴定意义：硫铂矿、砷铂矿和硫钌矿的维氏硬度值(HV)依次为 505 ~ 588 kg/mm^2、783 ~ 1079 kg/mm^2 和 1393 ~ 2012 kg/mm^2，可迅速鉴别三者。

在矿物成因标型特征研究方面，研究资料表明，矿物的显微硬度与与其结晶体系物质组成、形成方式及环境条件密切相关，精确测定的抗压硬度数值可作为矿物成因标型特征的重要指标。例如不同成因类型的磁铁矿，其维克硬度数值范围有所差异：区域变质型磁铁矿 HV 为 440 ~ 570(平均 542) kg/mm^2，接触交代型铁矿 HV 为 480 ~ 635(平均 600) kg/mm^2，岩浆型者 HV 为 550 ~ 750(平均 641) kg/mm^2(徐国风，1987)。有些矿物随类质同象混入物含量变化，抗压硬度数值也有变化，而矿物的类质同象混入物种类、含量与其结晶体系物质组成及环境条件密切相关。如闪锌矿中 FeS 摩尔分数与其结晶温度关系密切，结晶温度越高，FeS 含量越高。据闪锌矿维氏硬度测定资料（徐国风，1987），其 FeS 摩尔分数为 14.39% 时，HV 为 192.1 kg/mm^2，FeS 摩尔分数为 17.6% 时，HV 为 179.9 kg/mm^2。由此可见，闪锌矿结晶温度越高，其维克硬度也越高。

第二节　矿物刻划硬度及其测试

肉眼鉴定矿物时利用与摩氏硬度计规定的 10 种标准矿物刻划对比确定欲测矿物的硬度。在矿相显微镜下则利用钢针（缝纫针），铜针（纯铜电线磨尖）刻划矿物确定硬度。其分级简易适用。具体分为高、中、低三级：Ⅰ级（低硬度）：能被铜针划动（在光片上出现划痕、沟槽或粉末）；Ⅱ级（中硬度）：铜针划不动、钢针可划动；Ⅲ级（高硬度）：钢针划不动。

在矿相显微镜下用金属针刻划矿物一般采用低倍或中倍物镜观察完成。用右手的食指、中指和大拇指握住针，小指轻轻支撑在载物台上，使金属针与光片磨光面约成 30°～40°以上的角度从左向右划出刻痕，握针不必太握紧，刻划用力不能太大，针应经常磨尖。刻划硬度的光片必须保持清洁，以免光片上的尘土、氧化膜、污垢被金属针刻掉后误认为划动了矿物。金属针刻划较硬矿物时，可能在光片上留下金属针的粉末（特别是铜针），应仔细辨别，以免误判为矿物的刻痕。

有必要强调的是，尽管矿相学发展到当今时代，研究方法和手段有显著进步，金属针法测定矿物的刻划硬度似显简略，但其所获得的刻划硬度级别资料是编制、检索金属矿物鉴定表的基础资料，无论在矿相学研究与应用或教学实验应用方面都是金属矿物快速准确鉴定的重要基础信息。因此，金属针法测定矿物刻划硬度依然是矿相显微镜鉴定金属矿物的基础性方法，应认真操作、仔细观察、准确判断。

第三节　矿物抗磨硬度及其测试

矿石光片的最后制成是在磨盘表面覆盖绒布的抛光机上添加抛光磨料（抛光剂）和水旋转抛光完成的。因为组成矿石的各种矿物抗磨硬度存在差异，光片的抛光面并非严格意义上的光滑平面，而是随矿物的抗磨硬度差而出现的显微尺度上的上凸平面、下凹平面及斜面组成的。如图 7－1 所示，黄铁矿与黄铜矿、方铅矿毗连，因为抛磨削蚀，软矿物（黄铜矿和方铅矿）的抛光面成为下凹平面，硬矿物（黄铁矿）的抛光面成为上凸平面，在软、硬矿物（左为黄铁矿和黄铜矿，右为黄铁矿和方铅矿）的交界部位则形成过渡性斜面。十分明显，根据反射定律，垂直光片抛光面入射的光线在上凸平面、下凹平面都垂直向上反射，但在软、硬矿物交界部位的斜面上，反射光将偏向硬度较低的矿物方向斜反射。因此，在矿相显微镜单偏光系统观察，在软、硬矿物交界线靠近硬矿物的边缘位置因反射光强度减弱而显得黑暗，而在交界线的硬矿物外围则因反射光强度增高而显得较为明亮，形成“亮带”。由此可见，当缓慢下降载物台，使物镜前焦平面位置相对升高时（如图 7－1 中由 B 升到 A 水平虚线处），可观察到“亮带”向低硬度矿物方向移动（图中为 ab 到 $a'b'$）。反之，当缓慢抬升载物台，使物镜前焦平面位置相对降低时，亮线就向高硬度矿物方向移动。因此，可以根据上述操作过程中软、硬矿物界面附近“亮带”的移动规律来判断它们的抗磨硬度相对高低。

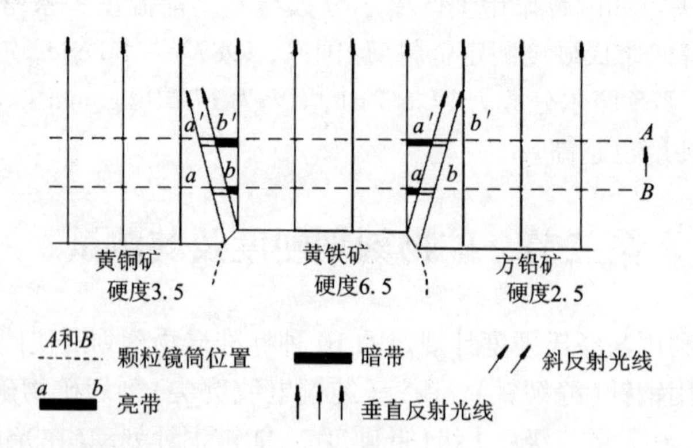

图7-1 垂直照射下光线在不同抗磨硬度矿物光面的反射示意图

根据上述“亮带”移动规律判断毗连矿物的抗磨硬度相对高低，在实际操作观察时，应注意适当缩小光圈，以适当降低视域亮度，提高“亮带”的清晰程度。同样，选用提升或降低载物台高度，应以使“亮带”向反射率较低的矿物方向（“亮带”的清晰程度较高）移动为准则，确定此高度之后再判断低反射率矿物是抗磨硬度较低的矿物还是较高的矿物。

值得注意的是，当毗连矿物的抗磨硬度差别很大时，两矿物交界部位斜面的倾角太大以致反射光线低角度反射，没有明显的“亮带”而出现很宽的暗带，此时难以有效运用“亮带”移动规律法来判断毗连矿物的抗磨硬度相对高低。另外，当光片长期使用，经多次反复抛光时（矿相学实验教学所有光片大多如此），有时即使软、硬差别较小的毗连矿物，因反复抛磨削蚀，往往会使它们的交界部位斜面倾角增大，也难以有效运用“亮带”移动规律法来判断它们的抗磨硬度相对高低。对于这两种情形，可用“准焦顺序法”进行观测判断。这种方法不仅可比较毗连矿物的相对硬度，还能比较全视域各种矿物的相对抗磨硬度。具体做法是：选用中、高倍物镜，先初步调节焦距使视域内物像基本清晰，再适当降低（或抬升）载物台高度，使视域内的物像均较模糊，然后缓慢抬升（或降低）载物台高度，观察抬升（或降低）载物台过程中毗连矿物准确聚焦、物像清晰程度达到最高时的先后顺序，即可判断它们的抗磨硬度相对高低。

第四节 矿物抗压硬度及其测试

利用显微压入法，可以测得矿物的显微抗压硬度（压入硬度）。与刻划硬度或抗磨硬度相比较，显微抗压硬度能够较精确定量化表征矿物硬度特征，故在鉴定矿物和研究矿物成因标型特征方面具有更高的应用价值。

一、测试原理

抗压硬度测试的基本做法是利用硬质合金或金刚石制成的方形、菱形锥体、球体以及圆锥体“压头（锥）”，外加一定负荷压入矿物光面，使其形成永久性的压痕。因为“压头”的形态不同，压痕形状也不同，从而有多种显微抗压硬度的表达类型：用硬质合金制成的球体测出的硬度称布氏硬度，用金刚石制成的菱形锥体（压痕呈长菱形）测出的硬度称洛氏（Knoop）硬度，正方形锥体测出的硬度称维氏（Vicker）硬度（图7-2）。目前的矿相学研究多采用维克压锥和洛普压锥来测算矿物的显微抗压硬度。

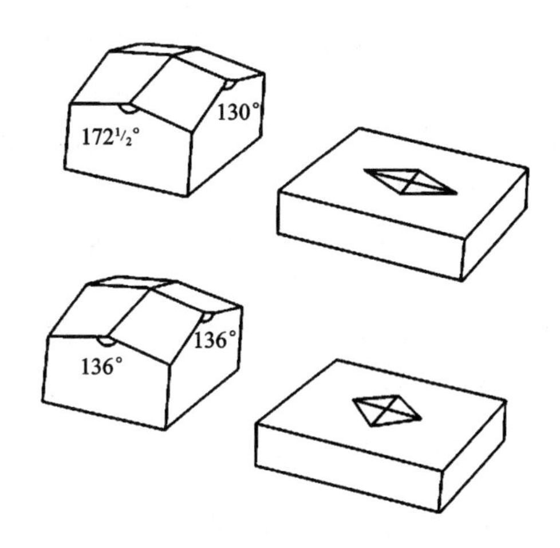

图7-2 诺普压锥（上）和维克压锥（下）及其相应压痕示意图

无论采用洛普压锥或维克压锥测试矿物的显微抗压硬度，都是加适量负荷（砝码）将压锥压入矿物光面使之形成压痕，根据负荷与压痕侧面积（或深度）之比，求得矿物的抗压硬度数值。一般来说，对同一矿物，外加负荷越重，压锥所压入的面积或深度越大，负荷与压痕面积成正比关系。但如果固定负荷，压锥压入不同矿物，则压痕越大，矿物的硬度越低，压痕越小，其硬度越高。因此压痕大小与矿物的显微抗压硬度成反比关系。因为洛普压锥与维克压锥椎体形状不同，压痕形状亦不同，显微抗压硬度计算公式也相应地有所不同。

洛普压锥是用金刚石制成的菱形锥体，锥体两相邻面间的夹角分别为130°和172.5°。压痕为长的菱形（图7-2上部）。洛氏硬度值（HR或H_k）计算公式为：

$$H_k(\mathrm{HR})=\frac{P}{1/2\cot\frac{1}{2}(172.5°)\tan(130°)d^2}=14.2288\frac{P}{d^2}\ \mathrm{kg/mm^2}$$

式中，P为负荷重（以kg为单位），d为长菱形压痕的长对角线长度（以mm为单位）。

维克压锥为用金刚石制成的正方形锥体，各锥面角为136°（图7-2下部）。维氏硬度值（HV或H_v）以负荷除以压痕的表面积计算公式为：

$$H_v(\mathrm{HV})=\frac{P}{d^2/2\sin\frac{136°}{2}}=1.854\frac{P}{d^2}\ \mathrm{kg/mm^2}$$

式中，P为负荷重（以kg为单位）；d为正方形压痕的对角线长度（以mm为单位）。

两种压锥相比较，洛普压锥的压痕对角线较长、压痕深度较浅，对于测定硬度异向性和厚度较小的矿物有利；维克压锥的压痕为正方形，用其测定晶体不同方向的硬度时，较易获得平均值，数据也较稳定。

二、测试方法步骤问题

显微硬度仪的种类颇多，有独立显微硬度仪，有作为矿相显微镜组合附件的显微硬度计，在多功能显微镜上操作使用。如20世纪80年代原西德莱兹厂生产的MPV－Ⅲ型多功能显微镜，其附属显微硬度计包括自动负荷选择器、压锥、微尺目镜及测试砝码等组合部件。

矿物显微抗压硬度的测量，视显微硬度仪型号不同，操作步骤（过程）也有差别，具体可根据所使用的显微硬度仪（计）型号规格，查阅相应操作规范、指南或使用说明书，在此不予专门介绍。总体而言，早期显微硬度仪多为手动或半自动操作，方法步骤较为繁琐，测量结果影响因素较多。随着显微硬度计观测系统的智能化及计算机辅助系统的应用，国内外涌现出多种型号的数显显微硬度计，如国产 HVS－1000 数显显微硬度计、日本产岛津 HMV－G 显微维氏硬度计，都是光机电一体化新技术产品，采用计算机软件编程，高倍率光学测量系统，光电传感等技术，能自动调节测量光源的强弱，选择测试方法与硬度对照表、文件号与储存等，在 LCD 大屏幕显示屏上能显示试验方法、试验力(负荷量)，测量压痕长度、硬度值、试验力保持时间，测量次数，并能键入测试日期，试验结果和数据处理等，通过打印机输出。由此可见，现在的矿物显微抗压硬度测量，操作越来越简便，测量结果的干扰因素越来越少，可靠性越来越高。然而，无论仪器型号和操作步骤如何，其最终目的是共同的，即在给定负荷和荷载时间条件下，测量出压锥在矿物表面所产生压痕的对角线长度(mm)。

三、测试注意问题

无论是手动操作、肉眼观测读数计算或自动操作、自动读数数显输出，测量时必须注意：

1)选定测量硬度的矿物颗粒不应过小，至少超过压痕直径数倍。同种矿物的压痕测次不能太少，以 15~30 次为宜(计算硬度值范围和算术平均值)，压痕之间的距离也至少要超过压痕对角线长数倍。

2)合理选定负荷量。虽然从计算公式看，矿物的显微抗压硬度与负荷量没有直接关系，但实验证明，用多种负荷量测试相同矿物颗粒，硬度数值有明显差异，绝大多数矿物随测试负荷减小而硬度数值增大(特别是负荷 <50 g 是更明显)。因此，测定的硬度数都必须注明所用的负荷(砝码)重量。

3)合理选定压入时间。根据纳克拉(Nakhla)测定，随着压锥和试样间接触时间的增长，压痕亦逐渐增大，用其对角线长度计算的硬度数便逐渐变小，这是由于矿物的塑性引起的。因此，为了对比，需采用相同的标准时间，国际矿相学委员会已采用 15 s 作为不透明矿物显微硬度测定的标准压入时间。

4)压痕后应详细描述压痕形态(如完整与否，有无裂隙和内凹、外凸现象)，如采用维克压锥时，压痕不是正方形，则应取两个不等对角线的平均值即为等效正方形的对角线长。采样传统显微硬度仪时，用新型螺旋测微目镜(图 7－3、图 7－4)观测可提高测量精度。

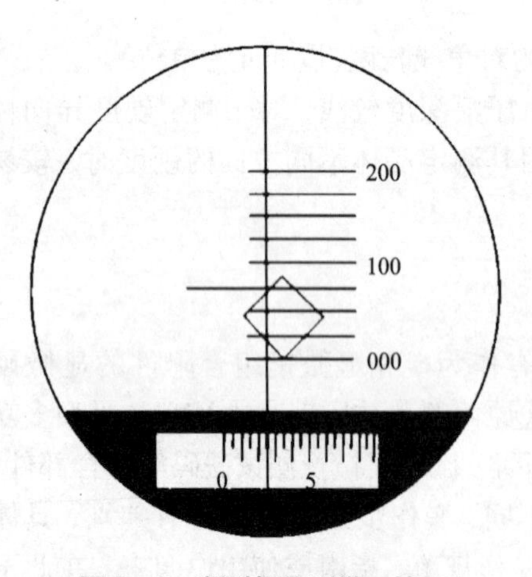

图 7－3　新型螺旋测微目镜(1)

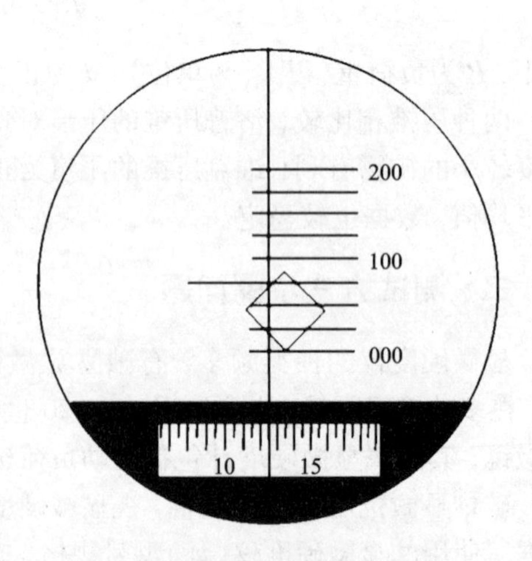

图 7－4　新型螺旋测微目镜(2)

5）测量前调节好压头的高低使仪器所附硬度值标准块的实测数值误差不超过5%，或者符合岩盐解理面加5 g负荷，沿对角线方向测5次硬度值都在20～22.5 kg/mm²范围内的要求即可。

此外，显微硬度仪（多功能显微镜）的安装使用要严格防止受震动影响，要做防震动安装，在金刚石压锥压入之前应将硬度仪照明灯关掉，以防止电流震动。在测试前，应检查光片表面质量，久置的光片通常需要重新抛光甚至细磨再抛光，以保证表面光滑平整，消除氧化膜，通常表面粗糙会导致显微抗压硬度增高。同时，应消除光片表面非晶质薄膜对矿物硬度的影响，通常非晶质薄膜硬度高于矿物硬度，多采用在湿润的薄毛织品上用极细的麻料轻抛3 min进行处理，应避免用粗呢织品长时间使劲抛光。

现将最常见金属矿物的显微抗压硬度（维氏硬度值）数据列于表7－1，供参考使用。

表7－1　部分常见矿物的显微抗压硬度　（单位：kg/mm²）

高硬度矿物		中硬度矿物			低硬度矿物	
锡　石	1168～1322	磁黄铁矿	373～409		辰　砂	51～98
黄铁矿	750～1820	镍黄铁矿	198～409		自然银	41～63
白铁矿	1097～1682	闪锌矿	170～279		自然金	53～58
赤铁矿	973～1114	硫锰矿	240～251		辉铋矿	110～136
毒　砂	870～1168	黝锡矿	152～216		方铅矿	59～72
黑钨矿	312～342	赤铜矿	188～207		辉铜矿	67～87
白钨矿	387～409	自然铜	96～103		铜　蓝	128～138
钛铁矿	473～707	硫砷铜矿	194～228	∥解理	辉锑矿	71～86
磁铁矿	585～698	硫砷铜矿	205～230	⊥解理	雌　黄	31～50
针铁矿	462～627	黝铜矿	285～380		雄　黄	50～52
纤铁矿	464～514	黄铜矿	183～276		自然铋	15～18
		斑铜矿	101～174		辉银矿	20～26

注：表中抗磨硬度由高往低向下排列，矿物名称后是维氏硬度数值。

四、矿物显微抗压硬度与脆性塑性的关系讨论

当矿物受到外来机械作用时，往往会产生破碎或变形现象，这种性质称为矿物的脆性与塑性。脆性和塑性是矿物固有的机械物理性质，也是矿物的鉴定特征。

如果用工具（如缝纫针）刻划矿物表面，可以发现，有些矿物的刻痕发生破碎，形成粉末；有些矿物的刻痕形成刻槽，不发生破碎，没有粉末；还有些矿物则既形成刻槽，又发生破碎形成粉末。因此，矿物的脆性、塑性与矿物硬度间存在明显的联系。有种意见建议以测量维克硬度值时开始产生裂隙的最小负荷来度量矿物的脆性、塑性特征，将矿物的脆性、塑性划分为5个等级（表7－2）。但矿物的脆性、塑性不能仅仅用开始产生裂隙的最小负荷来度量，还应以硬度数值与压痕对角线长度来度量。表7－2仅以负荷的大小来度量脆性是不够

全面的。早在1959年，张志雄在研究矿物的硬度与矿物脆性、塑性的关系时，就提出应以施加定量负荷产生首条裂纹时，压痕对角线长度的倒数作为度量矿物脆性的度量单位。

表7-2　部分常见金属矿物的脆性和塑性分级(产生裂隙的最小负荷)

极脆性矿物 (0.5 g)	脆性矿物 (20 g)	弱脆性矿物 (50 g)	塑性矿物 (100 g)	强塑性矿物 (200 g仍不破裂)
黄铁矿　辰砂 硫砷铜矿 硫铁镍矿 圆柱锡矿 脆硫锑银矿	脆硫锑铅矿　黝铜矿 镍黄铁矿　黝锡矿 斜方砷镍矿　砷镍矿 砷黝铜矿　钛铁矿 铌铁矿	黄铜矿　闪锌矿 辉锑矿　铬铁矿 磁黄铁矿　锡石 斜方砷钴矿 赤铁矿　白钨矿	自然铋　磁铁矿 黑钨矿　自然铜 方黄铜矿　雌黄 红砷镍矿　辉钼矿 斜方砷铁矿	辉银矿　自然银 方铅矿　自然锑 赤铜矿　斑铜矿 自然金　铜蓝 硫锑铅矿

五、矿物显微抗压硬度与摩氏硬度的关系

虽然矿物的摩氏硬度可根据的10个标准矿物确定，但这些标准矿物的显微抗压硬度测量结果表明，各相邻摩氏硬度等级间的显微抗压硬度差值悬殊，维氏硬度值与摩氏硬度数间并非简单的直线型关系，而呈曲线关系(图7-5)，经数值拟合处理，其大致曲线关系表达式为：

$$HM = 0.675\sqrt[3]{HV} \text{或} HV = 3.25HM^3$$

由于抗压硬度与刻划硬度的形成机理有所不同，故上述公式和两者间的曲线拟合关系并不很精确，仅供参考使用。

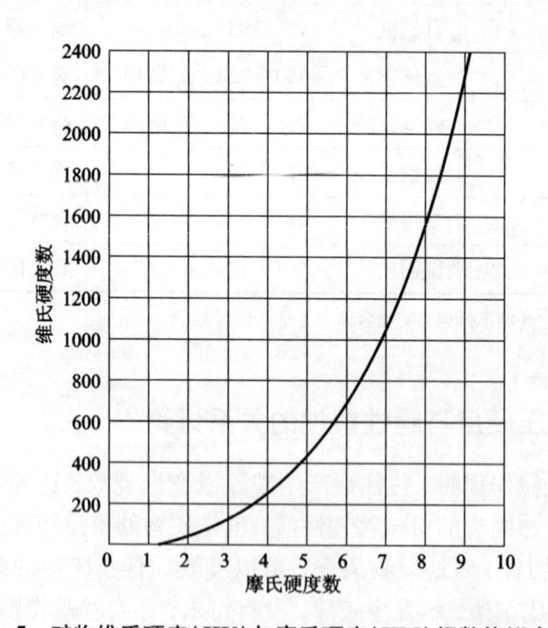

图7-5　矿物维氏硬度(HV)与摩氏硬度(HM)间数值拟合关系

第八章 矿物的浸蚀鉴定与结构浸蚀

在 20 世纪 40 年代以前，通过矿物的浸蚀试验来鉴定金属不透明矿物和研究其晶体内部结构的方法受到各国矿相学家的重视，并且矿物的浸蚀反应特征成为编制金属矿物鉴定表的主导性指标，如 M. N. Short(1931)、А. Г. Бётехтии 和 Л. В. Радугииа(1933)等。但从 20 世纪 40 年代以来，随着定量测试矿物光学性质、物理性质及微区化学成分的测试方法和技术手段的快速发展，特别是光电倍增管、显微硬度计、微区 X 射线衍射仪、电子探针等方法原理研究、装备开发及应用突破，使得金属矿物鉴定更依赖其光学性质和其他物理性质的矿相显微镜鉴定及与矿相显微镜结合的晶体结构与化学组成研究的谱学手段，矿物的浸蚀试验逐渐退居辅助性地位。尽管如此，矿物的浸蚀试验因为快速便捷、成本低廉、行之有效而仍然是以矿相显微镜为基本手段进行金属矿物日常鉴定和矿物晶体内部结构研究的重要辅助方法，尤其是在某些反射光学性质及其他物理性质很相似、难以区分的金属矿物的矿相显微镜鉴定和某些复杂成因矿床的多世代金属矿物研究时，更凸显其重要应用价值。

第一节 概述

一、基本概念

1. 浸蚀试验

将某些给定浓度的化学试剂溶液滴于待研究矿物的磨光表面所在区域，使试剂溶液与该矿物磨光表面及其周边区域作用一定时间后，在矿相显微镜下观察是否存在试剂与该矿物的化学反应现象以鉴定矿物，并观测化学反应后所显现的待研究矿物晶体内部结构及试剂浸蚀区域范围内的矿石结构。这种在矿石光片的特定磨光面区域所进行、借助矿相显微镜观测的化学浸蚀试验称为浸蚀试验。显然，浸蚀试验包括浸蚀鉴定和浸蚀结构两部分。

2. 浸蚀鉴定

将某些化学试剂配制成给定浓度的溶液，浸蚀待鉴定矿物的磨光面，浸蚀液与矿物的磨光面作用一定时间后(通常约 1 min)，在矿相显微镜下观察是否存在溶解、发泡、沉淀、染色及浸蚀液变色等化学反应现象，据以鉴定矿物的方法称为浸蚀鉴定。

3. 结构浸蚀

将能与矿物发生化学反应的某些化学试剂配制成给定浓度的溶液，浸蚀待研究矿物的磨光面及其周边区域一定时间后，用清水冲洗、揩干，在矿相显微镜下观测反应后所显现的矿物晶体内部结构及所在区域的矿石结构，称为结构浸蚀。

二、浸蚀反应机理

一般认为，在矿石光片抛光过程中，因为强烈的超细化磨蚀作用，不仅在矿物的解理缝、裂隙及晶粒间充填非晶质化超细粉末，还会在矿物表面形成厚约0. n ~ n μm甚至更厚的该矿物非晶质薄膜。当被鉴定矿物与浸蚀试剂接触时，首先与化学试剂接触的必然是这种非晶质薄膜，然后才是该矿物的真实晶质表面。

当浸蚀反应还只发生在非晶质薄膜时，虽然可出现溶解、发泡、沉淀、染色及浸蚀液变色等化学反应现象，但矿物表面的性质和颜色往往变化不大，依然能在矿相显微镜下清晰成像和有效观察，只显示原来被非晶质薄膜掩盖的解理纹、裂隙、双晶、内部环带及晶粒界线等，称为"显结构"，是结构浸蚀研究的基础。

当试剂的浸蚀作用更强烈时，矿物晶质表面也被浸蚀，变为粗糙表面，入射光反射成散射光，光面变成黑灰色或黑色，称为"染黑"。

当试剂与矿物反应产生沉淀物时，如果反应特别强烈，可形成显著的"被膜"覆盖在矿物表面(如40%浓度KOH溶液浸蚀辉锑矿产生橙黄色沉淀物)，但因反应时间短、试剂量有限，这种被膜不厚，呈带色的"薄膜"黏附在被浸蚀部分的矿物光面，称为"污染"或"染色"。例如辉铜矿可被1∶1 HNO_3浸蚀"染篮"，是在其表面沉淀了灰蓝绿色的 $Cu(NO_3)_2$薄膜的结果。还有些无色透明微细晶体所构成的沉淀物薄膜，光波进入晶体内部再反射时形成种种干涉色，颜色与彩虹相似，往往呈现黄、红、棕、蓝，绿多种颜色，此现象称为"晕色"。

另外，如果浸蚀反应有气体生成，其逸出还会产生"发泡"现象。如硝酸浸蚀辉铜矿放出无色但腐臭气味很浓的 H_2S 气体，硝酸浸蚀赤铜矿放出无色无味的 O_2气体，双氧水浸蚀黑锰矿、硬锰矿等锰的氧化物、氢氧化物放出 H_2气体等都可以作为这些矿物的鉴定特征之一。

试剂滴在矿物光面上，有时在滴液四周产生色变，这是从试剂液滴向外发散的气体使液滴四周形成的"晕圈"，是比较特殊的侵蚀反应现象，可称为"气散"或"薰污"，对某些矿物具有鉴定应用价值。如1∶1 HNO_3浸蚀辉银矿气散变褐色至晕色就是辉银矿的最大鉴定特征。

有时试剂滴在矿物光面上，其四周没有上述"晕圈"，但可有细小的水珠凝聚，即显示"汗圈"，这并非浸蚀反应的结果，不能视为浸蚀化学反应发生与否的标志。

总之，凡发生溶解、沉淀、发气、薰污作用，即显结构、染黑、染色、晕色、发泡、晕圈等现象，都可确定矿物被某种试剂所浸蚀，发生了浸蚀化学反应；而不起上述任何变化或仅显示汗圈，表明没有发生浸蚀化学反应。习惯上，矿物与试剂发生浸蚀反应称为正反应，以"+"表示；矿物与试剂没有发生浸蚀反应称为负反应，以"-"表示。

三、研究意义

浸蚀鉴定作为利用矿相显微镜鉴定金属矿物的辅助方法，在目前依然具有重要的应用价值。这种应用价值主要体现在以下几个方面：其一是，某些反射光学性质及其他物理性质比较相似、难以有效区分的金属矿物，借助浸蚀鉴定方法，能够快捷准确鉴定，例如红砷镍矿与红锑镍矿，用20%浓度的 $FeCl_3$溶液浸蚀这两种矿物，前者没有反应，后者变为晕色，从而可迅速、简便地予以鉴别。其二是，某些类质同像替换矿物变种或中间性产物，可以通过其与化学试剂的浸蚀反应特征加以鉴定。黝铜矿的变种较多，如纯砷黝铜矿与含铁砷黝铜矿，前者的1∶1 HNO_3浸蚀反应为晕色正反应，20% KCN 浸蚀反应为染浅褐正反应或负反应，其余试剂为负反应。后者的1∶1 HNO_3浸蚀反应呈气散和染褐色正反应，20% KCN 浸蚀反应为负反应，其余试剂均不起作用(徐国风，1978)。

毫无疑问，结构浸蚀所显现的晶体内部结构特征也能帮助鉴定部分浸蚀矿物，但其更重要的应用是将浸蚀所显现的晶体内部结构作为矿物的成因标型特征，研究其形成方式与物理化学环境条件。尤其是在某些矿区，矿床的形成经历了多矿化期、多矿化阶段的改造与叠加，部分金属矿物明显具有多世代性，其晶体内部结构的成因标型特征研究意义更加突出，通过结构浸蚀研究，往往能获得其形成的物质来源体系和形成物理化学环境条件的有效信息。

第二节 矿物的浸蚀鉴定方法步骤

一、浸蚀鉴定的试剂和用具

1. 常用试剂

1）6 种标准试剂

（1）1∶1HNO_3：强酸溶液，具强氧化性和腐蚀性；

（2）1∶1HCl：强酸溶液，有明显挥发性和腐蚀性；

（3）20% KCN：剧毒性，具强氧化性和腐蚀性；

（4）20% $FeCl_3$：强酸弱碱盐溶液；

（5）5% $HgCl_2$：强酸弱碱盐溶液，含有毒重金属；

（6）40% KOH：强碱溶液，具强腐蚀性。

2）其他补充试剂

30% H_2O_2、王水（用于 6 种标准试剂都无浸蚀反应的矿物）及 $AgNO_3$饱和溶液（用于鉴别自然金、黄铜矿）等作为补充浸蚀试剂。显然，浸蚀鉴定所用试剂大部分为强酸、强碱与强氧化剂，具有强烈的溶解、化合、分解等化学反应能力，能强烈地腐蚀矿物的表面。

2. 基本用具

1）特制试剂箱：装盛各种试剂的小滴瓶。

2）小滴瓶：配制好的各种试剂均用小滴瓶分别保存，瓶内附小滴管或小滴棒，所有小滴瓶都应贴上防腐蚀标签，标注试剂种类及浓度。瓶塞与瓶盖都经过精细磨制，接触紧密，以防止气体外逸。但存 $HgCl_2$和 KOH 试剂的小滴瓶应采用带小玻璃棒的橡皮塞，以避免溶液结晶粘住瓶口（图 8－1 左）。

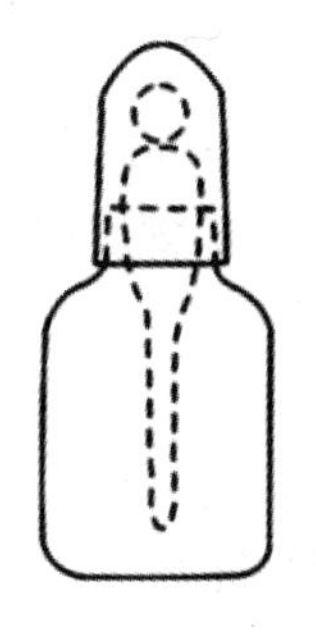
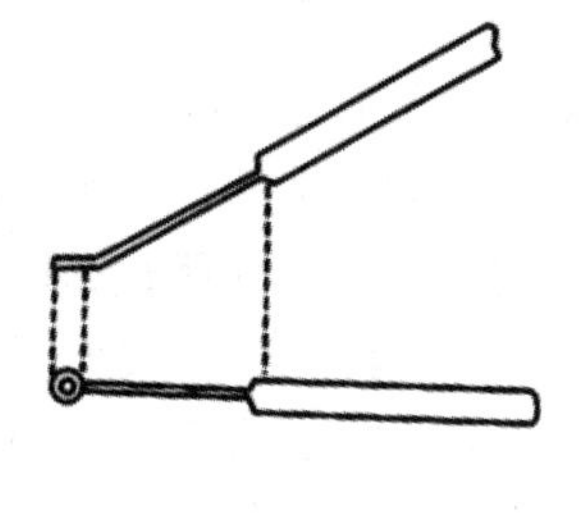

图 8－1 滴瓶及白金丝滴棒

3）专用滴棒：滴浸蚀试剂时，最好使用白金丝滴棒（图 8 - 1 右）。白金丝直径约为 0.3 mm，长度 25 mm，一端固定在玻璃棒中，另一端为内径 0.4 mm 的圆环。弯折圆环使圆环平面与由金丝成 30°角度倾斜（图 8 - 1 右的上半部），有时没有白金丝，也可以用玻璃棒替代。

4）广口瓶或烧杯：至少需要 2 个，分别用于装蒸馏水和浸蚀反应后的洗涤废水。

5）吸水滤纸：最好将其剪成三角形小片，以及时吸移浸蚀反应后的光片表面试剂溶液。

二、浸蚀鉴定实际操作步骤及注意事项

1. 实际操作步骤

虽然矿物浸蚀鉴定法简便快捷，但必须遵循操作程序，严格操作，仔细观察，才能保证其浸蚀结果的可靠性和矿物鉴定的有效性。实际操作应遵循如下具体步骤。

1）将光片抛光擦净，以去除光片表面的尘埃、油污及氧化膜；

2）将光片置于矿相显微镜的单偏光系统（最好装在机械台上），采用中、低倍物镜，（通过机械台）移动矿石光片选择大小合适的待鉴定矿物，置于视域中心部位；

3）以由 KOH（或 $HgCl_2$）到 HNO_3 的顺序（与金属矿物的反应能力依序增强），将标准试剂用小滴瓶内的滴棒（管）滴在用蒸馏水冲洗过的白金丝圆环上；

4）略降低载物台后，将试剂通过白金丝圆环滴在欲试矿物颗粒上，立即准焦观察液滴内部及周围是否出现浸蚀反应现象，尤其要注意发泡现象、溶液变色及气散变色等现象；

5）不管浸蚀反应速度如何，浸蚀反应时限均为 1 min，在此时限内连续观察被浸蚀矿物有无发泡、变色、汗圈、气散熏污等现象；

6）抵达浸蚀时限后，立即用蒸馏水冲洗光片被浸蚀部分（有机械台时则用机械台的任一个移动尺将光片移出冲洗、擦干后再移回原位置），用滤纸吸干后在单偏光系统观察是否存在显结构、染黑、染色、晕色、晕圈等现象，以确定试剂与矿物发生了浸蚀化学反应（正反应）或没有发生浸蚀化学反应（负反应）。

2. 操作注意事项

1）注意操作安全：矿物浸蚀试验所用标准试剂及其他辅助试剂，多为强酸、强碱或强氧化剂，具有强烈的腐蚀性，部分还是剧毒试剂，因此，不仅必须严格遵守有关化学品保管与处置规定，操作使用时，要严格遵守相应的化学试验操作规程，尤其要做好防护措施，避免进入呼吸系统、溅伤皮肤和眼睛、腐蚀矿相显微镜。为防止腐蚀矿相显微镜，物镜和载物台最好用凡士林或无色透明塑料包覆。

2）注意冲洗废液和滤纸的安全处置：矿物浸蚀试验所用试剂自身多有强腐蚀性，KCN 有剧毒性，$HgCl_2$ 含严重环境污染的重金属，这些试剂与金属矿物反应后，还可能析出重金属元素，故冲洗废液和滤纸要妥善处置，不可随意倾倒或丢弃。

3）浸蚀试验所用光片应在试验开始前数小时内抛光并及时用清洁的绒布揩拭干净，防止空气尘埃、油污及氧化膜（水会加速氧化膜的形成）等影响浸蚀反应结果的有效性。

4）要细致观察判断各种浸蚀反应现象：因为浸蚀液往往并非严格滴在待鉴定矿物表面范围内，其周边邻域还有其他矿物，即使严格滴在其表面范围内部，也可能存在暴露在表面的其他杂质矿物机械包裹体，因此要细致观察判别浸蚀反应现象是待鉴定矿物还是其他矿物与浸蚀液反应的结果，以免造成结论错误。

三、浸蚀反应的影响因素

影响矿物浸蚀反应和浸蚀鉴定结果可靠性的因素颇多，主要包括矿石及矿物物理和化学性质的内部因素和浸蚀操作与侵蚀反应现象观察等外部影响因素。

1）光面洁净：矿石光片表面的新鲜清洁是浸蚀反应结果有效性的基本前提，即使用手指碰触矿物的磨光面，也会产生油污或尘埃薄膜妨碍试剂与矿物正常反应。

2）试剂性质：KCN、$HgCl_2$、$FeCl_3$及 KOH 易蒸发留下沉淀物，在显微镜下显示种种彩色，但用蒸馏水冲洗后这些沉淀物薄膜即行消失，不能被误认为是正反应。

3）电化学作用：浸蚀反应试剂都是电解质溶液，当一滴试剂同时覆盖两种矿物时，由于电位差产生电流，可使某一种矿物的反应加强，同时使另一种矿物的反应减弱。如方铅矿和斑铜矿接触，两矿物同时被一滴 $FeCl_3$液滴浸盖时，斑铜矿的浸蚀反应较其单独存在时加剧，方铅矿则全无反应（纯方铅矿单独存在浸蚀反应很剧烈）。因此，应挑选单种矿物比液滴面积大的地方作浸蚀鉴定。

4）杂质和裂缝：若确系被试矿物发生浸蚀化学反应逸出气体“发泡”，则冒泡地点比较均匀。若被试矿物中包含有方解石的细脉，加酸后发泡方解石细脉成“带状泡”；另有些小气泡从矿物裂隙中冒出来，这也不是浸蚀反应的结果。应注意辨别。

5）矿石产状：在氧化带产出的矿石受风化作用影响，因裂隙和表面断键较发育等原因，化学活性增强，较之原生矿石的相同矿物更易浸蚀，如黄铜矿和黝铜矿在原生矿石中不被硝酸浸蚀，而在氧化矿石则常显正反应。

6）化学成分：矿物中类质同象混入物的种类和含量不同会影响到同一种矿物的浸蚀鉴定结果不同（有时为正反应，有时为负反应）。如黝铜矿对 HNO_3和 KCN 就由于所含成分不同而反应不同。

虽然浸蚀鉴定总体上简便、快捷、廉价，但操作比较麻烦，且易损坏光片，鉴定结果有时也不甚可靠，故在鉴定金属矿物时只能起辅助性或验证性的作用，光学性质和其他物理性质才是鉴定金属矿物的主要依据。

第三节 矿物的结构浸蚀

一、结构浸蚀机理

因为矿物晶体内部各类质点排列、化学键类型、化学键强度等随结晶方向与位置的变化而变化，故晶体颗粒的不同结晶方向与位置抵抗超细化磨蚀作用和化学浸蚀作用的能力（浸蚀反应速度）也有差异。矿石光片经细磨抛光后，因强烈的超细化磨蚀作用，不仅在矿物的解理缝、裂隙及晶粒间充填非晶质化超细粉末，还会在矿物表面形成厚约 $0 \sim n$ μm 甚至更厚的该矿物非晶质薄膜。正是这层非晶质薄膜，掩盖了矿物晶体颗粒粒间界线和晶粒内部结构，使得矿相显微镜观察通常只能看到其集合体颗粒而非晶体颗粒的形态和光学性质及其他物理性质。为了能够研究矿物集合体的晶粒间结构和晶粒内部结构，需要用化学试剂将覆盖在矿物磨光面的非晶质薄膜溶解清除，并利用晶体颗粒切面所处方位、切面各部位质点类型、化学键类型、化学键强度等所决定的浸蚀速度、被浸蚀程度及变色程度各异的原理，来显现其结构和内部结构(内部环带、解理、裂理、双晶、裂纹等)。

二、结构浸蚀操作及注意事项

结构浸蚀操作的基本步骤及注意事项与浸蚀鉴定相似，即在光片上用给定浓度的化学试剂加以浸蚀，使之溶解清除矿物磨光面的非晶质薄膜而"显结构"。其浸蚀的时间、化学试剂种类及浓度，以能最快和最清晰地显示其内部结构尽量少损坏光面为宜。结构浸蚀的试剂及其浓度必须保证能与浸蚀矿物有效反应，试剂的浓度可按照由稀至浓的次序调配进行浸蚀，这是与浸蚀鉴定明显不同之处。结构浸蚀的面积范围，可采用液滴浸蚀或全光面浸蚀，根据具体需要而定，但通常要比浸蚀鉴定的面积范围更大。结构浸蚀的时间，通常由短而逐渐加长，没有像浸蚀鉴定那样的严格限制，如发现作用时间不足，应仍在原处再进行浸蚀，直至能清晰地观察到晶粒内部结构为止。一般浸蚀时间为数秒至数十秒钟，少数浸蚀反应速度非常缓慢的矿物甚至可以持续反应数十分钟。因为光面上的矿物晶粒的切面方向与部位不同，与浸蚀试剂反应的速度和程度也不相等，故各晶粒经浸蚀后显示出明暗和深浅程度不同的浸蚀面。因此，溶解清除矿物磨光面的非晶质薄膜后，矿物裂理、解理、环带、双晶等内部结构和晶粒界线均可显现，能在矿相显微镜单偏光系统有效观察。观察浸蚀结构应由低倍镜到中倍镜(物镜)的次序进行，以免遗漏现象。

三、常用的结构浸蚀方法

1. 液体试剂浸蚀法

液体试剂浸蚀法简称液法，其操作步骤与浸蚀鉴定基本相同。用滴管吸取试剂滴在光片抛光面的目标区域进行局部浸蚀，经一定时间后，用滤纸吸干，置于显微镜下观察。若有沉淀物产生时，可用清水冲洗，揩干后再进行观察。

2. 气体试剂浸蚀法

气体试剂浸蚀法简称气法。把矿石光片的磨光面置于盛有化学试剂的玻璃瓶(皿)口上方，但不接触瓶(皿)口，利用试剂的蒸汽来浸蚀矿石磨光面，经一定时间后，再置于显微镜下观察。这种方法的优点是不易损坏磨光面，观察后在擦板上擦拭之，光面即可复原。

3. 电解浸蚀法(电解法)

通常用四节串联的1号干电池作电源，正极与钢针相连结，负极与铂丝相连结，然后将铂丝(负极)触及光片上滴有浸蚀试剂的溶液表面(顶部)，使钢针触及矿物，构成电流回路。经一定时间后，取下2个电极，用滤纸吸干后，再置于显微镜下观察。该法的实质是加速和加强试剂对光片的浸蚀作用。

四、结构浸蚀方法探索与应用讨论

值得指出的是，以上各种方法都是建立在具理论化学组成和物理性质的目标矿物与浸蚀试剂发生有效化学反应的基础上的。但是，许多复杂成因矿床经历了多成矿期次和多矿化阶段的复杂成矿过程，常见改造与叠加成矿现象，某些矿物多世代性表现明显，而不同世代的同种矿物不仅形成物理化学环境条件(如温度、压力、E_h、pH)存在差异，可能其物源体系也存在差异，从而其微量化学成分、机械包裹体杂质以及内部结构也可能存在差异。因此，在多世代矿物的结构浸蚀研究时，其浸蚀试剂及浸蚀方法的选择应具有多样性，有时还可以选择反向浸蚀试剂(与正常目标矿物没有浸蚀反应,而与杂质组分存在化学反应)进行结构浸蚀,以使包裹在该矿物晶体颗粒内部的杂质、类质同象替换成分富集环带、充填在解理、裂隙及生长面的其他杂质组分被浸蚀而显现矿物内部结构,也是行之有效的结构浸蚀方法。例如,粤北地区凡口铅锌硫化物矿床,矿相学研究表明,该矿区的黄铁矿至少有3个世代,第一世代黄铁矿常见微细方解石机械包裹体,甚至在某些生长环带相对密集分布,晶粒间有时可见炭质薄膜,第二世代黄铁矿晶体颗粒内部常有富砷富钴环带,第三世代黄铁矿晶体颗粒内部成分均匀,也很少杂质矿物机械包裹体。我们通过选择某些浸蚀试剂,包括反向浸蚀试剂,进行结构浸蚀,不仅能有效显示它们内部结构差异,还发现第二世代黄铁矿还常可在第一世代黄铁矿晶体颗粒外表面叠加与修复生长现象。因此,我们认为,结构浸蚀方法依然具有较大的探索空间,也有较为灵活的选择性。应根据具体研究对象的实际化学组成、晶体结构及矿物组合特点,以有效显现矿物晶体颗粒内部结构及矿石结构为目标,有针对性地选择结构浸蚀的试剂与方法。同时也认为,结构浸蚀所显现的矿物晶体内部结构是比较重要的矿物成因标型特征,能有效地获取矿物形成物理化学环境信息,甚至成矿物质来源信息。

表8-1为一些常见矿物结构浸蚀的经验数据,可供教学试验借鉴。

表8-1 显示矿物晶粒内部结构的矿物和方法

矿物名称	显示方法	显现的内部结构
方铅矿	①1∶1HCl 通电数秒 ②1∶1HNO_3浸蚀20~30 s ③60%~70% HBr 浸蚀8~10 s ④饱和 NaCl 液十几滴 $FeCl_3$,浸蚀10~30 s	解理颗粒界限、包体,偶见环带
闪锌矿	①不完全磨光法(显聚片双晶) ②气法;王水蒸汽,10~20 s ③$KMnO_4$+1∶5H_2SO_4,10~30 s,试剂现配	沿{111}和{211}出现的双晶(及聚片双晶)偶见环带结构、晶粒界限
黄铜矿	①25% NH_4OH+数滴30% H_2O_2,20~30 s ②气法;王水蒸汽,10~40 s ③$KMnO_4$+40% KOH,10~40 s ④浓 HNO_3+$KClO_4$晶体	晶粒界线,双晶,偶见环带
磁铁矿	①浓 HCl,1~2 min ②浓 HBr ③不完全磨光法	双晶,环带
铬铁矿	①浓 HCl,1~2 min ②不完全磨光法	裂理,环带
辉铜矿	①1∶1HNO_3,1~2.5 min ②20% KCN,10~20 s	晶粒界线、解理,偶见双晶
黝铜矿	①浓 $KMnO_4$+KOH+30% H_2O_2,10~60 s 试剂现配 ②HCl+50% Cr_2O_3,30 s	晶粒界线,偶见环带状结构
黄铁矿	①电法:30% NH4OH,直流电70~100 V,10~20 s ②浓 HNO_3+CaF_2粉 ③$KMnO_4$+1∶5H_2SO_4,20~30 s ④$KMnO_4$+KOH 10~20 s	环带、胶状残余

续表 8－1

矿物名称	显示方法	显现的内部结构
锡石	①不完全磨光法 ②1∶5HCl＋小块锌片，使锡石产生一层金属锌膜，再以HNO_3溶解之	双晶、环带
斑铜矿	①气法：王水蒸汽，5～10 s ②1∶1HNO_3，1～2 min ③20％ KCN，1～2 min	方形解理
自然金	①王水 ②HCl＋CrO_3（50％）混合剂 ③王水＋CrO_3（50％）混合剂	聚片双晶、环带
自然银	①浓 HI ②HCl＋CrO_3（50％）混合剂的蒸汽，10～15 s	双晶、环带
自然铂	①王水　②HCl＋CrO_3（50％）混合剂，10～25 min	双晶
硫砷铜矿	①20％ KOH　②正交偏光法	双晶、解理
水锰矿	浓 HF，30 s 至几分钟	环带、解理
深红银矿 淡红银矿	①浓 HI ②正交偏光法	双晶、环带
赤铁矿	①电法，1∶1HCl 直流电 6V ②浓 HF，1～2 min	双晶、解理
车轮矿	HBr，2～5 s	双晶
辉锑矿矿	①正交偏光法　②浓 KOH，1～3 s	双晶、复聚片双晶、解理、环带
磁黄铁矿	①正交偏光法　②HI，1～5 s	双晶、晶粒界线
红砷镍矿	①正交偏光法　②$KMnO_4$＋H_2SO_4，试剂现配	环带、双晶
毒砂	①正交偏光法 ②1∶1HNO_3，15～60 s ③$KMnO_4$＋20％ KOH（新配），10～20 s	双晶、聚片双晶、晶粒界线，解理、环带
铜蓝	①正交偏光法 ②单偏光法（由双发射及反射多色性显示）	弯曲双晶、解理、晶粒界线
辉钼矿	正交偏光法	弯曲聚片双晶、解理
石墨	正交偏光法	弯曲聚片双晶、解理

第九章 综合性系统鉴定及简易鉴定

第一节 矿物的综合鉴定

一、矿物的综合鉴定

毫无疑问，利用矿相显微镜鉴定金属(不透明)矿物是矿相学的基础性任务。各种矿物都是受具体地质条件和物理化学环境制约的某种或某些地质作用形成的，具有固定的化学成分、晶体构造及共生组合特点，因而它们无论在物理性质(包括光学性质)、化学性质或产出状态(包括颗粒形态和产出环境)等方面都具有相同的各种属性，彼此间也存在某些属性的明显差异。这些属性就是鉴定矿物的前提条件，亦即矿物的鉴定特征。在矿相学领域内，鉴定矿物所依赖的是矿物在物理性质、化学性质和产出状态 3 方面的鉴定特征。事实上，在这 3 方面之间以及各方面内部的各种特性之间都存在内部联系和相互依赖性及制约性，它们分别从不同的侧面反映了矿物形成作用的本质。因此，应该全面地利用以上 3 大方面的鉴定特征，系统综合地鉴定矿物。十分明显，鉴定矿物时所根据的鉴定特征越广泛，数据越精确，则鉴定结果越可靠。随着科学技术快速发展，不透明金属矿物鉴定研究逐渐向着微粒、微区、快速、定量、自动化、电子计算机化方向发展。因此，充分利用各种先进测试手段研究矿物以提高鉴定精度是矿相学发展的必然趋势。相应地，矿物鉴定的方法与手段越来越丰富，越来越精确，鉴定依据的综合性也越来越强。从 20 世纪 40 年代以化学性质为主逐渐转向以物理性质为主，20 世纪 60 年代开始突出反射率和硬度值的主导作用，到 20 世纪 70 年代以物理性质为主并综合考虑矿物的产出状态(W. Uytenbogaardt，1971；中国地质科学院地质矿产所，1978)以及突出化学成分数据及反射率(Ющко，1975)等，再从 20 世纪 80 年代开始，各种微区物理性质、化学成分研究方法与手段向矿相学研究领域全面渗透，都启示应该全面地综合利用物理性质、化学成分和产出状态方面的鉴定特征深入地研究不透明金属矿物。

二、金属矿物鉴定表类型简介

金属矿物鉴定都是通过待鉴定矿物的鉴定特征与已知矿物的鉴定特征的对比来实现的。但已发现的不透明和半透明矿物多达近千种，故必须遵循矿物鉴定特征的查询规律编出金属矿物鉴定表，才能较快速准确地进行鉴定特征查询对比，确定待鉴定矿物并确定其名称。

在矿相学的形成与发展过程中，曾提出过多种多样的金属矿物鉴定表，其差别主要在于主导性鉴定特征选择和编排方式方面。在主导性鉴定特征选择方面，有的以化学试剂浸蚀鉴定资料为主(M. N. Short，1931)；有的以抗磨硬度为主(W. Uytenbogaardt，1951)；有的以反射率为主(陈正，1959)；有的以均质、非均质性和反射色为主(R. Galopin 和 N. F. M. Henry，1972)；有的将各种物理性质平列对待(И. С. Волынский，1947)；有的以反射率和硬度这 2

项最具确定性的物理性质为主(Н. Г. Магаквян, 1954；北京地质学院矿床教研室, 1961)。此外，也有单纯依靠物理性质来鉴定矿物的鉴定表(С. А. Вахромеев, 1956)。从编排方式来看，主要有表格分组式(如 С. А. Ющко, 1949；北京地质学院矿床教研室, 1961)；穿孔卡片式(И. С. Волынский, 1947)及顺序排列式(W. Uytenbogaardt, 1951；陈正, 1959)。此外，还有坐标图表式鉴定表(Bowie 和 Taylor, 1958)，这种编排方式只表示 2 项性质，鉴定矿物时仍需查阅其他详细鉴定表，而且此法受仪器设备限制，仪器误差会导致鉴定的错误，实际上未被采用。

三、金属矿物鉴定表编制原则与要求

矿相学诞生以来，矿相学界都在试图能编制出既完善又适用的金属矿物鉴定表。虽然迄今尚没有出现这种被公认为既适用又完善的鉴定表，但多数矿相学研究者认为，在矿相学发展的现阶段，较完善适用的金属矿物鉴定表的编制应遵循如下准则。

1. 综合性原则

鉴定表的编制以矿物的物理性质为基础，结合化学性质、晶体构造及产出状态，全面综合鉴定矿物。

2. 主导性原则

挑选几项最确定、最重要、且测定方法简便的鉴定特征作为编制鉴定表的主导性依据。主导性依据列为一级、二级检索指标，其他鉴定特征作为三级检索指标。

3. 稳定性原则

主导性指标必须是各种金属矿物共同的基本物理性质，任何矿物的这些指标都必须具有相对稳定性，既要容易定性观测比较，又能精确定量测量。

4. 简洁适用原则

鉴定表在保证其鉴定特征综合性和系统性的同时，应力求简明醒目，尤其需要突出表现该矿物的典型鉴定特征。

教学用金属矿物鉴定表的编制，应考虑符合教学规律与教学实验室现实条件，尽量使查询方便快捷，表述简明扼要，结果可靠性高，易于初学者掌握应用。因此，在遵循上述各项编制原则的同时，还应尽量满足如下要求。

1. 观测操作简易可辨

在编制教学用金属矿物鉴定表时，矿物的有关可分级物理性质应结合教学实验室条件、可分辨性及初学者实际操作观测技能，进行从简分级，以便学生有效掌握与判断。如对均质、非均质性可只分强非均质、弱非均质和均质 3 级；内反射只根据其以空气为观察介质时分显内反射和不显内反射 2 级；双反射只根据以空气为观察介质时分可见双反射和未见双反射 2 级。某些物理性质的观测操作要求严格，繁琐复杂，矿相显微镜质量性能要求高，初学者难以获得有效的观测结果，如聚敛偏光系统观测的某些光学性质，无需列入教学用鉴定表。

2. 物理性质、化学性质与产出状态相结合原则

矿物的化学组成、矿石组构及矿物组合特点是成矿作用、成矿环境及成矿过程的客观证据，而矿物的化学组成及其变化还直接影响矿物的物理性质。同时，根据矿相学研究的任务要求，应通过矿物鉴定特征研究尽量获取矿床成因信息，故矿物鉴定无疑要与矿物的产出状态研究相结合，鉴定表应加强矿物产出状态说明，这样也益于矿物系统性综合鉴定。

3. 矿物种类数量限制

作为教学用金属矿物鉴定表，其矿物种类应主要为各类金属矿石的常量和常见金属矿物，兼顾分布广的微量金属矿物，尤其是分布范围广的微量有益、有害组分矿物。

四、金属矿物鉴定表及其使用说明

根据上述各项原则和要求，本书采用的金属矿物鉴定表为表格分组式鉴定表：采用选择反射率和硬度作为主导性检索指标，矿物的排列顺序以白光反射率测定值为准，根据反射率指标分为5组(以黄铁矿、方铅矿、黝铜矿、闪锌矿为标准矿物划分为5级)，根据硬度指标将每组分为3个鉴定表(用金属针刻划分为高硬度、中等硬度和低硬度3级)。对于反射率或硬度指标的边界矿物(包括4种反射率标准矿物和少数硬度及反射率变化跨界矿物)编入其跨界的2个鉴定表。这样，将金属矿物鉴定表分为5组15个鉴定表，每个鉴定表内分10栏列出矿物及其各类鉴定特征(金属矿物鉴定表检索表见附表1，金属矿物综合鉴定表见附表2)。该鉴定表共收录131种矿物(徐国风，1987)。

现将教学用金属鉴定表内各栏的具体内容分别进行说明：

第一栏：矿物名称(附列英文名称)、化学组分、晶系。

第二栏：反射率。根据国际矿相学委员会(COM)的规定，每种矿物分别列出波长470nm(蓝光)、546nm(绿光)、589nm(橙光)和650nm(红光)等4种单色光的反射率(Bowie等1975)，同时列举了白光的反射率(Bowie和Taylor，1958)。鉴定表及其索引表以546nm绿光平均反射率值由大到小顺序排列，无绿光数值的则以橙光反射率的平均值为准。

第三栏：反射色。直接描述以空气为介质的直射单偏光系统所观察到的反射色。反射色描述的格式以砷黝铜矿的描述为例：灰白色微带橄榄绿色或灰绿色，明显的淡绿色(方铅矿)，淡绿色(辉铜矿)，淡蓝灰色(黄铜矿)，分别表示砷黝铜矿的一般反射色，即该矿物单独出现而没有与其他金属矿物密切伴生时的反射色和砷黝铜矿与其他金属矿物毗连时因“视觉色变”效应而得出的反射色，括号内为毗连矿物。

第四栏：双反射，反射多色性。只分2级：(1)可见双反射：指以空气为观察介质、使用普通光源(15W)、在单偏光系统转动载物台观察矿物单个晶粒或多颗粒集合体可见亮度或颜色的变化，其后的括号内注明反射多色性的具体颜色；(2)未见双反射：指按照上述操作观察条件未见矿物单个晶粒或多颗粒集合体显示亮度或颜色的变化。

第五栏：均质非均质性(偏光色)、A_γ、旋向符号。

均质非均质性(偏光色)分3级：(1)均质性：指以空气为观察介质、使用普通光源(15W)、在正交偏光系统用严格正交偏光法或不完全正交偏光法转动载物台一周矿物都无亮度或颜色的变化；(2)弱非均质性：指按照上述操作观察条件可见微弱的亮度或颜色的变化，其后的括号内注明偏光色的具体颜色；(3)强非均质性：指按照上述操作观察条件可见明显的亮度或颜色的变化，其后的括号内注明偏光色的具体颜色。

A_γ：矿物的非均质视旋转角。注明不同波长中的实际角度(引自E. N. Cameron)。

旋向符号：“正”系指矿物的某一结晶要素(如晶体延长、解理、双晶等)方向与高反射率的方向一致；“负”系指矿物的某一结晶要素方向与低反射率的方向一致。

第六栏：内反射。只分2级：(1)显内反射：指以空气为观察介质、采用斜照法或正交偏光法观察，矿物(包括其刻划粉末)能见到内反射现象，其后的括号内注明内反射的具体颜色；(2)不显内反射：按照上述操作观察条件未见到内反射现象。

第七栏：硬度。栏内列举了摩氏硬度、显微硬度和相对突起。

显微硬度为维氏压入硬度，以 VHN 为代号，主要引用 Simpson 和 Cope(1975)的资料(单位为 kg/mm^2)。相对突起即为抗磨硬度，列出与其比较的矿物(主要的)：以“ > ”、“ < ”、“ = ”、“ ≥ ”、“ ≤ ”表示其相对大小，主要引自 W. Uytenbogaardt(1971)的资料。

第八栏：浸蚀反应。采用常用的 6 种试剂(HNO_3、HCl、KCN、$FeCl_3$、$HgCl_2$、KOH)，有反应者在栏内注明为“ + ”，并简述其反应现象；无反应者注明为“ - ”。少数矿物加入补充试剂，如对锰矿物加入双氧水浸蚀等。

第九栏：形态特征、矿物组合特点、产状和其它特征，统称产出状态。

第十栏：主要鉴定特征和与类似矿物的区别。前者指该矿物的典型鉴定特征，后者指该矿物与同一鉴定表内类似矿物的鉴定特征区别点。

利用表内各栏资料对比鉴定未知矿物时，首先应利用目测对比法确定未知矿物的反射率范围(以前面提到的 4 种矿物的反射率为标准)，其次是利用金属针刻划法确定矿物的硬度等级，根据这 2 项结果确定未知矿物所在组序与表序，然后按照由简入繁的顺序观察和确定矿物的其他鉴定特征，综合分析、对比，最后确定矿物的名称。

第二节　矿物的简易鉴定

因为各种矿物都具唯一性的化学组成和晶体结构，并且往往具有一种或几种较为固定的形成环境及其形成地质作用，故在物理性质、化学性质或产出状态方面具有与其他矿物迥异的某些独特性。正是因为这种独特性的存在，使得矿物的简易鉴定成为可能。如自然金的金黄色反射色、低硬度及良好的延展性，铜蓝的蓝色 - 蓝白色的反射多色性、火红色偏光色，是中低温热液成矿产物或原生含铜硫化物矿床次生硫化富集带产物，孔雀石的翠绿色内反射色，是含铜硫化物在表生氧化环境的产物；辉锑矿遇浓 KOH 溶液立即生成浓厚的桔黄色沉淀，是中低温热液成矿产物等，都是这些矿物具有独特性的鉴定特征。矿物鉴定时，只要准确把握这些独特性，即典型鉴定特征，就能快速而简便地鉴定矿物，确定其名称，这就是金属矿物的简易鉴定。

实践证明，并非要将矿物在物理性质、化学性质或产出状态方面的性质和特征全部查明才能有效鉴定。任何矿物都有 2 ~ 3 项典型鉴定特征，只要熟练地掌握了这几项典型鉴定特征就能准确鉴定矿物。因此，矿相工作者熟练地掌握某些重要矿物和常见矿物的典型鉴定特征是很有必要的，可以显著提高矿相工作效率与质量。

地质找矿研究、矿产勘查评价及矿相学教学实践表明，矿相工作者熟练掌握数十种重要常见矿物的典型鉴定特征是很有必要的，通过简易鉴定，能快速准确鉴定这些矿物。现将 40 种重要常见矿物的主要签定特征列于表 9 - 1，供学习训练参考使用。

表9-1 部分常见矿物的主要鉴定特征表

矿物名称及分子式	主要鉴定特征
自然金	
毒砂 $FeAsS$	亮白色，高反射率，高硬度，强非均质性（特征的柔和蔷薇色-蓝绿色），晶形断面常为菱形、楔形、长柱形和短柱形，加硝酸浸蚀显晕色
黄铁矿 FeS_2	浅黄色，高反射率（$R=53\%$ ±），高硬度（不易磨光，常有麻点），均质性，常呈自形、半自形晶或碎粒状，分布普通
白铁矿 FeS_2	浅黄白色，高反射率（R≈黄铁矿），高硬度，具显著的双反射（黄白-黄绿色）和强非均质性（特征的绿色偏光色：深绿、黄绿、蓝绿）
镍黄铁矿 $(Fe, Ni)_9S_8$	浅黄白色，反射率近于黄铁矿，中等硬度，‖{111}解理发育，常产于与基性或超基性岩有关的铜镍硫化物矿床中，与磁黄铁矿、黄铜矿密切共生
红砷镍矿 $NiAs$	浅玫瑰色微带黄色或棕色，高反射率，强非均质（偏光色蔷薇色-黄绿色）
磁黄铁矿 Fe_nS_{n+1}	具特征的乳黄色微带玫瑰棕色反射色。反射率小于方铅矿，中等硬度（相对突起>黄铜矿），具强非均质性（偏光色黄灰-绿灰-蓝灰）和强磁性
黄铜矿 $CuFeS_2$	特征的铜黄色，反射率介于黄铁矿和方铅矿之间，弱非均质性，中-低硬度，易磨光
黝铜矿 $5CuS \cdot 2(Cu, Fe)S \cdot 2Sb_2S_3$	灰白色微带浅棕色。中等反射率。中等硬度，均质性
砷黝铜矿 $5CuS \cdot 2(Cu,Fe)S \cdot As_2S_3$	以灰白色微带橄榄绿色或蓝绿色为特征。中等反射率，中等硬度，均质性
斑铜矿 Cu_5FeS_4	以特殊的反射色（玫瑰色、棕粉红色、紫色），中等硬度，磨光好，均质性和与其它铜矿物共生为特征
辉铜矿 Cu_2S	以灰白色微带浅蓝色，弱非均质性，低硬度和加硝酸发泡、染蓝、显结构为特征。常与其它铜矿物共生
蓝辉铜矿 $4Cu_2S \cdot CuS$	以浅蓝色，均质，低硬度和加硝酸发泡显结构为特征。常与其它铜矿物共生
铜蓝 CuS	以浅蓝-深蓝的反射色，显著的反射多色性（深蓝色微带紫色-蓝白色），特强的非均质性和特殊的偏光色（45°位置为火红-红棕色）为特征
自然铜 Cu	以特征的反射色（铜粉红色、棕色），高反射率（高于黄铁矿），低硬度（有擦痕）和均质性为特征
赤铜矿 Cu_2O	以深红色的内反射和遇硝酸发泡并沉淀自然铜，加盐酸产生白色沉浸为主要特征，常与其它铜矿物一起，产在铜矿床氧化带
孔雀石 $CuCO_3, Cu(OH)_2$	灰色微带粉红色色调，以具鲜明的翠绿色内反射为特征，常具放射状结构。与蓝铜矿等矿物共生，产于铜矿床氧化带

续表 9-1

矿物名称及分子式	主要鉴定特征
蓝铜矿 $2CuCO_3$，$Cu(OH)_2$	灰色微带粉红色色调，具鲜明的淡蓝色内反射，常与孔雀石等矿物共生，产于铜矿床氧化带
闪锌矿 ZnS	纯灰色，均质性，中等硬度，相对突起大于黄铜矿和黝铜矿、小于磁黄铁矿。其中常有黄铜矿或磁黄铁矿乳浊状或叶片状固溶体分解物，常与方铅矿共生
方铅矿 PbS	具纯白色和特征的黑三角孔（自然界少见的辉砷镍矿、辉硫镍矿、碲铅矿、硒铅矿和自然锑也具有发育程度不同的黑三角孔），低硬度（常有擦痕），均质性，常与闪锌矿、黄铜矿、辉银矿共生
辉钼矿 MoS_2	以极显著的双反射和极强的非均质性为特征（偏光色暗蓝和白色微带玫瑰紫色）。中等反射率，低硬度，晶形常为微弯曲的长板状晶片
辉锑矿 Sb_2S_3	灰白色，以显著的双反射，强非均质性加 KOH 浸蚀迅速产生桔黄色沉淀为特征。聚片双晶极普遍
辰砂 HgS	具显著的朱红色内反射，中等反射率（略低于黝铜矿），低硬度，常产于碳酸盐岩石中
雌黄 As_2S_3	以显著的双反射和特殊的稻草黄色内反射为特征。透 $HgCl_2$ 产生黄色沉淀，常与雄黄共生
雄黄 AsS	以显著的橙黄色或桔红色内反射为特征。不显双反射，常与雌黄共生
赤铁矿 Fe_2O_3	以弱或强非均质性（偏光色为蓝灰－灰黄色），深红色内反射和常呈板状、片状和针状晶形为特征
磁铁矿 Fe_3O_4	灰色微带浅棕色，反射率略大于闪锌矿。均质性，高硬度，强磁性
钛铁矿 $FeTiO_3$	灰色微带棕色，反射率略小于磁铁矿，非均质性，高硬度，常在磁铁矿或赤铁矿中构成不混溶的片状、板状或格状连晶
铬铁矿 $(Fe,Mg)(Cr,Al)_2O_4$	灰色微带棕色，反射率低于磁铁矿，均质，高硬度和富镁或富铝时显红棕色内反射。常呈自形或粒状。产于与基性－超基性岩有关的矿床中
黑钨矿 $(Fe,Mn)WO_4$	灰色，反射率近于闪锌矿，弱非均质性，常成板状切面，常与锡石、辉钼矿、辉铋矿共生
白钨矿	灰色，反射率较一般脉石矿物略高，硬度中等，淡黄白色内反射显著，常呈多边形切面，紫外灯照射显天蓝色荧光，多产于矽卡岩中
石墨 C	以极显著的双反射和极强的非均质性（偏光色 45°位置为淡棕黄色）以及 R_p 近于透明矿物为主要特征。硬度低，切片常呈弯曲的鳞片状
石英 SiO_2	深灰色，低反射率。高硬度，显均质性效应，磨光好，常成自形晶（有时显六边形断面）。内反射强烈（乳白色，并常见有彩虹色），分布普遍
方解石 $CaCO_3$	以深灰色，低反射率，显著的双反射和强非均质性。内反射乳白色，中等硬度和解理发育为特征

第十章　矿石的构造、结构及矿物晶粒内部结构

第一节　概述

一、矿石构造和结构的概念

矿石是各种地质环境的成矿作用产物，通常是由有经济价值的一种或数种矿石矿物和没有经济价值的一种或数种脉石矿物所组成的矿物集合体。研究矿石的主要目的包括2个方面：一方面是要获取矿床成因信息，以探索成矿理论和成矿规律，指导成矿预测和找矿勘查；另一方面是要查明矿石选冶工艺性质，以评价其加工利用性能，指导选择合理的加工工艺流程和确定流程参数。显然，研究矿石应注意其产出特征、矿石类型、矿物组成及其相互关系、有用组分含量(品位)、工艺特性等，才能正确地认识其成因和有效开展其工业评价。其中，矿物组成及其相互关系是构成矿石的基础。因为成矿作用及其地质环境的多样性和复杂性，矿石的矿物组成及其相互关系也丰富多彩。为了研究和描述矿石，采用矿石构造(structure)和矿石结构(texture)这2个专门术语来表征组成矿石的矿物自身特征及其相互关系。

1. 矿石构造

是指组成矿石的矿物集合体形态特征，即矿物集合体的形态、大小及空间分布特征。例如，岩浆分异型铬铁矿矿石，其铬铁矿集合体为宽窄不同的延长状形态，它们与硅酸盐矿物集合体呈相间带状分布，据铬铁矿集合体的这种形态特征，其矿石构造应属条带状构造。再如，湖南汝城钨钼多金属矿区的岩浆期后热液充填型辉钼矿矿石，其辉钼矿集合体往往与石英及其他硫化物矿物一道，沿一组或多组断裂裂隙充填，呈脉状或网脉状分布，据辉钼矿集合体的这种形态特征，其矿石构造应为脉状或网脉状构造。

2. 矿石结构

指矿石内单种、多种矿物晶粒间或单个晶体颗粒与矿物集合体之间的形态特征，即矿物晶体颗粒的形状、大小及其空间分布特征。例如，上述铬铁矿矿石，其铬铁矿颗粒多呈细粒自形晶，颗粒间的分布无固定规律，据铬铁矿晶体颗粒的这种形态特征，矿石具细粒自形晶结构。再如，上述辉钼矿矿石，其辉钼矿晶体颗粒呈粗粒他形片状，晶粒间的排列分布无明显的规律性，矿石结构应为粗粒他形晶结构。

在矿石中，无论矿物集合体或矿物颗粒都通常由多种矿物组成，也可仅由某种矿物组成。矿物集合体是组成矿石构造的基本单位，矿物颗粒是组成矿石结构的基本单位。习惯上，为表述简便，矿石构造和矿石结构可统称为矿石组构。

二、研究矿石构造和结构的意义

矿石是在某种地质环境受具体成矿地质条件及物理化学条件制约的成矿作用产物。地质环境、具体成矿地质条件、物理化学条件、成矿作用类型及方式不同，矿石的形态特征即矿石组构特征也存在各种差异，从而矿石组构既能够反映矿石的成因特征，又直接影响矿石的工业评价。因此，矿石组构研究是揭示矿床成因和进行矿石工业评价所必需的基础性工作，具有重要理论意义和实际应用价值。

1. 为研究矿床成因及找矿勘探方面提供基础资料

矿石组构是矿石形成过程的客观证据。通常，矿石构造反映成矿作用类型与方式，矿石结构反映成矿物理化学环境。因此，结合矿物成分，研究矿石组构可以帮助分析矿床成矿地质条件、物理化学环境、成矿作用特点及其演化过程（成矿的多期次性、多阶段性、矿化叠加、次生变化及相应的成矿物质组分变化）等，从而能反映出成矿作用类型及其成矿方式，补充、修正和创新矿床成因理论，也有助于提高成矿预测和矿床勘探效率。

例如，在地表或地表裂隙发育部位，由表生矿物组成的金属矿石具有蜂窝状、多孔状或皮壳状构造，说明其是风化作用产物，不仅表明原生金属矿体经过了表生变化，同时还可作为寻找深部原生矿体的重要找矿标志。假设该类金属矿石为以水锌矿和菱锌矿组成的皮壳状构造和由褐铁矿与铅钒组成的蜂窝状构造，则说明深部可能存在主要由铅锌多金属硫化物组成的原生矿体。又如，由磁铁矿、赤铁矿、少量磷灰石及角闪石组成的铁矿石，发育气孔状、杏仁状、泡状、绳状及气管状等构造，则可确定其为火山岩浆成因。再如，许多产于变质岩系的黄铁矿型块状硫化物矿床，早期多认为属中温热液矿床，后来详细研究其矿石构造、结构发现，这类矿石广泛具有皱纹状、肠状、椭球状、条带状及片麻状等构造，等粒与不等粒变晶、似斑状变晶、定向拉长变晶、塑性流动、压碎、压力影、变余凝灰等结构，结合矿床的其他地质矿化特征，确定此类矿床主要为火山（喷气、喷流）沉积－变质改造矿床。

2. 帮助选择合理的矿石技术加工方法

矿石的矿物成分、结构构造、有用矿物的粒度特征和嵌布关系以及有益、有害组分的分布和赋存状态等特点，是选择选矿方法和设计工艺流程的主要依据。因此通过矿石构造结构的研究可为确定最佳矿石加工工艺流程及其技术参数提供矿石工艺性质基础资料。

例如湖南某铅锌矿床深部的矽卡岩型铁多金属矿石，其铁（磁铁矿）、钨、锡、钼品位均达到综合回收或单独利用指标，但经磁－重－浮联合流程选矿试验，未能获得锡精矿，而是走向铁精矿及最终尾砂。经矿相学研究，虽然铁多金属矿石的平均锡含量达 0.23%（6 件样品平均），但发现锡石中锡仅占矿石总锡量的 15%，其余主要以结构锡形式赋存于磁铁矿、石榴子石晶格。此外，锡石粒度极细，一般粒径为 3 ~ 10 μm，且主要被磁铁矿、石榴子石等矿物包裹。由此可见，该矿区矽卡岩型铁多金属矿石的锡没有回收利用价值。又如某铁帽型钨矿，铁帽的钨品位已达综合回收或单独利用的指标，但经选矿试验得不到钨精矿，而且铁精矿的钨品位也未降低。经矿相学研究，发现黑钨矿粒度极细，一般粒径为 1 ~ 3 μm，且与针铁矿或褐铁矿呈包含状结构；另一部分黑钨矿与褐铁矿呈细密的皮壳状构造，因此提出用单一的机械方法不能使黑钨矿单体与铁矿物解离开，故得不到钨精矿，同时铁精矿的钨品位也不能下降（徐国风，1987）。

三、研究矿石构造结构的方法

研究矿石组构必须与矿床基础地质研究密切结合。首先，应充分收集和研究矿区基础地质与矿床勘查资料，初步认识地质成矿背景，成矿地质条件及矿体地质特征，这样能帮助认识矿石组构研究应注意、应重视的问题。其次，应强化现场地质观察，利用矿化露头、探槽、岩芯、坑道、采场及废石堆，观察研究矿体的产出特征、矿体之间及矿体内部矿化强度、矿物组成的空间变化，矿石自然类型及其空间分布规律与时间关系，矿体与围岩的关系，矿体及旁侧围岩的构造变动形迹及其差异等与矿石组构间的关系；观察研究各种矿石组构、特别是各种矿石构造的空间分布规律及时间先后关系。其三，在全面深入观察的基础上，应选择典型矿石构造进行大比例尺素描或拍照，并根据具体用途，按照尺寸规格、空间部位、时间先后关系及分布量多寡等，采集各类矿石标本及少量代表性围岩标本，如陈列标本、磨制光块、光片、薄片及测试分析标本等，有时还需要采集定向标本。

在野外地质观察及采样的基础上，室内应深入研究矿石光块、光片、薄片等，确定矿石的矿物组成，矿石结构，矿物晶粒内部结构，显微构造，围岩蚀变与矿化关系，矿石组构特征所反映的矿物共生组合及矿化先后顺序等。同时，应选择能反映矿石成因的典型结构、显微构造及其他矿化特征进行显微摄影或素描。某些矿石，其矿物共生组合和矿石组构形态类型组合可能缺乏典型成因标志，除应深刻分析现场地质调查所掌握的实际地质矿化特征资料外，应加强重要矿石矿物(有时也可是典型脉石矿物)的晶粒内部结构和其他成因标型特征研究，以帮助分析矿石矿物的形成地质作用及物理化学条件，反演矿石组构成因。

有必要指出的是，矿石构造的确定主要靠现场观察矿体及其内部矿石的产出分布特征。矿石手标本只能有效观察到部分矿石构造类型，矿相显微镜则只能观察少数显微构造。矿石结构的确定主要靠矿相显微镜观察，其次靠手标本观察，只有少数矿物晶体颗粒粗大且矿物组成简单的矿石在矿体现场即可确定。无论在矿区现场或室内研究矿石组构均应重视具有特定成因意义的特殊矿石组构类型。

第二节 矿石构造

因为矿石构造是组成矿石的矿物集合体形态特征，取决于成矿作用类型与方式，故矿石构造可根据矿物集合体形态特征和成矿作用进行分类。通常根据矿石的矿物集合体形态特征划分具体矿石构造类型，根据成矿作用将各种具体矿石构造类型划分矿石构造成因类型(成因组)。

一、矿石构造的主要形态类型及其特征

毫无疑问，因为成矿作用类型及方式不同，所形成的矿石无论其矿石矿物含量多寡或矿物集合体大小、形态与分布特征千变万化，故矿石构造形态类型也多种多样，不胜枚举。现将金属矿石的常见构造形态类型及其主要特征简列于表 10 - 1。

表 10－1　常见矿石构造形态类型及其主要特征简表

序号	矿石构造名称	形态特征及成因简述
1	块状、次块状构造	矿石可由单种或多种矿物集合体组成，致密而无空洞，矿物的分布无方向性，其金属矿物含量占 75% 以上者为块状构造(图版 1－12、13、14)，50% ~75% 者为次块状构造(图版 1－15、16)。可见于各种成因类型矿石
2	浸染状构造	在非金属(脉石)矿物基质内分布着呈星点状(点子一般 <2 mm)、细小短脉状或不规则状的矿石矿物集合体，矿石矿物的分布没有方向性，统称为浸染状构造。如果除星点状者外，矿石矿物集合体细小短脉较发育，可称为细脉－浸染状构造。具体可分为稠密浸染状(金属矿物含量 25% ~50%)、稀疏浸染状(5% ~25%)及星散浸染状(<5%)等构造。可见于各种成因类型矿石(图版 1－17、18、19、20)
3	斑点状、斑杂状构造	在非金属矿物基质内，有矿石矿物的集合体斑点状或点子状(点子大小一般 5 ~10 mm)分布。如果斑点大小较稳定、分布较均匀，称为斑点状构造；若斑点大小变化明显，且分布不均匀，则称为斑杂状构造。可见于各种成因类型矿石(图版 1－21、22)
4	层状、层纹状构造	矿物集合体平行层理方向规则分布，称层状构造。若层很薄而呈波纹状则称层纹状构造。主要见于沉积型、沉积变质型矿石(图版 1－8、48、50)，但某些热液充填或热液交代型矿石亦可具类似形态构造(图版 1－44、47、49)
5	条带状、复条带状构造	矿物集合体呈相间排列的条带，大致沿一个方向分布者为条带状构造(图版 1－9、43、45、46)，多组大致平行的充填条带则构成复条带状构造。可见于多种成因类型矿石(图版 1－38、39、40、41、43)
6	豆状、(珠)滴状构造	在围岩(母岩)的非金属矿物基质内有矿石矿物的豆状集合体，称豆状构造，如矿石矿物集合体为(珠)滴状，则称(珠)滴状构造。可见于多种成因类型矿石，但常见于岩浆熔离型矿床
7	气孔状、泡状及杏仁状构造	矿石中存在许多大小不一的气孔和较大的气泡，分别称为气孔状构造和泡状构造，也可称为气孔－泡状构造；矿石中原有的气孔(泡)被后来生成的矿物所充填，称为杏仁状构造。主要见于火山岩浆矿床、矿浆型矿床(图版 1－11)
8	脉状、交错脉状及网脉状构造	在岩石或矿石的裂隙内，有一组矿石矿物或脉石矿物集合体成脉状穿插，称脉状构造；若两组裂隙彼此相切，则可形成交错脉，称为交错脉状构造；若有几组裂隙脉彼此交切成网状，则可形成网状脉构造。可见于多种成因类型矿石，但更常见于热液充填、交代型矿床(图版 1－34、35、36、37、42、44)
9	角砾状、次角砾状构造	围岩或矿石成角砾状被另一种或多种矿物集合体所胶结，称为角砾状构造；若角砾的棱角部分圆化呈次棱角状或浑圆状，则称为次角砾状构造。另外，若只是围岩呈角砾状被矿石矿物集合体胶结，可称为负角砾状构造。可见于火山喷发(喷流)沉积型、热液充填(交代)型、矿浆贯入型及风化型等多种成因类型矿石(图版 1－5、6、29、30、31、32、33)

续表 10－1

序号	矿石构造名称	形态特征及成因简述
10	环状、结核状构造	矿物集合体以另一种矿石或岩石碎块(屑)为核心成环圈状胶结沉淀称环状构造，可见于热液充填(交代)型、风化淋滤交代型矿床(图版1－16)；矿物集合体呈(椭)球状结核，其内具同心环带壳层，称结核状构造，主要见于沉积成因矿床(图版1－25、26、27)
11	晶洞状、晶簇状构造	在岩石或矿石的裂隙或空洞壁上，生长有自形或半自形的矿石矿物集合体，称为晶洞状构造；若从其取下一部分，则呈晶簇状，称为晶簇状构造。主要见于热液充填型矿石，风化充填型矿石亦可出现此类矿石构造(图版1－23、24)
12	皮壳状构造	原生硫化物矿石风化淋滤，次生矿石矿物集合体形成弯曲的壳层，称为皮壳状构造(图版1－59、60)
13	多孔状、蜂窝状及空洞状构造	风化矿石中一些易溶物或成分被带走，而一些不易溶的矿物或难溶组分形成了骨架，可成不规则的多孔状或较规则的蜂窝状，孔洞较大者成空洞状，分别称为多孔状、蜂窝状、空洞状构造。可见于风化成因类型矿石(图版1－55、56、57)
14	土状、粉末状构造	原生矿石经风化或淋积作用后，呈疏松的土状或粉末状次生矿物集合体，分别称为土状构造、粉末状构造。可见于风化成因类型矿石
15	松散状、稀散状构造	矿石为未固结的松散矿物集合体碎屑。其金属矿物含量 >50% 者称松散状构造；<50% 者称稀散状构造。可见于近现代机械沉积型(砂矿)和风化淋滤型矿石
16	胶状、变胶状构造	由胶体矿物组成，外表具有浑圆弯曲光滑的表面者称胶状构造，系自胶体溶液中沉淀形成，常成各种拟态，如鲕状、豆状、肾状、葡萄状、结核状、钟乳状、石笋状等(图版1－1、2、3、4)。经重结晶而成变胶体后，其外表曲面常参差不平，称变胶状构造，常有凝缩裂纹和纤长晶体呈放射状横穿几个环带。可见于多种成因类型矿石，主要见于热液充填型、胶体沉积型及风化型矿石(图版1－51、52、53、54、58)
17	生物状构造	矿石矿物集合体呈各种生物形态(如显微莓群状、藻状、有孔虫状、珊瑚伏、腕足类状、瓣鳃类状、植物状等)，常系交代生物遗体而成或生物遗体变化而成，通称生物状构造。多见于生物化学沉积型、热液交代型矿石(图版1－7、50)
18	残留构造、假象构造	后形成的矿物集合体中有先形成的矿物集合体的交代残留体称残留构造。交代先形成的矿物集合体，并保持原集合体的假象时，称假象构造。多见于风化型和热液交代型矿石(图版1－26)
19	变余构造	矿石遭受变质作用改造，但变质程度较低，变质前所形成的矿石构造，如层状、层纹状、鲕状、豆状、肾状等，仍部分保存，统称为变余构造。具体类型取决于变质前矿石构造类型，如变余层状构造，变余豆状构造，等等。见于沉积变质型、火山沉积变质型矿石。
20	片状、片麻状及皱纹状构造	片状或长片状矿物受定向压力作用后，有一定的排列方向，形成片理、片麻理，称片状、片麻状构造。如片理、片麻理褶皱变形则称为皱纹状构造(图版1－50)。见于区域变质、动力变质型矿石

应该指出的是，矿石构造的形态类型仅根据矿石所表露的外部形貌特点，用形象而简单的术语来概括其外表特征以简化矿石形貌特征的详细描述，因而很多具体矿石构造形态类型不能准确反映矿石成因，如浸染状、各种脉状、条带状及块状构造等，可在多种成因的矿石中出现。因此，研究矿石构造，不能单纯研究其形态特征，必须紧密结合矿物组成、矿石结构、矿物内部结构等，才能得出其成因方面的正确结论。另外，成矿作用是长期而复杂的，因而各种成因的矿石构造也不胜枚举，某些特殊形态矿石构造应根据其具体形态特征，给予符合实际且又较为通用的矿石构造名称，有些矿石的形态特征不突出，不必强求冠以某种矿石构造名称，可如实地描述其特征，并应侧重其成因分析。

二、矿石构造的主要成因类型

如前所述，虽然矿石构造形态类型能够便捷有效地反映矿石的矿物集合体形貌特征，但难以准确反映其形成的地质成矿作用，不能满足矿床成因研究的需要。因此，以成矿作用作为分类基础，结合矿石形成条件和形成方式，进行矿石构造成因分类，是矿床成因研究的必然要求。矿石构造成因分类的具体办法是：根据成矿作用基本类型，将各种形态类型矿石构造进行成因归类分组，再根据成矿作用亚类，将各成因组的各种形态类型矿石构造划分为成因亚组。

1. 矿石构造成因组(亚组)

根据成矿作用类型，将金属矿石构造划分为5个主要成因类型(成因组)。①岩浆成矿作用类可分结晶分异作用、熔离作用、矿浆作用及火山岩浆作用等4个亚类(亚组)；②伟晶成矿作用类可分为充填作用和交代作用2个亚类(亚组)；③气水热液成矿作用类也可分充填作用和交代作用2个亚类(亚组)；④沉积成矿作用类可分机械沉积、胶体沉积、蒸发沉积、生物－生物化学沉积、火山沉积作用等5个亚类(亚组)；⑤变质成矿作用类可分为区域变质、接触变质及动力变质作用3个亚类(亚组)。只有风化成矿作用类，往往各种风化机制及其产物相互交织，一般不作亚类(亚组)划分。各成因组(亚组)矿石构造简列于表10－2。

应该说明的是：①矿石构造的成因比较复杂，试图将所有矿石构造没有遗漏地、全面准确地归属某种或某些具体成因类型是不可能的。②某些成矿作用亚类无论成矿机理或成矿条件都比较复杂，往往随具体成矿机理(方式)和成矿条件不同，矿石构造也各具某些特色，本书沿用前人做法，再细分出小组，但具体讨论某矿床的矿石构造成因时，则应按其实际形成机理予以说明。例如区域变质成矿作用无论变质程度或变质机理都存在明显差别，有些教科书将该亚组矿石构造细分出压热变质作用、塑性流动作用、变质水作用等小组(邱柱国，1982)，而实际上变质水的作用与气热流体作用所形成的矿石构造相同。③某些成矿作用间存在密切联系，成矿作用方式相同或相近，没有必要将其矿石构造机械地分别归属其成因组或亚组。例如，变质成矿作用多有变质热液作用，但据其成矿作用实质及成矿方式特点，其矿石构造成因类型划归气水热液成因组即可，没有必要在变质作用成因组列出。又如，沉积成矿作用矿石成因组，在压实成岩和晚期成岩阶段，往往会有流体作用而矿石构造被改造，甚至出现晶洞状、脉状、疏状等构造，其实质包括成岩压实成岩流体和地下水作用引起的沉积成矿产物形态特征被改造，没有必要在沉积成矿作用成因组单独列出成岩成矿作用亚组，有些教科书将其从沉积成矿作用成因组划分为沉积后生作用亚组(邱柱国，1982)，本书也沿袭这种做法，但具体讨论某矿床的矿石构造成因时，也应按其实际形成机理予以说明。

表 10－2 主要矿石构造成因分类表(矿石构造名称带上标＊为常见者)

形成作用	岩浆成矿作用				伟晶成矿作用	
	1. 结晶分异作用	2. 熔离作用	3. 贯入作用	4. 火山岩浆作用	5. 充填作用	6. 交代作用
矿石构造类型	流层状* 斑杂状* 条带状 浸染状 次块状、块状 斑点状 瘤状 条带－浸染状	豆状、滴状* 斑点状 条带状 浸染状 块状 次块状 细脉浸染状	脉状* 角砾状* 次角砾状* 条带状 浸染状 块状 次块状	气孔、杏仁状* 珍珠状、泡状* 气管状、流纹状* 火山砾状* 火山角砾状* 条带状、绳状 块状、次块状 浸染状	充填脉状* 晶洞(簇)状* 透镜状 条带状 浸染状 块状 次块状	交代脉状(不规则脉、网脉等)* 残留、假象* 残留－假象* 交代条带状* 斑点状、浸染状 块状、次块状

形成作用	气成－热液成矿作用		沉积成矿作用					
	7. 充填作用	8. 交代作用	9. 机械沉积作用	10. 胶体沉积作用	11. 蒸发沉积作用	12. 生物及生物化学沉积作用	13. 火山沉积作用	14. 沉积后生作用
矿石构造类型	充填脉状(细脉、交错脉、网脉、层面脉等)* 梳状、环状* 晶洞(簇)状* 角砾、次角砾状* 胶状、变胶状* (复)条带状* 斑点状、浸染状 块状、次块状	交代脉状*(细脉、网脉、层面脉等)* 残留、假象* 残留－假象* 交代条带状* 浸染状 块状、次块状 细脉－浸染状	松散* 稀散* 层状* 砾状* 条带状 浸染状	鲕状* 豆状* 团块状* 结核状* 层状* 层纹状* 透镜状 条带状 块状 次块状	松散* 层状* 层纹状* 稀散* 泥砾状 块状 次块状 条带状 透镜状 结核状 浸染状	生物状* 层状* 层纹状* 显微莓群状* 鲕状 结核状 透镜状 块状 次块状	火山泥球状* 层状* 火山砾状* 火山角砾状* (变)胶状 层纹状 条带状 浸染状 块状 次块状 团块状	脉状* 晶洞状* 晶簇状* 梳状* 条带状 斑点状 浸染状 块状 次块状

形成作用	变质成矿作用					20. 风化成矿作用
	区域变质作用			18. 接触变质作用	19. 动力变质作用	
	15. 压热变质作用	16. 变质水作用	17. 塑性流动作用			
矿石构造类型	片状* 片麻状* 皱纹状* 变余(鲕状、豆状、层状、脉状、藻状等)* 块状 次块状 浸染状 条带状 条带－浸染状 条带－次块状	脉状* 晶洞状* 晶簇状* 梳状* 条带状* 浸染状 块状 次块状 透镜状	脉状* 椭球状* 圆球状* 肠状* 次角砾状* 皱纹状* 条带状 块状 次块状	变余(鲕状、豆状、肾状、层状等)* 斑点状 块状 次块状 浸染状 条带状	片状* 片麻状* 千枚状* 变余(层状等)* 板状* 条带状 块状	胶状及变胶状(葡萄状、肾状、钟乳状、石笋状、同心环状等)* 皮壳状、蜂窝状* 多孔状、空洞状* 土状、粉末状* 稀散状、结核状* 晶洞(簇)状* 残留、假象* (次)角砾状* 环状*、条带状 松散(松散状)* 脉状、浸染状 块状、次块状

2. 各主要成因类型的矿石构造特征

1)岩浆成矿作用矿石构造组

该成因组包括岩浆结晶分异、熔离作用、贯入作用及火山岩浆作用4个亚组。它们的共同特点是矿石与母岩基本同源同期，是相同地质作用的产物，矿石矿物成分与其母岩基本相同，只是各种组分的含量比例存在显著差别，矿石显著富集有用组分。

(1)岩浆结晶分异型矿石构造亚组

次亚组矿石主要与深成相(侵位深度3~5 km以上)的基性、超基性侵入岩有关，在岩浆冷凝过程中，随着熔体温度逐渐降低，发生结晶作用，因矿物结晶先后和密度不同，会出现结晶分异作用。先结晶的金属矿物因比重较大而下沉，比重较小的硅酸盐熔融体则上浮，形成对流；或先结晶的硅酸盐矿物因比重较小而上浮，比重较大的富含金属组分的熔融体向下集中，形成对流。如果结晶分异充分，在岩浆熔融体下部集中金属矿物或金属组份熔融体，最后都冷凝结晶，金属矿石可形成块状、次块状构造，若结晶分异不充分或不规则地聚积，可形成浸染状、斑点状、斑杂状及瘤状构造。因重力对流作用的影响，可形成条带状或条带-浸染状构造。若含矿岩浆流动性较好，并受定向压力作用而流动时，则形成流层状构造。

本类构造的主要特点是：①矿物集合体为晶质的，一般无溶蚀接触边缘。②矿石物质成分与母岩成分基本相同。③以块状、浸染状、斑点状和斑杂状为重要矿石构造。

(2)熔离作用形成的矿石构造亚组

岩浆因温度和压力降低或成分改变，某些组份的岩浆会发生熔离(液态分离)作用，分离成两种或两种以上的不混溶熔体。岩浆熔离作用广泛，就岩浆熔离型矿床而言，常见的是岩浆成金属成矿物质(金属硫化物或某些金属氧化物)熔体和硅酸盐熔体。分离出的金属硫化物(或某些氧化物)熔体呈小珠滴状散布悬浮于硅酸盐熔体，因其比重较大，逐渐下沉，并可相互汇聚成较大的豆状体。冷凝后，金属矿石可形成滴状、豆状构造；受到挤压后，其外形会变得不规则而成斑点状、浸染状或细脉-浸染状等构造；若重力分异较充分，使得金属成矿物质熔体集中富集在岩浆融体底部，冷凝后可形成块状或次块状构造。

本类构造的主要特点是：①矿物集合体为晶质的，一般无溶蚀接触边缘。矿石物质成分与母岩成分基本相同。②以豆状、浸染状、斑点状、斑杂状构造为重要矿石构造，豆状构造为熔离矿石的典型构造，豆粒内一般无同心环带，有时具同心环带，但无核心。

(3)贯入作用形成的矿石构造亚组

因结晶分异作用形成的含矿熔体(在较多挥发组分存在的条件下，含金属熔体常晚于造岩硅酸盐结晶，而在岩浆作用的晚期阶段富集)，或熔离作用形成的含矿熔体，因构造挤压作用、压滤作用或含矿熔体内挥发组份的内压力作用，都会将含矿熔体贯入到几乎冷凝的侵入体外壳或围岩裂隙，从而形成脉状、角砾状、次角砾状、块状及次块状等矿石构造，因熔体流动作用可形成条带状构造，因熔体冷凝结晶期间存在构造活动或挥发份高度聚集，可形成熔接瘤状构造、定向气孔状构造等(图版Ⅰ-10、11)。

本类构造的主要特点是：①矿物集合体为晶质的，一般无溶蚀接触边缘。矿石物质成分与母岩成分基本相同。②以脉状、块状、气孔状、角砾状、流纹状、熔接瘤状为常见矿石构造，气孔状、流纹状及熔接瘤状构造是其典型矿石构造组合。

(4)火山岩浆作用形成的矿石构造亚组

火山岩浆作用是指岩浆深部分异所形成的矿浆，喷出地表时，因为气体的逸散作用、黏滞性流动作用及爆发作用等，可形成气孔状、泡状、气管状、杏仁状、珍珠状、流纹状、火山砾状、绳状、火山角砾状、火山次角砾状、块状、次块状及浸染状等构造。火山、次火山热液或火山沉积作用成因矿石不属于本亚组范畴。

本类矿石构造的主要特点是：①矿物集合体为晶质的，亦有隐晶质及少量非晶质的。②气孔状构造为特有的矿石构造，角砾状构造广泛发育，贯入矿体的富矿石多呈块状构造，能反映矿浆贯入和喷溢的特点。

2）伟晶成矿作用形成的矿石构造组

富含大量挥发组分的硅酸盐熔体－溶液充填在地壳一定深度的构造空间，缓慢地分异、冷凝和结晶，从而形成充填脉状、透镜状、条带状、晶洞（簇）状、块状等构造，也可形成浸染状构造。当发生交代作用时，则可形成交代脉状（不规则脉、网状脉等）、残留、假象、斑点状、浸染状、块状及次块状等构造。

3）气成－热液成矿作用形成的矿石构造组

各种成因和来源的含矿气液沿围岩的构造断裂、空隙和破碎带流动，由于温度、压力降低，挥发组分散失，与围岩或地下水作用，pH 值和 E_h 值改变等原因，都会引起含矿气水溶液的成矿物质通过充填作用或交代作用而成矿。

（1）充填作用形成的矿石构造亚组

当含矿气水溶液进入化学性质不活泼的围岩中，或进入浅部开阔裂隙时，成矿物质迅速沉淀，主要以充填方式成矿。形成充填脉状、梳状、晶洞（簇）状、条带状、复条带状、角砾状、次角砾状、环状、透镜状、胶状－变胶状、块状、次块状、浸染状及斑点状等构造。

充填矿石构造的主要特点是：①矿物集合体多为晶质的，少数为胶状的，交代溶蚀现象不明显。②充填脉壁平整，界线清楚，两壁具反向对称性；晶体由脉壁向中心生长，几何淘汰带位于脉体中心部位，脉内常具晶洞和梳状构造，可呈对称带状；围岩碎屑（角砾）常呈尖棱状，有时可恢复其原有形态和原来位置。③明显受构造控制，以各种脉状、角砾状和晶洞状等广泛分布，为典型构造。④充填作用形成的典型构造能反映矿化多阶段性。

（2）交代作用形成的矿石构造亚组

当含矿气水溶液温度较高，溶液的化学性质较活泼，围岩或先形成矿物的化学性质较活泼，温度下降缓慢等原因，均可使交代作用强烈进行。从而，形成交代脉状（图 10－16）、交代条带状、残留、假象、残留、假象、斑点状、块状、次块状、浸染状和细脉－浸染状等构造。

交代矿石构造的主要特点是：①矿物集合体为晶质的，形态不规则、溶蚀交代现象显著。②交代脉壁不规则，两壁无反向对称现象，界线不清晰，脉体中心常有一条开始向两侧交代的细线，晶体常由脉体中心向两壁生长，几何淘汰带常发育在两侧的接触带上，脉内围岩碎屑常呈浑圆状或不规则状，不能恢复其形态原貌，其片理、层状等的方向常与围岩一致，无位移和转动现象。③受岩性控制较明显，多发育在化学性质活泼、脆性和孔隙度较大的岩石中，以块状、浸染状构造较发育。矿物共生组合间的一些交代构造能反映成矿的多阶段性。

4）沉积成矿作用形成的矿石构造组

（1）机械沉积作用形成的矿石构造亚组

机械沉积作用形成的矿石矿物大都化学性质稳定，硬度较大或比重较大。在未固结的矿石有松散构造、稀散构造。固结矿石有层状、条带状、透镜状、浸染状、砾状等构造。

(2)胶体沉积作用形成的矿石构造亚组

胶体溶液状态的成矿物质(如铁、锰、铝的氧化物等),被地表水搬运至湖、海水盆,因电解质、腐植质和异性电荷胶体等作用,使其以凝胶形式聚集沉淀成矿。从而形成鲕状(图10-19)、豆状、透镜状、结核状、团块状、层状、条带状及块状与次块状等构造。

(3)蒸发沉积作用形成的矿石构造亚组

呈真溶液状态的易溶盐类物质(如钾、钠、钙、镁的卤化物、硫酸盐、硼酸盐等),在封闭、半封闭的湖、海沉积盆地,在干燥气候环境,因强烈蒸发,水溶液浓度增高,达到过饱和状态后,盐类物质按照溶解度由小到大的顺序依次结晶沉淀成矿。所形成的矿石构造主要有块状、次块状、层纹状、结核状,层状、透镜状、条带状、泥砾状等构造,在现代盐湖,在未固结的松散沉积物,出现松散状和稀散状构造。

(4)生物及生物化学沉积作用形成的矿石构造亚组

由生物的直接和间接作用引起成矿物质迁移、分异、富集而形成的生物与生物化学沉积矿床,主要包括煤、油页岩、硅藻土、磷块岩、自然硫等非金属矿石和镍、钒、钴、钼、铜、铅、锌、铀、铁等金属矿石。所形成的矿石构造有层状、层纹状、透镜状、结核状,鲕状、块状、次块状、浸染状、生物状(如细菌状、藻状、有孔虫状、珊瑚状、腕足类状及植物状等)等构造。

(5)火山沉积作用形成的矿石构造亚组

主要是指由火山喷发作用或喷气-喷液(喷流)作用带来的成矿物质,在水体与火山碎屑物质、陆源碎屑物质、碳酸盐等一起沉积而形成的矿石构造。主要有火山泥球状、火山砾状、火山次角砾状、火山角砾状、层状、层纹状、条带状、浸染状、块状及次块状等构造。

上述沉积成矿作用各矿石构造成因亚组,在压实成岩和晚期成岩(后生)作用阶段,温度、压力增高,成岩压实流体和后生地下水(大都为卤水),沿沉积岩、矿源层或矿层的断裂、裂隙及孔隙活动,经水岩反应,溶解萃取成矿物质及其他物质,在适当部位沉淀富集成矿,可形成脉状、晶洞(簇)状、梳状、条带状、斑点状、块状、次块状及浸染状等构造,其实质是气水热液成矿作用。

综合上述各成因亚组矿石构造,除成岩压实流体和后生地下水作用形成的矿石构造外,沉积矿石构造成因组具以下主要特点:①各类沉积矿石构造主要于水盆地中由沉积作用形成,以层理状(纹理状)构造为共同的典型构造,矿层(纹层)产状与围岩产状一致。②胶体沉积矿石构造的矿物集合体多呈胶状或隐晶质的,重结晶后则为晶质的。典型构造为鲕状、肾状、结核状、胶状-变胶状等构造。③生物化学沉积矿石构造的矿物集合体常保存生物遗体、遗迹及交代现象比较发育,典型构造为生物构造如各种叠层石和浸染状构造等。④火山沉积矿石构造的矿物集合体多呈细粒或碎屑状及部分胶状,矿石主要产于火山沉积岩系,矿石矿物与火山物质密切共生,块状、条带状、层状及纹层状构造较为常见。

5)变质成矿作用形成的矿石构造组

矿床或岩石在地壳深外,因地壳运动使温度、压力增高,其他物理化学参数改变,引起矿物成分、构造和结构等方面的变化,改造或变成新物理化学环境稳定的矿床。这种成矿作用即称变质成矿作用。变质成矿作用包括区域变质、接触变质和动力变质成矿作用。

(1)区域变质成矿作用形成的矿石构造亚组

本构造亚组是在较高温度和压力的条件下形成的。具体有3种形成作用:①压热变质作用：在均向压力和定向压力及热力作用下，岩石和矿石遭受重结晶、相变反应、定向挤压、剪切作用及褶皱变形等作用，形成片状、片麻状、皱纹状、皱纹－浸染状、浸染状、条带状、条带－浸染状、块状、次块状、条带－次块状构造等，变质程度较低时，原矿石构造可部分保留而出现各种变余构造，如变余层状、变余鲕状、变余豆状、变余藻状等构造。②塑性流动作用：在压力较高的区域变质作用环境，富含可塑性硫化物（如黄铜矿、磁黄铁矿、方铅矿和闪锌矿等）的矿层或黏土质、凝灰质的岩层，强大的均向、定向压力可使其发生缓慢的塑性流动。较薄、较塑性的硫化物矿层或黏土质、凝灰质岩层（夹层）会随塑性流动而被揉皱，形成肠状、皱纹状等构造，较脆性的矿层（如黄铁矿矿层）或岩层（如硅质岩层）随塑性层流动将破裂，所形成的裂块、角砾，在塑流层中会不断地被硬脆矿物（如黄铁矿、石英等，其作用相当于磨料）所磨蚀，从而可形成次角砾状、眼球状等构造。当硫化物因塑性流动而贯入围岩裂隙时，可形成各种脉状构造。③变质水作用：可形成各种脉状、晶洞（簇）状、梳状、条带状、斑点状、块状、次块状及浸染状等构造，其实质是气水热液成矿作用。

（2）接触变质作用形成的矿石构造亚组

岩浆侵入，引起围岩（或矿床）的温度增高，通常还有一定量的气水溶液参加。从而使围岩（或矿床）发生矿物重结晶或重新组合形成在新条件（高温）下稳定的新矿物（如赤铁矿变成磁铁矿，黏土矿物变成红柱石、堇青石，煤变成石墨等）。接触变质作用的结果常形成变余（鲕状、豆状、肾状、层状等）、斑点状、块状、次块状及浸染状等构造。

（3）动力变质作用形成的矿石构造亚组

动力变质作用系强大的定向压力作用，动力变质带一般并不太宽。所形成的动力变质矿石都具定向、断裂和重结晶等特征，常形成片状、板状、片麻状、次角砾状，眼球状、千枚状构造，变余层状、条带状等构造。

除变质水成矿作用外，变质成因组的矿石构造主要特点是：①矿物集合体为晶质的，形态一般不规则，多呈拉长、碎裂、弯曲变形或塑性流动，且常呈定向排列，有时能保留原生矿石的某些特点。②皱纹状、片状或片麻状、条带状构造为变质矿石的重要且常见的构造。眼球状、香肠状或鳞片状等构造其特殊的形态能反映变质成矿作用的特点。

6）风化成矿作用形成的矿石构造组

风化成矿作用是在地表常温常压氧化环境进行的，矿石多具疏松多孔和胶状等特点。常形成胶状－变胶状（葡萄状、肾状、钟孔状、同心环带状等）、皮壳状、多孔状、蜂窝状、空洞状、土状、粉末状、松散状、结核状、晶洞（簇）状、角砾状、次角砾状、环状及脉状等构造。在次生硫化物富集亚带，次生交代作用可形成残留、假象、交代脉状、交代条带状、块状、次块状及浸染状等构造。

风化矿石构造的主要特点是：①矿物集合体的形态复杂，有晶质的及胶状的。②本类构造是由常温常压下稳定的各种表生矿物组成。多孔状、土状、皮壳状及葡萄状等为典型的矿石构造。③特殊的矿物组合及构造形态，可做为找矿标志和判别矿床经受表生作用的标志。

三、确定矿石构造成因类型的主要标志

认识矿石形成作用基本类型是矿石构造研究的最低要求。然而，除少数形态类型矿石构造仅在某种成因类型出现外，不同成因类型矿石常具有某些相似或相同矿石构造形态类型，如浸染状构造可有岩浆分异、热液交代、沉积等成因，条带状构造可见于岩浆分异、热液交

代、沉积及变质成因矿石，块状－次块状构造几乎遍及所有成因类型的矿石。因此，如何有效判别矿石构造的成因成为全面深入地研究成矿作用及其所形成矿石的重要问题。确定矿石构造成因的主要标志有以下几方面：

1. 矿石的矿物组成特点

不同成因的矿石构造，其组成矿物往往也不相同。如铬铁矿、橄榄石、辉石等组成的浸染状构造属于岩浆成因；而辉铜矿与矽卡岩矿物组成的浸染状构造应为气水热液作用的产物。磁黄铁矿与黄铜矿组成的细脉穿插块状磁铁矿所构成的网脉状构造，与孔雀石、蓝铜矿等穿插赤铁矿而成的网脉状构造，显然属于不同成因。前者属于气水热液成因，后者为风化作用而成。

2. 矿物集合体的特点及其接触关系

不同成因的矿石构造，其矿物集合体的特点和集合体间的接触关系也有一定差异。如岩浆分异作用形成的集合体多为晶质的；一般无溶蚀接触边缘，并与母岩成分相同，由火山沉积作用形成的矿物集合体多为碎屑状或胶状－变胶状，并与火山物质共生，其特点各不相同。又如热液交代矿石的矿物集合体之间多呈溶蚀交代接触，而热液充填矿石的矿物集合体之间一般较平整规则。岩浆分异和沉积作用而成的矿物集合体间很少有脉状穿插和交代关系，相反，各种热液成因的矿物集合体间常具明显的穿插和交代关系。

3. 矿石产出特征及矿床基础地质方面的特点

研究矿石构造的成因，应结合矿石的空间产状和分布特点及矿床基础地质特征进行综合分析。如风化矿石产于地表或近地表的风化带，特别在构造裂隙和空洞等发育地段以及各种矿床的矿帽中，广泛发育有典型的风化矿石构造；而沉积矿石则产于各类沉积岩系，层状矿体规模大而稳定，并广泛发育有纹层状构造、胶状、变胶状构造等，同时纹层与岩层、矿层产状基本一致。某些矿床为多因复成矿床，具有成矿物质多来源，成矿作用多类型、成矿过程多期、多阶段特点，因而必须联系各矿体间的空间产状和时间关系，应特别注意各种叠加的矿石构造，区别其形态特征及时间关系并分析其成因。

4. 主要矿石矿物的成因标型特征

一些矿物集合体特点相似的矿石构造，难以确定其成因，可查明主要造矿矿物的某些标型特征，帮助阐明矿床成因。如矿物的反射率，显微硬度，主量、微量元素含量、比值，包裹体气、液相成分、爆裂温度，稳定同位素组成等，都可帮助判别矿石构造成因。

上述各点是相互关联的，故应综合分析，才能正确判断矿石构造的成因类型。

第三节　矿石结构

矿石结构研究对象是矿物结晶颗粒。由矿物结晶颗粒的形态、大小及分布特征所构成的矿石结构，受其组成矿物晶体化学性质和形成物理化学条件所控制。所以，在不同的物理化学环境，即使同种矿物也可形成截然不同的矿石结构。因此，对矿石结构的分类，仅仅根据矿物结晶颗粒形态特征进行分类是不能满足矿石成因研究需要的，也不是矿石结构分类的最终目的，而应以形成的物理化学条件和形成作用等成因进行成因分类，这样才有利于矿石结构的成因研究，即根据矿石结构的形态特征以及其矿物成分，矿物的晶体化学、内部结构等特征，推断其形成的物理化学条件、形成作用和生成顺序。通常根据矿石的矿物结晶颗粒形态特征划分具体矿石构造类型即形态类型，再根据成矿物理化学条件和成矿作用将各种具体矿石结构类型进行成因分类。

一、矿石结构的主要形态类型

矿石结构形态类型是根据组成矿石的矿物结晶颗粒形态、大小及其空间相互结合关系划分的。毫无疑问，因为成矿作用类型、方式及物理化学环境条件不同，所形成的矿石无论其矿石矿物结晶颗粒形态、大小及空间结合关系变化强烈，故矿石结构形态类型也多种多样。现将金属矿石的常见结构形态类型及其主要特征简列于表 10－3。

表 10－3 金属矿床矿石结构形态类型及其特征简表

序号	矿石结构名称	形态特征及成因简述
1	自形粒状结构	组成矿石的某种或多种金属矿物（矿石矿物）的结晶颗粒大多数为晶面较完整、形态规则的自形晶（图版 2－1、2、3、4、5）。形成自形晶粒状的矿物，多为结晶生长能力较强的矿物，如铬铁矿、磁铁矿、黄铁矿；结晶生长能力一般的矿物，在特殊生长环境也能形成自形粒状结构，例如闪锌矿可在晶洞、孔洞或裂隙形成自形晶
2	半自形粒状结构	组成矿石的某种或多种金属矿物的结晶颗粒多数为其晶粒形成部分晶面完整、形态较规则，称半自形粒状结构（图版 2－6、7）。除少数结晶生长能力较强的矿物外，多需要适度开放、结晶缓慢的环境才能形成半自形粒状结构
3	他形粒状结构	组成矿石的某种或多种金属矿物的结晶颗粒多数为无完整晶面、无固定结晶体外形轮廓、形态不规则，称他形粒状结构，是结晶结构的最常见形态类型
4	斑状结构	组成矿石的某种金属矿物呈粒度较粗、结晶较完好的斑晶分布于其较细小颗粒基质，称斑状结构（图版 2－45、46）。通常斑晶结晶较早，细粒基质形成较晚，但也有部分斑状结构矿石，其斑晶是细粒基质受后期流体或热影响重结晶形成的
5	包含结构	在某种矿物的粗大晶体颗粒内部，包含有同种或他种细小晶体矿物颗粒，称包含结构。其所提供的结晶信息是，结晶早期，液相在温度较快速下降且强烈过饱和时，出现许多结晶中心，形成细粒自形晶状矿物，后来温度缓慢降低，形成较粗大晶体颗粒时，其内包虏了先已形成的细小矿物颗粒（图版 2－4、5）
6	共边结构	两种或多种矿物彼此共有平整规则边界，即使它们的化学组成具备交代条件，相互间也没有交代现象，是它们同时结晶而形成的结构（图版 2－4、8、21）。但虽非同时形成，而因它们之间的物质组成、化学性质及物理性质迥然不同或因其中某矿物结晶能力特别强，使之与毗连矿物接触界面平整规则，不属此种结构
7	文像、似文像结构	某种矿物呈蠕虫状，似象形文字，分布在另种矿物内，如果二者是固溶体分离作用形成的，称文像结构（图版 2－18、19）；如果是交代作用形成的，称似文像结构（图版 2－39），其蠕虫状者是被交代矿物

续表 10－3

序号	矿石结构名称	形态特征及成因简述
8	乳浊状结构	某种矿物呈细小乳滴状，无固定规律地较均匀分散于另种矿物颗粒内部，称乳浊状结构(图版2－37)；如果在矿物颗粒内部的解理、裂理或双晶纹等定向排列，称为定向乳浊状结构(图版2－12、13)。交代作用和固溶体分离作用均可形成
9	叶片状结构	某种矿物在另种矿物晶体颗粒内部呈叶片状(纺锤状或板状)沿解理、裂理定向分布，称为叶片状结构(图版2－15、16、29)，交代作用和固溶体分离作用均可形成。若叶片在解理、裂理交叉部位收缩变小，通常是固溶体分解产物
10	格状结构	某种矿物呈叶片状(纺锤状或板状)，沿另种矿物的几组解理或裂理定向交织分布，构成三角形、矩形、菱形等各种格子，称为格状结构，交代作用或固溶体分离均可形成(图版2－20、31)。若叶片在解理、裂理交叉部位收缩变小，通常是固溶体分解产物
11	浸(溶)蚀结构	后生成矿物沿早生成矿物颗粒边缘、解理、裂隙等部位较轻度交代而成。晶边常出现凹陷、边缘不平坦，多呈锯齿状、港湾状及星状等，其特点是交代矿物常呈尖楔状、星状出现在被交代矿物中(图版2－27、37、41)
12	细脉、交叉脉及网脉结构	某种矿物沿另种矿物的解理、裂隙呈细脉、交叉脉状或交织网状分布，分别称为细脉结构、交叉脉结构、网脉结构，细脉、交叉脉、网脉常具膨胀收缩现象(图版2－22、23、24、25、26、27、28、30、32、33)，交叉脉、网脉在交叉部位加大而区别于叶片状、格状结构，是交代作用产物
13	镶边结构	某种矿物沿另种矿物结晶颗粒的外缘呈镶边状部分或完全包围，称为镶边结构，亦称反应边结构。这种结构的特征是二者均含某种化学元素，接触界线往往呈不规则曲线(图版2－28、34、35、36)，是交代反应的产物
14	残余结构	在交代矿物中，残存少量岛屿状或不规则状的被交代矿物残余体，这种结构称交代残余结构(图版2－21、40)。通常，被交代矿物的分布量少于交代矿物，有时被交代矿物残余体的结晶方位具一致性，可大致恢复被交代矿物原颗粒轮廓
15	骸晶结构	早晶出的具有较完整晶形(自形晶)轮廓的矿物(如结晶力强的黄铁矿、毒砂、砷钴矿和辉砷钴矿等)，被后生成的矿物从晶体内部向边部进行溶蚀交代，无论交代程度如何，只要保存被交代晶形残骸外形者，均称骸晶结构(图版2－37、38)
16	假象结构	交代作用进行彻底，某种矿物将另种被交代矿物(通常为自形、半自形晶体)或生物有机体全部交代，使交代晶体具有被交代晶体的晶形或生物体结构时，称为假象结构(图版2－42、43、44)。若系交代生物而保留其假象，可特称生物假象结构(图版2－58、59)，但有些具生物组织假象者，并非生物假象结构(图版2－60)

续表 10-3

序号	矿石结构名称	形态特征及成因简述
17	花岗变晶、斑状变晶结构	变质作用使原有矿物重结晶或形成新矿物，它们的结晶颗粒近等粒状，彼此紧密镶嵌，称花岗变晶结构(图版 2-49、50)。它们的粒径相差悬殊，粗大的斑状变晶分布在致密细粒变晶基质中为斑状变晶结构(图版 2-45、46)。变晶可保留原矿物或结构残余或反映受动力作用的痕迹如双晶、碎裂或变形等
18	花岗压碎、斑状压碎结构	矿石的脆性矿物呈碎裂状，具棱角的碎片间可略显溶蚀现象，碎片大小多数相似的称为花岗压碎结构；碎片大小相差悬殊则称为斑状压碎结构(图版 2-52、53)。它们都是原矿石遭受动力变质作用的产物
19	揉皱、流变结构	矿石的某些塑性矿物的结晶颗粒外形、解理或双晶纹等被揉皱变形，称为揉皱结构(图版 2-54、55)，如果结晶颗粒与毗连矿物没有交代现象，而在脆性矿物密集颗粒隙间明显收缩，稀疏颗粒隙间明显膨胀，则是塑性流变的结果，称为流变结构(图版 2-56)。它们都是原矿石高温高压变质产物
20	草莓结构	某些金属矿物颗粒外形呈圆形、椭圆形莓粒状，莓粒粒径多不足 30 μm，莓粒由粒径不足 5 μm 的莓子组成，莓子可有序或无序排列，莓粒形似草莓，故称草莓结构(图版 2-57)。以往多认为是嗜硫细菌还原作用或金属矿物继承藻类生物遗体轮廓成因，现代研究表明从低温流体中急剧、快速结晶也可形成这种结构
21	放射状变晶结构	某些矿物的纤长针状变晶呈放射状排列，常保留有胶状同心环带，称为放射状变晶结构，若其外表显半球状、球状曲面，亦称放射球颗结构(图版 2-48)
22	碎屑结构	某些矿物呈浑圆或不规则碎片、碎屑状，被其他矿物所胶结，称为碎屑结构，根据碎屑颗粒大小，具体可分为砾状结构、砂状结构及泥状结构等，是机械沉积成矿作用的产物

应该说明的是，表 10-3 所列仅为部分常见或比较常见的矿石结构形态类型，对于许多比较特殊的矿石结构形态类型，应根据其实际形态特点，给予能反映成因本质、较为通用的恰当命名；如果有些矿石的矿物颗粒形态特征不突出，则不必强求给予结构名称，应具体描述其形态特点，并侧重其成因分析。

二、矿石结构的主要成因类型

矿石结构的成因分类，是以矿物颗粒的形成作用、形成方式及形成物理化学条件作为综合依据而进行的矿石结构分类。因为成矿作用往往长期而复杂，各种矿物的形成方式、形成条件、甚至形成作用都多样性显著，故矿石结构成因也比较复杂，成因分类方案也显然难以完全概括其成因结构类型。按上述成因分类原则，可将主要且常见的金属矿石的结构分为 7 个主成因类型，各主成因类型的常见结构形态类型简列于表 10-4。

表 10－4　金属矿石结构主要成因分类(表内有上标＊者为主要结构)

矿石结构成因(亚)组	一、结晶作用形成的矿石结构组		二、交代作用形成的矿石结构组	三、固溶体分离作用形成的矿石结构组	四、在地表水体中，由沉积作用形成的沉积结构组
	熔融体冷凝结晶形成的结构亚组	溶液结晶形成的结构亚组			
	1	2	3	4	5
矿石结构类型	自形晶结构* 半自形晶结构* 他形晶结构* 海绵陨铁结构* 共边结构* 斑状结构 似斑状结构 包含结构 嵌晶结构 隐晶结构 填隙(间)结构	自形晶结构* 半自形晶结构* 他形晶结构* 斑状结构 似斑状结构 包含结构 嵌晶结构 胶体结构 共边结构* 填隙(间)结构	自形晶－他形晶结构* 斑状结构 似斑状结构 浸蚀结构* 残余结构* 骸晶结构* 假象结构* 反应边结构 文象、次文像结构* 蠕虫状结构 (定向)乳浊状结构 细脉－网脉交代结构* 交代条纹状结构 交代环带结构	乳浊状结构 定向乳浊状结构* 叶片状结构* 格状结构* 结状结构* 文象结构 次文象结构 蠕虫状结构 自形晶结构 星状结构 雪花状结构	碎屑(砾状、砂状、泥状)结构* 胶结结构* 有机体(生物，如细胞、木栓、角质层、珊瑚、细菌等)结构*

矿石结构的成因组和亚组	五、胶体物质和结晶物质经重结晶作用形成矿石结构组			六、压力作用形成的压力结构组	七、压力－重结晶作用形成的压力－变晶结构组
	在较高温度、均向压力变质作用形成的(变晶)结构亚组	在较低温低压的成岩后生作用条件下形成的结构亚组	在常温常压的表生作用条件下形成的结构亚组		
	6	7	8	9	10
矿石结构类型	花岗变晶结构* 不等粒变晶结构* 斑状变晶结构* 似斑状变晶结构 放射状变晶结构 包含变晶结构 变嵌晶结构 填隙(间)变晶结构 自形－他形变晶结构 变余结构	花岗(等粒)结构* 不等粒结构* 斑状、似斑状结构 包含、嵌晶结构 共边结构 填隙(间)结构* 隐晶结构* 放射状结构* 放射球颗状结构 自形－他形晶结构*	放射状结构* 放射球颗状结构 隐晶结构* 自形晶结构* 半自形晶结构 他形晶结构* 填隙(间)结构* 共边结构	花岗压碎结构 不等粒压碎结构* 斑状压碎结构* 似斑状压碎结构 糜棱结构 揉皱结构* 塑性流动结构* 愈合结构 压力影结构* 揉皱压力影结构	鳞片变晶结构* 定向拉长变晶结构 定向变晶结构* 揉皱变晶结构* 压碎变晶结构 揉皱片状变晶结构*

三、各主要成因类型的矿石结构特征

1. 熔体和溶液的结晶结构

本类结构是指熔体和多种成因热液及地表冷水溶液结晶而成的各种矿石结构。以在岩浆矿石和各类热液充填型矿石中分布比较广泛。此外，在接触交代型和某些热液交代矿石以及部分风化矿石等的空洞或裂隙中也可发育这类结构。其组成矿物比较复杂，主要金属矿物有氧化物如磁铁矿、钛铁矿、铬铁矿、赤铁矿和锡石，硫化物有黄铜矿、磁黄铁矿、镍黄铁矿、黄铁矿、方铅矿、闪锌矿、辉铜矿、辉锑矿、辰砂、毒砂及铂族矿物，自然金属和某些含氧盐矿物(如黑钨矿)及表生矿物等。常见的非金属矿物有石英、方解石、萤石、重晶石以及长石、辉石、橄榄石等。受矿物的结晶特点、介质物理化学参数（如温度、压力、酸碱度、氧化电位）及组分浓度等内外因素的影响，结晶结构可具有多种形态类型。

矿物的结晶能力（单位时间内产生结晶中心的能力）主要影响矿物颗粒的大小。当熔体和溶液轻微过冷却或过饱和时，矿物的结晶能力弱，产生的结晶中心（晶芽）数目少，自由空间多，容易形成较大的晶体；当过冷却或过饱和强烈时，则易形成细粒晶体；极强烈过冷却或过饱和时，便会有隐晶质甚至胶体物质形成。

矿物的结晶速度（晶体生长的线速度）主要影响晶体生长的完整程度。熔体和溶液过冷却或过饱和的初期，矿物的结晶速度一般较小，可有充分时间生长成完整晶体，随着过冷却过饱和的程度变高，结晶速度增大，不易形成完整晶体。晶体各方向结晶速度的差异能影响晶体形态的发育。

矿物的结晶生长力（晶体生长自己外形的能力）亦影响晶形的完整程度，生长力较强，矿物能够在缺少足够自由空间的条件下，排除障碍占据空间，生长自己的结晶外形，如黄铁矿、磁铁矿和毒砂等属之。结晶生长力弱的矿物，介质的自由空间常被其他矿物所占据，不易形成完整晶形，如黄铜矿和斑铜矿等。一般键性强、晶格能高、硬度大的矿物，其结晶生长力都较大，较易发育形成自形晶。

温度对矿物的结晶有重要的影响，各种矿物是随着熔体和溶液的温度不断降低达到熔点以下，或溶解度逐步降低达到过饱和的条件下，按着一定的顺序结晶。温度的变化能使熔体和溶液的组分浓度发生变化，也会影响矿物的晶出，当含矿溶液温度下降，可使溶解的气体发生电离，如 H_2S 的电离导致硫阴离子浓度增高，有利于硫化物从溶液中结晶；CO_2电离时即产生$[CO_3]^{2-}$阴离子，利于碳酸盐矿物的沉淀。压力对矿物结晶的影响远比温度要小，外压力降低挥发性组分易从溶液中泄出，破坏溶液的化学平衡，能促进某些矿物形成。外压力增大时，由于挥发组分的溶解，可降低熔体的黏稠度，活动性增大，有利于粗大晶体的形成，单向压力下，易使晶体生长具有方向性排列等等。

结晶结构主要有以下形态类型：

1）自形粒状结构

结晶作用早期，温度逐步缓慢下降，熔体或溶液过冷却或过饱和程度不大，矿物的结晶中心少，结晶速度缓慢易发育成晶形完整的自形粒状结构，如铬铁矿的自形结构。在一些充填矿脉及交代矿体的裂隙或在近地表的冷溶液淋滤的孔洞中，因有敞开的自由空间，晶体发育不受阻碍，或溶液浓度低，结晶速度慢，晶体生长时间充裕等均有利于形成自形粒状结构。早形成的自形颗粒难免被溶蚀，稍有溶蚀的晶粒一般表明是早结晶的。

2）半自形粒状结构

熔体或溶液随着温度逐步降低，过冷却或过饱和程度大，早形成的矿物已占据一定自由空间，结晶生长力不太强的矿物或晚形成的矿物，它们的晶体发育受到限制；或结晶速度不均匀，不易发育成完整的晶形，可形成半自形粒状结构。

3）他形粒状结构

结晶作用的晚期，熔体或溶液过冷却或过饱和强烈，矿物的结晶中心多，矿物颗粒互相争夺自由空间不利于晶体发育；或由于矿物的结晶生长力较弱，均可形成他形粒状结构。此外晚结晶的矿物，由于没有足够空间生长，只能充填早期矿物颗粒间隙，其形状受所在空间控制，多为他形粒状结构。海绵陨铁结构是他形粒状结构的一种，是指金属矿物结晶晚于硅酸盐矿物，为晚期岩浆矿石的典型结构。如金川铜镍硫化物矿床，磁黄铁矿等硫化物结晶晚于辉石，充填其晶粒间隙构成海绵陨铁结构。

4）斑状结构

这种结构能反映出溶液过饱和程度的变化。结晶作用早期，过饱和程度不大，易形成粗大斑晶，斑晶常为结晶生长力较强的矿物，当温度下降较快，溶液的浓度相对增大，过饱和程度强烈，则形成致密细粒的基质矿物而构成斑状结构。主要见于气水热液矿石，斑晶多略有溶蚀。

5）包含状结构

这种结构同样能反映熔体或溶液的过冷却或过饱和程度有变化，因而结晶出来的矿物粒度悬殊。当熔体或溶液急剧过冷却或过饱和时，结晶中心增多，结晶速度较小，易形成细粒自形晶体，待温度缓慢下降，迅速增长的大晶体捕获早期小晶体而成包含状结构。

6）共结边结构

这种结构反映出共边矿物是近于同时结晶的，颗粒界面平整光滑呈舒缓波状，如岩浆铜镍硫化物矿石的黄铜矿与磁黄铁矿常构成共结边结构。

总体而言，结晶结构的主要特点是：①矿物颗粒是晶质的，矿物颗粒间熔蚀交代现象不显著。以自形程度不同、粒度不等的各种粒状结构为主。②矿物颗粒的接触关系多不能反映矿物的生成顺序。

2. 溶液的交代结构

本类结构是指溶液在长期成矿过程中由交代作用形成的各种结构。以各种气成热液交代矿石为主，风化矿石和受次生变化的金属化物矿石也比较发育。

成矿作用中由于介质的物理化学条件的变化，成矿溶液能以不同方式与早形成的矿物进行化学反应，从而发生交代作用。交代作用表现为旧矿物的溶解和新矿物的沉淀几乎同时进行，并且在交代过程中保持体积不变。一种是当一部分矿物析出后，残余溶液沿着矿物的解理、裂隙和晶粒间隙等细微裂隙进行反应，使矿物遭受溶蚀，所溶出的组分即转入溶液被带出，或者进入以后形成的矿物内，而在原来被溶蚀的部位所产生的一些新矿物，它们不继承原有矿物的化学组分，即为溶蚀作用，溶蚀作用形成的结构分布比较广泛。另一种是溶液沿早期矿物的各种细微裂隙流入，使它们不断溶解，同时新矿物也逐步沉淀，或由于组分浓度差，由高浓度向低浓度扩散，发生组分的置换。通过这种交代作用产生的新矿物，有一部分是继承了被交代矿物的组分，也有一部分是由溶液中带入的。所产生的新矿物不仅继承被交代矿物的组分，有时还能保存它们的外形或晶粒内部结构等。例如黄铜矿方交代闪锌矿尚保存闪锌矿的聚片状双晶。成矿时由交代作用常可形成各种形态的交代结构。成矿过程中溶液的组分浓度、氧化电位、酸碱度和温度压力的变化以及矿物的物理化学性质等均能影响交代作用的进行。例如一般在温度压力较高的条件下，溶液具有较大的活动性和溶解能力，或溶液的组分浓度大时都有利于交代作用的进行。在氧化条件下易被高价态的阳离子所代替，如黄铁矿被赤铁矿交代。在碱性溶液中硫化物常交代石英，脆性易溶的矿物容易被交代等等。

交代结构主要有以下形态类型：

1）半自形粒状结构

当交代作用不甚强烈时，早形成的矿物被溶蚀交代后，尚保留部分晶面可形成半自形粒状结构。在后期热液活动时物理性质和化学性质稳定的矿物常可形成自形－半自形粒状结构。

2）他形粒状结构

交代作用比较强烈，早期矿物被溶蚀交代成为形态不规则的他形粒状，晚形成的交代矿物本身因为生长空间约束，也多为他形晶粒。

3）似文象结构

交代作用不断发展，矿液沿着早期矿物颗粒间隙流入，溶蚀交代作用比较强烈，使早期矿物颗粒呈蠕虫状即成为似文象结构。

4）残余结构

矿液沿早期矿物的解理、裂隙或其他晶粒内部结构强烈交代，大部分颗粒已被全部交代，仅有部分残余体保存在交代矿物中，根据残余体可以恢复原来矿物颗粒的大致轮廓。或者矿液沿矿物颗粒中交错密集的裂隙强烈地溶蚀交代，使残余体成为浑圆的孤岛状，均能构成残余结构。内生交代矿石和受次生变化的硫化物矿石比较常见这种结构，如铅锌硫化物矿石常见黄铁矿被铅锌硫化物交代，闪锌矿被方铅矿交代等形成的残余结构。

5）骸晶结构

一些早形成的结晶生长力较强的矿物常具一定晶形，当矿液沿晶体裂隙由晶体内部向边部溶蚀交代（指断面），由于晶面对于溶液有较大的稳定性，因此常留晶体的外壳成为骸晶，即可构成骸晶结构。这种结构在接触交代型矿石和气水热液矿石中比较发育。如果在交代作用初期，矿液沿晶体中分散而细小的裂隙交代可构成筛孔－骸晶结构，如果在骸晶结构的基础上交代作用进一步发展，不仅晶体内部被交代，其外壳亦有部分被交代，可逐步过渡为残余－骸晶结构。

6）镶边结构

系早期矿物颗粒受矿液交代，交代矿物呈一环边包围被交代矿物的颗粒而成。通常环边宽窄不一，有时不够连续，多呈锯齿状，反映了交代作用的特点。有些矿物能继承被交代矿物的组分，可称为反应边结构。镶边结构在气水热液交代矿石和次生硫化物矿石中较常见。如在锡石硫化物矿床中，因为溶液硫逸度升高，可见黄锡矿环绕锡石镶边；在含铜硫化物矿床次生硫化富集带，因为溶液氧逸度升高，可见斑铜矿交代黄铜矿形成反应边并伴有针铁矿产生。

7）细脉－网脉交代结构

矿液沿着早期矿物颗粒的一组或多组解理、裂理、裂隙交代，而形成细脉、交叉脉、网脉交代结构。交代矿物在早期矿物颗粒的解理、裂理、裂隙交汇部位略有加宽而区别于固溶体分解成因的叶片状、格状结构。见于各种交代矿石。

8）假象结构

矿液沿早期矿物颗粒的边缘裂隙、解理、双晶和环带等薄弱部位交代。交代作用进行比较彻底，原来的矿物颗粒全部或大部为被交代矿物所代替，并保存矿物原来的形态及晶粒内部结构特点即成为假象结构。如在接触交代型、次火山热液型铁矿石中，常见赤铁矿沿磁铁矿{111}八面体裂开或沿磁铁矿颗粒边缘交代，保留磁铁矿的等轴粒状或立方体（或八面体）的形态成为假象结构，反映成矿过程中溶液的氧逸度和温度相应增高，磁铁矿被赤铁矿所代替。

9）自形代晶结构

由交代作用形成的矿物也能成为完整的自形晶，构成自形代晶结构。交代作用形成的自形晶与结晶作用形成的自形晶不同：前者比其周围矿物形成相对较晚，但结晶生长能力强而成为高自形度晶体，为交代成因晶体，简称“代晶”，自形代晶通常没有溶蚀现象；后者比其周围矿物形成相对较早，常被轻微溶蚀。矿化晚期，矿液沿易溶矿物的解理、裂隙、颗粒间隙活动，交代矿物结晶生长力较强易形成自形代晶。在许多锡石硫化物矿床、铜钼多金属矿床，常见毒砂自形代晶。

综上所述，交代结构具有以下主要特点：①交代结构在金属矿石中广泛发育，结构的形态类型多样而复杂，其形态主要决定于孔隙、裂隙的特点、交代程度及矿物结晶生长力的强弱。②交代作用形成的矿物颗粒，其边缘、甚至内部常有溶蚀、被溶蚀现象，颗粒界线多呈锯齿状或其他复杂曲线，交叉细脉、网脉的交汇处常显膨大加宽现象。③各种结构的形态特点能反映矿物形成的先后顺序。

3. 固溶体分解结构

两种元素或化合物的离子半径、离子电荷、离子类型、晶格特性、键性等相同或相近，便能在较高温度、压力条件下结晶，共同组成一种均匀的固相物质，称之为固溶体。固溶体矿物在熔体或溶液结晶时、甚至物质重结晶时都可形成。

在较高温度时形成的固溶体随着温温度和压力，特别是温度逐渐降低，会失去稳定性，原均匀固溶体内的不同组分发生分离(出溶)，分离成为2种或多种矿物相，这种现象称为固溶体分离(出溶)作用。固溶体内含量较多的组分为溶剂组分，分离后形成的矿物称为主矿物或主晶；而含量较少的组分为溶质组分，分离后形成的矿物则称为客矿物或客晶。固溶体分离主要是因为温度降低，引起结晶物质结晶格架的体积缩小，原子和离子间的距离及其极化性质发生改变以及固溶体内的某种(些)组分的结晶格架失去稳定性等原因所引起。温度降低越缓慢，则这种分解作用(出溶作用)越完善。如果温度突然降低，固溶体会发生淬火现象，其中一些组分来不及分解，仍保持原来均匀的固溶体。固溶体分离时的温度称为共析点(出溶点)，也就是从固溶体分离出来的2种矿物的形成温度。不同组分的固溶体，其共析点也不同，因此固溶体分解的温度可做为地质温度计。

成矿作用中形成的固溶体矿物，随着介质的物理化学条件的变化可发生分解而形成多种结构，本类结构主要指熔体、溶液和变质作用中的固溶体，由其分解而成的各种结构，在熔浆和各种气水热液矿石中比较发育。自然金属、金属氧化物、硫化物、硫盐矿物等能形成固溶体矿物，比较常见的固溶体系列如表10－5所示。

表10－5　金属矿石中比较常见的固溶体系列

矿物		分子式	实验证实的分解温度/℃
自然金属	自然金－自然银	Au－Ag	—
	自然金－自然铜	Au－Cu	—
	自然金－自然秘	Au－Bi	—
	自然银－自然铜	Ag－Cu	—
	自然银－自然锑	Ag－Sb	—
	自然铜－自然砷	Cu－As	—
	自然铁－自然镍	Fe－Ni	—
	自然铋－自然碲	Bi－Te	—
	自然砷－自然锑	As－Sb	—

注：—为无数据。

续表 10 - 5

	矿物	分子式	实验证实的分解温度/℃
氮化物	锡石 - 钽铁矿*	$SnO_2-(Fe,Mn)(Ta,Nb)_2O_5$	≥600
	铬铁矿 - 赤铁矿	$FeCr_2O_4-Fe_2O_3$	
	铬铁矿 - 钛铁矿	$FeCr_2O_4-FeTiO_3$	
	刚玉 - 赤铁矿	$Al_2O_3-Fe_2O_3$	
	赤铁矿 - 金红石*	$Fe_2O_3-TiO_2$	
	赤铁矿 - 铁钛矿*	$Fe_2O_3-FeTiO_3$	
	赤铁矿 - 钛铁矿 - 金红石	$Fe_2O_3-FeTiO_3-TiO_2$	
	钛铁矿 - 红钛锰矿	$FeTiO_3-MnTiO_3$	
	磁锰矿 - 黑锰矿	$MnFe_2O_4-Mn_3O_4$	
	磁铁矿 - 赤铁矿	$Fe_3O_4-Fe_2O_3$	
	磁铁矿 - 钛铁矿	$Fe_3O_4-FeTiO_3$	
	磁铁矿 - 红钛锰矿	$Fe_3O_4-MnTiO_3$	
	磁铁矿 - 金红石*	$Fe_3O_4-TiO_2$	
	磁铁矿 - 尖晶石	$Fe_3O_4-MgAl_2O_4$	
	钽铁矿 - 铌铁矿*	$(Fe,Mn)(Ta,Nb)_2O_6-(Fe,Mn)(Nb,Ta)_2O_6$	
	钽铁矿 - 金红石	$(Fe,Mn)(Ta,Nb)_2O_6-TiO_2$	
	钽铁矿 - 钛铁矿	$(Fe,Mn)(Ta,Nb)_2O_6-FeTiO_3$	
硫化物及硫盐矿物	斑铜矿 - 辉铜矿*	$Cu_5FeS_4-Cu_2S$	175 ~ 225
	斑铜矿 - 黄铜矿*	$Cu_5FeS_4-CuFeS_2$	475
	斑铜矿 - 黝铜矿	$Cu_5FeS_4-Cu_2SbS_2$	275
	黄铜矿 - 方黄铜矿	$CuFeS_2-CuFe_2S_3$	450
	黄铜矿 - 磁黄铁矿*	$CuFeS_2-FeS$	225 ~ 450
	黄铜矿 - 四方硫铁矿	$CuFeS_2-(Fe,Ni)_9S_8$	
	辉铜矿 - 铜蓝	Cu_2S-CuS	75
	辉铜矿 - 硫铜银矿	$Cu_2S-Cu_2S\cdot Ag_2S$	300
	方铅矿 - 硫银铋矿*	$PbS-AgBiS_2$ *	210 ~ 350
	方铅矿 - 辉银矿	$PbS-Ag_2S$	
	闪锌矿 - 黄铜矿*	$ZnS-CuFeS_2$	350 ~ 400
	磁黄铁矿 - 镍黄铁矿	$FeS-(Fe,Ni)_9S_8$	425 ~ 450
	黝(黄)锡矿 - 黄铜矿	$Cu_2FeSnS_4-CuFeS_2$	500
	银 - 锑银矿	$Ag-Ag_2Sb$	275 ~ 350

注：有上标 * 者为互溶矿物，其他为溶剂矿物(主矿物在前)。

固溶体分解结构(出溶结构)主要有以下形态类型：

1)(定向)乳浊状结构

成矿过程中，当介质的温度较迅速地降低达到共析点时，固溶体便急剧发生分离，由于降温速度较快，分离不够完全，所分离出的客晶呈分散状态尚未聚集，温度仍继续下降，这些客晶即停留在原来分离出的部位，成为稀疏的滴状分布在主晶内部即成为乳浊状结构。当客晶沿主晶的解理分解或客晶分出后，温度保持一段稳定状态，可使部分乳滴沿着主晶解理等薄弱部位聚集成为有规律排列的定向乳滴状结构。客晶边缘比较平滑，与交代成因的类似结构显然不同。(定向)乳浊状结构广泛发育于气水热液矿石，如多金属矿石，以闪锌矿－黄铜矿组成的(定向)乳浊状结构最常见。近些年来，对于这种结构，尤其是其客晶排列无明显定向或乳滴形状大小变化较明显者，成因存在争论，如黄铜矿在闪锌矿晶体颗粒内部呈乳滴状分布的现象，有人认为这些黄铜矿乳滴类似“病毒”侵蚀了闪锌矿，是闪锌矿的“疾病”，为交代作用的产物。

2)叶片状结构

固溶体分解时成矿介质的温度缓慢下降，分出的细小客晶有条件逐步沿主晶的解理、裂隙等部位聚集成为单向延长的纺锤状或板状叶片，即成为叶片状结构。叶片边缘平滑，常呈定向排列，有时叶片与乳浊互为过渡，则成为乳浊－叶片状结构，反映出分解时的温度变化情况和分解的完善程度。与细脉、网脉等交代结构明显不同，固溶体分离成因的客晶叶片的边缘平滑规则，与主晶界线规则，叶片严格限定在主晶颗粒内部。叶片状结构一般在岩浆和气水热液矿石比较发育。

3)格状结构

固溶体分解过程中，温度缓慢下降，且达到共析点温度后持续时间较长，分解出的容晶呈板状和叶片状沿主晶相交裂理或几组相交解理方向分布则呈格状结构。片状和板状的出溶物规则，边缘平整，格状连晶的交接部位不但无变宽现象，有时叶片呈纺锤状在格状交接处还有变窄的现象，可区别于交代作用所形成的网状结构。如河北大庙钛磁铁矿石中，钛铁矿呈{0001}延长的板状，沿磁铁矿{111}八面体裂开分布。近年来的研究成果认为磁铁矿中的钛铁矿格状出溶物，原系钛铁晶石，由于氧化反应使其变成钛铁矿，并保留原来的格状形态。

4)结状结构

同溶体分解时的绝对温度较高，温度下降极为缓馒且分解持续时间较长，有利于彻底分解，使分出的客晶有充分时间不断聚集在主晶颗粒外围，即形成结状结构。如岩浆成因的铜镍硫化物矿石中的结状结构和气水热液的铅锌矿石中的乳浊－结状结构，反映分解初期温度缓慢下降逐步形成结状，后因温度急剧下降而淬火，中断了其分解作用，即将乳浊－结状结构保存下来。

5)星状结构

与结状结构形成环境类似，客晶已由主晶中分出，沿主晶颗粒间隙分布可呈星状结构。有时客晶沿主晶的解理或裂隙的交叉部位分布亦可呈星形或“十”字星形结构。矽卡岩型铁铜矿石可见闪锌矿呈“十”字星形分布于黄铜矿晶体颗粒内部(图版2－14)。

6)文象结构

这种结构比较少见，其客晶呈蠕虫状分布在主晶颗粒内部，与主晶接触边界平滑，可与交代而成的似文象结构区别。

除上述各类固溶体分离结构外，有时还可见羽毛状、蕨叶状结构，如湖北铜绿山矽卡岩型铜矿床，可见闪锌矿呈羽毛状出溶物分布在黄铜矿晶体内部(图版2－17)。

固溶体分离结构的主要特点是：①矿石中必须有能够形成固溶体系列的矿物，才可能形成固溶体分解结构。②固溶体分解形成的矿物颗粒，主客晶间的接触界限较平滑，在格状连晶交叉处无变宽变厚现象，客晶的分布多受主晶的解理或裂理等控制，形状大小比较稳定，方向性明显，排列比较规则。③主晶、客晶同时形成，能反映成矿温度及其变化特点，可作为地质温度计。

4. **胶体物质重结晶结构**

本类结构是指在内外生条件下形成的胶体物质经过重结晶作用形成的。包括各种热液矿石和表生风化矿石中的结构。以低温浅成充填作用为主的热液矿石及氧化带的矿石中比较发育。本类结构的组成矿物常见有黄铁矿、白铁矿、闪锌矿、黑钨矿、锡石、磁铁矿、赤铁矿、菱铁矿、菱锌矿、孔雀石及蓝铜矿等。含矿热液在一些构造带运移活动，当介质的温度与压力急速降低时，其中的水分和挥发性气体极易逸散，可引起溶液强烈地过饱和，从而促进矿液中某些组分能转化为胶体溶液，以及表生条件下形成的胶体溶液，它们一般不稳定容易凝聚成黏度较大的凝胶，这些凝胶沉淀后由于重结晶作用可形成各种形态的结构。胶体重结晶作用主要受以下因素的影响：①压力增大能促使凝胶重结晶，如长时间的静压力或受动力作用则导致胶体物质重结晶。在地表或近地表浅处，矿石中常保存胶状沉淀物的残余，而在深部由于重结晶作用强烈，很少保存凝胶沉淀物的残余。②温度缓慢下降有利于发生重结晶作用。胶体质点能充分聚集，重结晶作用比较完全，有时仅保留少量凝胶沉淀物的残余。③时间增长能促进胶体陈化，有利于重结晶作用的进行。长时间的脱水，压实则重结晶作用比较完全。④重结晶作用也受矿物的性质及结晶特点的影响。一般硫化物同类金属氧化物重结晶作用强烈，结晶能力和结晶生长力强的矿物易于重结晶。

在上述主要因素的综合影响下，成矿过程中，凝胶沉淀物随温度压力的变化和时间增长，不断地脱水、凝缩、压实进而逐步重结晶。在凝胶原来沉淀的部位，其内部质点进行缓慢地调整，由杂乱排列的分散相逐步趋向于形成有规律地排列，并且归并为细粒，进而聚集成为具有统一结晶构造的粗大晶体。通过这种聚合结晶作用使胶体物质重结晶。重结晶作用形成的矿物颗粒称为变晶。

胶体物质重结晶结构主要有以下形态类型：

1）自形－半自形变晶结构

凝胶重结晶过程中当温度缓慢下降，有充分时间使凝胶粒子进行有规律地排列，重结晶作用较完全则形成晶面完整的自形变晶，对于结晶生长力较强的一些矿物更为有利。例如，胶状黄铁矿重结晶后，可变成五角十二面体或立方体自形变晶，但有时部分晶粒内部还残留有胶状环带和凝缩孔隙。又如，胶状菱锌矿重结晶后，成为菱面体自形变晶，其晶粒内还残留有凝胶沉淀物的同心环带。重结晶的程度不强，仅部分晶面比较完整也可成为半自形变晶，其常可保留凝胶沉淀物的曲面及同心环带。此外在一些表生氧化矿石的晶洞内也常见有孔雀石、蓝铜矿等呈此类结构。

2）不等粒变晶和斑状变晶结构

当原来凝胶沉淀物的聚集量不同，或由于重结晶过程中聚合结晶作用不均匀，则可形成粒径差较悬殊的不等粒变晶结构，其中细粒变晶比较分散，且分布无固定规律。重结晶的矿物颗粒大小悬殊，并非不同世代的产物，晶粒内常残留有同心环带，不等粒变晶结构是本类的特征结构。例如广东北部罗村黄铁矿矿石，有时可见保留结核状外形的黄铁矿集合体，经重结晶变为不等粒变晶集合体，构成不等粒变晶结构，而部分此类矿石由细粒黄铁矿构成成致密基质，其内有粗粒变晶呈斑晶嵌布，成为斑状变晶结构。

3）包含状变晶结构

重结晶作用使胶体物质表面积趋于缩小，形成的细粒变晶与周围胶体介质间产生一定空隙，同时由于凝胶的聚合结晶作用，使某些颗粒可逐步形成粗大晶体，将细粒变晶包含其中，则形成包含状变晶结构，粗粒变晶可残留有凝缩孔隙和曲面外形。

4)放射状变晶结构

重结晶作用中，由凝胶沉淀物的中心向外生长形成纤长状的变晶呈放射状排列，常形成放射状变晶结构，如孔雀石的放射状变晶结构比较典型且较常见。变晶的外缘呈球粒状，放射状变晶常残留有同心环带，纤长的变晶由中心向外缘可见穿过这些同心环带。一般认为放射状变晶为重结晶初期阶段的产物。此种结构多见于低温浅成热液充填矿石和氧化带矿石。

5)花岗变晶结构

一些凝胶沉淀物由于原来的聚集量比较均一或聚合结晶作用速度均匀，可形成粒度比较相近的花岗变晶结构，亦常保留同心环带和干裂纹等胶状产物的特征。白铁矿或黄铁矿的花岗变晶结构较为常见。

胶体物质重结晶结构的主要特点是：①重结晶而成的变晶内常保留有凝胶沉淀物的同心环带、凝缩孔隙、干裂纹及角砾等。变晶颗粒为同时形成的。②本类结构的形态特征以自形程度不同、粒度不等的各种变晶结构为主，放射状变晶结构比较特征。

5. 沉积结构

本类结构是指在常温常压下于水盆地的沉积成矿作用中，由胶体化学及生物化学沉积，胶体物质重结晶和溶液交代作用以及胶结作用等多种方式形成的沉积矿石的各种结构。具有沉积结构的矿石其组成矿物主要有铁、锰、铝的氧化物和氢氧化物，铁、铜、铅、锌、钴、镍等硫化物以及碳酸盐和硅酸盐矿物等。

沉积结构主要有以下形态类型：

1)碎屑结构

于水盆地中沉积的有用矿物多呈碎屑颗粒，以及各种矿物的碎屑颗粒被成矿物质交代或由成矿物质胶结而成。如沉积的锰钴矿石，有硫钴镍矿胶结石英碎屑、砂屑等而成的碎屑结构。火山沉积矿石的碎屑结构较发育，因火山物质颗粒较细，往往也称为凝灰结构，当碎屑颗粒极细时又可称做火山灰结构。

2)生物结构

生物结构为沉积矿石的比较典型矿石结构。由生物化学作用形成的各种硫化物交代生物遗体，保存原来生物遗体的形态，可形成各种生物结构，如广西河池北香圩黄铁矿矿石，常见黄铁矿呈轮藻结构、珊瑚结构等，其实质是胶状黄铁矿交代这些生物所成的假象结构。

3)自形－半自形变晶结构

沉积作用形成的凝胶沉淀物，在成岩或后生阶段由于埋藏深度增加，地质年代古老，在长期的压力作用下可形成各种胶体重结晶结构。

4)胶结结构

此种结构往往是含碎屑－泥质沉积体系、火山碎屑－凝灰质沉积体系富含金属成矿组分的粒间溶液在沉积－成岩早期淀积作用产物，故以碎屑颗粒粒间胶结物形式出现。例如，湖南沅陵寺田坪铜矿，其辉铜矿矿石(含自然铜)呈纹层状、薄层状赋存于南华系粉砂－泥质板岩，在辉铜矿含量较低的薄层状矿石中，除因重结晶而发育显微脉状构造者外，可见辉铜矿胶结粉砂级碎屑状石英。

5)草莓结构(莓粒结构)

草莓结构较多见于沉积成因矿石，以往被认为是由生物化学作用形成的结构，是由藻类

微生物腐烂产生的 HS^- 与 Fe^{2+} 结合形成或由铁细菌形成 $Fe(OH)_3$ 赋存于生物髓鞘内，有机质腐烂产生的 H_2S 与其反应则形成黄铁矿。但近年来的研究表明，热液成因矿石也可见草莓结构，热液快速急剧结晶或胶体作用也可形成草莓状黄铁矿。例如广东凡口铅锌硫化物矿床，有一类呈透镜状、似层状产出的黄铁矿矿体，其黄铁矿矿石呈致密块状，其内既有斑状变晶结构，有时也可见草莓结构。草莓结构黄铁矿的莓粒粒径 20 ~ 30 μm，其内的莓子一般小于 5 μm，多由立方体和五角十二面体的黄铁矿组成，晶粒间可有少量方解石，矿石的有机质也较高，其成因目前还有争论。

沉积结构的主要特点是：①矿物颗粒有胶体物质及其变晶，有碎屑物质及生物有机质等。②多数沉积结构与早期成岩作用有关，沉积碎屑粒间溶液作用参与结构的形成。③以碎屑结构、生物结构及胶体变晶结构为主，胶结结构在碎屑沉积、火山沉积成因矿石中常有出现。

6. 动力及动力重结晶结构

虽然从矿石结构成因机制上来看，动力(压力)结构与动力(压力) - 变晶结构存在明显差别，前者只涉及矿物晶体颗粒的机械破碎，后者则还涉及矿物晶体的重结晶与再生长，但实际上二者在自然界是没有截然界线的，往往矿物颗粒的机械破碎或多或少伴随有变晶出现，而动力重结晶与再生长过程也可有矿物颗粒机械破碎现象伴随。因此，这里归为一类予以说明。本类结构包括区域变质、动力变质和热力变质等作用下使矿物产生破碎变形和重结晶作用而形成的结构。本类结构分布较广泛，以区域变质和动力变质矿石较常见。不仅是变质矿石的重要结构，同时对内外生条件下形成的各类矿石遭受构造活动等动力作用后，均不同程度地发育有这类结构，因此其组成矿物也比较复杂。

在区域变质作用、热接触变质及动力变质期间，矿石组构将发生变化，矿物组成也可发生变化。显然，无论矿石组构变化或矿物组成变化均与矿石的矿物组合、矿物物理性质、化学性质密切相关，也与温度高低、压力性质及强度有关，还与变质作用持续时间有关。脆性矿物受压力作用易于碎裂，塑性矿物易于揉皱；矿石的脆性矿物含量较多且颗粒较粗大容易破碎，脆性矿物含量低且嵌在塑性矿物集合体内则不易破碎；构造破碎带及其附近较远离构造破碎带的各种内外生矿石更易见脆性矿物压碎、塑性矿物揉皱；多阶段矿化的脉状、角砾状矿石常有脆性矿物压碎和塑性矿物揉皱现象；变质温度较高时，不仅可降低某些矿物的脆性程度，还能促使部分矿物溶解 - 重结晶。

本类结构主要有以下形态类型：

1)花岗压碎和斑状压碎结构

矿石受变质作用或动力作用后，使脆性矿物产生裂纹和破碎，碎片大小大致相似则成为花岗压碎结构。它反映了原来矿物颗粒大小相近、周围矿物的物理性质相似和受力均匀等特点。反之所产生的矿物碎片大小悬殊则形成斑状压碎结构。如黄铁矿、毒砂、黑钨矿、铬铁矿等受力后常呈压碎结构。

2)定向压碎结构

矿石在浅变质带受定向压力作用或经受构造活动后，产生的矿物碎片多呈延长状，明显地成定向排列，且常与围岩的片理方向或构造线方向一致，即成为定向压碎结构。

3)揉皱 - 流变结构

矿石受变质或动力作用后，使一些塑性矿物产生塑性变形、颗粒拉长扭曲，如辉铜矿颗粒受扭曲变形，辉锑矿双晶扭曲、方铅矿解理呈扭曲变形而显示揉皱结构。再如埃塞俄比亚提格雷地区产于新元古界变质火山岩系的块状硫化物矿床，受到泛非造山运动影响，矿石遭受绿片岩相区域变质，大量矿石光片观察表明，其主要组成矿物黄铁矿多呈花岗压碎、斑状压碎及定向压碎结构，而黄铜矿则在绿片岩相区域变质的温压条件下发生塑性流变，向黄铁矿碎粒间较开阔的裂隙及孔隙汇聚，形成塑性流变结构。

上述结构在受构造活动的内生和外生矿石以及区域变质矿石中均广泛发育。各种压碎结构的裂隙常被晚期矿物充填或轻微溶蚀交代，周围的塑性矿物往往发生塑性流动而挤入相对开阔的裂隙及脆性矿物碎粒间孔隙。

4）花岗变晶和斑状变晶结构

在区域变质、热力变质和动力变质作用下由重结晶而成，在同种矿物中，由于组分和结晶特点相同或重结晶的环境基本相似，常形成粒度相近的变晶颗粒即构成花岗变晶结构。其中，如果变质温度变化缓慢（降温缓慢），结晶能力较强的粒状矿物退火重结晶作用充分，可形成特殊的"三晶嵌联结构"，其毗连的三个晶体颗粒界线平直规则，均以120°夹角接触。如广东凡口铅锌硫化物矿床的块状黄铁矿矿石，受到后期热力作用后形成斑状变晶结构。由于重结晶作用不充分、不同矿物结晶特点有差异或含量不同等原因，可形成粒度不等的斑状变晶结构。如广东罗村块状黄铁矿矿石，受到后期热力作用后，部分黄铁矿重结晶，形成斑状变晶结构，颗粒内常显示环带。

5）定向变晶结构

在区域变质和动力变质环境，矿物在定向压力作用下，由重结晶形成的变晶呈拉长状并呈定向排列。

总体而言，金属矿石的动力结构复杂多样，金属矿物在强大的压力（主要是定向压力）作用下，若为脆性矿物（如黄铁矿、毒砂、铬铁矿、锡石、磁铁矿等），经压碎后可形成花岗（等粒）压碎、不等粒压碎、斑状压碎、似斑状压碎、定向压碎和糜棱等结构。若为塑性矿物（如黄铜矿、斑铜矿、辉铜矿、磁黄铁矿、方铅矿、闪锌矿、辉锑矿等），则会形成柔皱（矿物受力作用后发生塑性变形而弯曲）、流动结构（塑性矿物呈定向拉长流动状排列）、愈合结构（塑性矿物胶结脆性矿物，如黄铜矿胶结黄铁矿）。若硬矿物（如黄铁矿）承受着定向压力，在其两侧的压力真空部位，结晶沉淀出一些缘饰矿物（如石英、方解石、白云母、绿泥石等），则形成压力影结构，如再遭受另外方向的压力，缘饰矿物被柔皱变形，则形成柔皱－压力影结构。而在定向、均向压力作用的同时，还存在热力作用，则矿物不仅遭受压碎、揉皱、拉长、愈合等变形，还会发生重结晶作用，形成鳞片变晶（片状习性矿物，如赤铁矿），定向拉长变晶（粒状习性矿物，如黄铁矿）、定向变晶（柱状、针状习性矿物，如辉锑矿）、柔皱变晶（塑性矿物，如方铅矿、磁黄铁矿、黄铜矿等）、柔皱片状变晶、压碎变晶（矿物遭压碎后的碎粒，又重新结晶，如黄铁矿等）等结构。

动力及动力重结晶结构的主要特点是：①重结晶作用形成的变晶颗粒可形成斑状变晶结构、花岗变晶结构，晶体颗粒可显波状消光，常被拉长、弯曲、错断或具定向排列。变晶颗粒与周围矿物的压碎、揉皱－变形以及围岩和矿体的片理化、角砾化等相伴生，变晶颗粒为同时形成的。②粒状矿物颗粒的三晶嵌联结构是典型的退火结构，虽可与机械动力作用相随，但主要是在较强的热力作用下形成的变晶结构，是重结晶作用充分、降温速度缓慢的标志。③以各种形态的压碎结构、揉皱结构以及各种变晶结构是动力及动力重结晶结构的典型特征。

四、确定矿石结构成因类型的主要标志

不同成因的矿石结构常具有相同或相似的形态特征，如交代而成的乳浊状结构和固溶体分解的乳浊状结构；自形粒状结构有岩浆结晶的和热液交代成因的等等。因此区别和确定矿石结构的成因，对于认识矿石的成因及其变化特点具有重要意义。分析和判断矿石结构成因类型的主要标志有以下几方面：

1. 矿石的矿物共生组合特点

不同成因的矿石结构其组成矿物亦多不相同。如蛇纹石化橄榄岩中铬铁矿呈自形粒状结构为熔浆结晶的，而矽卡岩型矿石中的毒砂呈自形粒状结构则为热液结晶或交代作用形成的。又如只有能够构成固溶体系列的矿物方可能构成固溶体分解结构，黄铜矿与斑铜矿的格状结构可以是固溶体分解的，而铜蓝沿方铅矿解理形成的格状结构则不应是固溶体分解的，是由交代作用形成。

2. 矿物结晶颗粒特点

不同成因的矿石结构，其矿物颗粒的特点亦不相同。如结晶结构多为晶质颗粒，且溶蚀边一般不显著。交代结构的矿物颗粒多为形状复杂且具有明显的溶蚀边。胶体物质形成的变晶与结晶物质形成的变晶其颗粒特点显然不同。固溶体分解而成的出溶物则为平整的晶质颗粒，以及沉积作用形成的矿物颗粒常为碎屑的和有机质的等等。

3. 矿物颗粒间的接触关系

不同成因的结构其矿物颗粒间的接触关系也有着一定差异。如结晶结构的矿物颗粒间有平直的晶面接触或呈舒缓波状的共结边。交代结构其矿物颗间的接触关系与固溶体分解而成的主、客晶间的接触关系显然不同。各种变晶颗粒间很少有溶蚀接触等等。

4. 矿石构造及矿体地质特点

如变质矿石中的变晶结构，经常产于构造断裂带的角砾状矿石中，围岩多呈糜棱化、片理化。变晶延长方向与片理一致，并伴有其他矿物颗粒的碎裂和变形产生。沉积矿石中的草莓结构或胶体变晶结构则常产于纹层状或胶状构造的矿石中，层纹方向常与矿层和沉积岩的产状一致。

5. 矿物的成因标型特征

在有条件、有必要时，可查明主要矿石矿物的某些标型特征，帮助阐明矿床成因。如矿物的反射率，显微硬度，主量、微量元素含量、比值，包裹体气、液相成分、爆裂温度，稳定同位素组成等，都可帮助判别矿石结构成因。

第四节　矿物的晶粒内部结构

矿物晶粒内部的双晶、解理、裂理、生长环带及加大边等，称为矿物的晶粒内部结构。

一、晶粒内部结构研究意义

矿物结晶颗粒内部结构既受控于矿物晶体构造，又受其形成期间及形成后物理化学环境条件影响，如介质的组分类型及其浓度变化、外来物质加入、受动力－热力作用影响。因此，研究矿物结晶颗粒内部结构可以了解该矿物及矿石的形成物理化学环境及其演化过程。此

外，还可为矿石技术加工工艺提供有益的矿物学基础资料。其主要意义如下：

1. 确定矿物生成世代

不同世代形成的同种矿物，随着物理化学环境条件的变化，不仅其晶形和结晶颗粒大小存在差异，晶粒内部结构也可能有所差异，因而可将晶粒内部结构作为划分矿物生成世代的重要依据。

2. 推断成矿物理化学环境及其变化

晶粒内部结构能反映晶体形成期间及形成后的物理化学环境，甚至可以帮助判别应力方向、流体运动方向等。例如，晶粒内部的环带结构，说明矿物结晶时熔体或溶液的物质组成及物理化学条件在不断振荡变化，如果相同环带随结晶方位有明显的宽窄变化，则可能反映其形成时的矿液运动方向或应力状态，环带较宽的部位常为面对矿液流动方向或局域拉张应力方向，这种方向成矿物质供应充分，有利于矿物生长。

3. 某些晶粒内部结构，可做为某些矿物的鉴定特征

晶粒内部结构也可做为鉴定矿物的特征，如方铅矿和碲铅矿的黑三角孔（三组完全解理所构成），可作为鉴定特征。如方铅矿中具有鉴定意义的黑三角孔，即由三组解理交汇构成的，受力作用后，这些解理可以产生揉皱花纹。

4. 研究矿物晶粒内部结构，可为矿石加工工艺提供重要的资料

晶粒内部结构研究在矿石加工工艺方面的应用，主要侧重矿物内部机械包裹体和环带结构研究。例如，有些金矿区的自然金主要呈包裹体紧密镶嵌在黄铁矿环带内许多铅锌银矿区的自然银等银矿物主要呈包裹体产于方铅矿晶粒内部，若期望通过磨矿暴露自然金或银矿物颗粒，以选别利用，往往因磨矿细度要求过高而不能实现。有些矿区的有用矿物，其晶粒内部成分环带发育或富含杂质矿物机械包裹体，如闪锌矿常有富铁或富锰环带，这些环带或杂质矿物机械包裹体不仅影响浮选药剂制度，也影响选别后的精矿产品质量等级。

二、晶粒内部结构的研究方法

矿石光片抛磨过程中，晶体颗粒表面、裂隙间被非晶质薄膜覆盖，因此有些内部结构在矿相显微镜的单偏光系统无法观察，通常采用下列方法显示矿物晶粒内部结构：

1. 正交（或相交）偏光法

非均质矿物、特别是强非均质矿物可在正交（相交）偏光系统显露其晶体颗粒内部结构，如辉锑矿、毒砂、铜蓝、磁黄铁矿、红砷镍矿等。如能配合油浸法观察，则非均质矿物晶体颗粒内部结构更加清晰。该方法简便，观察效果较好，但通常只能显示矿物结晶颗粒轮廓界限及其内部的双晶、晶带等，而不能显示裂理、解理、环带等。

2. 结构浸蚀法

均质矿物和某些弱非均质矿物的晶粒内部结构常利用结构浸蚀法来显示。这样显示的内部结构也称为浸蚀结构。由于浸蚀作用对矿物表面的非晶质薄膜有溶解，同时矿物颗粒接受浸蚀的性能是有方向性的，即在同一个颗粒的不同方向接受浸蚀的速度和强度不同，显示浸蚀的不均一性，矿物经结构浸蚀后常在不同方向上显示出深浅和亮暗不同的浸蚀痕迹，因此矿物的磨光面经浸蚀后可以显出矿物的颗粒界线、解理以及双晶和环带等晶粒内部结构。结构浸蚀法的原理、方法及步骤与浸蚀鉴定法相似，是利用液体和气体化学试剂直接与光在面进行的浸蚀反应，详见第八章第三节的介绍。

3. 不完全磨光法

有些既不能用正交偏光法观察，又不易被一般试剂浸蚀的矿物(如黑钨矿、铬铁矿、锡石和辰砂等)即可用此法。具体作法是用细金刚砂稍加磨光(不抛出光面)后，观察其晶粒内部结构。此法能显露解理和环带结构，有时亦可显示双晶。

4. 扫描电镜观察法

这种方法利用扫描电镜的高分辨率、高能电子束流轰击矿物表面所产生的背散射电子、二次电子、特征 X 射线等，采集背散射电子、二次电子图像及特征 X 射线图谱，可得到矿物晶体颗粒的各种内部结构信息，尤其是内部成分环带信息。但限于其昂贵的价格、复杂严谨的专业操作及有限的普及程度，只有某些颗粒微细、成因信息极其关键、具专题研究价值的矿石矿物可用此法研究晶粒内部结构。

现将部分显示晶粒内部结构的常见金属矿物及其显示方法列于表 10－6。

表 10－6　显示晶粒内部结构的部分金属矿物及其主要显示方法

矿物	显示方法	内部结构特征
方铅矿	1) HNO_3(1∶1)，20～30 s；2) HCl(1∶1)，通电流(4～6 V)数秒；3) HBr(60%～70%)置于冰醋酸中，8～10 s；4) 饱和 NaCl 溶液＋$FeCl_3$(几滴)，10～30 s	解理、偶见环带、颗粒界线和包体
闪锌矿	1) 王水蒸气，10～20 s；2) NH_4OH(25%)＋数滴 H_2O_2(30%)，20～30 s；3) $KMnO_4$＋H_2SO_4(1～2 滴)，10～30 s；4) 浓 HI 或 HBr 蒸气；5) 不完全磨光法	沿{111}和{211}显双晶解理、偶见环带及颗粒界线
黄铁矿	1) $KMnO_4$＋KOH，10～20 s；2) $KMnO_4$(1 份)＋H_2O(1 份)＋H_2SO_4(1～2 滴)，20～60 s；3) NH_4OH(30%)，通电(70～100 V)，10～20 s	环带、解理
白铁矿	1) 结构浸蚀方法同黄铁矿；2) 正交偏光法	双晶、解理
磁黄铁矿	1) HI(浓)，2) HCl(1∶1)通电 10～30 s，3) 正交偏光法	双晶
黄铜矿	1) 王水蒸气；2) NH_4OH(25%)＋数滴 H_2O_2(30%)，20～30 s；3) $KMnO_4$(1 份)＋ KOH(20%，1 份)，10～40 s；4) 正交偏光法	双晶，颗粒界线，偶见环带及解理
辉铜矿	1) HNO_3(1∶1)，1 min 左右；2) KCN(20%)，10～20 s；3) 浓 HNO_3，3～10 s	解理，偶见双晶，颗粒界线
斑铜矿	1) HNO_3(1∶1)，1～2 min；2) KCN(20%)，1～2 min；3) 王水蒸气，5～10 s	解理
铜蓝	正交偏光法	双晶
黝铜矿	1) HCl(浓，1 份)＋CrO_3(50%，1 份)，30 s；2) $KMnO_4$(浓)＋ H_2O_2(30%)，10～60 s；3) $KMnO_4$(1 份)＋KOH(1 份)＋H_2O_2(6%，1 份)，10～60 s	双晶、环带
硫砷铜矿	1) KOH(20%)；2) 正交偏光法	解理、环带
方黄铜矿	1) NH_4OH＋H_2O_2(30%，几滴)；2) HCl＋CrO_3混合剂的蒸气	双晶
毒砂	1) HNO_3(1∶1)，15～60 s；2) $KMnO_4$(1 份)＋KOH(20%，1 份)，10～20 s；3) 正交偏光法	双晶、解理、环带

续表 10－6

矿物	显示方法	内部结构特征
红砷镍矿	1) $KMnO_4$ + H_2SO_4 (新配试剂)；2) H_2O_2 (30%) + H_2SO_4 (数滴)；3) 正交偏光法	双晶、环带
针镍矿	1) HBr 蒸气；2) HNO_3 (浓)；3) 正交偏光	双晶、环带
辉砷镍矿	1) HNO_3 (浓)；2) HBr(浓)	双晶
辉砷钴矿	$KMnO_4$ + H_2SO_4 (浓，1～2 滴)，5～10 s	环带、双晶
砷钴矿	1) HNO_3 (浓)，5～30 s；2) $KMnO_4$ + H_2SO_4 (浓 2 滴)，5～10 s	环带、双晶
斜方砷钴矿	1) HNO_3 (浓)；2) 1∶1 HNO_3；3) 正交偏光法	环带、双晶
斜方砷镍矿	1) $FeCl_3$，2) 正交偏光法	环带、双晶
斜方砷铁矿	1) HNO_3 (浓)，几秒；2) 正交偏光法	双晶、环带
辉锑矿	1) KOH(浓)，1～3 s；2) 正交偏光法	双晶、解理、环带
车轮矿	HBr(浓)，2～5 s	双晶
黝锡矿	1) 1∶1 HNO_3，30～40 s；2) $KMnO_4$ + 20% KOH，10～15 s；3) $KMnO_4$ (1 份) + KOH(浓 1 份)，3～10 s，沉淀物用 HCl 洗掉	双晶、偶见环带
辉钼矿	正交偏光法	双晶
自然金	1) 王水或王水蒸气；2) 王水或浓 HCl + 5 份 CrO_3	双晶、环带
自然银	1) HNO_3 (3 份) + 50% CrO_3 (1 份) 混合剂的蒸气，1～5 s；2) HI(浓)；3) 30% H_2O_2 + NH_4OH (少量)	双晶、环带
深红银矿 淡红银矿	HI(浓)	环带、双晶
磁铁矿	1) 浓 HCl，2～5 s；2) 斜交偏光法	双晶、环带
赤铁矿	1) 1∶1HCl，通电(6 V)；2) 浓 HF，1～2 min	双晶、解理
铬铁矿	不完全磨光	裂理、环带
水锰矿	1) HF(浓)，30 s 至数分钟；2) 正交偏光法	双晶、解理
黑锰矿	1) HF(浓)，30 s 至数分钟；2) H_2SO_4 + 30% H_2O_2	双晶、解理
褐锰矿	1) 沸腾的 HCl(浓)，10 s；2) HF(浓)，60～100 s	环带、双晶
石墨	正交偏光法	双晶
金红石	单偏光观察法	双晶

三、矿物晶粒内部结构的主要类型

1. 双晶结构

1) 双晶结构的主要形态类型

双晶是由 2 个或 2 个以上的同种晶体，彼此按一定的对称关系互相结合而成的规则连生体。按双晶构成形式，可分为简单双晶、聚片双晶和复合双晶等。简单双晶是由 2 个不同方位的单体所组成(图版 3－1、2)，金属矿物比较少见此类双晶，如毒砂、锡石等可具简单双晶；聚片双晶是由按同一双晶律结合并多次重复、被此平行的多个片状单晶所组成(图版 3－

3、4、5、6、7、8、9)，金属矿物常见此类双晶，如辉锑矿、铜蓝、闪锌矿、金红石和红砷镍矿等比较常见聚片双晶；复合双晶是由2个以上单体按不同双晶律组成的双晶，如由2组聚片双晶交织而成的格状双晶(图版3－10、11、12)。

2)双晶的成因类型

按双晶结构的成因，可分为生长双晶、压力双晶及转换双晶等。(1)生长双晶：指在熔体和溶液结晶过程中形成的双晶。结晶作用中，由于晶粒间的相互干扰，晶芽可按着双晶关系连生，逐步发育成双晶；或者是在晶体生长过程中，晶芽以双晶的位置，于正在生长的、较大的晶体上堆积，然后一起连续生长而成的。这类双晶属于原生的，主要以简单双晶的形态出现。双晶分布不均匀，仅在部分颗粒中显示双晶，双晶纹平直。如锡石、毒砂和闪锌矿等常见有生长双晶。(2)压力双晶(滑动双晶)：是指晶体生长后，应力作用使部分晶格沿着一定方向的面网发生均匀的滑动所形成的双晶。它们是受外力作用而成，属于次生的，多以聚片双晶或复合双晶形态产出，主要由变质作用或受构造活动由动力作用而产生的。这类双晶常发生弯曲、错动、破裂和叠加现象，同时矿物颗粒多已重结晶，有时可显波状消光。压力双晶的出现是矿石受动力变质作用的标志。多数金属矿床、尤其是受构造控制明显的矿床和赋存于变质岩系的矿床，金属矿物的压力双晶比较发育。(3)转变双晶：指在同质多象转变过程中形成的双晶。双晶形成时的转变温度是固定的，一般可以作为地质温度计。转变双晶的双晶片常呈纺锤状，很少有弯曲现象。

显示双晶结构的常见金属矿物列于表10－7，供教学实验参考使用。

表10－7 显示双晶结构的常见金属矿物

生长双晶	压力双晶	转变双晶
自然金 黄铜矿 斜方硫锑铅矿 钛铁矿	方铅矿 锡石 深红银矿	自然锑 方黄铜矿
自然银 辉铜矿 脆硫锑铅矿 黄铁矿	闪锌矿 赤铁矿 金红石	自然铋 黝锡矿
自然铜 白铁矿 深红银矿 黑锰矿	黄铜矿 菱铁矿	自然砷 磁黄铁矿
自然铂 毒砂 黝锡矿 金红石	铜蓝 钛铁矿	黄铜矿
方铅矿 斜方砷镍矿 锡石	磁黄铁矿 黑锰矿	辉铜矿
闪锌矿 斜方砷钴矿 赤铁矿	辉锑矿 红砷镍矿	黝铜矿

2. 环带结构

在矿物晶粒内部，沿着晶面方向有一系列环状的线纹和条带，这些环带能以反射率、反射色、硬度、化学组分、杂质包体和孔隙等特点的不同而加以区分，此即为晶粒内部的环带结构。环带的宽度和数目不一，如含钴、镍的黄铁矿常见有带浅玫瑰色(含钴)和带紫色(含镍)色调的环带与黄白色(无杂质)的环带交互出现。环带虽多为晶体生长期间介质的物质组成和物理化学环境变化而形成的，但其形成机制仍有差别。

根据环带的形成机制，晶粒内部环带结构主要有以下成因类型：(1)吸附作用形成的环带结构：是在晶体生长面上断续地吸附外来的细微杂质，交互变化而构成环带。例如在磁铁矿、铬铁矿、黄铁矿、方铅矿、毒砂和自然铜等矿物中的环带结构，可有此种成因。(2)生长不连续性形成的环带结构：一般是由形成温度、溶液成分和浓度的变化而造成，如在温度较低、晶体生成速度较快时，溶液中含有大量晶芽，并不断有新的溶液渗入，其小晶芽被捕虏包裹在迅速生长的大晶体中，便可出现有包裹体和无包裹体以及成分有差异的环带。如在辉锑矿、黄铁矿、方铅矿及深红银矿等矿物中可见此种环带结构(图版3－13、17、18)。(3)连续固溶体的分晶作用形成的环带结构：这种机制形成的环带往往是其化学成分自内向外定向变化，可由高温的端员逐渐变为低温的端员。构成这种成因环带结构的矿物有：金银矿、方钴矿、斜方砷钴矿－斜方砷镍矿、锡石、黑硫银锡矿、黝铜矿等。(4)胶体物质重结晶而成的环带结构：这种环带结构反映了胶体沉淀的特点。其成因主要是由于当凝胶沉淀物凝缩时产生了孔隙，这些孔隙可将凝胶沉淀物分开形成一些同心环带；或者是凝胶沉淀时常吸附一些其他杂质，由于成分不同则显示出环带；也可以由于凝胶的组分发生变化，如微量元素的含量不同，逐层沉淀过程中可形成一些同心环带。它们经过重结晶作用后，可以残留原凝胶沉淀物的痕迹，保存在矿物晶粒内部则形成环带结构。这种环带的形态特征是环带不平直呈波状或弯曲的同心环状，多与晶面不平行。(5)交代作用形成的环带结构：交代作用也可以形成环带，如假象赤铁矿交代磁铁矿，白钨矿交代黑钨矿等所形成的交代环带。这种环带结构与前三种成因的环带结构的区别在于交代环带有时是断续的，宽窄不一，界线不平整等。(6)加大边结构：这种结构与上述诸种环带结构的成因机制显著不同：是先已形成的某种矿物颗粒，包括碎屑沉积颗粒、压碎颗粒、变胶状颗粒、被溶蚀颗粒以及结晶颗粒，在后来的成矿作用期间又以其为核心，以继承－叠加生长方式，在其周边沉淀一圈同种矿物(图版3－14、15、16)。这种在先期颗粒边缘新生长的部分叫加大边，矿物的这种内部结构叫内部加大边结构。在多数情况下，加大边的结晶方位与内部颗粒完全相同，但也可见结晶方位有所变化者。这种现象在岩浆岩的继承锆石、砂岩和石英岩的石英颗粒中屡见不鲜，在金属矿物中也不乏实例。这种现象不仅在沉积－成岩作用阶段常见，区域变质作用和气成热液作用也可形成。例如广东北部的黄铁矿矿床、铅锌矿床，常见黄铁矿颗粒具内部加大边结构，其核心颗粒即可是溶蚀圆化颗粒、溶蚀不规则颗粒，也可以是自形结晶颗粒，并且常见闪锌矿、硫砷铜矿、方铅矿、方解石等矿物沿核心颗粒与加大边界面选择性交代现象。

上述各类内部环带结构，除胶体物质重结晶、交代作用、继承－叠加生长所形成者外，均是熔体或溶液结晶作用形成的，也称为生长环带，是金属矿石常见的晶粒内部环带结构，生长环带一般与晶面平行，在晶体生长期间，因为物质组分供给量(浓度)、生长环境的应力方向、成矿流体运移方向以及各生长面质点密度等的制约，不仅晶体生长速度变化，晶体各方向上的生长速度也有差异，晶面发育不均匀，也能产生与晶面不完全平行的生长环带，有时环带也不够连续。当矿液沿着这些生长环带的缝隙交代或沿着不同组分的环带选择交代时，可使环带结构显露得更加清晰，部分环带可显示出不平整的溶蚀痕迹。

现将常见环带结构的金属矿物列于表10－8。

表10－8　显示环带结构的一些金属矿物

方铅矿	黝铜矿	锑硫镍矿	斜方砷镍矿	磁铁矿	黑铜矿
黄铁矿	黝锡矿	硫铁镍矿	斜方砷钴矿	铬铁矿	自然金
辉锑矿	镍黄铁矿	硫砷铜矿	斜方砷铁矿	钛铁矿	自然银
闪锌矿	针镍矿	硫砷银矿	黑钨矿	金红石	银金矿
毒砂	砷钴矿	深红银矿		锡石	自然铜

3. **解理结构、裂理、裂纹**

解理是矿物晶粒在形成期间或形成后受外力作用严格沿一定的结晶方向(面网间距最大、键力最弱)分裂成光滑平整平面的性质。由于光片在磨制过程中产生的非晶质薄膜常掩盖了解理，只有一些解理发育且又显著的矿物能直接在镜下观察，一般需要经过浸蚀或利用不完全磨光的方法才易观察(图版3－18、20、21、22)。辉铋矿的{010}解理可直接观察，闪锌矿的{110}解理需要在扫描电子显微镜下才可清晰观察，而辉铜矿的{001}及{010}2组解理需经过浸蚀后方能观察。在光片上能同时见到几组较发育的解理相交，如方铅矿的{100}3组解理常相交呈三角形，经研磨后沿交汇处剥落常形成三角形孔穴，这些特征的解理能作为鉴定矿物的辅助标志。如方铅矿、碲铅矿的解理等均有这种特征的三角形孔穴。又如辉铜矿经HNO_3浸蚀后显示的解理可以和黝铜矿及砷黝铜矿等区别。矿石在形成时或在形成后由于受到变质作用、构造动力作用、交代作用或表生氧化作用以及固溶体分解作用等，能促使解理的形成、变形或更加清晰。如赤铁矿常沿磁铁矿的{111}裂开交代和方铅矿经氧化后，白铅矿沿其{100}三组解理分布，从而使它们的解理变得更加明显。又如钛铁矿沿磁铁矿{111}裂开和针镍矿沿硫钴矿{100}解理呈固溶体分解的出溶物分布都增加了解理的清晰度，则便于解理的观察和恢复其原状。再如磁黄铁矿、辉锑矿等受应力作用后可产生解理，一些塑性矿物辉钼矿、方铅矿的解理或裂理产生变形等现象，在矿石中均比较常见，它们有助于认识矿石的形成特点。

现将常见的具有解理的矿物列于表10－9和表10－10。

表10－9　常见多组解理的金属矿物

矿物	解理	特征
碲铅矿(等轴晶系)	{100}	大部分晶粒显著,有三角形凹穴
方铅矿(等轴晶系)	{100}	很显著,细位者较少见或缺乏,有三角形凹穴
硒铅矿(等轴晶系)	{100}	通常较显著
菱铁矿(三方晶系)	{10－10}	通常较显著
辉砷镍矿(等轴晶系)	{100}	很显著
硫钴矿(等轴晶系)	{100}	不定,有时很显著
磁黄铁矿(六方晶系)	{10－10}	较少见
针镍矿(六方晶系)	{10－11}	显著
镍黄铁矿(等轴晶系)	{111}	显著,解理纹一般多而不平直,常呈裂纹状
硫钒铜矿(等轴晶系)	{100}	通常良好
锑硫镍矿(等轴晶系)	{100}	良好
红硒铜矿(六方晶系)	{0001}、{00－10}	偶见
黑钨矿(单斜晶系)	{010}、{100}	良好
黄锡矿(四方晶系)	{110}、{001}	不完全,很少见
闪锌矿(等轴晶系)	{110}	粗粒及变形者显著,细粒者不显
脆硫锑铅矿(单斜晶系)	{120}、{010}、{001}	良好

表10-10　常见的一晶带有解理的矿物(解理面属于同一晶带)

矿物	解理	特征
自然锑(六方晶系)	{0001}	通常可见
辉锑矿(斜方晶系)	{010}	磨光太久常不易看到
自然砷(六方晶系)	{0001}	清楚可见
雌黄(单斜晶系)	{010}	通常可见
硫砷铜矿(斜方晶系)	{110}	很显著
脆硫锑铜矿(单斜晶系)	{110}	很显著
辉锑锡铅矿(斜方晶系)	{001}	显著
石墨(六方晶系)	{0001}	显着
脆硫铜铋矿(斜方晶系)	{100}	很显著
蓝硒铜矿(六方晶系)	{0001}	常清楚可见
辉铜矿(斜方晶系)	{001}	风化标本清楚可见,通常不显
铜蓝(六方晶系)	{0001}	清楚可见
孔雀石(单斜晶系)	{001}	很显著
水锰矿(单斜晶系)	{010}、{110}	显著
白铁矿(斜方晶系)	{010}	风化标本可见
辉钼矿(六方晶系)	{0001}	清楚可见
叶碲矿(单斜晶系)	{010}	常显著
红锌矿(六方晶系)	{0001}	清楚
硫锡铅矿(单斜晶系)	{001}	良好
辉铋矿(斜方晶系)	{010}	很显著

裂理又叫裂开，系指晶体受外力作用时，有时可沿某些面网方向破裂成大致平整的平面的性质。这种性质并非矿物晶体的固有特性，即不同条件下形成的同种矿物中，有的具有裂理，有的则不具裂理，且裂理方向可不遵循对称重复规律(图版3-23、24)。裂理的产生主要是面网间有固溶体分离的析出物，或有在结晶时捕虏的大量包裹体，或有压力双晶存在，或有交代晶体分布等等原因所形成。在镜下有时可直接见到裂理纹(如磁黄铁矿{0001}裂理)，有的则由所析出的固溶体析离物显现出来(如钛铁矿沿磁铁矿的{100}、{111}、{110}方向析出)，有时由交代作用沿此方向进行，于此方向分布有交代晶体而显现出来(如假象赤铁矿沿磁铁矿的{111}或{100}方向交代)。

裂纹是指晶体内部的不规则破裂面(显微裂隙)，在切面上由不规则的凹纹显现出来，或由沿之充填、交代的矿物显示出来。晶粒内部裂纹并非取决于晶体构造特点和形成物理化学条件的固有晶粒内部结构，其形成大致有3种情况：①在熔体或溶液中较早生成的脆性矿物，在结晶形成后受局部应力的作用，或受物理化学条件急剧变化的影响而产生裂纹，较晚期生成的矿物常充填在这些裂纹的间隙中。②成矿后经区域变质、动力变质或构造压力作用使脆性矿物产生裂纹。这些裂纹常作定向排列，裂纹常可穿过多个矿物颗粒，并可伴随出现波状消光、压力双晶、重结晶、晶粒压碎等现象。③胶体矿物脱水、陈化、重结晶，以及矿物相转变等均可产生裂纹。胶体重结晶常产生大致垂直胶体环带的不规则放射状凝缩裂纹。

第十一章　矿化期、矿化阶段及矿物的生成顺序

矿床是特定地质环境的成矿作用产物，通常经历了漫长、复杂而有规律的形成演化过程。矿化期、矿化阶段和矿物生成顺序等能反映矿床、矿体、矿石及其组成矿物等的形成作用以及它们的时空演化变异规律。因此，研究矿化期、矿化阶段和矿物生成顺序能反演成矿过程，为确定矿床成因、找矿勘探及成矿预测等提供基础资料。

第一节　矿化期

一、矿化期的概念

矿化期也称成矿期，是指一个较长的成矿作用过程。不同的矿化期反映了成矿地质条件和物理化学条件有显著的差别，同时各成矿期之间具有较长的时间间隔。根据成矿作用的特点，可以划分为岩浆矿化期、伟晶岩矿化期、气成热液矿化期、风化矿化期、沉积矿化期以及变质矿化期等。如与某个岩浆源有关的高温深成条件下，岩浆成矿作用的全过程即为岩浆矿化期。于常温常压下，在水盆地中的沉积成矿作用的过程为沉积矿化期等等。矿床的形成可经历多个矿化期，但绝大多数矿床有决定经济价值、矿石矿物富集的主矿化期。主矿化期是确定矿床成因类型的关键依据。也有少数矿床可具有不止一个主成矿期，反映其成矿演化过程和成因机制比较复杂，存在改造富化、叠加富集成矿现象。

二、矿化期的确定

确定矿化期的主要任务就是要确定矿床形成的地质成矿作用和矿床的成因类型。因为不同矿化期的成矿作用、地质条件及物理化学条件存在显著差异，故必然反映在矿床产出地质环境、矿体地质特征、矿石组构及矿物组合特征等方面。因此，确定矿化期应以充分的矿床地质矿化特征现场调查研究为前提，以矿石的矿物组合和组构特征研究为重点的室内综合研究，根据与矿床各矿化期成矿地质环境、物理化学条件、矿石产出特征、典型矿物组合（包括标型特征）和矿石构造等标志，必要时结合同位素年龄等资料，才能综合确定矿床经历的矿化期和矿床成因类型。

1. 强化矿床地质矿化特征现场调查研究

查明矿床成矿地质环境，矿体形态、产状、分布，矿石的矿物组合、矿石组构，围岩蚀变等，尤其重视矿化与地层、构造、岩浆活动、变质作用的关系和矿石的矿物组合类型、矿石构造类型的现场调查研究，是确定成矿期和矿床成因类型的关键步骤。

例如湖北大冶县铜绿山铁铜矿床，矿体主要产于燕山期花岗闪长岩与三叠纪碳酸盐岩的接触带及其附近的大理岩化围岩，少量产于花岗闪长岩内的碳酸盐岩捕虏体。原生矿石中的金属矿物主要有磁铁矿、黄铜矿和斑铜矿等，并与石榴石、透辉石、绿帘石等矽卡岩矿物相

伴生，为气水－热液矿化期形成的大型矿床。该矿床的近地表矿体普遍经受强烈的氧化作用，氧化带及次生富集带发育，氧化深度一般 60 m 左右，最深达 200 m。其上部为褐铁矿、孔雀石及蓝铜矿，下部为赤铁矿、自然铜、黑铜矿、辉铜矿等，氧化矿石的铜品位达工业要求，已被利用。由此可知，铜绿山铁铜矿床的形成至少经历了 2 个矿化期，即气水－热液矿化期（矽卡岩－热液期）和风化矿化期。

又如河北庞家堡的铁矿层整合地产于震旦系的铁质石英砂岩、石英岩和页岩等沉积岩系，矿石由红色的鲕状、豆状和肾状赤铁矿组成，显然，它是胶体化学和生物化学沉积矿床。但在矿区的西部，有燕山期的小型花岗岩体侵入，经接触变质而使矿层的围岩变成接触变质的石英岩和堇青石角页岩，矿层仍为层状，但矿石变成黑色的，具变余鲕状、豆状和肾状构造的磁铁矿和镜铁矿，其地表部分，遭受风化、破碎，形成褐铁矿和粘土等次生风化矿物。显然，庞家堡西区矿床经历了沉积、接触变质、风化等 3 个矿化期。

再如甘肃白银厂黄铁矿型铜矿床，矿床产于寒武纪变质的中酸性火山－沉积岩系，包括火山沉积岩、火山碎屑岩及火山熔岩等交互成层，并夹有千枚岩和大理岩。于火山沉积期形成块状黄铁矿矿石，矿体的直接围岩为凝灰岩，矿体呈似层状，与围岩整合产出，反映沉积成矿作用的特点。随后因中酸性火山热液成矿作用叠加，形成了主要由网脉状和浸染状矿石构成的含铜黄铁矿矿体，一些富铜矿脉明显受构造控制。围岩有强烈地硅化和绢云母化现象，显然具有热液矿床的特点。在加里东运动期间，含矿火山－沉积岩系受区域变质作用，形成了各种千枚岩，矿体受到变形、错断、破碎，矿石也产生压碎、揉皱及压力双晶等结构，表明矿床经历了区域变质改造。经过表生变化后，矿体具有明显的次生垂直分带现象，氧化带形成大面积铁帽，淋滤带为松散的粒状黄铁矿，次生富集带发育烟灰状辉铜矿等。上述特征表明该矿床是经历了多个成矿期，即火山沉积期、火山热液期、区域变质期及表生风化期等，是复合成矿作用产物。

2. 查明矿石的典型组构和矿物组合特征。

某些矿物共生组合、典型矿石组构具有显著的成因标型意义，可帮助确定矿化期，如能将典型矿物共生组合与典型矿石组构综合研究，则确定矿化期和分析矿床成因的依据更加充分。如含钒磁铁矿－钛铁矿－钛铁晶石－尖晶石－基性斜长石－辉石组合，铬铁矿－橄榄石－辉石组合等，都可确定为岩浆矿化期的产物；孔雀石－蓝铜矿－褐铁矿－针铁矿组合，褐铁矿－针铁矿－铅钒－白铅矿－菱锌矿－水锌矿组合，可以确定为风化矿化期的产物；又如湘南宜章县某铅锌锑矿石的典型矿物组合为闪锌矿－方铅矿－辉锑矿－方解石－石英－菱铁矿，矿石构造主要为脉状、晶洞－晶簇状、角砾状、团块状构造，说明矿石形成于气水热液成矿期；再如印度尼西亚塔里阿布岛某铁矿，矿石的主要组成矿物为磁铁矿，少量赤铁矿和磷灰石，微量硼钙锡矿、锡石及萤石，典型矿物组合为磁铁矿－赤铁矿－磷灰石－硼钙锡矿－锡石－萤石，矿石构造组合为块状、气孔状、流纹状、熔结瘤状等，其典型矿物组合和典型矿石构造都是矿浆成矿期的标志。

3. 同位素测年技术方法应用

如果矿床产出地质环境复杂，矿化特征复杂，矿物组合及矿石组构也复杂多样，难以依据地质矿化特征研究确定矿化期，则可借助同位素测年技术方法，选择形态产状及分布特征差异显著的矿体或矿物共生组合，采用合适的同位素定年技术方法，分别研究其同位素年龄差异，也可帮助确定矿化期。如内蒙古白云鄂博铁铌稀土矿床，通过矿石及单矿物同位素定年，获得了2组年龄，一组峰值为中元古代中晚期，与赋矿围岩时代接近，一组峰值为早古生代早期，与加里东期岩浆活动时代接近，如此大的时间间隔，说明该矿床至少经历了2个重要矿化期，结合该矿床区域地质环境及其演化特点，可以认为该矿床至少经历了火山－沉积成矿期和岩浆热液改造叠加成矿期。

第二节 矿化阶段

一、矿化阶段的概念

矿化阶段是矿化期之下划分的次一级的矿化时期单位。是指在一个矿化期内，于相同或相似的地质和物理化学条件下，形成一组矿物共生组合或对矿质的产生、富集或对矿床的改造起作用的过程。不仅形成一组具有工业价值的矿物共生组合的矿化过程是矿化阶段（属有矿阶段，如方铅矿－闪锌矿阶段）；形成一组不具工业价值的矿物共生组合（如石英－方解石组合）的过程也是矿化阶段（属无矿阶段）；对矿质的产生或富集起作用的过程（如岩浆矿化期的熔离作用阶段，此阶段仅对矿质的产生和富集起作用，但并未具体形成矿石），也是矿化阶段（也属无矿阶段），对矿床的改造起作用的过程，也是矿化阶段（如区域变质矿化期的褶皱作用阶段，也属无矿阶段）。

同一个矿化阶段所形成的一组矿物属于一个共生组合，它们是物理化学条件基本相同，同一次成矿过程的产物。不同的矿化阶段反映了成矿地质条件和物理化学环境有一定的差异且有先后关系和较短的时间间隔。矿化阶段的形成可以由岩浆活动的演化，构造活动的多次出现和矿液的间歇活动，矿液性质的变化，外营力的改变等地质条件和物理化学条件的变化而引起的。同一个矿化期内可以有一个或多个矿化阶段，不同矿化阶段形成的矿物共生组合依先后顺序在空间上可以分离突变或叠加伴生，也可以穿插交切或渐变，导致矿体和矿石在形态、空间产状或物质成分上的复杂化。例如热液矿化期可有高温热液、中温热液和低温热液阶段，甚至相近温度范畴内也有几个矿化阶段。

确定矿化阶段的序次和强度，可以帮助了解矿床的形成过程及其演化特点、查明矿体的富化或贫化规律，对于恢复成矿作用演化过程、确定成矿物理化学条件变化规律具有重要理论价值，对于指导找矿，尤其是指导找寻富矿体，也具有重要应用价值。

二、矿化阶段的划分

矿化阶段的划分主要依据矿体构造、矿石构造及矿物共生组合三方面的标志。因此，划分矿化阶段需要以矿体构造和矿石构造为重点的现场地质观察，也需要以矿石手标本、光（薄）片为主要对象、以矿物共生组合为重点的室内观察研究，但更应该强调矿体构造和矿石构造的现场观察研究。

1. 矿体构造方面的标志

含矿熔体、溶液的多阶段活动，必然存在矿体构造反映。矿体构造标志研究，应结合矿床基础地质特征和勘查成果资料，根据已知矿体产出的分布情况，在地表露头、坑道、采场观察研究矿体构造特征，尤其应重视能够反映多阶段成矿的矿体构造特征观察研究：

1)矿体间的穿插关系

相同成矿期所形成的矿体之间具穿切关系的矿床主要为气水热液成因矿床，也有极少数为岩浆成因矿床。毫无疑问，如果存在矿体间的穿切关系，被穿切的矿体必然早于穿切矿体，即被穿切切体的矿物共生组合必为先一矿化阶段产物，穿切矿体矿物的共生组合必为后一矿化阶段产物。通常穿切矿体为脉状矿体，被穿切矿体可为脉状矿体，也可为非脉状矿体，但更多见脉状矿体间的穿插现象。某些气水热液矿床，因为热液成矿期构造活动导致矿液多阶段叠加，晚阶段形成的脉状矿体可穿插早阶段形成的矿体。如湖南宜章县某小型铅锌多金属矿床，矿体主要产于北东向断裂与北西向花岗斑岩脉交汇部位的中泥盆统棋梓桥组碳酸盐岩地层，晚阶段形成的脉状矿体明显穿切早阶段形成的不规则状、脉状矿体，其内还可见早阶段矿石角砾。晚阶段矿体的矿物共生组合为微细粒方铅矿－方解石组合，而早阶段矿体的矿物共生组合为闪锌矿－中细粒方铅矿－石英－黄铁矿－菱铁矿组合。

2)矿体内部分带构造

根据矿体内部的某些分带构造，可划分矿化阶段。由于成矿期间构造裂隙多次张开并含矿溶液多次充填，往往造成矿脉内部由边缘向中心形成分带构造，各带的矿物共生组合及矿石组构特征存在某些差异。如南岭地区许多脉状钨多金属矿床，因为含矿断裂在气水热液成矿期多次活动，其黑钨矿－(白钨矿)－石英脉的内部或两壁状常充填辉钼矿(－辉铋矿)－黄铜矿－黄铁矿－石英－(绢云母)脉，说明其经历了高温氧化物和高中温硫化物2个矿化阶段。再如上述湖南宜章县某小型铅锌多金属矿床，其沿北东向断裂产出的早阶段铅锌矿脉，常见其内有同向或斜切的晚阶段方铅矿方解石脉，说明热液成矿期存在两阶段矿化。

3)矿体矿化就位控制因素及近矿围岩蚀变特征

不同矿化阶段矿体的矿化就位控制因素(岩性、构造等)和近矿围岩蚀变通常会有某些差异，因此在矿脉之间穿插关系和矿脉内部构造无明显特征时，应结合矿体控制因素及围岩蚀变特征判别矿化阶段。如某矿体产出受层间裂隙控制，另矿体受穿层裂隙控制；或某矿体的矿化与某种围岩蚀变关系密切，另矿体的矿化则与另种围岩蚀变关系密切，可能属不同阶段的矿化产物。

2. 矿石构造方面的标志

通常矿石构造及其变化的空间尺度比矿体构造小，故其有效观察的空间尺度也相应较小，更加有利于在空间有限的地表露头、坑道、采场观察，甚至在矿石手标本上也可观察到能作为划分矿化阶段依据的矿石构造，因而矿石构造是划分矿化阶段最重要、最明显、最常见的标志。能作为划分矿化阶段依据的矿石构造类型主要包括：

1)脉状、交错脉状和网脉状构造

早期矿化阶段形成的各种矿石受构造活动破坏，产生各种裂隙和错动后，晚期阶段的矿化产物以充填和交代方式叠加其上，则形成各种形态的脉状构造，或脉状矿石经错断后形成交错脉状构造以及网脉状构造。

2)角砾状和环状构造

早期矿化阶段形成的矿石或矿化围岩受构造活动破碎后，其角砾被晚阶段的矿化产物所胶结或包围沉淀，角砾与胶结物代表不同矿化阶段的产物。例如前述湖南宜章县某铅锌多金属矿床，其局部可见早阶段深色闪锌矿－黝铜矿－菱铁矿矿石呈角砾状，被晚阶段石英－闪锌矿集合体胶结，是两阶段矿化的典型标志。但应注意，如果角砾是围岩，则要仔细研究，没有与胶结物在矿物共生组合特征差异明显的矿化现象，不能作为划分矿化阶段的依据。如湖南锡矿山锑矿，常见赋矿碳酸盐岩角砾被辉锑矿－方解石集合体胶结，不能说明存在两阶段矿化。

3)交代作用形成的各种构造

有些以交代成矿作用为主的矿床，上述各类构造不甚发育，应注意各种交代构造、特别是交代残余构造和交代脉状构造，帮助确定矿化阶段及其先后顺序。如福建尤溪县丁家山铅锌矿床，常可见中粗粒闪锌矿－黄铜矿－石英集合体交代磁黄铁矿－石英－绿泥石脉状集合体形态复杂的交代条带状(复脉状)构造，反映它们为2个矿化阶段的产物。晚期矿化阶段形成的矿物组合交代早期矿化阶段的产物，并残留有早期矿化阶段矿石成分或组构(包括假象构造)者，可作为划分不同矿化阶段的重要依据。例如，广东凡口铅锌矿的块状黄铁矿矿石，在细粒黄铁矿集合体明显可见微细粒致密黄铁矿集合体的残留体，说明它们是2个矿化阶段的产物。

应该说明的是，上述划分矿化阶段的各种矿石构造都应该是肉眼观察所能确定的，主要应在矿体露头、探槽、坑道及采场观察确定，其次可用矿石标本、钻孔矿芯及矿石光块观察确定，而只能通过显微镜镜观察的显微构造，通常不能作为划分矿化阶段的重要依据。

3. 矿物共生组合标志

矿物共生组合差异，反映其形成物理化学条件差异，因而必然反映矿化阶段特征。有些矿床，其不同矿化阶段形成的矿物共生组合彼此迭加、紧密伴生，又缺乏上述矿体构造和矿石构造方面的明确标志，但根据其形成物理化学条件差异明显的矿物共生组合，结合流体包裹体测及微量元素研究资料，可以有效地将它们划分为不同的矿化阶段。例如矽卡岩型多金属矿床，可按石榴石－透辉石－硅灰石、透闪石－绿帘石－金云母、白钨矿－锡石－石英、辉钼矿－黄铜矿－磁黄铁矿－绿泥石、黄铁矿－闪锌矿－方铅矿－方解石等矿物共生组合，划分成多个矿化阶段。利用矿物共生组合作为划分成矿阶段的主要标志，应重视以下问题的观察研究。

1)研究矿石的矿物组成变化特点

沿矿体的走向或倾向，在矿体的某些局部地段，矿石品位显著变化(如贫矿石突变为富矿石)，矿石矿物组合明显变化(如由氧化物转变为硫化物共生组合)，或某种矿物为主的矿石变为其他矿物为主的矿石(如钨锡矿石变为铜钼矿石)，抑或出现特殊的有用矿物等，都反映矿物共生组合变化，是不同矿化阶段的产物。

2)查明矿物共生组合间的交代关系

早阶段矿物共生组合，可被晚阶段矿物共生组合交代，有时具穿插或胶结关系，尤其是热液交代成矿作用所形成的矿床，不同矿化阶段的矿物共生组合间交代现象比较显著。因此，研究矿石的各种交代结构所反映的矿物共生组合及其演化规律，是划分矿化阶段、特别是交代矿床矿化阶段的重要标志。

3)矿物共生组合热力学分析

有些矿物紧密伴生，而无明显穿插或交代关系，但基于热力学的相平衡理论，它们不可能平衡共存，即它们的紧密伴生不可能为共生组合，故为不同矿化阶段产物。例如，根据 $Fe-S-H_2O$ 体系相平衡计算，在自然界不可能出现FeS(磁黄铁矿)与 Fe_2O_3(赤铁矿)的平衡共存现象。如果矿石出现上述2种矿物，无疑代表存在2个矿化阶段。

4. 其他标志

如果确有必要而又具备相应的分析测试条件，可以选择代表性矿物进行原生流体包裹体地球化学（均一或爆裂温度及气液相成分）、单矿物化学成分（主量及微量元素组成特征）、X射线衍射分析（衍射图谱特征、晶体常数、矿物变种）、电子探针及其他微区形貌成分研究，作为辅助标志，配合划分成矿阶段。

总而言之，矿床成矿过程的多阶段性的实质是随着成矿作用的演化发展，其物理化学条件发生显著变化，地质环境条件也有所改变，导致成矿系统物质组成及各类矿物组合呈现间歇性、阶段性变化，故矿化多阶段性必然反映在矿体构造、矿石组构、矿物共生组合及物质成分等各个方面。所以，确定矿化阶段必须以现场地质观察所获得的矿体构造、矿石组构的充分资料为基础，结合矿石标本、钻孔矿芯、光块观察研究资料及矿床成因研究资料，辅以其他测试分析资料，进行全面研究、综合分析、互相验证，才能得出合乎地质成矿客观实际的研究结论。

三、各成因类型矿床的矿化阶段划分与命名

不同成因类型矿床形成地质-物理化学条件不同，形成作用和形成过程也不同，因而不同成因类型矿床所划分出的矿化阶段是不相同的。

1. 岩浆矿床

通常认为与每次岩浆侵入或喷发活动相伴随的岩浆成矿作用都是一个岩浆矿化期。根据每次岩浆活动的分异，演化、贯入等作用过程，即根据岩浆熔离作用、结晶分异作用和贯入作用的不同，可将岩浆矿化期划分为熔离作用阶段（属无矿阶段，仅对矿质的产生、富集起作用）、早期结晶作用阶段、贯入作用阶段（属无矿阶段，仅对矿质的迁移富集、集中起作用）及晚期结晶作用阶段。也可忽略无矿阶段，根据矿体产状、矿物共生组合、矿石的构造结构等，将岩浆成矿作用划分为岩浆早期结晶矿化阶段和晚期结晶矿化阶段：岩浆早期结晶阶段形成的矿体赋存于岩体内部（通常在下部），矿体与围岩的界线不清楚，物质成分相近，矿石多为浸染状、条带状构造，矿石矿物（如铬铁矿）形成早于硅酸盐矿物，多呈自形粒状结构；晚期结晶阶段形成的矿体呈脉状赋存于岩体及其附近围岩，与围岩界线清楚，矿石主要为块状构造，具典型的海绵陨铁结构。

2. 伟晶岩矿床

根据伟晶岩矿床的结晶演化形成过程，即具体根据矿体的分带构造、矿物的共生组合、充填作用与交代作用、脉状的穿插关系等方面的特征，一般将伟晶岩矿化期划分为：细晶岩、文象伟晶岩、中粒伟晶岩、气成作用（块体伟晶岩）、交代作用、高温热液、中温热液和低温热液等矿化阶段。

3. 气水热液矿床

可以根据含矿溶液的脉动性活动次数，或演化所形成的不同矿物共生组合来进行划分。

伴随着岩浆和构造的间歇性活动，即脉动性活动，会引起含矿溶液的脉动性活动，每次（股）含矿溶液的活动过程，即为一个矿化阶段（一般形成一组矿物共生组合）。具体可根据矿体的脉状穿插构造和分带构造，矿石的角砾状、脉状、环状、复脉（条带）状、残留及假象等构造，矿物共生组合等来进行划分。

如含矿溶液的温度较高，进入较深处的构造空间，在温度下降缓慢、环境较宁静的条件

下结晶演化，随着温度的下降，会形成不同矿物共生组合的矿石分带。据此，也可划分出不同的矿化阶段。一般可划分为：气成、高温、中温和低温等阶段，或高温、中温及低温等阶段，亦或中温和低温阶段。

4. 沉积矿床、变质矿床和风化矿床

根据沉积矿床的形成发展过程，矿体构造，矿石构造，矿物共生组合及交代关系等，一般可将其形成过程分为同生作用、成岩作用和后生作用等矿化阶段。变质矿床可结合变质作用的特点及强度，可以有浅变质阶段、深变质阶段以及混合岩化阶段等，也可以变质矿床形成过程划分为动力变形、矿物重结晶(相变)阶段及变质水作用等矿化阶段。风化矿床应可根据风化作用发展过程，结合风化作用强弱程度、矿石构造、矿物共生组合等特征，可以划分为地表氧化阶段、淋滤作用阶段及次生富集阶段。

以上仅概括地分析各类矿床可能产生的一般的成矿阶段模式。必须根据具体矿床的实际特征，按照前述各种划分标志合理地确定。关于矿化阶段的命名，应结合矿床的地质事实，选择适合成矿特点的名称。

矿化阶段的命名方案多样，可根据相应阶段的主要的或标型的形成作用命名，如交代作用阶段；主要的或标型的形成条件命名，如中温热液阶段；也可用主要的或标型的矿物命名，如黄铁矿阶段；主要的或标型的矿物共生组合命名，如黑钨矿 - 锡石 - 石英阶段，辉钼矿 - 辉铋矿 - 黄铜矿阶段；还可以根据各阶段形成时间顺序命名，如第一阶段，第二阶段。对于具体矿床而言，矿化阶段的命名，应根据矿床成因类型、实际矿化特点，选择合理的命名方案。

第三节 矿物的生成顺序及矿物的世代

一、矿物生成顺序的概念

在相同矿化阶段内，所形成的一组矿物并非都是相时形成的，往往存在先后关系。相同矿化阶段内各种矿物结晶的先后序次称为矿物生成顺序。严格地说，不同矿化阶段所生成的矿物之间的先后关系已由各矿化阶段所决定，不能归为矿物生成顺序关系。矿物生成顺序决定于相应矿化阶段矿物形成时的物理化学条件和成矿系统等特点，因此通过矿物生成顺序的研究可以了解矿物形成时的温度、压力、含矿介质变化、氧化还原情况、主要矿石矿物的富集规律和形成方式等，结合各矿化阶段的矿物生成顺序，可为反演成矿作用过程的地质环境和物理化学条件制约因素提供非常重要的实际资料。

二、矿物生成顺序的确定

矿物的生成顺序主要根据矿石结构标志来确定。因此，除极少数可依据矿石标本肉眼观察确定外，主要利用矿相显微镜观察代表性矿石光片，根据矿石结构及矿石构造来研究确定矿物生成顺序。不难理解，矿物形成的时间关系只有 3 种情形：①形成时间无重叠，即为先后关系；②形成时间完全重叠，即为同时关系；③形成时间部分重叠，即为超覆关系。

1. 矿物先后生成的标志

矿物形成时间的早晚不同，某种矿物形成以后另一种矿物才开始形成。其确定标志有：

1) 充填成因的矿石结构

充填成因结构矿石的矿物间虽为先后生成，但彼此间通常无明显交代关系。主要有：

(1) 填隙(间)结构：一种矿物的间隙被另一种矿物充填胶结。充填矿物可以呈细脉穿插交切被充填矿物，也可呈各种形状充填在被充填矿物所提供的各种形状的间隙中。被充填或被穿插的矿物一定先生成，充填或穿插矿物一定后生成。

(2) 海绵陨铁结构：被充填胶结的自形、半自形的硅酸盐矿物必定先生成，充填胶结的金属矿物(如钒钦磁铁矿，铜、镍硫化物等)必定后生成。

(3) 斑状、似斑状结构：在岩浆熔体或气水溶液中结晶形成的斑状、似斑状(凝晶、淀晶)结构，其自形、半自形的斑晶必定生成在先，周围的胶结矿物必定生成在后。

(4) 嵌晶结构和包含结构：在岩浆熔体或气水溶液中结晶形成的嵌(凝、淀)晶结构和包含(凝、淀晶)结构，被包裹的呈自形，半自形和他形的细小矿物晶体必定生成在先；包裹它们的粗大矿物晶体必定生成在后。

2) 充填成因矿石构造

根据充填作用形成的一些矿石构造，如梳状、晶洞状、环状和条带状等构造，可确定矿物的先后生成次序。梳状、晶洞状和条带状构造的靠近脉壁的矿物必定先生成，愈靠近中心的矿物必定愈后生成。环状构造的紧贴碎块的最内环矿物必定生成在先，愈外环带的矿物必定生成愈后。观察脱离了脉壁或碎块的矿石标本时，可根据晶体自形尖端所指方向来判断先后关系：晶体自形尖端所指方向就是空洞或裂隙中心方向，靠近该方向的矿物生成较后。

3) 交代成因矿石结构

利用交代成因矿石结构，可以确定矿物的先后生成次序。被交代矿物必定生成在先，交代矿物必定生成在后。

(1) 浸蚀结构：被微细脉穿插交代的矿物先生成，构成穿插交代微细脉的矿物后生成。

(2) 残余结构：在乙矿物颗粒切面有甲矿物的孤岛状和半岛状残余体，这些残余体原来是相连成片的(可从“孤岛”、“半岛”的光性方位或结晶学要素方位的一致性证实)。据此可以确定这些呈孤岛状、半岛状的残余矿物先生成，呈海水状的交代矿物后生成。

(3) 假象结构：某种矿物交代另种矿物而呈后者的假象。假象矿物保留原有矿物的晶体外形、解理等结晶学要素。无疑地，原有矿物生成在先，假象矿物生成在后。

(4) 骸晶结构：骸晶(被交代)矿物生成在先，交代骸晶的矿物生成在后。

(5) 交代格状、交代叶片状等结构：呈格状、叶片状、文象状、蠕虫状等的交代矿物生成在后，呈大片的被交代矿物生成在先。

(6) 镶边、环边、反应边结构：构成镶边、环边或反应边的矿物后生成，而在其内部的矿物先形成。

(7) 交代成因的自形、半自形、他形、斑状和似斑状结构：这些呈自形、半自形、他形和斑状的交代晶体(代晶)必定生成在后，其周围的被交代矿物必定生成在先。

以上交代成因矿石结构均可用以判断矿物生成的先后，但须注意，交代现象常可出现在不同矿化阶段、甚至不同矿化期的矿物之间，不能用它们来确定生成顺序。还须注意，由于交代作用比较复杂，在判断两矿物间生成先后关系时，应对各种现象和可能因素进行综合分析，不能仅凭个别现象就简单地得出结论。例如，不能仅根据接触线尖角刺入某矿物，就认为尖角刺入状的矿物为交代矿物，生成在后。因为刺入矿物的尖角状也可能是被交代而形成的，反而生成在先。也不能认为甲矿物被乙矿物包围，便认为甲矿物被乙矿物交代成残余而先生成。因为甲矿物若成枝状细微脉状物穿插在乙矿物中，当观察光面与枝状细微脉成垂直或斜交时，同样可以看到此种甲矿物被乙矿物包围的现象（此种情况则甲矿物生成在后）。所以，根据交代现象确定矿物的先后次序时，必定要有立体概念，应综合各种现象进行分析判断，特别是应在看到确切的交代现象后，才能确定。

2. 矿物同时生成的标志

只有同时生成的矿物才是严格意义上的共生矿物，利用其组合可以准确判断其形成物理化学参数。主要根据矿石结构作为判断矿物同时生成的标志：

1）固溶体分离结构

凡构成固溶体分离结构的矿物（主矿物和客矿物）均被认为是同时生成的。固溶体分离结构组的矿石结构形态类型很多，所构成的图案各异，但其共同特点是：两矿物（主晶矿物和客晶矿物）的接触界线呈平直光滑或舒缓波状，客晶矿物不突破主晶矿物颗粒边界且较均匀规则分布，无不规则急剧膨缩现象，在客晶矿物交叉部位不仅无膨胀现象，反而明显收缩。

2）重结晶结构

凡胶体或结晶质物质经重结晶作用形成的各种矿石结构，其构成矿物都是同时重结晶的产物，故对于重结晶作用阶段而言，它们是同时生成的。根据重结晶结构的各种鉴定标志确定为重结晶结构后，可确定其构成矿物均系同时生成。

3）共边结构

凡两矿物的接触界线平直、光滑或成舒缓的波浪状，无彼此显著突出或突入的现象，亦无交代、溶蚀或熔蚀现象者称共边结构。构成共边结构的两矿物是几乎同时从熔体或溶液析出结晶沉淀或从固体物质同时重结晶而形成。因此，根据上述标志确定为共边结构后，即可判断构成共边结构的两种矿物为同时生成。

4）其他特殊结构

构成包含结构或嵌晶结构的矿物间，如果彼此间界线平整规则，无交代溶蚀现象，可作为矿物同时形成的标志。

判断矿物同时生成的矿石结构，特别是共边、包含、嵌晶等结构，应根据矿物化学成分、化学性质综合分析判断，通常只有化学组成、化学性质无显著差异的矿物间才能确定为同时生成；有些矿物之间，因为化学成分、化学性质差异显著，如石英与闪锌矿，化学成分、化学性质迥异，即使明显先后生成，它们的接触界线也可平直规则，无明显交代现象，故需要综合各种现象进行分析判断，而不能仅仅依据个别或局部特殊现象确定。

3. 矿物超覆生成的标志

两种矿物颗粒形成时间有部分重叠现象，即构成超覆生成关系。具体又可能是：（1）在某种矿物形成尚未结束，另种矿物已开始形成；（2）两种矿物同时形成同时开始，但其中某种矿物形成结束时间更晚；（3）两种矿物结束形成的时间相同，但开始形成的时间有先有后；（4）某种矿物开始形成的时间早于另一种矿物，但结束形成的时间又更晚。金属矿石，尤其是内生金属矿石，相同矿化阶段的两种或多种矿物形成超覆关系是比较常见的。其识别依据无疑是这些矿物间既有同时形成的标志，又有先后形成的标志。

三、矿物的世代

1. 矿物世代的概念

关于矿物世代的概念，有 2 种略有差异的理解：其一是将矿石形成全过程内同种矿物多次生成的先后次序称为矿物的世代，这是多数研究者的理解；其二是将相同矿化阶段内同种矿物多次析出的先后次序称为矿物的世代，这是少部分研究者的理解。基于研究矿物世代的目的、理论及应用价值，结合多数出现同种矿物先后多次形成的矿床的实际情况，本书采用多数研究者所理解的矿物世代概念。依据该概念，矿石形成作用期间，同种矿物多次析出，每次析出即构成该矿物的一个世代，析出几次就构成该矿物的几个世代。按其形成先后，可依次分为该矿物的第一世代、第二世代等。

矿物世代形成的原因很多，但主要原因是矿物形成作用及其方式和形成物理化学条件有所改变，致使形成某种矿物的化学反应间歇性地重复多次，反复结晶析出的结果。例如在含矿热液系统，通常富含很多的挥发分，尤以 H_2S 和 CO_2 为最常见，其溶解度随溶液的温度下降而增高。当它们与溶液中的金属离子化合后，在适宜的物理化学条件下，便结晶沉淀，形成金属硫化物和碳酸盐，直到溶液的水溶含硫物种（如 HS^-、S^{2-}）和水溶碳酸物种（如 HCO_3^-、CO_3^{2-}）活度，因在结晶时消耗而下降到一定数值时，结晶沉淀即中止。但当含矿溶液的温度继续下降，使其水溶含硫物种和水溶碳酸物种活度增高，又与溶液中该种金属离子化合，而沉淀出另一世代的金属硫化物和碳酸盐。这种作用反复地进行，便可形成矿物的多个世代。又如在气水热液交代（充填）成因的福建尤溪丁家山铅锌矿床中，形成于矽卡岩期气成氧化物阶段的磁铁矿是该矿床最早形成的金属物，构成磁铁矿的第一世代。随着成矿温度降低，溶液硫逸度增高，氧逸度降低，其被高温硫化物阶段矿物（磁黄铁矿－黄铁矿－石英）、尤其是被磁黄铁矿和含黄铜矿固溶体出溶物的闪锌矿交代成残留体，此后，虽然温度继续降低，但随着高温硫化物阶段大量硫化物的晶出，成矿溶液的硫逸度降低，而氧逸度有所增高，进入到中温硫化物阶段（深色闪锌矿－黄铜矿－方铅矿－砷黝铜矿－硫砷铜矿－阳起石－石英）后，又析出少量磁铁矿，构成磁铁矿的第二世代。其通常呈完好的微细粒自形晶与方铅矿、闪锌矿共生，构成共边结构及包含结构。

不同世代的同种矿物，因为结晶时成矿系统的物质成分及物理化学条件的差异，导致它们的类质同象混入物、包裹体种类与含量、矿物的颜色、晶体形态、结晶习性、光学性质、内部结构以及与其他矿物的时空关系（矿石结构）等往往会存在差异。利用这些方面的差异即可区别矿物世代。例如，前述丁家山铅锌矿床，其闪锌矿在中温硫化物阶段、低温硫化物阶段具有析出，构成两个世代。第一世代闪锌矿是该矿区闪锌矿组成主体，主要为中细粒他形晶，其富含黄铜矿或磁黄铁矿固溶体出溶物，可被黄铜矿细脉－网脉穿插交代，硬度较高，反射率高，FeS 含量高，表观颜色为黑－褐色，$\delta^{34}S_{V-CDT}$‰值主要介于 3～6 之间。而仅少量存在的第二世代闪锌矿，主要为细粒半自形－他形晶，质地较为纯净，硬度较低，反射率较低，FeS 含量低，表观颜色为棕黄－黄绿色，$\delta^{34}S_{V-CDT}$‰值主要介于 －1～3 之间。

研究矿物世代，具有比较重要的理论和实际应用价值。一方面可以了解矿石形成过程的成矿系统物质组成和物理化学条件演化的规律，结合成矿地质环境变化，提供矿床成因、成矿条件及成矿机理研究的有用信息；另一方面，通过多世代矿物的成因标型特征研究，结合其时空分布变化规律，可以提供成矿预测及找矿的有用信息。例如许多以黄铁矿为主要载体矿物的金矿床，其黄铁矿多世代性非常明显，但并非各世代的黄铁矿的含金性都相同，只有其中少数世代的黄铁矿含金性较好，是金矿找矿的主要目标，通过研究它们的成因标型特征，即可建立金矿找矿的矿物学标志。此外，不难理解，研究矿物多世代性还可为矿石合理利用提供重要基础资料。

2. 矿物世代的确定

确定矿物世代有以下主要标志：

1）矿物的形态特征及颗粒性质不同，可反映为不同的世代

成矿时的物理化学条件的变化、结晶特点的差异和所受的外力情况不同等，能影响矿物的形态特征。矿物的粒度大小、结晶形态、变形特点等的不同可以确定矿物世代。如粗粒他形的毒砂与细粒自形（菱形或柱状）的毒砂可以是 2 个不同世代。早世代的矿物受应力作用可能产生各种变形，它们能与不显变形的晚世代的矿物区别。又如不同共生组合中的粗粒黄铁矿与细粒黄铁矿即为 2 个世代。此外由于矿物的形成作用或形成方式不同，则同种矿物颗粒可以有胶状的或晶质的以及重结晶而成的变晶颗粒成交代而成的代晶颗粒等能作为不同世代。如胶状黄铁矿和自形板状黄铁矿可以是不同的世代。

2）矿物的化学组分和物理性质差异能表明为不同世代

由于成矿作用中含矿介质的组分浓度的变化，因而不同世代的矿物所含的微量元素特点会有一定差异，如含铁闪锌矿与含镉闪锌矿、含镍黄铁矿和纯黄铁矿等。矿物化学组分的差异反映在矿物的反射率、反射色和颜色、显微硬度和内反射等物理性质特点上也有所不同。如含铁闪锌矿一般反射率偏高，内反射色主要为深褐色且不甚显著；含镉闪锌矿的反射率相应偏低，内反射呈黄褐色且比较显著，可以属不同世代。

3）晶粒内部结构和典型矿石结构特征可以确定矿物世代

因为形成是成矿系统物质组成和物理化学条件各有不同，不同世代矿物的晶粒内部结构特点必有差异。如不显环带结构的粒状磁铁矿与具环带结构的自形磁铁矿，可以是 2 个世代。又如含黄铜矿固溶体出溶物的闪锌矿与不含黄铜矿固溶体出溶物的闪锌矿可能为两个世代。

4）矿物共生组合特点的不同

同种矿物分别产于不同的矿物共生组合内，可代表为不同的世代。

另外，应该指出的是，即使外形为相同晶体颗粒，如果存在内部环带结构，其核心与边缘部分也可能为 2 个世代。有些矿物颗粒的内部环带实际为核心与加大边，是晶体再生长的产物，其核心与加大边可能为 2 个世代，尤其是其核心部分的结晶取向与加大边存在差异或核心部分存在溶蚀现象而被加大边生长修复时，其属于 2 个世代更是确切无疑的。这种现象在广东北部仁化 - 乐昌地区的黄铁矿矿床和铅锌矿床的黄铁矿中表现非常普遍。

矿物世代研究，首先必须依据各种标志确认其多世代性，同时查明多世代矿物的世代数，再结合矿物形成先后顺序标志，确定各世代的先后关系，进而探讨其矿床成因、找矿及矿物利用方面的意义。

应该特别说明的是，上述各种确定矿物世代的标志，虽然未必都会出现在某具体矿床，实际研究时也未必全面开展上述各种标志的研究，但作为成矿期间应为成矿系统物质组成和物理化学条件间歇性变化产物，矿物世代性应存在多方面标志，而且这些标志应有某种普遍性和较宽的空间存在范围，而非局限在某局部空间或某特殊现象。因此，要结合矿床成因特点，尽量综合研究各种矿物世代标志，同时应该要注意具体标志信息的代表性和广泛性，保

证研究样品的空间分布、数量及代表性，而不能仅仅根据个别样品或个别观测视域出现的特殊现象作出结论。

第四节　矿物生成顺序图表的编制

一、矿物生成顺序图表

通过某矿床野外和室内系统观察与分析后，将所收集的有关矿床的矿化类型及矿化演变特征等实际资料，以简明的图表方式表示即为矿物生成顺序图表。该图表能矿床形成全过程的矿化期及其成矿作用类型、矿化阶段及其矿物共生组合、矿物生成顺序和世代及相对含量比例，从而，可以利用该图表分析成矿过程和矿化作用演化规律性。

一张完善的矿物生成顺序图表通常应表示出如下内容：(1)矿床的矿化期和矿化阶段；(2)各矿化阶段的矿物成分及其相对含量，矿物的生成顺序和世代；(3)各矿化阶段的标型矿物或矿物共生组合；(4)各矿化阶段的标型元素(组分)，标型晶形，典型矿石构造、矿石结构和矿物晶粒的内部结构等；(5)各矿化阶段的主要围岩蚀变；(6)各矿化阶段形成的温度范围(据流体包裹体测温资料、地质温度计)。

二、矿物生成顺序图表的形式

矿物生成顺序图表形式，可根据所掌握的具体矿床实际地质矿化特征资料的丰富程度，即矿相学研究的详细程度进行设计。其总体要求尽量将矿物生成顺序图表应表示的重要内容明确地反映在图表上，并力求简洁、美观。格状图表设计科学合理、简洁美观，内容表达也较为完善，是比较成熟的矿物生成顺序图表，已被广泛认可、普遍采用。

格状图表的横轴在本质上反映矿化全过程的相对时间先后，矿化阶段是其基本度量单位。因各矿化阶段的绝对时间长短通常是无法确定的，故均以相同刻度用纵线分割，即各阶段在图表中所占宽度严格相等，不可将某阶段所占宽度随意加宽或收窄。纵轴主要表达矿化全过程的所形成的各种矿物及其相对含量高低，为使图表整洁美观，这些矿物通常按照某种次序排列，比较常见的是按照矿物生成顺序先后依次排列，也可按照金属矿物、非金属矿物及其相对含量多寡顺序排列。

在图表内，用透镜体厚度来表示矿物的相对数量，其最厚处还反映该矿物的形成高峰时间；用长度表示矿物持续形成时间的相对长短。但对于微量、极少量矿物，其相对数量无法用透镜体厚度表示，仅用线段长度表示其持续形成时间的长短，如果因为含量极低、分布稀散，与其接触的其他矿物种类极少，持续形成时间长短没有确切证据，可根据矿物共生组合特点，以虚线段表达其形成时间的长短。此外，某些矿物生成顺序图表还用箭头指示特别显著的矿物交代关系。矿化阶段的命名，视研究详细程度的不同，可用本阶段特征物理化学状态参数(如温度范围、成矿介质物理化学状态)和具有代表性、特征性或标型性的矿物、矿物类、矿物共生组合命名，例如气成氧化物阶段，高温硫化物阶段；也可直接用具有代表性、特征性或标型性的矿物、矿物类、矿物共生组合命名，如铅锌硫化物阶段，碳酸盐硫酸盐阶段；还可用其矿物形成作用类型、方式命名，如变质改造阶段，表生氧化阶段。

应该注意的是，矿物生成顺序图表主要表明矿化的时间演变关系，能有效反演重构矿化全过程的地质环境及物理化学条件演化规律，但没有矿化空间分布与变化概念，不能有效反映各矿化期、矿化阶段的矿化空间范围及其变化特征，需要以文字或其他图表补充反映。

三、编制矿物生成顺序图表的实例

1. 某脉状钨锡铍矿床

首先转引邱柱国资料(1987)，作为编制矿物生成顺序图表的典型实例，说明其具体编制方法。根据邱柱国研究，某产于花岗岩和变质砂页岩中的脉状钨锡铍矿床的原生矿体有4种不同的矿物共生组合：(Ⅰ)主要由石英、绿柱石、长石(正长石、微斜长石和钠长石)、白云母及黑钨矿组合构成的矿体；(Ⅱ)主要由石英、黄玉、电气石、白云母、铁锂云母、萤石，绿柱石、黑钨矿、锡石、辉钼矿、辉铋矿、白钨矿及磷灰石组合构成的矿体；(Ⅲ)主要由黄铁矿、毒砂、辉钼矿、锡石、黄铜矿、闪锌矿、磁黄铁矿、黄锡矿、斑铜矿、方铅矿、自铋矿、日光榴石、石英、萤石、绢云母及绿泥石组合构成的矿体；(Ⅳ)主要由菱铁矿、菱锰矿、白云石、方解石、硅铍石、白钨矿、黄铁矿、石英及萤石矿组合构成的矿体。在Ⅰ类矿体的围周出现钾长石化、钠长石化和云英岩化等围岩蚀变，在Ⅱ类矿体的周围出现云英岩化和(烟紫色)萤石化等围岩蚀变，在Ⅲ类矿体周围出现绢云母化和绿泥石化等围岩蚀变，在Ⅳ类矿体周围出现碳酸盐化蚀变。用气液包裹体测温结果，Ⅰ类矿体的矿物形成温度范围为500~350℃，Ⅱ类矿体为450~300℃，Ⅲ类矿体为300~200℃，Ⅳ类矿体为300~200℃。

根据矿床的矿物共生组合、产状、围岩蚀变和测温资料，可确定矿床系形成于气成-热液矿化期。Ⅰ、Ⅱ类矿体的形成条件为高温热液条件，Ⅲ类矿体为中温热液条件，Ⅳ类矿体为低温热液条件。矿床在地表、近地表氧化带部分，形成了主要由铁钨华、钨华、褐铁矿、铅矾、白铅矿、菱锌矿、异极矿、孔雀石和蓝铜矿等次(表)生矿物共生组合，根据其产状和矿物共生组合，可确定为风化期所形成。

该钨锡铍矿床系在构造活动多次发生，含矿溶液多次脉动地分出并多次进入构造裂隙的情况下形成的。先后有4次构造活动和与之伴随的含矿溶液活动，从而先后形成了由4种不同矿物共生组合构成的矿体。可以看到Ⅰ类矿体被Ⅱ、Ⅲ、Ⅳ类矿体所穿切和叠加，Ⅱ类矿体被Ⅲ、Ⅳ类矿体所穿切和叠加，Ⅲ类矿体被Ⅳ类矿体所穿切和叠加。脉状、角砾状和环状等矿石构造普遍发育也反映出Ⅰ类矿物共生组合被Ⅱ、Ⅲ、Ⅳ类矿物共生组合，Ⅱ类矿物共生组合被Ⅲ、Ⅳ类矿物共生组合，Ⅲ类被Ⅳ类矿物共生组合成脉状穿插或胶结、包裹，也反映出各矿物共生组合形成的先后次序。从某些具带状构造的厚大脉状矿体中，也可看到由Ⅰ类矿物共生组合构成的条带位于厚大矿脉的边缘，由边缘向脉体的中心依次为Ⅱ、Ⅲ、Ⅳ类矿物共生组合构成的条带(脉的中心为4类矿物共生组合)。

根据以上现象，可以将气成-液矿化期划分为4个矿化阶段，即第Ⅰ矿化阶段为硅酸盐阶段，第Ⅱ矿化阶段为硅酸盐-钨酸盐-氧化物阶段，第Ⅲ矿化阶段为硫化物阶段，第Ⅳ矿化阶段为碳酸盐阶段。风化矿化期，在此主要形成氧化物、氢氧化物和含氧盐，主要表现出1个矿化阶段，即氧化作用阶段。

第Ⅰ矿化阶段(硅酸盐阶段)：在本阶段，正长石、微斜长石及少部分石英沉淀结晶较早，这3种矿物间共边结构普遍。另见大量石英交代正长石和微斜长石。钠长石有少部分与前3种矿物呈同时沉淀的共边结构，但大部分则呈浸蚀、残余等结构交代前3种矿物，系超覆沉淀关系。白云母均为交代正长石、微斜长石而形成(生成晚于正长石和微斜长石)，与石英的关系既有同时(共边)生成的现象，也有交代、被交代现象；与钠长石的关系，既有交代的证据，也有同时生成的证据，为超覆沉淀。绿柱石交代前5种矿物的现象显著而普遍，但与石英、钠长石、白云母间也有一些同时沉淀的证据。黑钨矿Ⅰ交代以上各矿物，并有与绿柱石同时生成的现象(共边结构)。根据以上结构证据的分析，得出上述7个矿物的生成顺序为：正长石、微斜长石→石英Ⅰ→钠长石→白云母Ⅰ→绿柱石Ⅰ→黑钨矿Ⅰ。

第Ⅱ矿化阶段(硅酸盐－钨酸盐－氧化物阶段)：根据本阶段各矿物间的结构关系分析，其形成顺序为：石英Ⅱ、铁锂云母→白云母Ⅱ→黄玉→绿柱石Ⅱ→电气石→锡石Ⅱ$_1$→黑钨矿Ⅱ$_1$→辉钼矿Ⅱ→萤石Ⅱ$_1$→黑钨矿Ⅱ$_2$→辉铋矿→锡石Ⅱ$_2$→萤石Ⅱ$_2$→黑钨矿Ⅱ$_3$→磷灰石→白钨矿Ⅱ。其中，除白钨矿为交代黑钨矿形成而是先后沉淀关系外，其余都是超覆沉淀关系。锡石有2个世代，即锡石Ⅱ$_1$和锡石Ⅱ$_2$，锡石Ⅱ$_2$晶体较粗大、颜色深、数量较多；锡石Ⅱ$_1$颗粒小、颜色浅、数量少。黑钨矿有3个世代(即黑钨矿Ⅱ$_1$、Ⅱ$_1$、Ⅱ$_1$)，黑钨矿Ⅱ$_1$晶粒较细小，数量较多，黑钨矿Ⅱ$_2$晶粒较粗大，数量中等，黑钨矿Ⅱ$_3$晶粒粗大，但数量较少。黑钨矿的化学成分特点是：随着世代变晚，形成温度逐渐降低，Mn、Nb、Ta、Sn、Sc的含量逐渐降低，而Fe含量则逐渐升高。萤石有2个世代，萤石Ⅱ$_1$的自形晶体为八面体与菱形十二面体的聚形，呈烟紫色或深紫色，萤石Ⅱ$_2$的自形晶体虽也是菱形十二面体与八面体的聚形，但以菱形十二面体的晶形最为发育，且呈浅紫色或灰绿色，透明度也较好。

第Ⅲ矿化阶段(硫化物阶段)：本阶段主要形成硫化物矿物。根据各矿物间的结构关系，其生成顺序为：石英Ⅲ、锡石Ⅲ、萤石Ⅲ→绿泥石→绢云母→磁黄铁矿→辉钼矿Ⅲ→毒砂→黄铁矿Ⅲ→日光榴石→闪锌矿Ⅲ$_1$→黄锡矿→闪锌矿Ⅲ$_2$→黄铜矿→斑铜矿→方铅矿→白钨矿Ⅲ。各矿物大都呈超覆关系。闪锌矿有2个世代，闪锌矿Ⅲ$_1$(黑色，含铁高)含有黄锡矿的乳浊状包裹体，也有被黄锡矿交代的现象，闪锌矿Ⅲ$_2$(暗褐色)含黄铜矿乳浊状包裹体，但大量的现象则是黄铜矿交代闪锌矿。萤石Ⅲ的自形晶体为立方体或立方体与菱形十二面体的聚形，但以立方体为主，呈浅绿色或无色。铍在本阶段的富硫贫铝环境呈日光榴石形式出现。

第Ⅳ矿化阶段(碳酸盐阶段)：本阶段主要形成碳酸盐。根据各矿物间的结构关系，其生成顺序为：石英Ⅳ→黄铁矿Ⅳ→萤石Ⅳ、白钨矿Ⅳ→菱铁矿→菱锰矿→硅铍石→白云石→方解石，各矿物间的关系大都为超复关系。铍在本阶段缺铝、较低温的条件下以硅被石的形式出现。钨在此富钙、较低温的条件下以白钨矿的形式出现。

风化矿化期的氧化作用阶段表现在矿床的氧化带。形成的矿物主要有铁钨华、钨华、铅矾、白铅矿、菱锌矿、异极矿、孔雀石、蓝铜矿、褐铁矿等。除因铅矾常被白铅矿包裹交代，而显示形成早于白铅矿外，其余各矿物基本与白铅矿同时形成。

综合以上资料，可编制出矿物生成顺序图表，如表11－1所示。该表不仅反映了各成矿期、成矿阶段的矿物组成、矿物形成先后顺序、世代及含量特点，还将矿化温度、标型元素组合、矿石结构、矿石构造及围岩蚀变等成矿期、成矿阶段及矿物生成顺序确定的典型标志也在表内列出，这样便可较好地提供矿化过程的地质环境、成矿系统物质组成及物理化学条件演化规律。

2. 某气水热液交代型铅锌矿床

1)矿床地质特征简述

矿床位于华南褶皱系武夷－云开褶皱带东北段，是浙闽粤多金属成矿带的组成部分。矿区主要出露前寒武系马面山群绿片岩相变质岩和侏罗系陆相火山－碎屑沉积地层；为北东向区域性复式背斜的组成部分，北东－北北东向断裂极为发育；燕山期除陆相火山活动外，区内大量出露总体呈北东向串珠状分布的花岗岩、石英斑岩、花岗斑岩岩株及岩脉。铅锌矿体主要呈似层状、透镜状及脉状赋存在马面山群大理岩地层及其与石英(－绢云母)片岩界面岩内，矿体内部常有白云质大理岩残留体，也有少量矿体呈脉状赋存于侏罗系(火山)碎屑岩地层。矿体分布就位明显受岩性、岩性界面、角度不整合面及断裂构造控制，赋矿的马面山群碳酸盐岩除远离矿化带为大理岩和在矿体内部及其附近局部为(白云质)大理岩残留体外，均强烈矽卡岩化，形成典型的石榴子石－透辉石－透闪石－绿帘石－阳起石(蛇纹石)矽卡岩矿物组合。此外，无论马面山群或侏罗系赋矿围岩，均发育硅化、绿泥石化及碳酸盐化。原生矿石的常见金属矿物为黄铁矿、闪锌矿、方铅矿，其次为磁铁矿、磁黄铁矿，少量黄铜矿，还可见斑铜矿、赤铁矿、硫砷铜矿、砷黝铜矿等。地表、近地表部分的氧化矿石可见褐铁矿、孔雀石、蓝铜矿、菱锌矿、铅矾等次生矿物。

2)矿化过程简析

通过较详细的现场地质调查和室内综合研究，结合铅锌成矿期石英流体包裹体和花岗岩全岩的 Rb－Sr 等时线测年成果，认为矿床系与燕山期花岗质岩浆活动有关的气水热液交代型矿床，其形成过程具有明显的多期多阶段性。

(1)矽卡岩期：根据矽卡岩矿物组合特点，可分为 2 个矿化阶段，均为无矿阶段。

①干矽卡岩阶段：主要形成透辉石－石榴子石－硅灰石矿物组合，以透辉石为主，其次为石榴子石，硅灰石仅局部出现。石榴子石主要为钙铁榴石，其次为钙铝榴石，它们属于 2 个世代。前者通常与透辉石密切伴生，构成石榴子石透辉石矽卡岩，可被透辉石交代；后者主要呈浸染状、条带状或呈脉状分布于矽卡岩化大理岩，少量呈脉状穿插透辉石矽卡岩。

②湿矽卡岩阶段：主要形成绿帘石－透闪石矿物组合，偶见金云母。此阶段早期析出的绿帘石和透闪石密切伴生，构成绿帘石－透闪石矽卡岩；晚期形成的绿帘石、透闪石产出形式明显不同，往往呈单矿物脉穿插矽卡岩或矽卡岩化大理岩，尤以绿帘石表现最为典型。由此可见，透闪石、绿帘石具有 2 个世代。

(2)热液期：矿石主要形成与热液期，根据矿石组构和矿物共生组合特点及流体包裹体测温等综合结果，可划分为 4 个矿化阶段，均为有矿阶段。

①磁铁矿－赤铁矿阶段(气成氧化物阶段)：此阶段除早期仍有极少量透闪石、绿帘石析出外，没有新的钙镁硅酸盐矿物形成，造岩作用被造矿作用取代。此阶段温度高，水仍以气态为主，硫也呈气态，主要形成磁铁矿，少量出现赤铁矿，非金属矿物除开始时有少量绿帘石、透闪石外，只在晚期出现少量石英。根据各矿物间的结构关系，其生成顺序为透闪石→绿帘石→赤铁矿 I_1→磁铁矿→赤铁矿 I_2→石英。反映本阶段透闪石、绿帘石析出后，气态成矿流体系统的氧化程度高，形成少量板柱状赤铁矿，但随着温度降低，还原程度增高，形成大量半自形－他形(五角十二面体)晶粒状磁铁矿，并交代第一世代赤铁矿而保留其假象；此后温度继续降低，氧化程度再度增高，又出现少量第二世代他形赤铁矿晶体集合体，其主要沿磁铁矿裂理、边缘交代；石英在磁铁矿晶出晚期开始析出，至此阶段晚期析出量增加。

②黄铁矿－磁黄铁矿－石英阶段(高温硫化物阶段)：随着成矿流体在气成氧化物阶段晚期液化，水溶含硫物质活度显著增高，导致析出大量磁黄铁矿和黄铁矿，到晚期析出少量黄铜矿，石英析出过程贯穿此阶段。根据矿石结构特征，上述矿物的生成顺序为石英→黄铁矿→磁黄铁矿→黄铜矿。石英是此阶段贯通矿物，黄铁矿析出较早，常在磁黄铁矿集合体内呈

交代残余体，但也常见黄铁矿石英脉穿插赋矿矽卡岩及其旁侧石英－绢云母片岩或大理岩，其 δ^{34}S‰＝5.4～2.6。磁黄铁矿明显交代黄铁矿，而数量较少的黄铜矿则主要沿先期硫化物颗粒粒间、边缘及裂隙溶蚀交代。此阶段磁黄铁矿常常单独富集形成块状、条带块状磁黄铁矿矿石，也可在矽卡岩或大理岩内呈脉状产出，其主要为六方晶系，也有少量为单斜晶系，但单斜晶系磁黄铁矿几乎没有例外地在六方磁黄铁矿晶体颗粒内部呈叶片状定向分布，系固溶体出溶物，其 δ^{34}S‰＝4.1～2.5。根据此阶段六方磁黄铁矿地质温度计、六方磁黄铁矿－单斜磁黄铁矿固溶体地质温度计及石英流体包裹体测温，其成矿温度约为360～300℃，峰值约为330℃。

③闪锌矿－方铅矿－黄铜矿－斑铜矿－硫砷铜矿－阳起石－石英阶段(中温硫化物阶段)：本阶段是铅锌硫化物的主要成矿阶段。绝大多数闪锌矿、方铅矿、黄铜矿及其他铜的硫化物(硫盐)矿物(如斑铜矿、硫砷铜矿、砷黝铜矿等极少量或微量矿物)都形成于此阶段，也有微量磁铁矿、磁黄铁矿形成于此阶段。本阶段磁铁矿出现在早期，反映在本阶段早期，成矿流体的还原程度还较低。与气成氧化物阶段所形成的磁铁矿不同，这种磁铁矿主要呈微细粒八面体自形、半自形晶粒状被闪锌矿、方铅矿包裹构成包含结构或在这两种矿物的粒间界面构成共边结构。本阶段闪锌矿普遍含定向乳滴状、叶片状黄铜矿和极少量磁黄铁矿，系固溶体分离产物。本阶段黄铜矿具有2个世代，第一世代黄铜矿主要呈乳滴状、叶片状定向分布在闪锌矿晶体颗粒内部，第二世代黄铜矿明显交代溶蚀闪锌矿，是黄铜矿在组成主体。在赋矿大理岩中，可见主要由这种黄铜矿与闪锌矿构成的矿物集合体呈脉状穿插交代呈脉状产出的磁黄铁矿矿石，构成复脉状构造。本阶段磁黄铁矿虽然数量极少，但既可与闪锌矿构成固溶体分离结构，也可呈交叉脉状、网脉状穿插交代闪锌矿，构成2个世代。含量极低的斑铜矿、硫砷铜矿及砷黝铜矿多溶蚀交代黄铜矿。阳起石是本阶段最常见脉石矿物，其主要呈束状、簇状穿插闪锌矿及形成更早的矿物，但可被黄铜矿等矿物溶蚀交代。根据矿石组构特征，上述矿物的生成顺序为：磁铁矿→闪锌矿→方铅矿→阳起石→黄铜矿→磁黄铁矿→斑铜矿→硫砷铜矿，这些矿物多具有超覆关系。此阶段闪锌矿的 δ^{34}S‰＝5.6～3.4，方铅矿的 δ^{34}S‰＝4.1～2.7。根据石英流体包裹体测温结果，此阶段成矿流体温度更低，为240～200℃，峰值集中在220℃。

④闪锌矿－方铅矿－方解石－蛇纹石阶段(低温硫化物碳酸盐阶段)：本阶段总体发育强度低，金属矿物仅形成极少量闪锌矿和方铅矿，脉石矿物主要形成方解石等碳酸盐矿物，少量析出石英，蛇纹石也形成于此阶段。本阶段形成的闪锌矿、方铅矿与上阶段者明显不同，闪锌矿颜色浅、硬度相对较低，质地纯净，颗粒微细，方铅矿解理发育程度低，颗粒微细，它们可呈半自形晶粒状或往细脉状集合体穿插先阶段形成的硫化物矿物。石英仅在早期晶出，多与方解石一道呈脉状产出，到本阶段晚期，仅析出方解石等碳酸盐矿物及蛇纹石。此阶段闪锌矿 δ^{34}S‰＝2.7～－0.9，方铅矿其 δ^{34}S‰＝2.4～1.2。根据石英流体包裹体测温结果，此阶段成矿流体温度低，为180～140℃，峰值集中在170℃。

(3)风化期：该矿区因原生矿体主要隐伏铲除，风化矿化期总体发育强度低，仅个别地表、近地表矿体受到风化矿化期改造，形成的矿物可见褐铁矿、孔雀石、蓝铜矿、菱锌矿、铅矾等次生矿物。它们没有明显的先后关系，只划分1个矿化阶段，即表生氧化阶段。

3)矿物生成顺序图表的编制

根据上述资料编制本矿床的矿物生成顺序图表如表11－2。

表11-1　某脉状钨锡铍矿床的矿物生成顺序表

矿化期	气成—热液期				风化期
矿物 \ 矿化阶段	硅酸盐阶段 I	硅酸盐-钨酸盐-氧化物阶段 II	硫化物阶段 III	碳酸盐阶段 IV	氧化作用阶段
石英					
正长石					
微斜长石					
钠长石					
白云母					
绿柱石					
黄玉					
黑钨矿					
铁锂云母					
萤石					
辉钼矿					
锡石					
电气石					
辉锡矿					
磷灰石					
毒砂					
黄铁矿					
日光榴石					
闪锌矿					
绿泥石					
绢云母					
磁黄铁矿					
方铅矿					
斑铜矿					
黄铜矿					
黄锡矿					
白钨矿					
菱铁矿					
菱锰矿					
硅铍石					
白云石					
方解石					
铁钨华、钨华					
铅矾					
白铅矿					
菱锌矿					
异极矿					
孔雀石					
蓝铜矿					
褐铁矿					
形成的温度(气液包裹体测温度)	500℃	300℃	300℃ 200℃	200℃ 50℃	＜50℃
标型元素(组分)	K、Na、Si、Be	W、Sn、F、Si、Be、O_2	Fe、Zn、Cu、Pb、Be、S、(As)	Ca、W、CO_2	Zn、Fe、Cu、(W)、O_2、CO_2、H_2O
矿石结构	自形与半自形淀晶	自形与半自形淀晶浸蚀、残余	自形、半自形、他形、浸蚀、残余、固溶体分离、骸晶	半自形与他形淀晶、浸蚀、残余	胶体、放射状表晶
矿石构造	块状、晶洞状、条带状	晶洞状、块状、脉状 条带状 角砾状	块状、脉状、细脉状 条带状	脉状、浸染状	土状、粉末状、蜂窝状、网脉状 皮壳状
围岩蚀变	钾长石化 钠长石化 云英岩化	烟紫色萤石化	绢云母化 绿泥石化	碳酸盐化	次生褐铁矿化

表11-2　某气水热液交代型铅锌矿床的矿物生成顺序表

矿化期	矽卡岩矿化期		气水热液矿化期				表生期
矿化阶段 / 矿物	干矽卡岩阶段	湿矽卡岩阶段	气成氧化物阶段	高温硫化物阶段	中温硫化物阶段	低温硫化物碳酸盐阶段	表生氧化阶段
石榴子石 透辉石 硅灰石 透闪石 绿帘石 阳起石 石英 绿泥石 赤铁矿 磁铁矿 黄铁矿 磁黄铁矿 黄铜矿 斑铜矿 砷黝铜矿 硫砷铜矿 闪锌矿 方铅矿 方解石 蛇纹石 褐铁矿 菱锌矿 铅矾 孔雀石 蓝铜矿 胆矾	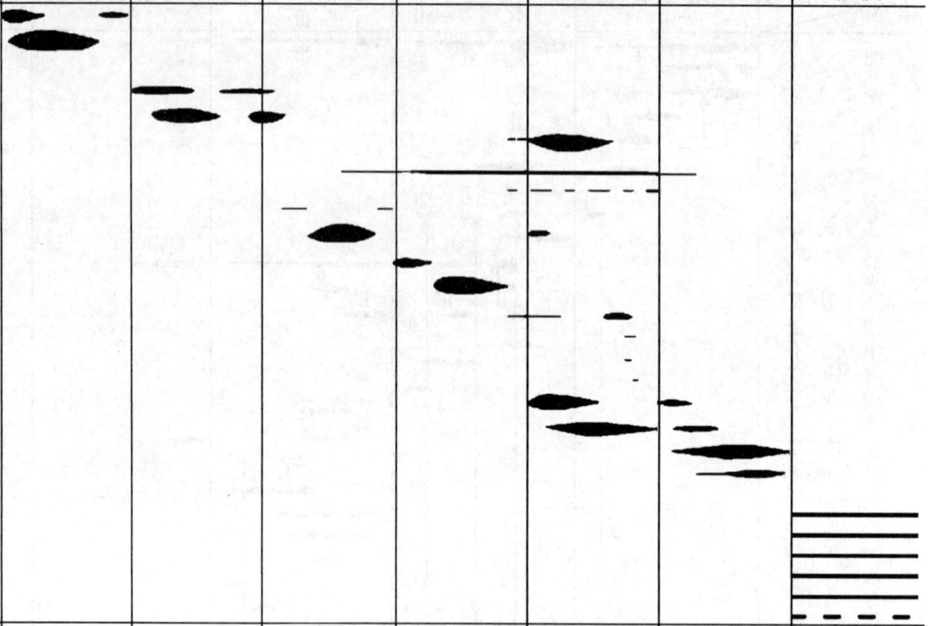						
成矿温度			＞450℃	360~300℃ (330℃)	240~200℃ (220℃)	180~140℃ (170℃)	＜50℃
标型矿物	石榴子石、透辉石	绿帘石、透闪石	磁铁矿、赤铁矿、少量石英	黄铁矿、磁黄铁矿、石英、极少量黄铜矿	闪锌矿、方铅矿、阳起石，少量黄铜矿、砷黝铜矿等	闪锌矿、方铅矿、方解石、蛇纹石	褐铁矿、孔雀石
矿石结构	自形晶 半自形晶 他形晶		半自形晶 假象 他形晶	半自形晶六方、单斜磁黄铁矿固溶体分离结构溶蚀交代结构	闪锌矿、黄铜矿、磁黄铁矿固溶体分离结构包含及共边结构	细脉交代结构自形晶结构（闪锌矿）交代溶蚀结构	胶体结构 放射状构结 纤维状结构
矿石构造	块状构造 脉状构造 变余层理构造		团块状构造 脉状构造	块状构造 团块状构造 块状条带构造脉状构造	脉状构造 斑杂状构造 块状构造 团块状构造 浸染状构造	脉状构造	蜂窝状构造 多孔状构造 粉末状构造 网脉状构造 皮壳状构造
围岩蚀变	矽卡岩化		硅化 萤石化	硅化 绿帘石化	阳起石化 绿泥石化 硅化	碳酸盐化 蛇纹石化	褐铁矿化
δs^{34}(‰)				黄铁矿 5.4~2.6 磁黄铁矿 4.1~2.5	闪锌矿 5.6~3.4 方铅矿 4.1~2.7	闪锌矿 2.7~-0.9 方铅矿 2.4~1.2	
成矿时代			气水热液矿化期石英流体包裹体铷锶等时线年龄146. 15±3. 95 Ma				

该表不仅反映了各成矿期、成矿阶段的矿物组成、矿物形成先后顺序、世代及含量特点，还将矿化温度、标型矿物组合、矿石结构、矿石构造、围岩蚀变、硫化物的硫同位素组成及矿化时代等成矿期、成矿阶段及矿物生成顺序确定的典型标志也在表内列出，可较好地提供矿化过程的地质环境、成矿系统物质组成及物理化学条件演化规律，并为矿床成因确定提供关键的物质来源与成矿时代信息。

第十二章　矿石工艺性质研究

第一节　概述

众所周知，对一个矿床进行工业评价，仅仅知道矿石品位、储量、矿体形态、产状和一般物质组成还是不够的，还应该对矿石的工艺性质进行研究。矿石工艺性质研究是矿相学研究工作中必不可少的重要基础部分之一，其任务是为选择选矿、冶炼方法与改进选矿工艺流程，提供所需的关于矿石组成矿物及其工艺性质等方面的矿相学基础资料。

矿石特别是金属矿石，一般都要经过选矿、冶炼的技术加工过程，才能成为国民经济所需要的金属。

为了有效而经济地进行金属矿石的技术加工，这就要求必须查明矿石的化学成分和矿物成分及其含量、矿石的结构构造、有益有害元素的赋存状态、矿物的工艺粒度、有用矿物嵌布特性与嵌镶关系以及矿物间物理和物理化学性质的差异等方面的特点，以选择最经济有效的选冶方法，确定最佳的磨矿细度及最合理的工艺流程，尽可能地综合利用回收全部有用组分。在地质找矿勘探，以至选、冶的各阶段中都离不开矿石工艺性质的考查和研究，不仅要研究原矿石的工艺特性，而且对各级选、冶产品也必须在其矿物组成、化学成分、粒度及相对含量、连生体特征、单体的解离率和解离度以及元素配分关系等方面要进行工艺特性研究，以便改进选、冶方法和流程，提高选、冶效果。

显然，矿石工艺性质的研究内容应是广泛深入的，随着科学技术的进步，对矿石需求的不断增长和综合利用水平的不断提高，研究领域也在不断的拓展和延伸。但就目前而言，它的最基本的研究内容包括以下几个方面：

(1)查明矿石及各工艺流程产物的矿物和化学组成及其相对百分含量。

(2)查明矿石中有用元素(特别是稀有分散元素及微量贵重金属元素)与有害元素的赋存状态及其含量和分布。

(3)查明有用矿物的工艺粒度、嵌布特性及嵌镶关系，以弄清矿物的解离特性。

(4)弄清矿石中各组成矿物的物理和物理化学性质(如比重、硬度、磁性、导电性、不同药剂条件下的湿润性、溶解性等)的差异，并结合矿物的解离性作出矿物可选性的预测。

(5)根据对矿石工艺特性的研究(包括选、冶试验)，作出矿石综合工业评价和提出改进选、冶方法与工艺流程，提高回收率及产品质量等方面的建议。

(6)研究金属矿物在冶金过程中的相变规律，如矿物在氧化与还原条件下的变化，重结晶条件，矿物的消失及生成，矿物形态及结构的变化等。

综上所述，从矿石工艺性质研究的最基本考查内容来看，这些工作大都与矿相学研究密切相关，即都须利用矿相学的研究方法，这充分体现了矿相学在指导矿石技术加工方面，特别是在查定矿石的可选性、选定矿石加工工艺流程和确定矿石综合利用方案等方面的重要实用意义。换言之，在地质找矿勘探以及选、冶的各阶段中，只要正确地利用矿相学的研究方法，认真地对金属原矿石及其各级选、冶产品的工艺性质进行有效地研究，这对有效、综合、合理地利用国家矿产资源，改进工艺流程，降低矿石技术加工成本，防止环境污染，都具有重要的实际意义。

第二节 矿石的组成矿物及其含量测定

矿石中有用矿物、有用组分和有害组分的百分含量，对于矿石的经济价值和选、冶方法的选择都有重要意义。矿石的化学成分一般由化学分析获得，但也可从显微镜下简易地测算获得。而元素赋存的矿物形式和组成矿物的相对百分含量则必须在显微镜下进行测定，对于各级选矿产品，也须进行显微镜下矿物百分含量的测算，以便检查选矿效果，改进选矿流程和提高产品质量。因此，无论对于原矿石，还是选矿产品，在矿相显微镜下进行矿物和组分含量的测算都是必不可少的。

测定矿石组成矿物的含量应根据各自的具体情况，分别采用相应的测算方法。测定原矿石和选矿产品矿物相对含量的方法很多，概括起来主要有如下几类。

一、分离矿物称重法

根据矿石中组成矿物的物性差或化学性质的差异，用磁法、电法、重液法、溶解法或双目镜下的挑选法等将已粉碎的矿石中的各矿物进行分离，所分选出的单矿物的重量与原样品重量之比，乘以100%，即可直接得到该矿物的重量百分含量，可按下式计算：

$$\text{测定矿物的含量\%} = \frac{W_2}{W_1} \times 100\% \tag{12-1}$$

式中 W_1 为样品总重量，W_2 为测定矿物的重量。

例如我们欲测定某矿石中的磁铁矿含量，假定该矿石仅含有磁铁矿一种强磁性矿物，我们称取一定重量的代表性矿石样品(如 W_1 为 400 g)，先进行磨碎，使其中的磁铁矿碎解与脉石分开，然后用磁铁吸出其中的磁铁矿颗粒并称取其重量(W_2 为 60 g)，根据公式 12－1 计算：

$$\text{磁铁矿的含量\%} = \frac{W_2}{W_1} \times 100\% = \frac{60}{400} \times 100\% = 15\%$$

二、矿物组成元素分析法

如果已查明某一元素在矿石中只存在于单一被测矿物中时，可利用化学分析法测定该元素在矿石中的含量，然后再根据被测矿物所含该元素的比例就可以计算出欲测矿物在矿石中的含量，计算公式如下：

$$\text{欲测矿物的含量\%} = \frac{\text{矿石中该元素的含量}}{\text{矿物中该元素的含量}} \times 100\% \tag{12-2}$$

例如，某矿石样品中含 Mo 0.16%，且已查明 Mo 元素仅存在于矿石中的辉钼矿(MoS_2，其中含 Mo59.94%)中，根据公式 12－2 计算，矿石中的辉钼矿重量百分含量为：

$$\text{辉钼矿的含量\%} = \frac{\text{矿石中的含 Mo 量}}{\text{辉钼矿中的含 Mo 量}} \times 100\% = \frac{0.16}{0.5994} \times 100\% = 0.2669\%。$$

如果有几种矿物都含有该元素，则可以用组成矿物的差别溶解特性，获取单矿物相中某组成元素的百分含量。

应用上述2种分析方法来测算矿石中组成矿物的含量无疑是简便的，可是这些方法往往受到组成矿物的嵌布粒度、物理与化学性质等条件的限制，故不能普遍使用。

例如，欲测矿物粒度过细，磨矿不易使欲测矿物从矿石组成矿物中完全解离出来，或欲测矿物与其他伴生矿物的性质相近似，分离矿物的效果较差，则不便应用分离矿物称重法；假如适合欲测矿物与伴生矿物的差异化学溶解方法找不到，就不能借助化学物相分析方法获得欲测矿物的组成元素含量，也就不能使用矿物组成元素分析法。

三、矿物体积含量几何测定法

测定原矿石和选矿产品矿物相对含量的方法主要为矿相显微镜下的“体积含量几何测定法”又称显微镜测量法。

本法是根据各矿物在代表性切面上的“面积比”、所截“线段长度比”或所测“点数比”都等于各矿物的体积含量比这一原理来进行的；然后根据测算的矿物体积比，结合各矿物的比重，计算出重量比；再根据矿物重量比，结合元素（或组分）在各矿物中的百分含量。计算出各元素（或组分）在矿石中的相对百分含量。常用的测量方法有面积法、线段法和点数法三种。

1. 面积法

此方法以物体的体积比等于其截面上的面积比为理论基础。在具有代表性的矿石截面上累计欲测矿物所占的面积数，与测面的总面积相比求出矿物在测面上的面积含量比。此面积含量比就是矿石中欲测矿物的体积百分含量。具体测量方法如图12－1所示，在矿相显微镜下借助目镜测微网进行。测微网为一圆形小玻璃片，纵横各刻有21条经纬线，共成400个小方格。测量时将有代表性的光片置于机械台上顺序移动以观测各视域测微网内各种矿物所占的方格数（不满1小格可合并估算，通常大于1/2小格时以1格计算，1/2时以半小格算，不足1/2时略去不计）。测量工作按一定的测线次序进行，在一条测线上测量颗粒所占的方格数，这条测线上不可能只有一个视域，必定是由数个或数十个视域组成，那么测量时就必须要求移动的前后视域一定要首尾相连。如图12－1所示，在此视域中，测微网内有2个同种颗粒，大的占12.5方格，小的占1.5方格，共占14个小方格。那么在这一个视域中，此种颗粒在所测的光片中的体积百分含量可按下式计算：

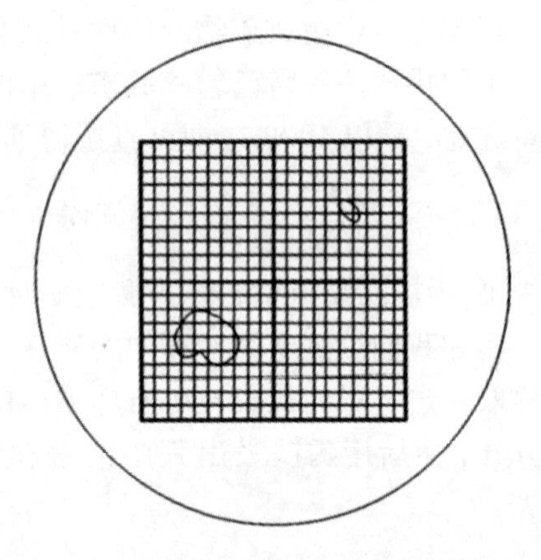

图12－1　面积法测定矿物相对含量示意图

$$\text{欲测矿物的体积含量}(\%)=\frac{\text{累计所得矿物的方格数}}{\text{测量的视域数}\times 400}\times 100\% \qquad (12-3)$$

$$\text{颗粒的体积含量}(\%)=\frac{14}{1\times 400}\times 100\%=3.5\%$$

当然，一个视域的测量是毫无意义的。测量前需根据矿物颗粒大小（工艺粒度）来选择合适的目镜与物镜组合，一般以欲测矿物的细小颗粒不小于测微网的半个方格为宜；测量时通常须测量足够多的均匀分布在矿石光片上的视域，才能保证足够的精度。

2. 线段法(直线法)

此方法以物体的体积比等于截面上的线段比为理论基础。在具有代表性矿石截面上累计欲测矿物在测线上的线段长度，与测线的总长度相比求出矿物在测线上的长度数量比。此长度比就是矿石欲测矿物的体积百分含量。测量方法如图 12－2 所示，在矿相显微镜下借助目镜测微尺进行。测微尺是在一小圆玻璃片上用 10 mm 长度等距离刻为 100 小格的微尺。测量时将有代表性的光片置于机械台依次逐个视域进行，在每个视域中系统地累计测微尺上被测矿物的截距格数。测完一个视域后用机械台把光片顺测微尺方向移动 100 小格的距离使先后 2 个视域首尾衔接。测完一条测线平行地移动一定间距继续累加另一测线上被测矿物的截距格数。欲测矿物的体积百分含量按下式计算：

图 12－2　线段法测定矿物相对含量示意图

$$\text{欲测矿物的体积含量}(\%)=\frac{\text{累计所得矿物的线段格数}}{\text{总视域数}\times 100}\times 100\% \qquad (12-4)$$

线段法亦可借助积分台及电子颗粒计数器等进行测量。

3. 点数法

此方法以物体的体积比等于截面上测点数比为理论基础。在具有代表性的矿石截面上累计欲测矿物的点数，与测线的总点数相比求出在测线上的点数比。此点数比就是矿石中欲测矿物的体积百分含量。测量方法如图 12－3 所示，在矿相显微镜下借助点法电子颗粒计数器进行。这种颗粒计数器由电动移动尺(电动机械台)和按钮式分类累加器两部分组成。前者装在显微镜载物台上，借此等间距移动矿石光片。累加器上有 6～14 个键钮，用以分别累计各种不同的矿物。测量时由观测者根据视域中心点(十字丝交叉点)出现的矿物，按一下与此矿物相应的键钮，使其相对的计数器累加一个点数，与此同时接通一次通往电动移动台的电流，使光片移动一定距离，接着观测者又根据新视域中心点下的矿物按动其相应的键钮。这样顺次分别累计出现各种不同矿物的测点数，用下式计算各种矿物在矿石中的体积百分含量：

$$\text{欲测矿物的体积含量}(\%)=\frac{\text{该矿物的测点数}}{\text{总测点数}}\times 100\% \qquad (12-5)$$

如图 12－3 所示，设想的一种简单情况：某矿物在观测 80 次中有 25 次落在视域中心点上(3 小颗粒各 1 次，1 大颗粒 14 次，2 中

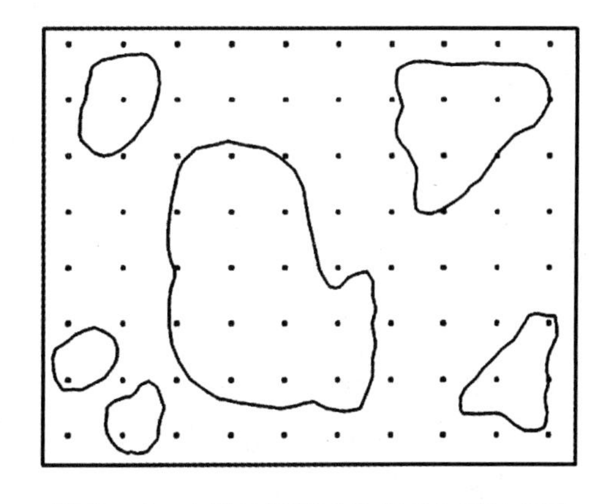

图 12－3　点数法测定矿物相对含量示意图

颗粒(1个3次和1个5次)),则此矿物在矿石中的体积百分含量为25/80×100%,等于31.25%。

应该指出,上述测量矿物百分含量的方法基本上都是人工操作的,效率太低,已满足不了现代测试工作的需要。目前已普遍采用自动快速测量的"自动定量显微图象分析仪",它主要根据不同矿物光学性质(颜色、反射率)的差异来区分不同矿物,分别累计不同矿物在图像中的含量,是一套自动化的在显微镜下定量测定不同亮度物体百分含量的现代化仪器。有时单凭矿物的亮度(颜色)不能进行自动图象定量分析,也可以采用电子探针分析,依据不同化学元素的性质或同一元素的不同浓度来区分矿物,并进行自动图像定量分析以快速测定矿石中组成矿物的百分含量。工作效率和测量精度当然都得到了巨大的提高。

此外,若需计算矿石中金属的百分含量,可用以下两个公式:

$$G_k = \frac{V_k D_k}{V_1 D_1 + V_2 D_2 + \cdots + V_k D_k} \times 100\% \qquad (12-6)$$

式中:G_k为某矿物的重量百分含量;V_k矿物的体积百分含量;D_k为该矿物的比重;V_1,V_2,…,V_k为矿石中各种矿物的体积百分含量;D_1,D_2,…,D_k为矿石中各种矿物的比重。

$$R = M_1 G_1 + M_2 G_2 + \cdots + M_k G_k \qquad (12-7)$$

式中:R为某种金属在矿石中的百分含量;G_1,G_2,…,G_k为矿石中各种含该金属之矿物的重量百分比;M_1,M_2,…,M_k为该金属在各种矿物中的百分含量。若测定出矿石或选矿产品中各矿物的体积百分含量,可根据各矿物的比重,分别计算出个矿物在矿石中的重量百分含量。

第三节　元素的赋存状态及其配分计算

一、元素在矿石中的赋存状态

研究元素的赋存状态(存在形式)不仅在矿床、矿物成因及晶体化学的研究方面有重要的理论意义,而且对矿石的综合评价,对选、冶方法的选择及其工艺流程设计,以及在矿产的综合利用等方面都具有重大的实际意义。

例如,过去曾有不少矿石,尽管通过化验,知道其中的有用元素含量并不低,甚至超过工业品位,但由于有用元素在矿石中的赋存状态没有弄清,因而不能被利用,成为呆矿,被长期搁置。若做好了元素赋存状态方面的研究工作,查明了矿石中全部有用和有害元素的赋存状态,就有可能采取切实有效和经济合理的技术措施来加以提取,达到综合利用的目的。

元素赋存状态是指元素在矿石中的存在形式及其在不同存在形式中的分布数量。也就是说,通过元素赋存状态研究,阐明某种元素在矿石中分布的矿物种类及其在不同矿物中的分布数量。

元素在矿石及其它矿物原料中的存在形式繁多,某种元素的产出形式与自身的晶体化学性质和形成矿石的物理、化学条件有关,元素在矿石中的赋存状态可划分为3种主要的产出形式,即独立矿物形式、类质同象形式和吸附形式。

1.独立矿物形式

当元素呈独立矿物形式产出时,该元素构成了矿物的主要和稳定的成分之一,并占据矿物晶格的特定位置。例如，在铁矿石中铁元素可以呈磁铁矿形式产出，铁构成磁铁矿这种矿物的主要和稳定的成分，而且磁铁矿中铁元素的2种价态的离子Fe^{2+}和Fe^{3+}分别占据磁铁矿晶体结构的特定位置，1/2的三价铁离子占据四面体位置，剩余的1/2三价铁离子和二价铁离子共同占据八面体位置，构成典型的反尖晶石结构。因此，当铁元素以磁铁矿形式产出时，则称在该矿石中铁的赋存状态是独立矿物形式。铁还可以独立矿物形式存在于其他许多矿物中如赤铁矿、钛铁矿、纤铁矿、针铁矿、镜铁矿、菱铁矿、黄铁矿、雌黄铁矿等铁的氧化物、氢氧化物、碳酸盐、硫化物矿物等。

呈独立矿物形式存在的元素，根据该矿物结晶粒度又可划分出一个特殊赋存形式——分散相。当矿物呈极其微细的结晶粒度分布时，其回收利用的难度与结晶粒度较粗时相比将大大增加，有时甚至无法利用。因此，将这种微细分布的独立矿物称为分散相。对于分散相的划分目前没有统一的方法和标准，通常是根据矿物的结晶粒度的大小和矿物分离方法来确定的，结晶粒度小于3～5 μm时，以当前的矿物分离技术就难以分离，故一般将结晶粒度小于3～5 μm的独立矿物形式称为分散相。

呈分散相形式的矿物一般是以各种形式的包裹体或固溶体分离产物产出的，按包裹体的大小又分为显微包裹体和次显微包裹体2种。显微包裹体是指在一般的光学显微镜下可以分辨的包裹体颗粒，粒度一般在0.2～1.0 μm以上；次显微包裹体是指在光学显微镜下无法分辨，需要借助电子显微镜等手段才能分辨的包裹体颗粒，粒度在0.2～1.0 μm以下。

2. 类质同象形式

类质同象也是元素在矿石中的一种常见赋存形式，它是指在矿物晶格中类似质点间相互替代而不改变矿物晶体结构的现象。类质同象状态产出的元素与独立矿物形式不同，这类元素通常不是矿物晶格中的主要和稳定成分，而是由于其结晶化学性质与矿物中的元素的结晶化学性质相似，在一定的条件下以次要或微量元素的形式进入矿物晶格而不改变矿物的晶体结构。

类质同象是矿物中极为普遍的现象，对类质同象的研究，构成了工艺矿物学研究的一个重要方面。类质同象现象是引起矿物化学成分变化的主要原因，地壳中有很多元素本身很少或根本不形成独立矿物，而主要是以类质同象混入物的形式赋存于一定的矿物晶格中。如Re经常赋存于辉钼矿中；Cd、In、Ga经常存在于闪锌矿中；Co、Ni经常存在于黄铁矿和磁黄铁矿中。类质同象的研究有助于阐明矿床中元素的赋存状态、寻找稀有分散元素、进行矿床的综合评价和资源综合利用，有助于分析和了解成矿环境。同时，由于类质同象替代对矿物的性质也产生了一定的影响，研究类质同象有助于元素分离提取方法的选择和技术开发，有助于工艺故障的分析和最优指标的控制。例如，闪锌矿中呈类质同象存在的铁含量较高时，会导致其可浮性降低和精矿质量的降低。

3. 吸附形式

由胶体或变胶体矿物构成的矿石（常为风化、沉积成因的矿石）经常伴随有其他胶体物质和吸附离子，因而某些有用、有害组分也会随之混入呈吸附形式产出。吸附形式产出的元素，是指元素呈吸附状态存在于某种矿物中，根据吸附的性质，可分为物理吸附、化学吸附和交换吸附3种类型。呈吸附形式产出的元素可以是简单阳离子、络阴离子和胶体微粒，其载体矿物主要与黏土矿物有关。因为一些黏土矿物（高岭石、伊利石、埃洛石）的颗粒细小，表明能较大，在破碎晶体的边缘常带有电荷，易于吸附其它质点。

二、元素的配分计算

元素的配分计算，是在元素的赋存状态已基本查明的基础上进行的。为进行元素的配分计算，需要获得如下的参数资料：(1)矿石中各矿物的重量百分含量，可以根据镜下测量获得的体积百分含量，结合矿物的比重(实测或查资料获得)计算求得；(2)各矿物中该元素的含量，可根据单矿物的电子探针分析资料获得，也可根据分选出的单矿物的化验资料获得；(3)矿石中该元素的含量(品位)，通过矿石化验获得。

元素的配分计算是一种计算方法，主要是根据原矿定量分析结果、矿石中被测元素的化学分析品位、单矿物化学分析结果等数据，计算被测元素在矿石各矿物中的含量分布(配分量)和分配比例(配分比)。计算的结果能定量地说明被测元素在矿石中集中或分散的情况，能预测选矿效果和检查元素赋存状态的考查结果。其具体的计算内容如下：

1)计算被测元素在矿石各矿物中的配分量

$$\rho_i = G_i M_i \tag{12-8}$$

式中：ρ_i——被测元素在某一矿物中的配分量(%)；

G_i——矿石中某一矿物的百分含量(%)；

M_i——被测元素在该矿物中的含量(%)。

2)计算被测元素在矿石各矿物中的配分比(配分率)

$$\Phi_i = \frac{\rho_i}{\sum \rho_i} \times 100\% \tag{12-9}$$

式中：Φ_i——被测元素分配到矿石各矿物中的配分比(%)；

$\sum \rho_i$——矿石各矿物中被测元素配分量之和(%)。

3)计算被测元素的配分平衡系数及相对误差

理论上讲，计算出的 $\sum \rho_i$应等于矿石中该元素含量的分析值。由于矿物定量和分析上的误差，两者常存在一定偏差，故需采用配分平衡系数或配分相对误差来检查定量分析结果的精度。配分平衡系数(P)是指被测元素的配分计算值 $\sum \rho_i$与该元素含量的化学分析值之间的符合程度，一般用下式表示：

$$P = \frac{\sum \rho_i}{C_0} \times 100\% \tag{12-10}$$

式中：P——配分平衡系数(%)；

C_0——被测元素在矿石中的含量(化学分析值)(%)；

配分相对误差是指配分计算值 $\sum \rho_i$与该元素的化学分析值之间的相对误差，一般用下式表示：

$$K = \frac{C_0 - \sum \rho_i}{C_0} \times 100\% \tag{12-11}$$

式中：K——配分相对误差(%)。

4)计算被测元素的集中系数

被测元素在矿石中可以呈独立矿物的形式，也可呈各种形式的分散状态产出，而在矿物加工工程中只能使呈独立矿物形式的元素得到有效富集，对于类质同象状态元素则无法通过常规的矿物加工方法分离回收。集中系数是指在矿石中呈独立矿物形式的元素占该元素在矿石中总量的百分数，有时也可指该元素在某种可回收目的矿物中的集中程度。因此，可用被测元素的集中系数(式12－12)来判断该元素通过矿物加工方法可能富集回收的最大数量。

$$R_i = \frac{C_m}{C_0} \times 100\% \tag{12-12}$$

式中：R_i为被测元素集中系数(%)；C_m为呈独立矿物形式存在的元素含量，或以某种矿物形式存在的元素含量(%)。

根据元素的配分计算结果，一般可以从如下几个方面的内容着手分析：(1)分析元素集中与分散的情况；(2)预测选矿的最大回收率；(3)预测精矿的最高品位；(4)预测尾矿的合理流失量；(5)去除有害杂质的可能性等。

现以某铜矿石中镍的配分计算为例说明如下：

矿石中主要矿石矿物为黄铁矿、黄铜矿、斑铜矿及少量次生硫化铜矿物；脉石矿物主要为石英、方解石，其次为长石、云母、绿泥石和磷灰石。首先取矿石样品作光谱半定量分析，结果发现除铜外，镍的含量较高，于是决定查明镍的存在形式；接着取矿石样品作化学定量分析，得矿石中镍的品位C_0为0.035%，具有综合利用价值；再分选出单矿物逐个进行镍含量测定，结果发现镍在黄铁矿中含量最高，黄铜矿、斑铜矿次之，方解石等其它矿物含镍极微(表12－1)；对镍元素的赋存状态进行考查，镍在黄铁矿、黄铜矿、斑铜矿中呈类质同象混入物或呈独立的镍矿物以微细包裹体形式赋存；最后根据化学分析数据资料，相关数据代入上述相应的配分计算公式，得到了镍的配分计算结果(表12－1)。

表12－1　某铜矿石中镍在各种矿物中的含量分布及配分计算结果

矿石中矿物	重G_i量(%)	镍含量M_i(%)	配分量ρ_i(%)	配分比(%)(Φ_i)	配分计算相关参数
黄铁矿	5.02	0.521	0.0262	75.07	$P=99.71\%$ $K=0.29\%$ $R_{Ni}=81.71\%$
黄铜矿	2.35	0.056	0.0013	3.72	
斑铜矿	2.44	0.045	0.0011	3.15	
其　它	90.19	0.007	0.0063	18.05	
总量	100		$\sum\rho_i=0.0349$		

部分数据代入公式计算的具体情况如下：

镍的配分平衡系数 $P = \frac{0.0349}{0.035} \times 100\% = 99.71\%$；

镍的配分相对误差 $K = \frac{0.035 - 0.0349}{0.035} \times 100\% = 0.29\%$；

镍元素的集中系数 $R_{Ni} = \frac{0.0262 + 0.0013 + 0.0011}{0.035} \times 100\% = 81.71\%$。

根据铜矿石中镍元素的配分计算结果，可以作如下成果分析：

(1)Ni元素主要分布在黄铁矿中(占75.07%)，其次分布在黄铜矿(占3.72%)和斑铜矿

(占3.15%)中，一共占81.71%；分布在脉石中的Ni只有18.05%。显然，应把黄铁矿、黄铜矿和斑铜矿作为回收Ni的对象，其中81.71%的Ni将得到综合利用；18.29%的Ni随脉石矿物进入尾矿。

(2)镍硫精矿(黄铁矿精矿)中，Ni的最高品位不会超过0.521%，Ni的最大回收率不会超过75.07%；若黄铁矿的最大回收率在90%以上，则镍精矿的预计品位应达0.47%以上(0.521%×90%)，Ni的预计回收率应达67.56%以上(75.07%×90%)。

(3)若铜精矿中黄铜矿和斑铜矿的回收率也在90%以上，则尾矿中的Ni品位在0.00727%以下较为合理[(0.0262+0.0013+0.0011)×10%+0.0063×70%]。

(4)检查：Ni的配分相对误差K=0.29%，已达精度要求(<10%)。这说明矿物定量、原矿化学分析的Ni品位、单矿物的Ni含量等数据可靠，该矿石中Ni的赋存状态已查清。

第四节　矿物的工艺粒度

一、矿物工艺粒度的概念

矿物粒度可分为结晶粒度与工艺粒度。

结晶粒度是指单个矿物结晶体(晶质个体)的相对大小和由大到小的相应百分含量。结晶粒度一般用于矿石成因分析。

工艺粒度又叫嵌布粒度，是指某些矿物的集合体(复矿物)颗粒和单晶体(单矿物)颗粒的相对大小和由大到小的相应百分含量。工艺粒度通常用于矿石工艺性的分析，它是决定矿物单体解离的重要因素。在选矿工艺过程中，它是选择碎、磨矿作业和选矿方法的主要依据之一。

工艺粒度一般是指单种矿物的工艺粒度。有时，也须研究复矿物工艺粒度。复矿物工艺粒度则系指嵌镶在一起的、由2种或2种以上的矿物集合体所组成的粒度单元，如自然金-黄铁矿、辉银矿-辉锑矿-方铅矿等，它在选矿早期阶段的流程中若需要把这几种矿物同时分选出来，或在选矿过程中仅需要选出此类复矿物集合体(在冶炼过程中分离不同的金属元素)时要求测定该复矿物颗粒的工艺粒度。因此，由于粒度分析目的不同，划分粒度的单元也不同。比如一个重结晶的方铅矿集合体，从矿石成因分析角度看它是很强的许多结晶颗粒，而从矿石工艺性角度来看它则是一个很大的单矿物颗粒，只要把矿石粗粗破碎一下就能达到方铅矿单体解离的要求。反之，一个几厘米大的辉铋矿骸晶，矿物学和矿床学认为它是一个很大的颗粒(大致保持辉铋矿的晶形轮廓，晶体中许多部分被其它矿物所占据)，而从选矿学角度则认为它需要经过很细的磨矿才能将单体解离出来。

为了反映矿物嵌布粒度(工艺粒度)这一特征，简化观测工作，便于清晰明确地指明不同粒度的数量特征，因此要根据矿石中有用矿物粒度的粗细情况，由大到小划分为若干级别，这些级别叫粒级。

关于有用矿物嵌布粒级的划分和命名，目前还没有统一的标准，有一定影响的分类有4种(图12-4，表12-2)。

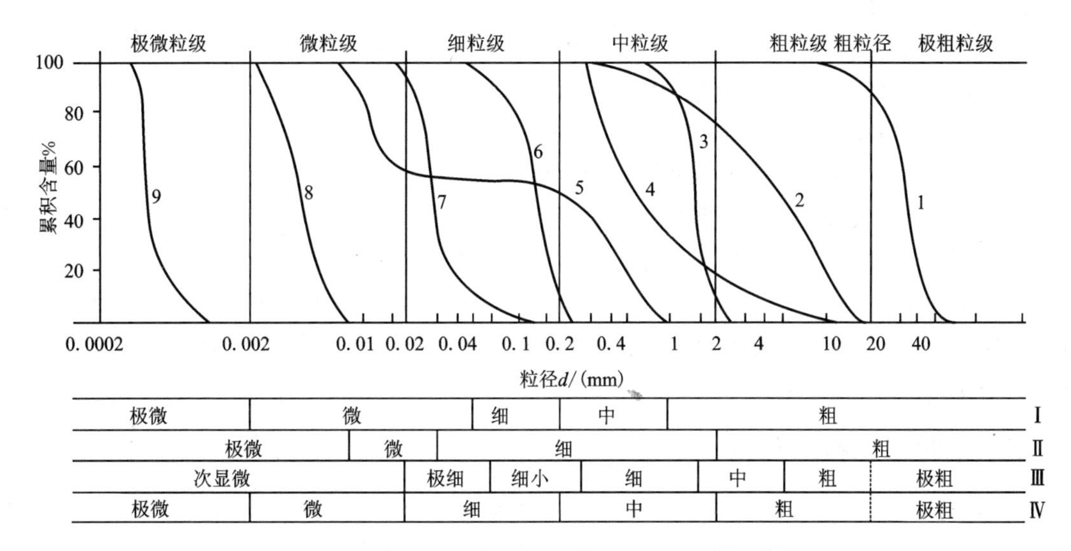

图 12-4 有用矿物嵌布粒级的划分和命名示意图

表 12-2 有用矿物嵌布粒级分类表

粒级名称	粒级范围(mm)	粒级名称	粒级范围(mm)
极粗粒	>20	细粒	0.02~0.2
粗粒	2~20	微粒	0.002~0.02
中粒	0.2~2	极微粒	<0.002

1. 极粗粒等粒嵌布，极粗粒级占90%以上；
2. 粗中粒不等粒嵌布，中粒级为主，粗粒级为次；
3. 中-微粒极不等粒嵌布，粒度范围主要集中在中、细、微粒级且跨三个以上数量级之内，微粒为主，细粒次之，中粒再次之

第Ⅰ种分类：根据标准筛网目16目、60目、100目和2 μm划分为粗、中、细、微、极微5个粒级。其中一些粒级的粒度划分较宽，而有些则过窄。

第Ⅱ种分类：按分选效果与入选粒度范围确定（+40 μm为易选、-40+10 μm为难选、-10 μm难分选）。此类划分同样存在有粒度划分不均匀的问题。

第Ⅲ种分类：按粒径比4划分。粒度范围分布均匀，但划分太细，不易命名。

第Ⅳ种分类：按粒级比10、并以0.2 mm为基准划分。较客观且简单实用。

现以图12-4中列举的几种粒度情况为例，若按表12-2第Ⅳ种粒级准则划分时，图12-4中9条嵌布粒度累计曲线的嵌布粒度命名如下：

曲线1　极粗粒的颗粒含量超过90%，称为极粗粒嵌布；

曲线2　该矿物以粗粒级为主，中粒级为次，属中粗粒嵌布；

曲线3　该矿物中粒的颗粒含量超过90%，属中粒嵌布；

曲线4　该矿物以中粒级为主，粗粒级为次。属粗中粒嵌布；

曲线5　矿物的粒度范围较宽，中粒级和微粒级约各占半数，属中-微粒嵌布；

曲线 6　细粒的颗粒含量超过 90%，属细粒嵌布；

曲线 7　较曲线 6 粒度略小，但仍属细粒级范围，故亦称细粒嵌布；

曲线 8　矿物粒度在微粒级范围内，属微粒嵌布；

曲线 9　矿物粒度在 0. 002 mm 以下，属极微粒嵌布。

其中曲线 1、3、6、7、8、9 六种嵌布粒度属“等粒嵌布类型”，粒度范围较窄，一般在一个嵌布粒级内；曲线 2、4 为“不等粒嵌布类型”，粒度范围较宽，包括 2 个嵌布粒级；曲线 5 属“极不等粒嵌布类型”，粒度范围极宽，跨中粒、细粒、微粒 3 个粒级。

从图 12 - 4 可以看出，嵌布粒度累计曲线图以各粒级的累计百含量作纵坐标(等间距)，以粒径作横坐标(对数值坐标)，标上各粒级的累计百分含量的相对位置，连上各点即绘制成嵌布粒度累计曲线。

二、矿物工艺粒度测量

矿物工艺(嵌布)粒度的测量是确定矿石中有用矿物的粒度及其在各粒级中的含量分布(粒度组成)，是为选取合理的磨矿细度和磨矿工艺流程提供依据的工作，又称粒度分析。

粒度分析的主要内容是：粒级划分；显微镜下的粒度测量、统计和计算；绘制粒度特征曲线和粒度频率曲线；在以上工作基础上，最后对矿物的嵌布特征进行综合性分析。

显微镜下的粒度测量方法较常用的有过尺面测法、直线线测法和点测法 3 种。

1. 过尺面测法

将目镜测微尺东西向横放在视域中，借助机械台把光片按一定间距的测线在南北向上移动，光片上同一纵行的各类颗粒都先后通过视域中的测微尺，每一颗粒通过时根据该颗粒的定向(东西向)最大截距刻度属于那一粒级范围(如 2 格、2 - 4 格、4 - 8 格、8 - 16 格、16 - 32 格……)时，则认为是那一级的颗粒，用分类计数器记录下来。过尺面测法的特点是只测量视域一定范围内的颗粒(如图 12 - 5 中 a - b 范围内)。对于跨在指定范围(a - b)边界上的颗粒可认定只测某一边的颗粒，如测右边的，则左边的都不测。这一条线测完后，再移到第二条测线，直到全光片测完。

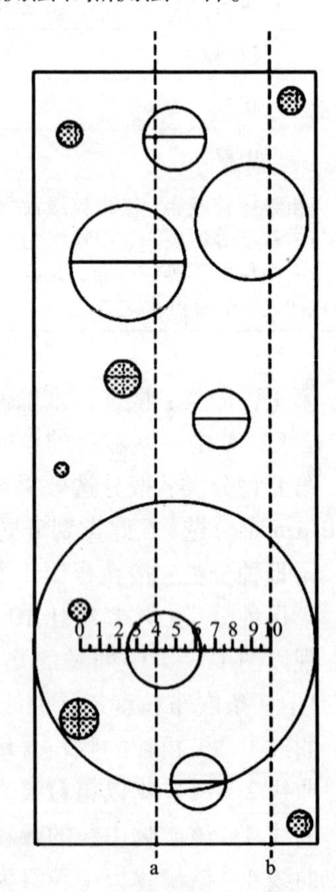

图 12 - 5　过尺面测法进程示意图

现用以某铜矿石实例说明过尺面测法的测量过程：

(1)先对原矿石标本进行肉眼观察，从中选出磨制光片的样品。

(2)将光片置于矿相显微镜下普查，了解矿石中主要有用矿物黄铜矿的单矿物颗粒粒度范围和分布情况，按数量比例精选出供测量用的光片面 10 块，每块均匀分布 5 条测线。

(3)根据黄铜矿颗粒粒度选用合适的物镜和目镜组合。

(4)选定粒级范围(2 ~ 64 格)。

(5)选定测微尺刻度数 40 ~ 100 为测量范围(图 12 - 5 中的 a - b 范围)。

(6)在矿相显微镜下进行各粒级颗粒的实测工作。

(7)根据各粒级的面测颗粒数比，由截面(光片)出露之各粒级颗粒数与矿石中各粒级颗粒数的理论关系，按粒级含量为 $n'd^2$(n'为面测颗粒数，d^2为各粒级粒径)计算各粒级中的矿物含量。表 12-3 为测量计算记录。

(8)绘制嵌布粒度累计曲线(亦称嵌布粒度特性曲线)。

必须指出，面测法仅适用于粒状矿物，特别是适用于含量较稀疏的矿物。因为面测法无法判断非粒状矿物的粒径大小，应采用直线线测法。

表 12-3 某铜矿石中黄铜矿的粒度测量计算记录(过尺面测法)

粒级	刻度格数	粒度范围(mm)	比粒径		面测颗粒数 n'	含量比 $n'd^2$	含量分布 $n'd^2$(%)	累计含量 $\sum n'd^2$(%)
			d	d^2				
Ⅰ	-64 +32	-1.792 +0.869	16	256	30	7680	46.1	46.1
Ⅱ	-32 +16	-0.869 +0.443	8	64	70	4480	26.9	73.0
Ⅲ	-16 +8	-0.443 +0.224	4	16	165	2640	15.9	88.9
Ⅳ	-8 +4	-0.224 +0.112	2	4	358	1432	8.6	97.5
Ⅴ	-4 +2	-0.112 +0.056	1	1	417	417	2.5	100.0
$\sum n'd^2 = 16649$								

2. 直线线测法

其基本测量程序与上述过尺面测法一样，不同的是只测数在视域中南北向竖放之目镜测微尺测线上出现的颗粒。光片随机械台按一定间距的测线南北方向移动，利用测微尺度量通过尺上该矿物的截距长度。如图 12-6 所示，测量工作从测线的一端开始，依次测算测微尺上各粒级颗粒的颗粒数。按测微尺上随遇截距判断颗粒属于那一粒级。如图 12-6 中已测过的那一颗粒的随遇截距为 17 小格，正好在尺上的那一个颗粒为 39 小格。这样前一个视域测微尺上的颗粒全部分级累计后，用机械台使光片移动视域中一个测微尺距离，使测线上的矿物颗粒在测微尺上首尾相接，直至整条测线测完。再使光片横移到另一条测线上继续测数，直至整个光片测完。采用 $n''d\%$(n''为测线上出现的各粒级颗粒数)计算各粒级的百分含量(表 12-4)。

表 12-4 某铜矿石中黄铜矿的粒度测量计算记录(直线线测法)

粒级	刻度格数	粒度范围(mm)	比粒径 d	线测颗粒数 n''	含量比 $n''d$	含量分布 $n''d$(%)	累计含量 $\sum n''d$(%)
Ⅰ	-64 +32	-1.792 +0.896	16	106	1696	39.4	39.4
Ⅱ	-32 +16	- -0.896 +0.448	8	157	1256	29.1	68.5
Ⅲ	-16 +8	-0.448 +0.224	4	193	772	17.9	86.4
Ⅳ	-8 +4	-0.224 +0.112	2	216	432	10.0	96.4
Ⅴ	-4 +2	-0.112 +0.056	1	156	156	3.6	100.0
共计	-64 +2	-1.792 +0.056			4312	100.0	

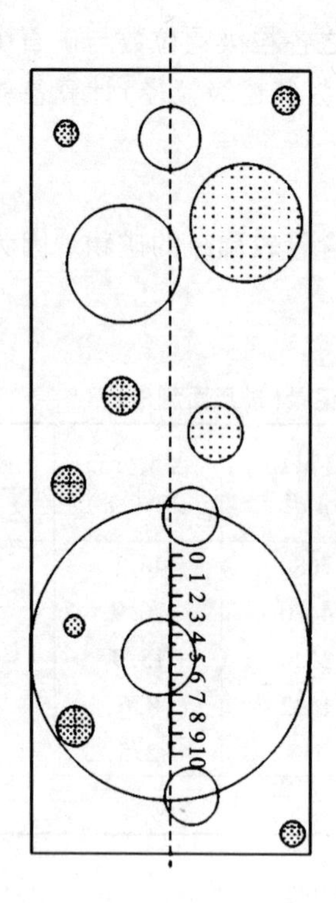

图 12－6　直线线测法进程示意图

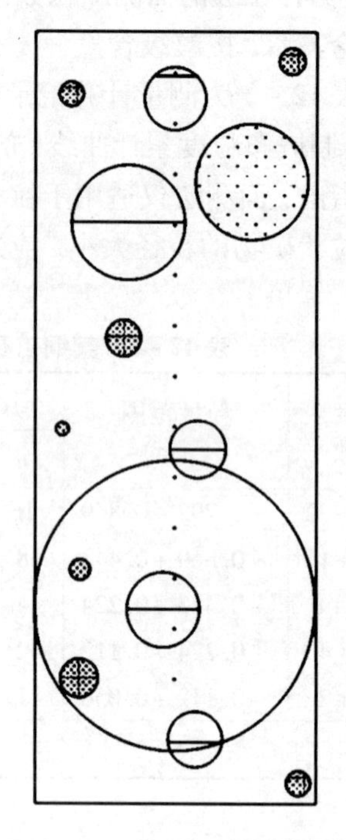

图 12－7　点测法进程示意图

3. **点测法**

借助点法电动求积台与目镜测微尺（东西向横放）配合进行粒径测量，首先指定分类累加器上的各个按钮代表的粒级，用以分别累计不同粒级的颗粒数。测量时观测者判断落在视线测点（目镜测微尺底线的中点、即视域中心点）是什么矿物，若为待测矿物，则用测微尺度量该颗粒属于那一粒级，再按动相应粒级的按钮，使矿石光片自动往前移动一既定间距并累加计数该粒级的一个颗粒数。接着又根据第二个测点上的矿物颗粒按动相应的按钮，如为他种伴生矿物则按动空白按钮来移动测点的位置（图 12－7）。这样逐个测点测下去，直至整条测线、整个光片、全部应测光片测完为止。最后由截面（光片）测点上出现各粒级的颗粒数与矿石中各粒级的颗粒数之理论关系，点测法的粒级含量为 n'''%（n'''为截面测点上出现各粒级的颗粒数），即各粒级的点子数与总测点数之百分比就是各粒级的粒级含量百分比（表 12－5）。

表 12－5　某铜矿石中黄铜矿的粒度测量计算记录（点测法）

粒级	刻度格数	粒度范围（mm）	比粒径 d	测点数 n'''	含量分布 $\frac{n'''}{\sum n'''}$	量计含量 $\sum\frac{n'''}{\sum n'''}$（%）
Ⅰ	－64＋32	－1.792＋0.896	16	570	48.0	46.0
Ⅱ	－32＋16	－0.896＋0.448	8	334	26.9	72.9
Ⅲ	－16＋8	－0.448＋0.224	4	198	16.0	88.9
Ⅳ	－8＋4	－0.224＋0.112	2	100	8.1	97.0
Ⅴ	－4＋2	－0.112＋0.056	1	38	3.0	100.0
共计	－64＋2	－1.792＋0.056		1240	100.0	

应当说明，点测法主要用于粒状矿物的粒度测量。此法优点为测算简便迅速，若用自动显微图象分析仪则可由电子计算机完成度量粒径和累计点数及运算工作，瞬间即可测完一片光片。

第五节 矿物的解离性研究

为了把矿石中的有用矿物富集起来，首先要把有用矿物从矿石中解离出来，只有将有用矿物的单体解离后，才有可能使之分选富集起来。因此矿物解离性的好坏，在很大程度上影响了矿石的可选性和选矿工艺。

矿石各组成矿物在碎矿和磨矿过程中，矿物单体解离的难易程度主要取决于有用矿物的嵌布特性与连生矿物之间的嵌镶关系。例如有些较粗粒级的、且与脉石矿物的结合力不强（呈规则毗连嵌镶，接触面的结合力又较弱）的有用矿物颗粒，在稍加破碎后，就可使之与脉石矿物解离开来。而另一些颗粒较细，呈不规则毗连嵌镶，且与脉石矿物结合力较强的有用矿物，虽经较长时间的磨矿，往往仍难达到解离要求。一些嵌镶在黄铜矿中的自然金或方铅矿中的辉银矿微粒和极微粒包裹体，由于粒度过细，难以从载体矿物中解离出来，只有让它进入铜精矿或铅精矿中，留待冶炼时再予以回收。某些较粗粒级的晶质赤铁矿，与脉石矿物是规则毗连嵌镶，接触面的结合力又较弱，其解离性是较好的，但某些较细粒的晶质赤铁矿，与脉石矿物（玉髓等）呈不规则毗连嵌镶，接触面的结合力又较强，则其解离性就较差，必然会有不少赤铁矿－脉石矿物连生体和脉石矿物包裹物进入铁精矿，而使铁精矿的杂质（如硅质等）含量增高。不同的嵌布特性和嵌镶关系对矿物的解离性影响很大，需要加以查明，以便在选冶过程中采用相应的技术措施来加以处理。

一、单体与连生体的概念

矿石经过破碎和磨矿后，有些矿物呈单矿物颗粒从矿石其它组成矿物中解离开来，根据粉碎后颗粒的组成特点划分为单体颗粒和连生体颗粒 2 类。只含有一种矿物的颗粒称为单体颗粒或单矿物颗粒，通常还根据矿物的种类称为某矿物单体（如铁矿中的磁铁矿单体、金矿中的黄铁矿单体等）；未被解离为单矿物颗粒而呈 2 种或 2 种以上矿物连在一起的颗粒称为矿物连生体颗粒，根据组成矿物的不同，称为“某－某矿物连生体”（如方铅矿－闪锌矿连生体、黄铁矿－闪锌矿连生体、黄铜矿－脉石连生体等）。

对连生体的研究主要是指连生体的质量特征和结构特征研究。其质量特征主要包括连生体的矿物组成、连生体中有用矿物的相对含量和各类连生体的数量等方面内容。比如连生体的矿物组成无外乎这 3 种类型：(1) 几种有用矿物连生在一起，如黄铜矿－斑铜矿连生体；(2) 一种有用矿物和脉石矿物连生在一起，如黄铜矿－脉石连生体；(3) 几种有用矿物和脉石矿物连生，如黄铜矿－斑铜矿－脉石连生体等。显然，后 2 种连生体往往是精矿品位偏低、尾矿品位偏高、回收率不高的原因。另外，连生体中有用矿物的相对含量是衡量其质量特征好坏的重要指标，通常用有用矿物在每一个连生体颗粒中所占的面积分数来表示。一般采用四分法，即将 1 个连生体颗粒的截面积分为 4 份，视有用矿物大致所占的份额，而有1/4、2/4、3/4 等 3 种连生体颗粒。测定有用矿物在连生体中的含量，也就是将有用矿物在连生体中所占的份额，折算成单体颗粒数。这无疑将直接影响矿物的单体解离度。连生体的结构特征(图 12－8)其实是原矿石结构和构造的一部分。大体有包裹连生型[图 12－8(a)]、穿插连生型[图 12－8(b)]和毗邻连生型[图 12－8(c)]3 种基本类型，不然看出，连生体的结构特征对于磨矿细度的进一步确定是有重要的实际意义的，图 12－8 中(b)要比(c)磨得细点，(a)比(b)要磨得细点，只要认清了这些特征才能有助于找到最佳的磨矿细度。

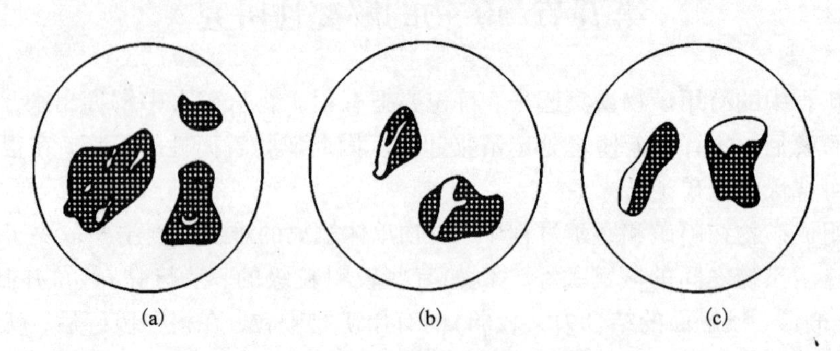

图 12－8　连生体的结构特征

二、单体解离度的概念

矿石的组成矿物在外力作用下转变为单体的过程称之为矿物解离。某种矿物解离为单体的程度就称之为该矿物的单体解离度，用来表示某矿物解离为单体颗粒的重量或体积百分含量。即：某矿物的解离度＝矿物单体的含量/矿物的总含量×100%。矿物的总含量也就是矿物单体和其在连生体中的含量之和，因此，矿物单体解离度，是指某矿物单体的含量与该矿物在样品中的总量(单体含量和连生体含量之和)之比。即：

$$F=\frac{f}{f+f_i}\times 100\% \qquad (12-13)$$

式中：F——某矿物的单体解离度(%)；

f——该矿物单体的含量(重量或体积百分比)(%)；

f_i——该矿物呈连生体形式的含量(重量或体积百分比)(%)。

有用矿物的单体解离度，是衡量磨矿效果的重要标志之一。磨矿的作用就是制备矿物单体解离度高又不产生过粉碎的入选矿石。而且矿物单体解离度也与精矿品位和回收率之间有着直接的联系。

三、矿物的嵌布特性

矿石中组成矿物的嵌布特性是指该矿物的嵌布粒度和嵌布均匀性。嵌布粒度在上一节已作了论述，在此不再叙述。矿物的嵌布均匀性是指矿石中有用矿物在空间分布的均匀程度。矿物在矿石中的分布情况，大致分为 2 种情况：(1)均匀嵌布——矿石矿物均匀分散在矿石的各个部分；(2)不均匀嵌布——矿石中有用矿物呈局部富集产出。从矿石选矿工艺性角度来考虑，矿物在矿石中的嵌布均匀性可用矿物嵌布均匀度来表示：

$$\text{矿物嵌布均匀度}=\frac{\text{含矿单元数}}{\text{测量单元数}}\times 100\% \qquad (12-14)$$

式中：每立方厘米体积为一个单元。

嵌布特性与矿石构造是不同的，矿石构造是从自然形态特征的角度讨论矿物集合体的形状、大小和空间分布等形态特征，应用于矿床和矿石的成因研究。而嵌布特性则从选矿工艺的角度来讨论矿石中矿物的工艺粒度大小及其分布情况特点，两者有本质的不同。例如，矿石的浸染状构造，它可以是等粒嵌布，也可以是不等粒嵌布，还可以有极粗粒、粗粒、中－细粒、细粒－极微粒嵌布等，这些不同嵌布类型又都影响选矿指标和效果。

有用矿物在矿石中的分布情况，有的是呈细粒均匀分散在矿石的各个部分中，有的却呈局部富集产出。前一种情况由于均匀分布在全部矿石中，因此往往要求把全部矿石磨至有用矿物解离后才能进行分选；而后一种情况则由于有用矿物呈局部富集，势必存在着大量不含有用矿物的脉石块。若粗碎后先除掉大量脉石，再进行磨矿和分选则较为合理，因此，有用矿物在矿石中的嵌布均匀性，对于确定选矿流程具有一定的意义。

矿物嵌布的均匀类型可根据该矿物在矿石中的嵌布均匀度来确定(表 12－6)。

表 12－6 矿物嵌布的均匀类型

嵌布均匀类型	矿物的嵌布均匀度(%)	嵌布均匀类型	矿物的嵌布均匀度(%)
极均匀嵌布	>95	不均匀嵌布	25～5
均匀嵌布	95～75	极不均匀嵌布	<5
较均匀嵌布	75～25		

四、连生矿物的嵌镶关系

我们研究矿石的工艺特性时，不能仅仅只了解有用矿物本身的特点，还必须了解它与其他矿物之间的关系。矿物的镶嵌关系是指：矿物在矿石中与连生矿物之间的相对粒度大小、空间关系；矿物与其连生矿物之间接触界面的形态与解离性关系；连生矿物的物性差与解离性的关系。

嵌镶关系与矿石结构是不同的。后者主要是从成因的角度来研究的，而前者则完全是从选矿的角度来研究的，两者的出发点不同。例如，乳浊状结构，从成因的角度，它是固溶体分离作用形成的；但从选矿角度来看，它属于包裹嵌镶类型。

矿物的嵌镶关系与矿物的解离性关系密切，不同的嵌镶关系具有不同的解离性。

根据连生矿物间的相对粒度大小与空间关系和界面形态特征，一般将连生矿物的嵌镶关系分为 4 个类型(图 12－9)。

1. 毗连嵌镶型

指不同的矿物颗粒连生在一起，相互毗连嵌镶[图 12－9(a)]。根据连生矿物的相对粒度大小的不同，可以分等粒毗连嵌镶与不等粒毗连嵌镶。根据连生矿物接触界面的形状，平整或参差的情况，可以分为规则与不规则毗连嵌镶等亚类。某些从溶液和熔融体中结晶出来的晶面平整的晶体或某些自形晶(如八面体的磁铁矿)，以其平整的晶面规则地与他种连生矿物相嵌镶所构成的“规则毗连嵌镶”，显然比因交代作用使连生矿物的接触界面参差不齐所构成的“不规则毗连嵌镶”要易于解离得多。

2. 包裹嵌镶型

一种矿物作为机械包裹物被包裹在另一种主矿物中。如图 12－9(b)中自然金被包裹在黄铁矿中。

3. **脉状嵌镶型**

一种矿物成脉状或网脉状穿插到另一种矿物中。如图 12 - 9(c)中自然金呈脉状穿插黄铁矿。

4. **皮壳嵌镶型**

一种矿物被另一种皮壳状的矿物所包裹。如锡石被一薄层皮壳状的黝锡矿所包裹[图 12 - 9(d)],在此情况下在浮选分离或去除硫化物时,会随同其他硫化物一起进入硫化物精矿或尾矿,而导致锡石的回收率显著下降。

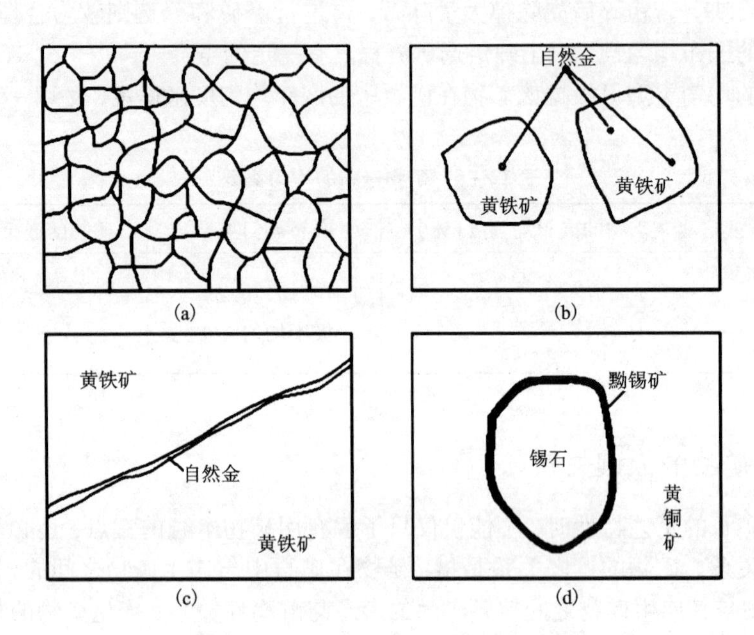

图 12 - 9　矿物的嵌镶关系基本类型示意图

除了不同的嵌镶类型影响矿物的解离性以外,连生矿物间的结合力(与连生矿物之间的物性差有关)也影响矿物的解离性。若矿物接触面的结合力(附着力)弱于矿物内部的结合力(内聚力),显然是易于解离的。反之,则难于解离,当碎矿、磨矿时将主要不是沿接触面破裂而是沿许多与接触面成不同角度相交的断裂面破裂,会形成大量的连生体,而大大降低有用矿物的解离度。

在选矿的各种产物中常常有未解离的颗粒,它们一般是包含两种或更多种矿物的复合颗粒,这类颗粒统称连生体。连生体的存在常常决定该产品是否还需要或可能再细磨,故在决定磨矿细度和确定选矿工艺流程时相当重要。

附 表

附表1　金属矿物鉴定表索引表

反射率	硬度	鉴定表号	矿物名称及绿光平均反射率(%)			
R > 黄铁矿	高硬度矿物组	附表2-1 第一鉴定表	锇铱矿	70.9	斜方砷铁矿	53.2
			斜方砷钴矿	58.0	毒砂	52.8
			斜方砷镍矿	55.2	黄铁矿	52.7
			砷铂矿	55.5	白铁矿	51.9
			辉砷镍矿	54.2	红砷镍矿	50.9
			方钴矿	53.9	铁硫砷钴矿	50.3
	中硬度矿物组	附表2-2 第二鉴定表	自然铂	70.4	辉砷镍矿	54.2
			锑银矿	62.6	自然砷	53.8
			微晶砷铜矿	61.6	斜方砷铁矿	53.2
			斜方砷钴矿	58.0	针镍矿	51.8
			斜方砷镍矿	55.2	红砷镍矿	50.9
	低硬度矿物组	附表2-3 第三鉴定表	自然银	94.5	碲金矿	64.4
			银金矿	86.4	碲铋矿	63.4
			自然金	77.8	微晶砷铜矿	61.5
			自然锑	72.0	自然铜	60.6
			碲铅矿	69.8	针硫金银矿	54.6
			自然铋	66.7		
黄铁矿 > R > 方铅矿	高硬度矿物组	附表2-4 第四鉴定表	斜方砷镍矿	55.2	红砷镍矿	50.9
			砷铂矿	55.5	铁硫砷钴矿	50.3
			辉砷镍矿	54.2	辉砷钴矿	49.5
			方钴矿	53.9	硫钴矿	47.0
			斜方砷铁矿	53.2	锑硫镍矿	46.4
			毒砂	52.8	硫镍钴矿	45.4
			黄铁矿	52.7	紫硫镍矿	42.2
			白铁矿	51.9	硫铜钴矿	42.2
	中硬度矿物组	附表2-5 第五鉴定表	斜方砷镍矿	55.2	砷镍矿	48.0
			辉砷镍矿	54.2	镍黄铁矿	48.0
			自然砷	53.8	硫钴矿	47.0
			斜方砷铁矿	53.2	锑硫镍矿	46.4
			针镍矿	51.8	硫镍钴矿	45.4
			红砷镍矿	50.9	黄铜矿	43.9
			铁硫砷钴矿	50.3	紫硫镍矿	42.2
			辉砷钴矿	49.5	硫铜钴矿	42.2
			砷铜矿	48.1	红锑镍矿	41.8
	低硬度矿物组	附表2-6 第六鉴定表	针碲金银矿	54.6	方铅矿	43.1
			黄铜矿	43.9	硫锑铋铅矿	43.0
			辉铋矿	43.6	辉锑矿	39.6

续附表 1

反射率	硬度	鉴定表号	矿物名称及绿光平均反射率(%)			
方铅矿 > R > 黝铜矿	高硬度矿物组	附表 2-7 第七鉴定表	硫铜钴矿	42.2	钡硬锰矿	29.6
			软锰矿	34.5		
	中硬度矿物组	附表 2-8 第八鉴定表	黄铜矿	43.9	磁黄铁矿	37.3
			紫硫镍矿	42.2	软锰矿	34.5
			硫铜钴矿	42.2	黝铜矿	31.2
			红锑镍矿	41.8	银黝铜矿	30.9
			硫铜锑矿	39.5	砷黝铜矿	30.0
			方黄铜矿	38.9		
	低硬度矿物组	附表 2-9 第九鉴定表	黄铜矿	43.9	碲银矿	37.5
			辉铋矿	43.6	车轮矿	34.8
			方铅矿	43.1	软锰矿	34.5
			硫锑铋铅矿	43.0	辉铁锑矿	34.4
			块硫锑铅矿	40.3	硒银矿	34.0
			脆硫锑锡矿	40.1	辉铜矿	32.9
			辉锑矿	39.6	辉锑银矿	32.8
			硫铜锑矿	39.5	硫砷铜银矿	31.9
			方黄铜矿	28.9	螺状硫银矿—辉银矿	
			硫铜铋矿	38.7		30.8
			辉锑铅矿	38.5	辉钼矿	30.1
黝铜矿 > R > 闪锌矿	高硬度矿物组	附表 2-10 第十鉴定表	钡硬锰矿	29.6	锌铁尖晶石	18.4
			赤铁矿	29.8	钛铁矿	17.9
			铅硬锰矿	27.6	铌铁矿—钽铁矿	16.9
			磁赤铁矿	22.3	钛铁晶石	16.6
			方铁锰矿	22.2	纤铁矿	16.0
			金红石	20.3	晶质铀矿	16.0
			磁铁矿	19.5	钨铁矿	≥15.6
			黑镁铁锰矿	19.4	黑钨矿	15.6
			黑锰矿	18.6	钨锰矿	≤15.6
			褐锰矿	18.4		
	中硬度矿物组	附表 2-11 第十一鉴定表	黝铜矿	31.2	斑铜矿	20.1
			银黝铜矿	30.9	硫镉矿	≈20.0
			砷黝铜矿	30.0	水锰矿	17.8
			铅硬猛矿	27.6	墨铜矿	17.2
			黝锡矿	27.5	闪锌矿	16.6
			硫砷铜矿	26.7	纤锌矿	≈16.6
			赤铜矿	26.5	晶质铀矿	16.0
			块硫砷铜矿	24.8	钨铁矿	≥15.6
			黑铜矿	23.4	黑钨矿	15.6
			硫锰矿	22.8	钨锰矿	15.6
			磁赤铁矿	22.3		

续附表 1

反射率	硬度	鉴定表号	矿物名称及绿光平均反射率(%)			
黝铜矿 > R > 闪锌矿	低硬度矿物组	附表 2－12 第十二鉴定表	辉铜矿	32.9	淡红银矿	26.4
			辉锑银矿	32.8	蓝辉铜矿	23.1
			硫砷铜银矿	31.9	雄黄	21.6
			雌黄	21.0	螺状琉银矿—辉银矿	30.8
			辉钼矿	30.1	锑华	≈16.0
			深红银矿	29.3	铜蓝	15.4
			硫铜银矿	28.8	石墨	12.1
			辰砂	27.1		
R < 闪锌矿	高硬度矿物组	附表 2－13 第十三鉴定表	铌铁矿—钽铁矿	16.9	沥青油矿	15.0
			钛铁晶石	16.6	铬铁矿	12.3
			纤铁矿	16.6	锡石	11.9
			晶质铀矿	16.0	硼镁铁矿	≈10.0
			钨铁矿	≥15.6	白钨矿	9.9
			黑钨矿	15.6	黑柱石	8.5
			钨锰矿	≤15.6	菱锌矿	5－9
			针铁矿	15.3	石英	4.5
	中硬度矿物组	附表 2－14 第十四鉴定表	闪锌矿	16.6	白钨矿	9.9
			纤锌矿	≈16.6	白铅矿	≈10.0
			纤铁矿	≈16.6	黄铜铁矾	≈9.5
			晶质铀矿	16.0	铅矾	9.5
			钨铁矿	≥15.6	菱铁矿	6~10
			黑钨矿	15.6	菱锌矿	5~9
			钨锰矿	≤15.6	菱锰矿	5~8
			沥青铀矿	15.0	孔雀石	6~9.5
			针铁矿	15.3	蓝铜矿	7~8.5
			红锌矿	11.8	方解石	5
			硼镁铁矿	≈10.0	萤石	3
	低硬度矿物组	附表 2－15 第十五鉴定表	锑华	≈16	黄钾铁矾	≈9.5
			铜蓝	15.4	铅矾	0.5
			自然硫	12.5	方解石	5
			石墨	12.1		

附表2：金属矿物综合鉴定表

附表2-1　　第一鉴定表　　反射率大于黄铁矿的高硬度矿物组

矿物名称 化学组成 晶系	反射率（%）	反射色	双反射反射多色性	均非性（偏光色）、A_γ、旋向符号	内反射	摩氏硬度 显微硬度 相对突起	浸蚀反应	形态特征、矿物组合特点、产状及其他特性	主要鉴定特征及与类似矿物区别
锇铱矿 Osmiridium Ir_{62-88} Os_{20-38} （可含少量Ru，Pt） 等轴晶系	470：71.9 546：70.9 589：68.3 650：72.5	亮乳白色，稍暗（自然铂）	未见	均质	不显	6～7 VHN： 642～782 <尖晶石， >自然铂	6种标准试剂均为负反应	易磨光。在自然铂、铱锇矿中形成连晶，包含不规则状或自然板状铱锇矿，共生伴生矿物；铂族矿物、铬铁矿、橄榄石。产于超基性岩铬铁矿型铂矿床及有关砂矿床	以高硬度及与王水负反应区别于自然铂
斜方砷钴矿 Safflorite （Co，Ni，Fe）As_2其中$CoAs_2$ >60% 斜方晶系	目测值： 绿：58.0 橙：52.0 红：51.5	亮白色微带浅蓝色，白色（斜方砷镍矿），灰白色（自然银）	未见	强非均质（蔷薇－绿色） 589 nm A_γ1.14° ±0.1° 旋向负（延长）	不显	5.5 VHN： 642～698 ＝红砷钴矿， ≪毒砂、辉钴矿	HNO_3：＋，有时微泡、染褐、显结构；$FeCl_3$：±，染褐；其他试剂为负反应	磨光性良好。常呈类似毒砂的菱形，楔形目形晶以及放射状或星状聚晶。解理少见，星状双晶普遍。系塑性矿物。与红砷镍矿、铁硫砷钴矿及方钴矿形成带状。在自然铋、自然银表面呈被膜状产出。多产于中低温的Co－Ni－Ag热液矿床中，偶见于高温热液矿床	以星状双晶、反射色色调，硬度较低以及与HNO_3反应可与毒砂、斜方砷镍矿、斜方砷铁矿相区别
斜方砷镍矿 Rammelsbergite $NiAs_2$ 斜方晶系	470： 53.6～58.0 546： 3.2～57.2 589： 53.5～57.1 650： 53.5～56.6 白： 58.0～60.0	亮白色微带淡黄色，纯白色（红砷镍矿），白色（毒砂），稍带黄色（斜方砷钴矿）	未见	强非均质（强烈的蔷薇－蓝绿色） 旋向正（延长）	不显	5.5 VHN： 642～698 ＝红砷钴矿， ≪毒砂、辉钴矿	HNO_3：＋，强泡、染黑；$FeCl_3$：＋，染褐、显结构；$HgCl_2$：±，染褐；其他试剂为负反应	磨光性尚好。呈板条状自形晶及其聚晶，细粒他形晶集合体或放射纤维状集合体。解理偶见，叶片双晶普遍，环带结构常见。系脆性矿物。与红砷镍矿、方钴矿构成同心圆状连晶，亦可呈被膜状分布在自然银、自然铋表面。多产于中温热液（镍－钴、镍－钴－银建造）矿床	以叶片状双晶、脆性及与HNO_3强烈发泡等与斜方砷钴矿、斜方砷铁矿区别

续附表 2－1

矿物名称 化学组成 晶系	反射率（%）	反射色	双反射反射多色性	均非性（偏光色）、A_γ、旋向符号	内反射	摩氏硬度 显微硬度 相对突起	浸蚀反应	形态特征、 矿物组合特点、 产状及其他特性	主要鉴定特征及与类似矿物区别
砷铂矿 Sperrylite $PtAs_2$ 等轴晶系	460：55.0 540：55.5 580：55.5 660：52.0	白色、较亮（黄铁矿）明显较暗（自然铂）	未见	均质	不显	6～7 VHN：缺数据 ≪自然铂，≥黄铁矿	6种标准试剂均为负反应。王水：±，慢泡、染淡棕；$KClO_3$ 加 H_2SO_4：染桔黄然后变褐色	不易磨光。常呈细小等轴自形晶产出。解理偶见。与自然铂、磁铁矿构成连晶。常在黄铜矿、磁黄铁矿、镍黄铁矿、铬铁矿中形成包体，在自然铂中呈棒状包体；亦可含有黄铜矿、磁黄铁矿、自然金等包体。可被镍黄铁矿、方黄铜矿、闪锌矿、自然铂、方铅矿交代。其他共生伴生矿物有镍－砷化物、铂族矿物等。主要产于与基性－超基性岩有关的铜镍硫化物矿床	其硬度、反射率、反射色与黄铁矿相似，以浸蚀反应区别之
辉砷镍矿 Gersdorffite NiAsS 等轴晶系	470：53.7 546：54.2 589：54.3 650：54.6 白：47.5	白色微带玫瑰色，较黄（方钴矿），玫瑰乳色（黄铜矿、方铅矿），白色（毒砂）	未见	均质	不显	5～5.5 VHN： 782～853 ＞硫钴矿，＝方钴矿，≪黄铁矿、毒砂	HNO_3：＋，慢泡，晕色，显结构；饱和高锰酸钾：＋，染褐色；其他标准试剂为负反应	磨光性良好。常呈自形晶，也呈细粒他形晶集合体。∥{100}解理清楚，常见三角形陷孔，聚片双晶可见，内部环带结构普遍。系导电性矿物。可在磁黄铁矿与红砷镍矿之间形成反应边，交代黄铁矿、红砷镍矿、针镍矿和被黝铜矿、紫硫镍矿、斜方砷钴矿交代。主要产于中温热液矿床。偶见于矽卡岩矿床	以反射色、三角孔及浸蚀反应区别于方钴矿
方钴矿 Skutteru-dite $(Co,Ni,Fe)As_3$ 等轴晶系	470： 53.1～56.7 546： 52.5～55.4 589： 52.2～54.6 650： 51.8～53.8 白：55.8	乳白色微带灰蓝色或淡黄色，微黄（斜方砷钴矿、斜方砷镍矿），纯白色（黄铁矿）	未见	均质	不显	5.5～6 VHN： 613～1081 ＞砷镍矿，＜斜方砷铁矿，≪黄铁矿、毒砂	HNO_3：±，慢染褐、含镍时发泡；$FeCl_3$：±，含镍时染褐、显结构；$HgCl_2$：±，含镍时染褐、能拭去；其他标准试剂为负反应	磨光性良好。常呈自形晶，晶粒较粗，似黄铁矿。纯方钴矿可形成均匀的自形晶，含其他成分的方钴矿则构成细密环带结构。属脆性矿物。显强导电性。可交代黄铁矿；可被斜方砷铁矿、斜方砷镍矿、斜方砷钴镍矿等交代。富镍的方钴矿常与自然银共生，富钴的方钴矿则常与自然铋共生。多见于高温热液和矽卡岩石矿床，偶见于变质矿床	以反射色、环带结构和对 H_2O_2 的浸蚀反应与表内其他类似矿物区别

续附表 2－1

矿物名称 化学组成 晶系	反射率(%)	反射色	双反射反射多色性	均非性 (偏光色)、 A_γ、旋向符号	内反射	摩氏硬度 显微硬度 相对突起	浸蚀反应	形态特征、 矿物组合特点、 产状及其他特性	主要鉴定特征 及与类似矿物 区别
斜方砷铁矿 Loellingite $(Fe,Ni,Co)As_8$ 以 Fe 为主 斜方晶系	470: 52.4～56.4 546: 52.4～54.1 589: 51.2～55.2 650: 49.7～54.5 白: 53.0～54.7	白色微带黄色，相似微蓝白色(毒砂)，相似(斜方砷镍矿、斜方砷钴矿)	未见	强非均质 (柔和的蔷薇蓝绿色)； A_γ 白 2.9°(观察值)， 旋向负 (延长)	不显	5～5.5 VHN: 446～560 ＞磁黄铁矿， ≪方砷钴矿、斜毒砂	HNO_3：+，晕色；$FeCl_3$：+，染褐、显结构；其他标准试剂为负反应	磨光性良好。常呈类似毒砂的菱形自形晶及自形变晶，偶为放射状聚晶及细粒状集合体，解理未见。双晶普遍，环带结构见于大晶粒中。为塑性矿物。具强导电性。可构成自然砷的外壳，或与斜方砷钴矿构成镶嵌状集合体，与红砷镍矿、斜方砷钴矿、毒砂构成连晶，主要产于中温热液矿床	以对 $FeCl_3$ 的浸蚀反应及未见双反射与毒砂区别
毒砂 Arsenodyrite FeAsS 单斜晶系	470: 48.7～55.3 546: 51.9～53.7 589: 50.9～54.4 650: 49.5～53.7 白: 51.7～55.7	白色微带黄玫瑰色，稍白(黄铁矿)，较亮较白(辉钴矿)	可见 (微蓝－淡红黄色)	强非均质 (柔和的蔷薇蓝绿色) A_γ 白 1.1° {010} 旋向负 (延长)	不显	6.5 VHN: 870～1168 ≥方钴矿、磁铁矿， ＜黄铁矿、辉钴矿	HNO_3：+，慢泡，晕色；其他标准试剂均为负反应	磨光性尚好。常呈菱形，长柱形自然晶和骸晶，半自形粒状集合体，解理少见，聚片双晶普遍，可见内部环带结构，系塑性矿物。弱导电性，毒砂与黄铁矿、斜方砷铁矿、磁黄铁矿等构成连晶；含有叶片状铁硫砷钴矿的固溶体分解物。交代斜方砷铁矿、砷钴矿、黄铁矿、辉钼矿、黑钨矿等；也可被黝铜矿和铜、铅、锌硫化物交代。主要产于矽卡岩型和高温热液矿床中	以反射色较浅与白铁矿区别；以硬度，反射色、双反射、$FeCl_3$ 负反应与斜方砷铁矿、斜方砷钴矿、斜方砷镍矿区别
黄铁矿 Pyrite FeS_2 等轴晶系	470: 45.6～46.3 546: 52.0～53.4 589: 53.4～54.5 650: 54.3～55.5 白: 54.5	浅黄白色，较黄(毒砂、白铁矿)较亮和更淡的黄色(黄铜矿)	未见	均质	不显	6～6.5 VHN: 1452～1626 ＞毒砂、白铁矿、赤铁矿， ＜锡石、砷铂矿	HNO_3：+，慢泡；其他标准试剂均为负反应	不易磨光。常为自形晶，有正方形、矩形和五角十二面体断面的晶形，还有粗粒他形、粗粒圆球状集合体及细粒自形晶，极细的骸晶等，大多数胶状黄铁矿为隐晶质。双晶少见，晶粒内部环带结构常见。为脆性矿物。常被白铁矿、毒砂、黝铜矿和铜、锌硫化物等交代；又可交代斜方砷矿钴、硫锰矿、闪锌矿、黄铜矿、磁铁矿等。黄铁矿分布广泛，可产于内生、沉积和变质矿床中	以高硬度、不易磨光、均质和等轴粒状与白铁矿、毒砂区别

续附表 2－1

矿物名称 化学组成 晶系	反射率(%)	反射色	双反射反射多色性	均非性 (偏光色)、 A_{γ}、旋向符号	内反射	摩氏硬度 显微硬度 相对突起	浸蚀反应	形态特征、 矿物组合特点、 产状及其他特性	主要鉴定特征 及与类似矿物 区别
白铁矿 Marcasite FeS_2 斜方晶系	470： 43.1～50.8 546： 47.5～56.3 589： 48.3～54.6 650： 47.8～53.7 白： 48.9～55.5	浅黄白色微带粉红至黄绿色，较白(黄铁矿)，淡黄色(毒砂)	可见 (黄白－黄绿色)	强非均质 (黄－绿－紫) 589 nm A_{γ}1.63°±0.1° 旋向正 (延长)	不显	6～6.5 VHN： 1097～1682 ＞磁黄铁矿、胶状黄铁矿，＜黄铁矿	HNO_3：＋，慢泡、染褐至晕色；其他标准试剂均为负反应	不易磨光。常呈胶状产出，自形晶少见，偶见放射纤维状集合体，可见清楚解理，聚片双晶和内部环带普遍，常与黄铁矿交互成层，或在胶状黄铁矿上形成皮壳。白铁矿可由磁黄铁矿，黝锡矿分解而成。与毒砂、黄铁矿、黄铜矿和铜蓝构成连晶，常产于酸性条件的地表或近地表的矿床中，一般为次生矿物。亦可产于低温热液矿床中	以晶形，反射色和强非均质区别于黄铁矿；以反射色略黄和偏光色较浓区别于毒砂
红砷镍矿 Niceolite NiAs 六方晶系	470： 38.5～39.2 至46.2～46.8 546： 48.9～49.1 至52.6～52.9 589： 54.4～54.8 至56.6～56.9 650： 59.6～61.6 至60.3～62.4	浅玫瑰色微带黄色或棕色，淡玫瑰色(红锑镍矿)，明显玫瑰色(方钴矿、辉钴矿)	可见 (淡玫瑰色－淡棕色)	强非均质 (蔷薇色－黄绿色) 589 nm A_{γ}0.81° ±0.1° 旋向负 (柱晶延长)	不显	5～5.5 VHN： 308～533 ＞黄铁矿，＝磁黄铁矿，＜黄铁矿	HNO_3：＋，发泡，染黑，显结构；$HgCl_2$：＋，晕色、染褐；其他标准试剂为负反应	磨光性良好。常为他形晶集合体，具肾状、柱状、树枝状、网状等构造，晶粒内部环带结构普遍。为塑性矿物。具强导电性。常与斜方砷钴矿、斜方砷镍矿一起形成同心圆状集合体或近于平行状集合体，与镍黄铁矿、黄铜矿、磁黄铁矿、方铜矿等构成连晶，与辉铜矿构成文象结构。交代镍黄铁矿、磁黄铁矿等；也可被辉钴矿、辉钴镍矿等交代。主要产于热液矿床，如 Ni－Co－Ag 矿床和贵金属方解石建造中	以反射色、双反射及浸蚀反应与白铁矿、毒砂区别
铁硫砷钴矿 Glaucodot (Co，Fe)AsS 斜方晶系	470： 48.4～49.2 546： 50.0～50.6 589： 50.4～50.7 650： 51.1～51.3 白：52.5	白色微带浅黄玫瑰色，相似带蓝白色(毒砂)	未见	弱非均质 旋向负 (延长)	不显	5 VHN： 1097～1115 ＞黄铜矿、闪锌矿，＜毒砂	HNO_3：＋，慢泡，晕色，染棕；其他标准试剂为负反应	磨光性良好。常呈粗粒自形晶或他形粒状集合体。解理清楚，可见细长的聚片双晶和内部环带结构，为弱塑性矿物。含有方铅矿包体；在辉钴矿中形成包体。在黄铁矿、辉钴矿表面形成皮膜，在钴毒砂中形成叶片状固溶分解物。主要产于高温热液矿床，偶见于矽卡岩矿床	以未见双反射和弱非均质性区别于毒砂

附表 2－2　　第二鉴定表　　反射率大于黄铁矿的中硬度矿物组

矿物名称 化学组成 晶系	反射率(%)	反射色	双反射反射多色性	均非性 (偏光色)、 A_{γ}、旋向符号	内反射	摩氏硬度 显微硬度 相对突起	浸蚀反应	形态特征、 矿物组合特点、 产状及其他特性	主要鉴定特征 及与类似矿物 区别
自然铂 Platinum Pt 等轴晶系	470：66.4 546：70.4 589：71.9 650：74.3 白：70.0	亮白色微带蓝色或黄色色调，相似无乳黄色(自然银)，较亮(砷铂矿)	未见	均质	不显	4～4.5 VHN： 122～129 >闪锌矿， <磁黄铁矿	除王水为正反应外，6 种标准试剂均为负反应	磨光性良好，有擦痕。常为不规则的晶粒。无解理，可见双晶和内部环带结构。无磁性。自然铂可含固溶体分解作用形成的板状或粒状锇铱矿、铱锇矿；可在铬铁矿中形成包体或含砷铂矿和赤铁矿包体。可交代砷铂矿和铬铁矿。主要产于岩浆型铜镍硫化物矿床及铬铁矿矿床中，也可产生于矽卡岩型和热液石英脉型矿床中	以高反射率和亮白色为特征，以均质性、反射色和浸蚀反应区别于自然砷
锑银矿 Dyscrasite Ag_3Sb 斜方晶系	470： 60.2～61.0 546： 62.1～63.2 589： 62.8～64.0 650： 63.9～65.2 白： 62.0～64.5	亮白色至黄白色，微带黄色(自然锑)，较灰(自然银)	未见	弱非均质	不显	3.5～4 VHN： 146～166 ≪方铅矿， ≤自然砷、黄铜矿	HNO_3：+，晕色、染棕；$FeCl_3$：+，晕色、沉淀；$HgCl_2$：+，褐黄色沉淀；其他标准试剂为负反应	极易磨光，具擦痕。常呈柱状自形晶和他形粒状集合体。解理和双晶少见。常呈细包体分布于方铅矿中；含有固溶体分解物自然银片晶。只产于少数的热液矿床中	以反射率较低和具弱非均质性与自然银区别；自然铋则硬度更低，具聚片双晶
微晶砷铜矿 Algodonite $Cu_{6-7}As$ (有 α、β 两个相) 六方晶系	550：61.5	α 相：黄绿灰色，β 相：粉红黄色，较亮较白(砷铜矿)	可见	强非均质 旋向正 (延长)	不显	3～3.5 VHN： 248～255 >辉铜矿， =砷铜矿	HNO_3：+，发泡、染黑、显结构；KCN：±，染棕、发泡、显结构；HCl：+，染棕、显结构；$FeCl_3$：±；$HgCl_2$：+，染棕；KOH：±，晕色	易磨光，但常有擦痕。常呈细粒他形晶集合体，具皮壳状构造。解理、双晶和环带结构未见。与淡红砷铜矿、砷铜矿构成连晶，三者可互成叶片状、针状包含于二矿物中。被辉铜矿、铜蓝交代形成假象。本矿物的 α 相和 β 相成不混溶连晶。其他共生伴生矿物有自然银、赤铜矿、黑铜矿。主要产于含铜热液矿床中	以较高的反射率和强非均质性与砷铜矿区别

续附表 2-2

矿物名称 化学组成 晶系	反射率(%)	反射色	双反射反射多色性	均非性 (偏光色)、 A_{γ}、旋向符号	内反射	摩氏硬度 显微硬度 相对突起	浸蚀反应	形态特征、 矿物组合特点、 产状及其他特性	主要鉴定特征 及与类似矿物 区别
斜方砷钴矿 Safflorite (Co, Ni, Fe) As_2 其中 $CoAs_2$ 大于60% 斜方晶系	目测值: 绿: 58.0 橙: 52.0 红: 51.5	亮白色微带浅蓝色,白色(斜方砷镍矿),灰白色(自然银)	未见	强非均质 (强烈的蔷薇-绿色) 589 nm A_{γ}1.14° ±0.1° 旋向负 (延长)	不显	4.5~5 VHN: 430~988 >红砷镍矿, ≪毒砂、砷钴矿、铁硫砷钴矿	HNO_3: +,有时染泡,微褐、显结构;$FeCl_3$: ±,染褐;其他标准试剂为负反应	磨光性良好。常呈类似毒砂的菱形,楔形目形晶以及放射状或星状聚晶。解理少见,星状双晶普遍。系塑性矿物。与红砷镍矿、铁硫砷钴矿及方钴矿形成带状。在自然铋、自然银表面呈被膜状产出。多产于中低温的 Co-Ni-Ag 热液矿床中,偶见于高温热液矿床	以星状双晶、反射色色调,较低硬度以及与 HNO_3 反应可与毒砂、斜方砷镍矿、斜方砷铁矿相区别
斜方砷镍矿 Rammels-bergite $NiAs_2$ 斜方晶系	470: 53.6~58.0 546: 53.2~57.2 589: 53.5~57.1 650: 53.5~60.0 白: 58.0~60.0	亮白微带淡黄色,纯白(红砷镍矿),白色(毒砂),稍带黄(斜方砷钴矿)	未见	强非均质 (蔷薇-蓝绿色) 旋向正 (延长)	不显	5.5 VHN: 642~698 =红砷镍矿, <毒砂、辉钴矿	HNO_3: +,强泡、染黑;$FeCl_3$: +,染褐显结构;$HgCl_2$: +,染褐	磨光性尚好。呈板条状自形晶及其聚晶,细粒他形晶集合体或放射纤维状集合体。解理偶见,叶片状双晶普遍,环带结构常见。系脆性矿物。与红砷镍矿,方钴矿构成同心圆状连晶,亦可呈被膜状分布在自然银、自然铋表面,多产于中温热液(镍-钴-银建造)矿床	以叶片状双晶、脆性及与 HNO_3 作用强烈发泡与斜方砷铁矿区别
辉砷镍矿 Gersdorffite NiAsS 等轴晶系	470: 53.7 546: 54.2 589: 54.3 650: 54.6 白: 47.5	白色微带玫瑰色,较黄(方钴矿),玫瑰乳色(黄铜矿、方铅矿)、白色(毒砂)	未见	均质	不显	5~5.5 VHN: 782~853 >硫钴矿, =方钴矿, ≪黄铁矿、毒砂	HNO_3: +,慢泡,晕色,显结构;饱和高锰酸钾: +,染褐色;其他标准试剂为负反应	磨光性良好。常呈自形晶,也呈细粒他形晶集合体。{100}解理清楚,常见三角形陷孔,聚片双晶可见,内部环带结构普遍。系导电性矿物。可在磁黄铁矿与红砷镍矿之间形成反应边。交代黄铁矿、红砷镍矿、针镍矿和被黝铜矿、紫硫镍矿、斜方砷钴矿交代。主要产于中温热液矿床。偶见于矽卡岩矿床	以反射色、三角孔及浸蚀反应区别于方钴矿

续附表 2-2

矿物名称 化学组成 晶系	反射率(%)	反射色	双反射反射多色性	均非性 (偏光色)、 A_γ、旋向符号	内反射	摩氏硬度 显微硬度 相对突起	浸蚀反应	形态特征、 矿物组合特点、 产状及其他特性	主要鉴定特征 及与类似矿物 区别
自然砷 Arsenic As 六方晶系	470: 53.6~57.4 546: 51.3~56.4 589: 50.4~55.8 650: 50.0~56.0 白: 48.0~51.0	白色(空气中易变色)较暗浅灰色(自然锑)微亮带乳色(方铅矿)	未见	弱非均质 589 nm A_γ0.97° ±0.2 旋向负 (延长)	不显	3~3.5 VHN: 83~149 ≪自然铋, <自然银、自然锑, ≥锑银矿	HNO_3:+,慢泡,晕色至黑褐色;$FeCl_3$:+,染黑;$HgCl_2$:±,染褐;其他标准试剂为负反应	磨光性良好。常呈细粒-粗粒集合体,细粒多为等粒状,粗粒多为羽毛状或束状。常具胶状和放射状结构。常见{0001}解理,叶片状双晶普遍,内部环带结构发育。无磁性,可含自然银、自然锑、锑银矿和斜方砷镍矿包体。交代方钴矿、斜方砷镍矿、自然铋;被淡红银矿交代。常产于"镍-钴-银-铀"的热液矿床	以反射率较低,空气中易变色与自然锑、自然铋区别
斜方砷铁矿 Loellingite $(Fe,Ni,Co)As_8$ 以 Fe 为主 斜方晶系	470: 52.4~56.4 546: 52.4~54.1 589: 51.2~55.2 650: 49.7~54.5 白: 53.0~54.7	白色微带黄色,相似微蓝白色(毒砂),相似(斜方砷钴镍矿)	未见	强非均质 (柔和的蔷薇蓝绿色) A_γ 白 2.9° (观察值) 旋向负 (延长)	不显	5~5.5 VHN: 446~560 >磁黄铁矿、斜方砷钴矿, ≪毒砂	HNO_3:+,晕色;$FeCl_3$:+,染褐显结构;其他标准试剂为负反应	磨光性良好。常呈类似毒砂的菱形自形晶与自形变晶,偶为放射状聚晶及细粒状集合体。解理未见,双晶普遍,环带结构见于大晶粒中。为塑性矿物。具强导电性。可构成自然砷的外壳,或与斜方砷钴矿构成镶嵌状集合体,与红砷钴镍矿、斜方砷钴矿、毒砂构成连晶。主要产于中温热液矿床	以对 $FeCl_3$ 反应及强导电性与毒砂相区别

续附表 2－2

矿物名称 化学组成 晶系	反射率(%)	反射色	双反射反射多色性	均非性(偏光色)、A_γ、旋向符号	内反射	摩氏硬度 显微硬度 相对突起	浸蚀反应	形态特征、 矿物组合特点、 产状及其他特性	主要鉴定特征及与类似矿物区别
针镍矿 Millerite NiS (可含 Co) 六方晶系	470: 42.8～43.4 546: 49.6～54.0 589: 51.4～56.5 650: 53.6～58.9 白: 54.0～60.0	黄色略带乳黄色,较亮(黄铜矿),略黄(黄铁矿),较黄无棕色色调(镍黄铁矿)	未见	强非均质 589 nm A_γ1.79° ±0.1° 旋向负 (延长)	不显	3～3.5 VHN: 196～222 >黄铜矿, >闪锌矿、 镍黄铁矿、 硫钴矿	HNO_3: ±,慢泡,染褐;$HgCl_2$: ±,染褐;其他标准试剂为负反应	磨光性良好。多呈针状晶体或由针状晶体组成的放射状或束状集合体,偶见他形粒状集合体。解理‖{1011}常见,双晶普遍,底切面常见环带结构。可呈叶片状固溶体分解物分布于硫钴矿中;在紫硫镍矿和磁黄铁矿间呈反应边。可蚀变成辉铁镍矿和紫硫镍矿。可在岩浆型铜－镍硫化物矿床、热液矿床。富镍硫化物矿床氧化带和胶结带之间,亦可由含镍超基性岩风化而成	以针状晶体、反射色、强非均质性与镍黄铁矿区别
红砷镍矿 Niccolite NiAs 六方晶系	470: 38.5～30.2 至46.2～46.5 546: 48.9～49.1 至52.6～52.9 589: 54.4～54.8 至56.6～56.9 650: 59.6～61.6 至60.3～62.4	浅玫瑰色微带黄色或棕色,淡玫瑰色(红锑镍矿),明显玫瑰色(方钴矿、辉镍矿)	可见 (淡玫瑰色－淡棕色)	强非均质 (蔷薇色－黄绿色) 589 nm A_γ0.81° ±0.1° 旋向负 (柱晶延长)	不显	5～5.5 VHN: 308～533 >黄铜矿, =磁黄铁矿, <黄铁矿	HNO_3: +,发泡、染黑,显结构;$HgCl_2$: +,晕色;其他标准试剂为负反应	磨光性良好。常为他形晶集合体,具肾状、柱状、树枝状、网状等结构。晶粒内部环带结构普遍。为塑性矿物。具强导电性。常与斜方砷钴矿、斜方砷镍矿一起形成同心圆状集合体或近于平行状集合体。与镍黄铁矿、黄铜矿、磁黄铁矿、方铅矿等构成连晶。与辉铜矿构成文象结构。交代镍黄铁矿、磁黄铁矿等;也被辉钴矿、辉砷镍矿等交代。主要产于热液矿床,如 Ni－Co－Ag 矿床和贵金属方解石建造中	以反射色、双反射及浸蚀反应与白铁矿、毒砂区别

附表 2－3　　第三鉴定表　　反射率大于黄铁矿的低硬度矿物组

矿物名称 化学组成 晶系	反射率(%)	反射色	双反射反射多色性	均非性（偏光色）、A_γ、旋向符号	内反射	摩氏硬度 显微硬度 相对突起	浸蚀反应	形态特征、 矿物组合特点、 产状及其他特性	主要鉴定特征及与类似矿物区别
自然银 Silver Ag 等轴晶系	470： 92.2～92.5 546： 94.3～94.8 589： 95.1～95.5 650： 94.8～95.7 白：95.0	亮白色微带乳黄色（空气中易变色），白色较亮（自然铜），较亮微带乳黄色（自然铂）较亮乳黄白色（自然锑）	未见	均质	不显	2.5～3 VHN： 80～87 =黄铜矿， <黝铜矿， >方铅矿 及其他 银矿物	HNO_3：+，发泡、染黑；KCN：+，染黑（弱）；$FeCl_3$：+，晕色、染黑；$HgCl_2$：+，晕色、染黑；碘酒：+，白色薄膜	易磨光，但常具擦痕。呈细粒他形晶集合体，具树枝状、骸晶状、分散的叶片状和结核状等状态。为极塑性矿物。强导电性。自然银常成辉银矿、深红银矿、黄铜矿、磁黄铁矿的包体。可由辉银矿、银黝铜矿或含银方铅矿分解而成。自然银分布广泛，但数量少。主要产于低中温热液矿床和硫化物矿床次生富集带	以高反射率、亮白色、低硬度为特征。以浸蚀反应和在空气中易变色与自然铂区别
银金矿 Electrum AuAg 等轴晶系	470：77.3 546：86.4 589：88.7 650：90.0 白：83.0	乳白色或淡黄白色，黄白较浅（自然金），淡黄色（黄铜矿）	未见	均质	不显	2～3 VHN： 61～67 =自然金、 黄铜矿， >方铅矿， <闪锌矿、 黝铜矿	HNO_3：±，有时微泡；KCN：±，染黑（弱）；$FeCl_3$：±，有时显晕色、染褐；$HgCl_2$：+，晕色、染黑	易磨光，但常具擦痕。多为等轴粒状或不规则粒状集合体，亦有呈脉状或树枝状产出。无解理，生长双晶{111}普遍，环带构造可见。常在硫化物，碲化物等矿物中形成包体。交代黄铁矿、铜、铅、锌硫化物、银－锑矿物、辉银矿、硫砷铜矿等。产于高、中、低温热液脉状矿床及砂矿床中。	以反射色及浸蚀反应与自然银、自然铜和自然金区别
自然金 Gold Au 等轴晶系	470：38.5 546：77.8 589：85.5 650：90.0 白：74.0	亮金黄色，较黄（银金矿），亮得多淡黄色（黄铜矿）	未见	均质	不显	2.5～3 VHN： 53～58 =黄铜矿， >方铅矿， <闪锌矿、 黝铜矿	KCN：+，染黑；王水：+，微泡、染褐；其他标准试剂为负反应	易磨光，但常具擦痕。多呈大小不一的粒状，细针状集合体。具脉状、骸晶状等结构。无解理，叶片状双晶‖{111}普遍，具晶粒内部环带结构。为极塑性矿物。常在铁、铜、铅、锌、锑、铋、银等硫化物及镍黄铁矿、黝铜矿、车轮矿中呈细小包体。在黄铁矿、黄铜矿及方铅矿的外围构成环边。次生自然金常呈充填物产于铜蓝、辉铜矿、褐铁矿和赤铁矿中。主要产于高、中、低温热液矿床、砂矿床和受变质矿床中	以鲜明的反射色，高反射率、低硬度、均质性与黄铜矿、黄铁矿区别；以反射色及浸蚀反应与自然铜、自然银区别

续附表 2-3

矿物名称 化学组成 晶系	反射率(%)	反射色	双反射反射多色性	均非性(偏光色)、A_{γ}、旋向符号	内反射	摩氏硬度 显微硬度 相对突起	浸蚀反应	形态特征、矿物组合特点、产状及其他特性	主要鉴定特征及与类似矿物区别
自然锑 Antimony Sb 六方晶系	470: 71.6~73.2 546: 71.1~73.0 589: 70.0~72.1 650: 68.5~71.3 白: 72.0~77.1	亮白色微带淡黄色，明显较暗(自然银)明显较亮(方铅矿)	未见	弱非晶质	不显	3~3.5 VHN: 84~98 >辉锑矿、自然铋，>锑银矿、自然砷	HNO_3: +，晕色、染褐、染黑；KCN: ±，染褐；$FeCl_3$: +，晕色、染黑；$HgCl_2$: ±，染褐；其他标准试剂为负反应	磨光性良好。常为细粒他形晶集合体。压力聚片双晶常见。交代辉锑矿可含辉锑矿、红锑矿的细小包体；亦可呈包体分布于自然砷和辉锑矿中。主要产于低温热液矿床	以反射色及浸蚀反应不同与自然铋区别
碲铅矿 Altaite PbTe 等轴晶系	470: 70.0 546: 69.8 589: 67.5 650: 65.2 白: 65.5	亮纯白色，浅灰色(碲金矿)、浅灰色微带绿色(针碲金银矿)	未见	均质	不显	3 VHN: 47~51 >碲铋矿，<方铅矿	HNO_3: +，发泡、染棕、显结构；HCl: +，晕色；$FeCl_3$: +，晕色、显结构；其他标准试剂为负反应	磨光性良好。常为细粒他形晶集合体。解理常见，偶见三角形陷孔。可呈浸染状或沿方铅矿{001}解理分布。在斑铜矿、碲银矿、碲汞矿中形成包体；也可含碲金矿、碲银矿、硒银矿的细小包体。与方铅矿、碲银矿形成黄铁矿的薄边。产于少数热液矿床中	以高反射率与方铅矿区别
自然铋 Bismuth Bi 六方晶系	470: 62.4 546: 66.7 589: 68.8 650: 71.2 白: 67.9	乳白色易变成粉红乳色，微带乳色(自然银)，较亮(自然锑)。较粉红乳色(自然砷)	未见	弱非均质 589 nm $A_{\gamma}2.12°$ ±0.2° 旋向负 (延长) 正{0001} 解理	不显	2~2.5 VHN: 15~18 <辉铋矿	HNO_3: +，慢泡、染褐；HCl: +，染褐、有时显结构；$FeCl_3$: +，染褐、显结构；$HgCl_2$: +，染褐；其他标准试剂为负反应	易磨光，但常具擦痕。常为他形晶粒状集合体，亦可呈骸晶状或树枝状产出。聚片双晶普遍。为塑性矿物。可与方铅矿、辉铋矿、黄铜矿、磁黄铁矿构成文象状连晶。交代方铅矿、黝铜矿、铋-碲化物和其他硫化物等；亦可被辉铋矿、红砷镍矿、斜方砷镍矿和其他硫化物交代。主要产于高温热液矿床及含铋的钨锡砂卡岩型矿床	以高反射率、低硬度、非均质性及聚片双晶为特征。以反射色、聚片双晶及浸蚀反应与自然锑区别

续附表 2-3

矿物名称 化学组成 晶系	反射率(%)	反射色	双反射反射多色性	均非性(偏光色)、A_γ、旋向符号	内反射	摩氏硬度 显微硬度 相对突起	浸蚀反应	形态特征、 矿物组合特点、 产状及其他特性	主要鉴定特征 及与类似矿物 区别
碲金矿 Calaverite AuTe (Au 可被少量 Ag 置换) 单斜晶系	480:61.0 540:64.4 580:65.8 640:67.3	白色微带棕色，较亮、颜色略重(针碲金银矿)，较亮微带粉红黄色(黄铁矿)	未见	弱非均质 (灰红、绿、绿棕) A_γ 白 2.5° 旋向正 (延长)	不显	2.5~3 VHN: 198~205 >深红银矿、针碲金银矿，≤方铅矿	HNO_3：+，慢泡、染棕至黑；$FeCl_3$：+，染淡棕(慢)；其他标准试剂为负反应	易磨光。常呈板条状、叶片状、细针状自形晶和放射状聚晶，不规则粒状及其集合体，有时晶粒极细。解理、环带未见，偶见聚片双晶。交代碲金银矿、自然金、黄铜矿、黄铁矿；也可被自然金交代而成假象。可含自然金、碲铅矿等包体。其他共生伴生矿物有碲化物、黝铜矿和铁、铅、铜、锌的硫化物。主要产于高温和低温含金石英脉中	以反射率较高和弱非均质性与针碲金银矿区别
碲铋矿 Tellurobis-Muthbite Bi_2Te_3 三方晶系	470:62.1 546:63.4 589:64.0 650:65.5 白:61.5	白色微带浅玫瑰色，较亮带白色(黄铜矿)，微带浅红白色(碲铅矿)	未见	弱非均质	不显	1.5~2 VHN: 31~33 <辉铋矿、方铅矿	HNO_3：+，起泡、染深褐色(快)；$FeCl_3$：+；其他标准试剂为负反应	不易磨光。解理{0001}和{1010}常见，聚片双晶可见。在辉碲铋矿中成纺锤状或似文象状的不混溶连晶；在黄铜矿中呈自形晶包体。其他共生矿物有：碲铅矿、碲金矿、辉铋矿、自然金和其他铋的碲化物等。产于高-中温热液矿床	以常与其他碲化物特别易与辉碲铋矿共生为特征
微晶砷铜矿 Algodonite (有 α、β 二个相) $Cu_{6-7}As$ 六方晶系	550:61.5	α 相：黄绿灰色， β 相：粉红黄色， 较亮较白(砷铜矿)	可见	强非均质 旋向正 (延长)	不显	3~3.5 VHN: 248~255 >辉铜矿，=砷铜矿	HNO_3：+，发泡、染黑、显结构构；HCl：+，染棕、显结构；KCN：±，染棕、发泡、显结构；$FeCl_3$：+，染黑；$HgCl_2$：+，染棕；KOH：±，晕色	易磨光，但常有擦痕。常呈细粒他形晶集合体，具皮壳状构造。解理、双晶和环带结构未见。与淡红砷铜矿、砷铜矿构成连晶，三者可互成叶片状、针状包含于二矿物中。被辉铜矿、铜蓝交代形成假象。本矿物的 α 相和 β 相成不混溶连晶。其他共生伴生矿物有自然银、赤铜矿、黑铜矿。主要产于含铜热液矿床中	以较高的反射率和强非均质性与砷铜矿区别

续附表 2-3

矿物名称 化学组成 晶系	反射率(%)	反射色	双反射反射多色性	均非性(偏光色)、A_{γ}、旋向符号	内反射	摩氏硬度 显微硬度 相对突起	浸蚀反应	形态特征、矿物组合特点、产状及其他特性	主要鉴定特征及与类似矿物区别
自然铜 Copper Cu 等轴晶系	470：52.9 546：60.7 589：87.0 650：94.6 白：81.2	铜红色空气中易变成浅棕色，较暗明显的品红色(自然银)	未见	均质	不显	2.5～3 VHN： 96～103 >辉铜矿、黄铜矿，<赤铜矿、褐铁矿	HNO_3：+，发泡、有时染褐；HCl：±，有时染褐；KCN：+，染褐(慢)；$FeCl_3$：+，迅速染褐；$HgCl_2$：+，紫色、染黑；KOH：+，晕色、染褐	易磨光，但常有擦痕。常呈粗粒和细粒他形晶或半自形晶集合体。具肾状和结核状构造。次生自然铜可呈树枝状、矛状和骸晶状。解理未见，可见聚片双晶和内部环带结构。为极塑形矿物。导电性强。可呈微细包体分布于赤铜矿、斑铜矿、硫砷铜矿、辉铜矿和磁黄铁矿中；含方黄铜矿、赤铜矿的定向连晶。交代辉铜矿，可氧化成赤铜矿或被赤铜矿交代。主要产于低温热液矿床和铜矿床氧化带	以高反射率和铜红色为主要特征。以反射色和均质性与自然铋区别；以反射色及浸蚀反应与自然银、自然金和银金矿区别
针碲金银矿 Sylvanite $AuAgTe_4$ 单斜晶系	470： 47.8～57.6 546： 50.3～59.0 589： 50.8～59.0 650： 51.7～59.4 白： 48.0～60.0	乳白色，较暗(碲金矿)，稍带粉红色(碲铅矿)	可见(乳白色－乳白棕色)	强非均质(淡蓝灰－褐) 589 nm $A_{\gamma}3.6° \pm 0.1°$	不显	1.5～2 VHN： 91～104 ≪辉银矿、碲银矿，>碲铅矿、铋碲化物，<深红银矿	HNO_3：+，染褐显二组垂直解理；$FeCl_3$：±，染黄棕；其他标准试剂为负反应	磨光性良好。常呈柱状，板状，片状，骸晶状晶体。解理∥{010}发育，∥{100}的较差，聚片双晶普遍。与碲银矿和叶碲金矿构成连晶，可含自然金包体；也可被包含于辉银矿、黄铁矿、斑铜矿和铜、铅、锌硫化物中。交代方铅矿和碲银矿。主要产于低温热液矿脉动中。也产于中－高温热液矿脉	以明显的双反射、非均质性及双晶区别于其他的碲金矿物

附表 2－4 第四鉴定表 反射率在黄铁矿和方铅矿之间的中硬度矿物组

矿物名称 化学组成 晶系	反射率(%)	反射色	双反射反射多色性	均非性(偏光色)、A_{γ}、旋向符号	内反射	摩氏硬度 显微硬度 相对突起	浸蚀反应	形态特征、矿物组合特点、产状及其他特性	主要鉴定特征及与类似矿物区别
斜方砷镍矿 Rammelsbergite $NiAs_2$ 斜方晶系	470： 53.6～58.0 546： 53.2～57.2 589： 53.5～57.1 650： 53.5～60.0 白： 58.0～60.0	亮白色微带淡黄色，纯白色(红砷镍矿)，白色(毒砂)，稍带黄色(斜方砷钴矿)	未见	强非均质(强烈的蔷薇－蓝绿色)旋向正(延长)	不显	5.5 VHN： 642～698 ＝红砷镍矿， ＜毒砂、辉钴矿	HNO_3：＋，强泡、染黑；$FeCl_3$：＋，染褐显结构；$HgCl_2$：±；染褐；其他标准试剂为负反应	磨光性尚好。呈板条状自形晶及其聚晶，细粒他形晶集合体或放射纤维状集合体。解理偶见，叶片状双晶普遍，环带结构常见。系脆性矿物。与红砷镍矿，方钴矿构成同心圆状连晶，亦可呈被膜状分布在自然银、自然铋表面，多产于中温热液(镍－钴－银建造)矿床	以叶片状双晶、脆性及与 HNO_3 作用强烈发泡与斜方砷铁矿区别
砷铂矿 Sperrylite $PtAs_2$ 等轴晶系	460：55.0 540：55.5 580：55.5 660：52.0	白色、较亮(黄铁矿)明显较暗(自然铂)	未见	均质	不显	6～7 VHN： 无数据 ≪自然铂， ≥黄铁矿	6 种标准试剂均为负反应；王水：±，慢泡、染淡棕；$KClO_3$ 加 H_2SO_4：染桔黄然后变褐色	不易磨光。常呈细小等轴自形晶产出。解理偶见。与自然铂，磁铁矿构成连晶。常在黄铜矿、磁黄铁矿、镍黄铁矿、铬铁矿中形成包体，在自然铂中呈棒状包体；亦可含有黄铜矿、磁黄铁矿、自然金等包体。可被镍黄铁矿、方黄铜矿、闪锌矿、自然铂、方铅矿交代。其他共生伴生矿物有镍－砷化物、铂族矿物等。主要产于与基性－超基性岩有关的铜镍硫化物矿床	其硬度、反射率、反射色与黄铁矿相似，以浸蚀反应区别之
辉砷镍矿 Gersdorffite NiAsS 等轴晶系	470：53.7 546：54.2 589：54.3 650：54.6	白色微带玫瑰色，较黄(方钴矿)，玫瑰乳色(黄铜矿、方铅矿)	未见	均质	不显	5～5.5 VHN： 782～853 ＞硫钴矿， ＝方钴矿， ≪黄铁矿、毒砂	HNO_3：＋，慢泡，晕色，显结构；饱和高锰酸钾：＋，染褐色；其他标准试剂为负反应	磨光性良好。常呈自形晶，也呈细粒他形晶集合体。∥{100}解理清楚。常见三角形陷孔，聚片双晶可见，内部环带结构普遍。系导电性矿物，可在磁黄铁矿与红砷镍矿之间形成反应边。交代黄铁矿、红砷镍矿、针镍矿和被黝铜矿、紫硫镍矿、斜方砷钴矿交代。主要产于中温热液矿床。偶见于矽卡岩矿床	以反射色、三角孔及浸蚀反应区别于硫钴矿

续附表 2-4

矿物名称 化学组成 晶系	反射率(%)	反射色	双反射反射多色性	均非性(偏光色)、$A_γ$、旋向符号	内反射	摩氏硬度 显微硬度 相对突起	浸蚀反应	形态特征、 矿物组合特点、 产状及其他特性	主要鉴定特征及与类似矿物区别
方钴矿 Skutterudite $(Co,Ni,Fe)As_3$ 等轴晶系	470： 53.1～56.7 546： 52.5～55.4 589： 52.2～54.6 650： 51.8～53.8 白：55.8	乳白色微带灰蓝色或淡黄色，微黄(斜方砷钴矿、斜方砷镍矿)，纯白色(黄铁矿)	未见	均质	不显	5.5～6 VHN： 613～1081 >砷镍矿， <斜方砷铁矿， ≪黄铁矿、毒砂	HNO_3：+，慢染褐、含镍时发泡；$FeCl_3$：±，含镍时染褐、显结构；$HgCl_2$：±，含镍时染褐、能拭去；双氧水：+，晕色、染褐	磨光性良好。常呈自形晶，晶粒较粗，似黄铁矿。纯方钴矿可形成均匀的自形晶，含其他成分的方钴矿则构成细密环带结构。属脆性矿物。显强导电性。可交代黄铁矿；可被斜方砷铁矿、斜方砷钴矿、斜方砷镍矿等交代。富镍的方钴矿常与自然银共生，富钴的方钴矿常与自然铋共生。多见于高温热液和矽卡岩矿床，偶见于变质矿床	以反射色、环带结构和对 H_2O_2 的浸蚀反应与表内其他类似矿物区别
斜方砷铁矿 Loellingite $(Fe,Ni,Co)As_8$ 以 Fe 为主 斜方晶系	470： 52.4～56.4 546： 52.4～54.1 589： 51.2～55.2 650： 49.7～54.5 白： 53.0～54.7	白色微带黄色，相似微蓝白色(毒砂)，相似(斜方砷钴矿、斜方砷镍矿)	可见(微蓝-淡红黄色)	强非均质(柔和蔷薇-蓝绿) $A_γ$ 白 2.9° (观察值) 旋向负 (延长)	不显	5～5.5 VHN： 446～560 >磁黄铁矿， ≪方砷钴矿、斜毒砂	HNO_3：+，晕色；$FeCl_3$：+，染褐显结构；其他标准试剂为负反应	磨光性良好。常为类似毒砂的菱形自形晶与自形变晶，偶为放射状聚晶及细粒状集合体。解理未见，双晶普遍，环带结构见于大晶粒中。为塑性矿物，具强导电性。可构成自然砷的外壳，或与斜方砷钴矿构成镶嵌状集合体，与红砷钴矿、斜方砷钴矿构成镶嵌状集合体，与红砷钴矿、斜方砷钴矿、毒砂构成连晶。主要产于中温热液矿床	以对 $FeCl_3$ 的浸蚀反应及未见双反射与毒砂区别
毒砂 Arsenodyrite FeAsS 单斜晶系	470： 48.7～55.3 546： 51.9～53.7 589： 50.9～54.4 650： 49.5～53.7 白： 51.7～55.7	白色微带黄玫瑰色，稍白(黄铁矿)，较亮较白(辉钴矿)	未见	强非均质(柔和的蔷薇蓝绿色) $A_γ$ 白 1.1° {010}旋向负 (延长)	不显	6.5 VHN： 870～1168 ≥方钴矿、磁铁矿， <黄铁矿，辉钴矿	HNO_3：+，慢泡，晕色；其他标准试剂为负反应	磨光性尚好。常呈菱形，长柱形自然晶和骸晶，半自形粒状集合体。解理少见，聚片双晶普遍，可见内部环带结构。系塑性矿物。弱导电性。毒砂与黄铁矿、斜方砷铁矿、磁黄铁矿等构成连晶；含有叶片状铁硫砷钴矿的固溶体分解物。交代斜方砷铁矿、砷钴矿、黄铁矿、辉钼矿、黑钨矿等；也可被黝铜矿和铜、铅、锌硫化物交代。主要产于矽卡岩型和高温热液矿床中	以反射色较浅和白铁矿区别；以硬度、反射色、双反射和对 $FeCl_3$ 不起作用与斜方砷铁矿、斜方砷镍矿、斜方砷镍矿区别

续附表 2-4

矿物名称 化学组成 晶系	反射率(%)	反射色	双反射反射多色性	均非性（偏光色）、A_γ、旋向符号	内反射	摩氏硬度 显微硬度 相对突起	浸蚀反应	形态特征、 矿物组合特点、 产状及其他特性	主要鉴定特征及与类似矿物区别
黄铁矿 Pyrite FeS_2 等轴晶系	470： 45.6～46.3 546： 52.0～53.4 589： 53.4～54.5 650： 54.3～55.5 白： 54.5	浅黄白色，较黄（毒砂、白铁矿）较亮和更淡的黄色（黄铜矿）	未见	均质	不显	6～6.5 VHN： 1452～1626 >毒砂、白铁矿、赤铁矿， <锡石、砷铂矿	HNO_3：+，慢泡；其他标准试剂为负反应	不易磨光。常为自形晶，有正方形、矩形和五角十二面体断面的晶形，还有粗粒他形、粗粒圆球状集合体及细粒自形晶，极细的骸晶等，大多数胶状黄铁矿为隐晶质。双晶少见，晶粒内部环带结构常见。为脆性矿物。常被白铁矿、毒砂、黝铜矿和铜、、锌硫化物等交代；又可交代斜方砷矿钴、硫锰矿、闪锌矿、黄铜矿、磁铁矿等。黄铁矿分布广泛，可产于内生、沉积和变质矿床中	以高硬度、不易磨光、均质和等轴粒状与白铁矿、毒砂区别
白铁矿 Marcasite FeS_2 斜方晶系	470： 43.1～50.8 546： 47.5～56.3 589： 48.3～54.6 650： 47.8～53.7 白： 48.9～55.5	浅黄白色微带粉红至黄绿色，较白（黄铁矿），淡黄色（毒砂）	可见 （黄白－黄绿色）	强非均质 （黄－绿－紫） 589 nm $A_\gamma 1.63° \pm 0.1°$ 旋向正 （延长）	不显	6～6.5 VHN： 1097～1682 >磁黄铁矿、胶状黄铁矿， <黄铁矿	HNO_3：+，慢泡、染褐至晕色；其他标准试剂为负反应	不易磨光。常呈胶状产出，自形晶少见，偶见放射纤维状集合体。可见清楚解理，聚片双晶和内部环带普遍。常与黄铁矿交互成层，或在胶状黄铁矿上形成皮壳。白铁矿可由磁黄铁矿、黝锡矿分解而成。与毒砂、黄铁矿、黄铜矿和铜蓝构成连晶。常产于酸性条件的地表或近地表的矿床中，一般为次生矿物。亦可产于低温热液矿床中	以晶形，反射色和强非均质区别于黄铁矿；以反射色略黄和仰光色较浓区别于毒砂
红砷镍矿 Niceolite NiAs 六方晶系	470： 38.5～39.2 至46.2～46.8 546： 48.9～49.1 至52.6～52.9 589： 54.4～54.8 至56.6～56.9 650： 59.6～61.6 至60.3～62.4	浅玫瑰色微带黄色或棕色，淡玫瑰色（红锑镍矿），明显玫瑰色（方钴矿、辉钴矿）	可见 （淡玫瑰色－淡棕色）	强非均质 （蔷薇色－黄绿色） 589 nm $A_\gamma 0.81° \pm 0.1°$ 旋向负 （柱晶延长）	不显	5～5.5 VHN： 308～533 >黄铁矿， =磁黄铁矿， <黄铁矿	HNO_3：+，发泡，染黑，显结构；$HgCl_2$：+，晕色；饱和高锰酸钾：+，染褐色；其他标准试剂为负反应	磨光性良好。常为他形晶集合体，具肾状、柱状、树枝状、网状等构造。晶粒内部环带结构普遍。为塑性矿物。具强导电性。常与斜方砷钴矿、斜方砷镍矿一起形成同心圆状集合体或近于平行状集合体。与镍黄铁矿、黄铜矿、磁黄铁矿、方铜矿等构成连晶，与辉铜矿构成文象状结构。交代镍黄铁矿、磁黄铁矿等；也可被辉钴矿、辉钴镍矿等交代。主要产于热液矿床，如 Ni－Co－Ag 矿床和贵金属方解石建造中	以反射色、双反射及浸蚀反应与白铁矿、毒砂区别

续附表 2－4

矿物名称 化学组成 晶系	反射率(%)	反射色	双反射反射多色性	均非性(偏光色)、A_{γ}、旋向符号	内反射	摩氏硬度 显微硬度 相对突起	浸蚀反应	形态特征、矿物组合特点、产状及其他特性	主要鉴定特征及与类似矿物区别
铁硫砷钴矿 Glaucodot (Co, Fe)AsS 斜方晶系	470: 48.4～49.2 546: 50.0～50.6 589: 50.4～50.7 650: 51.1～51.3 白: 52.5	白色微带浅黄玫瑰色，相似带蓝白色(毒砂)	未见	弱非均质 旋向负 (延长)	不显	5 VHN: 1097～1115 ＞黄铜矿、闪锌矿， ＜毒砂	HNO_3: +，慢泡、晕色，染棕；其他标准试剂为负反应	磨光性良好。常呈粗粒自形晶或他形粒状集合体。解理清楚，可见细长的聚片双晶和内部环带结构。为弱塑性矿物。含有方铅矿包体；在辉钴矿中形成包体。在黄铁矿、辉钴矿表面形成皮膜，在钴毒砂中形成叶片状固溶体分解物。主要产于高温热液矿床，偶见于矽卡岩矿床	以未见双反射和弱非均质性区别于毒砂
辉砷钴矿 Cobaltite CoAsS 斜方晶系 800℃以上为等轴晶系	470: 47.0 546: 49.5 589: 51.3 650: 53.2 白: 52.7	白色微带粉红色、淡紫色或棕色色调，较白、无黄色色调(黄铁矿)，明显淡玫瑰色(毒砂)	未见	弱非均质	不显	5.5 VHN: 1187～1246 ＞毒砂， ＜黄铁矿	HNO_3: ±，晕色、发泡；其他标准试剂为负反应	不易磨光。常呈自形晶和他形晶集合体，偶见骸晶。粗粒晶体解理清楚，聚片双晶常见，偶见内部环带。为脆性矿物。含斜方砷铁矿、自然金、自然银、红砷镍矿，黄铜矿的包体。交代斜方砷铁矿、斜方砷镍矿；也可被磁黄铁矿、钴毒砂、毒砂和铜、铅、锌硫化物等交代。主要产于高温热液矿床及含金石英脉中，也可产于中温热液矿中	以反射色、弱非均质性与黄铁矿区别；以浸蚀反应区别于砷镍矿
硫钴矿 Linnaeite Co_2S_4 等轴晶系	绿: 47 橙: 46.5 红: 45.2 白: 46	白色微带乳以或淡红棕色，灰白色(方铅矿)，淡玫瑰色带棕色(针镍矿)	未见	均质	不显	4.5～5.5 VHN: 351～566 ＝方钴矿， ＞闪锌矿、磁黄铁矿	HNO_3: ±，晕色；$HgCl_2$: +，晕色，显结构；其他标准试剂为负反应	磨光性良好。常呈八面体自形晶粒和他形晶粒集合体。常见‖{100}解理，双晶和环带未见。钴镍黄铁矿、镍黄铁矿在硫钴矿中成格状的固溶体分解结构；而硫钴矿则在磁黄铁矿中成叶片状的固溶体分解结构。交代方钴矿；也被辉铜矿、黄铜矿、黄铁矿、自然铋交代。产于岩浆型铜－镍硫化物矿床、钴－镍热液矿床及沉积矿床中	以反射色及浸蚀反应与锑硫镍矿、辉砷镍矿区别

续附表 2 - 4

矿物名称 化学组成 晶系	反射率(%)	反射色	双反射反射多色性	均非性 (偏光色)、 A_{γ}、旋向符号	内反射	摩氏硬度 显微硬度 相对突起	浸蚀反应	形态特征、 矿物组合特点、 产状及其他特性	主要鉴定特征 及与类似矿物 区别
锑硫镍矿 Ullmannite NiSbS 等轴晶系	470：47.6 546：46.4 589：45.7 650：46.5 白：47.5	白色微带乳黄色，较黄(方钴矿)，较白(硫钴矿)	未见	均质	不显	5～5.5 VHN： 536～592 >硫钴矿、辉砷镍矿，<黄铁矿	HNO_3：+，晕色；$FeCl_3$：+，染褐；其他标准试剂为负反应	易磨光。常呈自形晶。解理∥{100}常见，偶见黑三角孔和内部环带。可被黄铜矿，红锑镍矿交代；也交代红锑镍矿。与黄铜矿、方铅矿构成连晶。产于热液矿床	以黑三角孔较少和对溴蒸气不起作用与辉砷镍矿区别；以高硬度和黑三角孔少见与方铅矿区别
硫镍钴矿 Siegenite $(Co, Ni)_3S_4$ 等轴晶系	470： 42.6～43.6 546： 45.2～45.6 589： 46.8～47.3 650： 49.5～50.0 白： 47.3～49.8	乳白色微带粉红色	未见	均质	不显	4.5～5.5 VHN： 503～536 =硫钴矿	HNO_3：+，薰污，染棕；$HgCl_2$：±，薰污；其他标准试剂为负反应	磨光性良好。以八面体自形晶粒和他形晶粒为主。偶见解理，双晶和环带未见。可被 Cu－硫化物交代；交代辉铋矿，黄铁矿、黄铜矿。与钴镍黄铁矿构成连晶。产于岩浆型铜－镍硫化物矿床，钴－镍热液矿床和沉积矿床中	以反射色、磨光性和略低的反射率与黄铁矿区别
紫硫镍矿 Viniarite $(Ni, Fe)_3S_4$ 等轴晶系	470：38.3 546：42.25 589：44.1 650：48.2	白色微带紫色偶带黄色或棕色，粉红乳色(黄铜矿)，淡紫色(镍黄铁矿)，相似(磁黄铁矿)	未见	均质 (偶见微弱异常非均质性)	不显	4.5～5.5 VHN： 241～373 <黄铁矿、闪锌矿，≥镍黄铁矿，≤磁黄铁矿	HNO_3：+，发泡、染棕紫；$HgCl_2$：±，淡棕；其他标准试剂为负反应	磨光性良好。自形晶少见，常为他形晶集合体。立方体和八面体解理发育，双晶和环带未见。常为镍黄铁矿、针镍矿蚀变产物，蚀变一般沿解理进行。可交代镍黄铁矿、磁黄铁矿、辉砷镍矿、黄铁矿；也可被黄铜矿、磁黄铁矿、黄铁矿交代。可含针镍矿不混溶片晶。主要产于岩浆型铜－镍硫化物矿床和热液矿床中	以反射色、较深和立方体及八面体解理、反射率较低与镍黄铁矿区别
硫铜钴矿 Carrollite $Cu(Co,Ni)_2S_6$ 等轴晶系	470：41.0 546：42.3 589：42.7 650：43.8 白：44.0	乳白色，相似较淡(硫钴矿)	未见	均质	不显	4.5～5.5 VHN： 548～585 =硫钴矿	6 种标准试剂均为负反应	磨光性良好。常呈自形、半自形晶与他形晶粒。被黄铜矿、斑铜矿、蓝辉铜矿、铜蓝以及黄铁矿、磁黄铁矿交代。在黄铜矿中形成包体；也可含闪锌矿等包体。产于岩浆型铜－镍硫化物矿床，钴－镍热液矿床和沉积矿床中	特征与硫钴矿很相似，可用微分分析鉴别

附表 2-5　　第五鉴定表　　反射率在黄铁矿和方铅矿之间的中硬度矿物组

矿物名称 化学组成 晶系	反射率(%)	反射色	双反射反射多色性	均非性（偏光色）、A_{γ}、旋向符号	内反射	摩氏硬度 显微硬度 相对突起	浸蚀反应	形态特征、 矿物组合特点、 产状及其他特性	主要鉴定特征及与类似矿物区别
斜方砷镍矿 Rammelsbergite $NiAs_2$ 斜方晶系	470: 53.6～58.0 546: 53.2～57.2 589: 53.5～57.1 650: 53.5～60.0 白: 58.0～60.0	亮白色微带淡黄色，纯白色（红砷镍矿），白色（毒砂），稍带黄色（斜方砷钴矿）	未见	强非均质（强烈的蔷薇－蓝绿色） 旋向正 （延长）	不显	5.5 VHN: 642～698 ＝红砷镍矿，≪毒砂、辉钴矿	HNO_3：＋，强泡、染黑；$FeCl_3$：＋，染褐显结构；$HgCl_2$：＋，染褐；其他标准试剂为负反应	磨光性尚好。呈板条状自形晶及其聚晶，细粒他形晶集合体或放射纤维状集合体。解理偶见，叶片状双晶普遍，环带结构常见。系脆性矿物。与红砷镍矿，方钴矿构成同心圆状连晶，亦可呈被膜状分布在自然银、自然铋表面。多产于中温热液（镍－钴－银建造）矿床	以叶片状双晶、脆性及与 HNO_3 作用强烈发泡与斜方砷铁矿区别
辉砷镍矿 Gersdorffite NiAsS 等轴晶系	470：53.7 546：54.2 589：54.3 650：54.6	白色微带玫瑰色，较黄（方钴矿），玫瑰乳色（黄铜矿、方铅矿）	未见	均质	不显	5～5.5 VHN: 782～853 ＞硫钴矿，＝方钴矿，≪黄铁矿、毒砂	HNO_3：＋，慢泡，晕色，显结构；饱和高锰酸钾：＋，染褐色；其他标准试剂为负反应	磨光性良好。常呈自形晶，也呈细粒他形晶集合体。‖{100}解理清楚。常见三角形陷孔，聚片双晶可见，内部环带结构普遍。系导电性矿物。可在磁黄铁矿与红砷镍矿之间形成反应边。交代黄铁矿、红砷镍矿、针镍矿和被黝铜矿、紫硫镍矿、斜方砷钴矿交代。主要产于中温热液矿床。偶见于矽卡岩矿床	以反射色、三角孔及浸蚀反应与硫钴矿相区别
自然砷 Arsenic As 六方晶系	470: 53.6～57.4 546: 51.3～56.4 589: 50.4～55.8 650: 50.0～56.0 白: 48.0～51.0	白色（空气中易变色），较暗浅灰色（自然锑），微亮带乳腺色（方钴矿）	未见	弱非均质 589 nm $A_{\gamma}0.9°$ ±0.2° 旋向负 （延长）	不显	3～3.5 VHN: 83～149 ≪自然铋，＞自然银，≥锑银矿	HNO_3：＋，慢泡，晕色至黑色；$FeCl_3$：＋，染黑；$HgCl_2$：±，染褐；其他标准试剂为负反应	磨光性良好。常呈细粒－粗粒集合体，细粒多为等粒状，粗粒多为羽毛状或束状，常具胶状或放射状结构。常见{0001}解理，叶片状双晶普遍，内部环带结构发育。无磁性。可含自然银、自然锑、锑银矿和斜方砷镍矿、自然铋；交代方钴矿、斜方砷镍矿、自然铋；被淡红银矿交代。常产于“镍－钴－银－铀”的热液矿床	以反射率较低，空气中易变色与自然锑，自然铋区别

续附表 2-5

矿物名称 化学组成 晶系	反射率(%)	反射色	双反射反射多色性	均非性 (偏光色)、 A_{γ}、旋向符号	内反射	摩氏硬度 显微硬度 相对突起	浸蚀反应	形态特征、 矿物组合特点、 产状及其他特性	主要鉴定特征 及与类似矿物 区别
斜方砷铁矿 Loellingite (Fe, Ni, Co) As_a以 Fe 为主 斜方晶系	470：47.0 546：49.5 589：51.3 650：53.2 白：52.7	白色微带黄色，相似微蓝色(毒砂)，相似(斜方砷钴矿，斜方砷镍矿)	未见	强非均质 (柔和的蔷薇蓝绿色) A_{γ} 白 2.9° (观察值) 旋向负 (延长)	不显	5~5.5 VHN： 446~560 <磁黄铁矿、斜方砷钴矿，≪毒砂	HNO_3：+，晕色；$FeCl_3$：染褐、显结构；其他标准试剂为负反应	磨光性良好。常呈类似毒砂的菱形自形晶及自形变晶，偶为放射状聚晶及细粒状集合体。解理未见，双晶普通，环带结构见于大晶粒中。为塑性矿物。具强导电性。可构成自然砷的外壳，或与斜方砷钴矿构成镶嵌状集合体，与红砷镍矿、斜方砷钴矿、毒砂构成连晶。主要产于中温热液矿床	以对 HNO_3 的浸蚀反应和强导电性与斜方砷镍区别
针镍矿 Millerite NiS (可含 Co) 六方晶系	470： 42.8~43.4 546： 49.6~54.0 589： 51.4~56.5 650： 53.6~58.9 白： 54.0~60.0	黄色略带乳黄色，较亮(黄铜矿)，略黄(黄铁矿)，较黄无棕色色调(镍黄铁矿)	未见	强非均质 589 nm A_{γ}1.79°±0.1° 旋向负 (延长)	不显	3~3.5 VHN： 196~222 >黄铜矿，>闪锌矿、镍黄铁矿、硫钴矿	HNO_3：+，慢泡，染褐；$HgCl_2$：±，染褐；其他标准试剂为负反应	磨光性良好，多呈针状晶体或由针状晶体组成的放射状或束状集合体，偶见他形粒状集合体，解理 ‖ {1011} 常见，双晶普遍，底切面常见环带结构。为脆性矿物，针镍矿可呈叶片状固溶体分解物分布于硫钴矿中：在紫硫镍矿和磁黄铁矿之间呈反应边。可蚀变成辉铁镍矿和紫硫镍矿。针镍矿可在内生和外生条件下形成，内生针镍矿产于岩浆型铜-镍硫化物矿床、热液矿床；外生针镍矿产于富镍硫化物矿床氧化带和胶结带之间，亦可由含镍超基性岩风化而成	以针状晶体、反射色、强非均质性与镍黄铁矿区别
红砷镍矿 Niccolite NiAs 六方晶系	470： 38.5~39.2 至46.2~46.8 546： 48.9~49.1 至52.6~52.9 589： 54.4~54.8 至56.6~56.9 650： 59.6~61.6 至60.3~62.4	浅玫瑰色微带黄色或棕色，淡玫瑰色(红锑镍矿)，明显玫瑰色(方钴矿、辉钴矿)	可见 (淡玫瑰色-淡棕色)	强非均质 (蔷薇色-黄绿色) 589 nm A_{γ}0.81°±0.1° 旋向负 (柱晶延长)	不显	5~5.5 VHN： 308~533 >黄铜矿，=磁黄铁矿，<黄铁矿	HNO_3：+，发泡、染黑，显结构；$HgCl_2$：+，晕色；其他标准试剂为负反应	磨光性良好。常为他形晶集合体，具肾状、柱状、树枝状、网状等结构。晶粒内部环带结构普遍，可见格状和聚片双晶。为塑性矿物。具强导电性。常与斜方砷钴矿、斜方砷镍矿形成同心圆状集合体或近于平行状集合体。与镍黄铁矿、黄铜矿、磁黄铁矿、方铅矿等构成连晶。与辉铜矿构成文象结构。交代镍黄铁矿、磁黄铁矿等：也被辉钴矿、辉砷镍矿等交代。主要产于热液矿床，如 Ni-Co-Ag 矿床和贵金属方解石建造中	以反射色、双反射及晶形与针镍矿区别

续附表 2－5

矿物名称 化学组成 晶系	反射率(%)	反射色	双反射反射多色性	均非性(偏光色)、A_{γ}、旋向符号	内反射	摩氏硬度 显微硬度 相对突起	浸蚀反应	形态特征、矿物组合特点、产状及其他特性	主要鉴定特征及与类似矿物区别
铁硫砷钴矿 Glaucodot (Co, Fe)AsS 斜方晶系	470: 48.4～49.2 546: 50.0～50.6 589: 50.4～50.7 650: 51.1～51.3 白: 52.5	白色微带浅黄玫瑰色，相似带蓝色(毒砂)	未见	弱非均质 旋向负 (延长)	不显	5 VHN: 1097～1115 >黄铜矿、闪锌矿， <毒砂	HNO_3: +，慢泡、晕色，染棕；其他标准试剂为负反应	磨光性良好。常呈粗粒自形晶或他形晶集合体。解理清楚，可见细长的聚片双晶和内部环带结构。为弱塑性矿物。含有方铅矿包体；在辉钴矿中形成包体。在黄铁矿、辉钴矿表面形成皮膜，在钴毒砂中形成叶片状固溶体分解物。主要产于高温热液矿床，偶见于矽卡岩矿床	以无双反射和弱非均质性区别于毒砂
辉砷铁矿 Cobaltite CoAsS 斜方晶系 800℃以上为等轴晶系	470: 47.0 546: 49.5 589: 51.3 650: 53.2 白: 52.7	白色微带粉红、淡紫或棕色色调，较白无黄色色调(黄铁矿)，明显淡玫瑰色(毒砂)	未见	弱非均质	不显	5.5 VHN: 1187～1246 >毒砂， <黄铁矿	HNO_3: +，晕色、发泡；其他标准试剂为负反应	不易磨光。常呈自形晶和他形晶集合体，偶见骸晶。粗粒晶体解理清楚，聚片双晶常见，偶见内部环带。为脆性矿物。含斜方砷铁矿、自然金、自然银、红砷镍矿、黄铜矿的包体。交代斜方砷铁矿、斜方砷钴矿；也可被磁黄铁矿、钴毒砂、毒砂和铜、铅、锌硫化物等交代。主要产于高温热液矿床及含金石英脉中，也可产于中温热液矿床	以反射色、弱非均质性与黄铁矿区别；以浸蚀反应区别于砷镍矿
砷铜矿 Domeykite Cu_3As α相: 等轴晶系 β相: 六方晶系	550: 47.5～48.7	α－砷铜矿乳黄微带玫瑰色，相似较灰黄(微晶砷铜矿)，β－砷铜矿乳黄色带蓝灰	α－砷铜矿未见 β－砷铜矿可见	α相: 均质 β相: 强非均质	不显	3～3.5 VHN: 206 (α相)－ 250(β相) >辉铜矿， <红锑镍矿， =微晶砷铜矿	HNO_3: +，发泡、染黑、显结构；HCl: +，染黑、显结构；KCN: ±，染黑、显结构；$FeCl_3$: +，晕色至染黑；$HgCl_2$: ±染黑显结构；KOH: +，晕色、显结构	易磨光，有少量擦痕。常成细圆粒状集合体，未见自形晶，具肾状、葡萄状或浸染状构造。常与微晶砷铜矿构成文象状连晶，或二者互呈针状、叶片状包含于另一矿物中。交代微晶砷铜矿；或被微晶砷铜矿、辉铜矿交代。在红砷镍矿、辉铜矿、斜方砷镍矿上形成皮膜，α砷铜矿可含β砷铜矿叶片，也可在微晶砷铜矿、淡红砷铜矿中形成叶片。其他共生伴生矿物有自然铜、赤铜矿、黑铜矿，自然银等	α－砷铜矿以均质性和微晶砷铜矿区别；以浸蚀反应与镍黄铁矿区别

续附表 2-5

矿物名称 化学组成 晶系	反射率(%)	反射色	双反射反射多色性	均非性(偏光色)、A_γ、旋向符号	内反射	摩氏硬度 显微硬度 相对突起	浸蚀反应	形态特征、矿物组合特点、产状及其他特性	主要鉴定特征及与类似矿物区别
砷镍矿 Maucherite $Ni_{11}As_8$ 四方晶系	470: 45.4~46.1 546: 47.6~48.5 589: 49.9~50.7 650: 53.7~54.3 白: 51.2	白色微带粉红灰色，微带紫红色(红砷镍矿，黄铜矿)，蓝灰色(红锑镍矿)	未见	弱非均质	不显	5 VHN: 665~743 >黄铜矿、闪锌矿，≥红砷镍矿，<斜方砷钴矿	HNO_3: +，发泡、染黑；$FeCl_3$: +，染棕彩至黑、显结构； HCl: +，染棕；其他标准试剂为负反应	磨光性极好。常为他形晶集合体及纤维状集合体，偶见板状或柱状自形晶。解理未见，双晶可见，可呈包体分而在红砷镍矿中。交代红砷镍矿和辉砷镍矿；可被红砷镍矿、黄铜矿、方黄铜矿交代。主要产于与基性，超基性岩有关的岩浆型铜－镍硫化物矿床及铬铁矿床中	以弱非均质性、反射色与斜方砷镍矿区别；以不显双反射和弱非均质性与红砷镍矿区别
镍黄铁矿 Pentlandite $(FeNi)_9S_8$ 等轴晶系	470: 40.5~41.5 546: 47.8~48.2 589: 50.0~50.3 650: 42.3~32.6 白: 52.0	浅黄白色微带棕色，浅黄色(磁黄铁矿)，较亮无粉红色(硫钴矿)	未见	均质	不显	3.5~4 VHN: 198~409 >黄铜矿，<磁黄铁矿	HNO_3: +，染褐；其他标准试剂为负反应	磨光性良好。常呈粗粒至细粒的自形晶或他形晶。‖{111}解理发育。常呈火焰状、羽毛状或星状分布于磁石黄铁矿中；可呈固溶体分解物分布于磁黄铁矿晶粒的外缘，形成结状结构。可交代红砷镍矿、磁黄铁矿；也可被黄铜矿、磁黄铁矿、磁铁矿、紫硫镍矿、针镍矿交代。可蚀变成紫硫镍矿，并生成细粒的黄铁矿和白铁矿。也可蚀变为针镍矿。主要产于岩浆型铜－镍硫化物矿床中	以反射色、均质性，具解理和反射率略高与其密切共生的黄铜矿、磁黄铁矿相区别
硫钴矿 Linnaeite Co_aS_4 等轴晶系	绿: 47 橙: 46.5 红: 45.2 白: 46	白色微带乳色或淡红棕色，灰白色(方铅矿)，浅玫瑰色带棕色(针镍矿)	未见	均质	不显	4.5~5.5 VHN: 351~566 =方钴矿，>闪锌矿、磁黄铁矿	HNO_3: ±，晕色；$HgCl_2$: +，晕色显结构；其他标准试剂为负反应	磨光性良好。常呈八面体自形晶粒和他形晶粒集合体。常见‖{100}解理，双晶和环带结构未见。钴镍黄铁矿、镍黄铁矿在硫钴矿中成格状的固溶体分解结构；而硫钴矿则在磁黄铁矿中成叶片状的固溶体分解结构。交代方钴矿；也被辉铜矿、黄铜矿、自然铋交代。产于岩浆型铜－镍硫化物矿床、钴－镍热液矿床及沉积矿床中	以反射色及浸蚀反应与锑硫镍矿、辉砷镍矿区别

续附表 2－5

矿物名称 化学组成 晶系	反射率(%)	反射色	双反射反射多色性	均非性 (偏光色)、 A_γ、旋向符号	内反射	摩氏硬度 显微硬度 相对突起	浸蚀反应	形态特征、 矿物组合特点、 产状及其他特性	主要鉴定特征 及与类似矿物 区别
锑硫镍矿 Ullmannite NiSbS 等轴晶系	470：47.6 546：46.4 589：45.7 650：46.5 白：47.5	白色微带乳黄色，较黄(方钴矿)较白(硫，矿)	未见	均质	不显	5～5.5 VHN： 536～592 >硫钴矿、辉砷镍矿，≪黄铁矿	HNO_3：+，晕色；$FeCl_3$：+，染褐；溴蒸气；其他标准试剂为负反应	易磨光。常呈自形晶。解理‖{100}常见，偶见黑三角孔和内部环带。可被黄铜矿、红锑镍交代；也交代红锑镍矿。与黄铜矿、方铅矿构成连晶，产于热液矿床	以黑三角孔较少和对溴蒸气不起作用与辉砷镍矿区别；以高硬度和黑三角孔少见与方铅矿区别
硫镍钴矿 Siegenite $(Co, Ni)_3S_4$ 等轴晶系	470： 42.6～43.6 546： 45.2～45.6 589： 46.8～47.3 650： 49.5～50.0 白： 47.3～49.9	乳白色微带粉红色	未见	均质	不显	4.5～5.5 VHN： 503～536 =硫钴矿	HNO_3：+，熏污、染棕；$HgCl_2$：±，熏污；其他标准试剂为负反应	磨光性良好。以八面体自形晶粒和他形晶粒为主。偶见解理。双晶和环带未见。可被 Cu－硫化物交代；交代辉铋矿、黄铁矿、黄铜矿。与钴镍黄铁矿构成连晶。产于岩浆型铜－镍硫化物矿床，钴－镍热液矿床和沉积矿床中	以反射色、磨光性和略低的反射率与黄铁矿区别
黄铜矿 Chalcopyrite $CuFeS_6$ 四方晶系	470： 31.0～34.2 546： 42.5～45.4 589： 44.7～47.5 650： 45.8～46.1 白： 42.0～46.1	铜黄色，黄较浓(黄铁矿)，较暗强烈黄绿色(自然金，自然银)，相似较黄无棕色(磁黄铁矿)	未见	弱非均质 589 nm A_γ0.32°±0.1° 旋向正 (双晶)	不显	3.5～4 VHN： 183～276 >方铅矿，<闪锌矿、镍黄铁矿、磁黄铁矿	HNO_3：±，熏污；其他标准试剂为负反应	易磨光，但有擦痕。常呈他形粒状集合体、聚片双晶普遍，偶见解理和内部环带结构，为弱塑性矿物，可含方黄铜矿，墨铜矿(板状和蠕虫状)、磁黄铁矿(束状)、黝锡矿、闪锌矿和黝铜矿(叶片状和星状)的固溶体分解包体。黄铜矿的固溶体分解物亦可呈小乳滴状定向或不定向分布与闪锌矿、黝铜矿、黝锡矿、蓝辉铜矿、硫砷铜矿中。主要产于岩浆型铜－镍硫化物矿床、高－中温热液矿床和沉积型铜矿床中	以铜黄色、弱非均质性和常呈固溶体分解结构为特征。以反射色、弱非均质性与方黄铜矿区别

续附表 2－5

矿物名称 化学组成 晶系	反射率(%)	反射色	双反射反射多色性	均非性(偏光色)、A_γ、旋向符号	内反射	摩氏硬度 显微硬度 相对突起	浸蚀反应	形态特征、矿物组合特点、产状及其他特性	主要鉴定特征及与类似矿物区别
紫硫镍矿 Violarite $(Ni, Fe)_3S_6$ 等轴晶系	470：38.3 546：42.3 589：44.1 650：48.2	白色微带紫色偶带黄色或棕色，粉红乳色(黄铜矿)，淡紫色(镍黄铁矿)，相似(磁黄铁矿)	未见	均质(偶见微弱异常非均质性)	不显	4.5～5.5 VHN： 241～373 ＞黄铜矿、闪锌矿， ≥镍黄铁矿， ≤磁黄铁矿	HNO_3：＋，发泡、染棕紫；$HgCl_2$：±，淡棕；其他标准试剂为负反应	磨光性良好。自形晶少见，常为他形晶集合体。立方体和八面体解理发育，双晶和环带未见。常为镍黄铁矿、针镍矿蚀变产物，蚀变一般沿解理进行。可交代镍黄铁矿、磁黄铁矿、辉砷镍矿、黄铁矿；也可被黄铜矿、磁黄铁矿、黄铁矿交代。可含针镍矿不混溶片晶。主要产于岩浆型铜－镍硫化物矿床和热液矿床中	以反射色较深和立方体及八面体解理、反射率较低与镍黄铁矿区别
硫铜钴矿 Carrollite $Cu(Co,Ni)_3S_4$ 等轴晶系	470：41.0 546：42.3 589：42.7 650：43.8 白：44.0	乳白色，相似较淡(硫钴矿)	未见	均质	不显	4.5～5.5 VHN： 548～585 ＝硫钴矿	6种标准试剂均为负反应	磨光性良好。常呈自形、半自形晶和他形晶粒。被黄铜矿、斑铜矿、蓝辉铜矿、铜蓝以及黄铁矿、磁黄铁矿交代。在黄铜矿中形成包体；也可含闪锌矿等包体。产于岩浆型铜－镍硫化物矿床、钴－镍热液矿床和沉积矿床中	特征与硫钴矿相似，可用微化分析鉴别
红锑镍矿 Breithauptite NiSb 六方晶系	470： 37.8～44.1 546： 37.0～46.7 589： 43.4～51.7 650： 50.7～57.0 白： 45.3～54.6	粉红色微带紫色，较暗，微带紫色(红砷镍矿)，暗得多(自然铜)	可见 (粉红色－紫红色)	强非均质 (蓝绿－紫红) 589 nm A_γ3.01°±0.1° 旋向负 (延长)	不显	5.5 VHN： 459～579 ≤红砷镍矿， ＜毒砂、铁硫砷钴矿， ＜斜方砷钴矿	HNO_3：＋，晕色；$FeCl_3$：＋，晕色；其他标准试剂为负反应	磨光性良好。常为他形晶集合体，偶见板状或针状自形晶。内部环带结构普遍。交代斜方砷钴矿；也可被斜方砷钴矿、红砷镍矿、银－矿物交代。呈铬铁矿、镍黄铁矿、方铅矿的包体。与磁黄铁矿构成连晶。常产于钴－镍－银的热液矿床中	以反射色较深和反射多色性区别与红砷镍矿

附表 2-6 第六鉴定表 反射率在黄铁矿和方铅矿之间的低硬度矿物组

矿物名称 化学组成 晶系	反射率(%)	反射色	双反射反射多色性	均非性 (偏光色)、 A_γ、旋向符号	内反射	摩氏硬度 显微硬度 相对突起	浸蚀反应	形态特征、 矿物组合特点、 产状及其他特性	主要鉴定特征 及与类似矿物 区别
针碲金银矿 Sylvanite $AuAgTe_4$ 单斜晶系	470: 47.8~57.6 546: 50.3~59.0 589: 50.8~59.0 650: 51.7~59.4 白: 48.0~60.0	乳白色，较暗(碲金矿)，稍带粉红色(碲铅矿)	可见 (乳白色-乳白棕色)	强非均质 (淡蓝灰-褐) 589 nm A_γ3.6°±0.1°	不显	1.5~2 VHN: 91~104 ≤辉银矿、碲银矿， >碲铅矿、铋-碲化物， <深红银矿	HNO_3: +，染褐、显两组垂直解理；$FeCl_3$: ±，染黄棕；其他标准试剂为负反应	磨光性良好。常呈柱状、板状、片状、骸晶状晶体。解理∥{010}发育，∥{100}的较差，聚片双晶普遍。与碲银矿和叶碲金矿构成连晶。可含自然金包体；也可被包含于辉银矿、黄铁矿、斑铜矿和铜、铅、锌硫化物中，交代方铅矿和碲银矿，主要产于低温热液矿床，也产于中-高温热液矿床	以明显的双反射、非均质性及双晶区别于其他碲金矿物
黄铜矿 Chalcopyrite $CuFeS_2$ 四方晶系	470: 31.0~34.2 546: 42.5~45.4 589: 44.7~47.5 650: 45.8~47.8 白: 42.0~46.1	铜黄色，黄较浓(黄铁矿)，较暗强烈黄绿色(自然金、自然银)，相似较黄无棕色(磁黄铁矿)	未见	弱非均质 589 nm A_γ0.32°±0.1° 旋向正 (双晶)	不显	3.5~4 VHN: 183~276 >方铅矿， >闪锌矿、镍黄铁矿、磁黄铁矿	HNO_3: ±，薰污；HNO_3: 其他标准试剂为负反应	易磨光，常有擦痕。常呈他形粒状集合体。聚片双晶普遍，偶见解理和内部环带结构。为弱塑性矿物。可含方黄铜矿、墨铜矿(板状和蠕虫状)、磁黄铁矿(束状)、黝锡矿、闪锌矿和黝铜矿(叶片状和星状)的固溶体分解包体。黄铜矿的固溶体分解物亦可呈小乳滴定向或不定向分布于闪锌矿、黝锡矿、黝铜矿、蓝辉铜矿、硫砷铜矿中。主要产于岩浆型铜-镍硫化物矿床、高-中低热液矿床和沉积型铜矿床中	以铜黄色、弱非均质性和常呈固溶体分解结构为特征，以反射色和弱非均质性与方黄铜矿区别
辉铋矿 Bismuthinite Bi_2S_3 斜方晶系	470: 39.6~48.9 546: 38.5~48.8 589: 38.1~47.9 650: 37.6~46.4 白: 42.0~48.7	白色微带淡黄色或黄白色，较亮(辉锑矿)、蓝灰色(黄铜矿)，较亮乳白色(方铅矿)	可见 (∥a淡黄白色∥b灰白色∥c黄白色)	强非均质 (灰-黄-紫) 589 nm A_γ3.90°±0.1° 旋向正 (延长、解理)	不显	2~2.5 VHN: 110~136 ≥方铅矿、硫铜铋矿， <淡铜矿， >自然铋	HNO_3: +，慢泡、染黑、显结构；HCl: ±，薰污；$HgCl_2$: ±，染浅褐；其他标准试剂为负反应	磨光性良好。常呈放射纤维状晶和他形晶集合体。∥{101}解理常见，可见纺锤状聚片双晶，可被铋的碲化物、金-银碲化物、黝锡矿、黝铜矿交代。与硫铜铋矿、黄铜矿、方铅矿、黝锡矿构成连晶。产于高温热液型含铋、钨、锡矿产和中-低温热液硫化物矿床中	以双反射和对KOH不起作用区别于辉锑矿；以反射色和微化分析区别于硫铋锑铅矿

续附表 2－6

矿物名称 化学组成 晶系	反射率(%)	反射色	双反射反 射多色性	均非性 (偏光色)、 A_{γ}、旋向符号	内 反 射	摩氏硬度 显微硬度 相对突起	浸蚀反应	形态特征、 矿物组合特点、 产状及其他特性	主要鉴定特征 及与类似矿物 区别
方铅矿 Galena PbS 等轴晶系	470： 46.3～47.7 546： 42.7～43.6 589： 42.2～43.0 650： 41.7～43.4 白： 43.2	纯白色(含Te时微带紫色)，白色(闪锌矿)	未见	均质	不显	2～3 VHN： 59～72 =辉银矿、辉铜矿、辉铋矿， <斑铜矿、黄铜矿	HNO_3：+，染褐、晕色；HCl：+，染棕、晕色；$FeCl_3$：晕色；其他标准试剂为负反应	易磨光，但具擦痕。常呈自形晶或他形晶集合体，立方体解理完全。具特征三角形陷孔，浸蚀后可见内部环带结构。交代现象极普遍，交代与其共生的大部分矿物；可被铜蓝、金－银碲化物、辉银矿、毒砂、黄铁矿、闪锌矿交代，常含黝铜矿、车轮矿和银矿物的包体，部分银在方铅矿中可呈固溶体。主要产于矽卡岩型和热液型铅锌矿床及黄铁矿型铅铜矿床	以具三角形陷孔、低硬度、白色和均质性为特征。以此和辉砷镍矿及其他复硫盐矿物区别
硫锑铋铅矿 Kobellite $Pb_5(Bi,Si)_8S_{17}$ 斜方晶系	470： 42.2～48.5 546： 40.0～46.1 589： 39.1～45.7 650： 38.6～45.4 白： 40.9～43.2	白色微带黄绿－棕色，稍较暗(方铅矿)	可见 (浅绿色－紫灰色)	强非均质 (钢灰－灰棕色)	不显	2.5 VHN： 100～117 ≫自然铋， ≤方铅矿	HNO_3：+，发泡、染黑；其他标准试剂均为负反应	易磨光。常呈柱状自然晶，放射纤维状聚晶和他形粒状集合体。解理∥{010}发育，双晶可见，交代并包围毒砂、黄铁矿、白铁矿、磁黄铁矿；被黄铜矿、黝铜矿交代。主要产于高温热液矿产	以反射色和微化分析区别于辉铋矿
辉锑矿 Stibnite Sb_2S_3 斜方晶系	470： 30.8～52.6 546： 31.1～48.1 589： 30.7～45.3 650： 29.4～42.2 白： 30.2～40.0	白色至灰白色。较暗微带乳白色(方铅矿)较暗乳色较弱(辉铋矿)	可见 (暗灰白－灰棕－白色)	强非均质 (灰白－棕－粉红棕) 589 nm A_{γ}5.07° ±0.2° 旋向正 (延长、解理)	不显	2～2.5 VHN： 71～86 >雌黄、雄黄， ≤辉铁锑矿、方铅矿， ≪黄铜矿	HNO_3：+，晕色、染黑(迅速)；HCl：±，褐；KCN：+，染褐；KOH：+，染褐、桔黄色沉淀	易磨光。常呈叶片状、针状、放射纤维状晶的集合体和粒状他形晶集合体。解理和内部环带结构普遍。并可见花岗变晶结构。属弱塑性矿物。交代毒砂、黄铁矿、磁黄铁矿、闪锌矿、黝铜矿和被辰砂、自然锑交代、常与辉铁锑矿、深红银矿、红锑矿、硫锑铅矿构成连晶，主要产于低温热液矿床，也有产于高温热液含金石英脉中(一般在成矿后期形成)	以双反射显著、强非均质性，聚片双晶普遍和对KOH作用形成橘黄色沉淀的特征。以此和铋矿、深红银矿、辉铁锑矿区别

附表 2－7　　第七鉴定表　　反射率在方铅矿和黝铜矿之间的高硬度矿物组

矿物名称 化学组成 晶系	反射率(%)	反射色	双反射反射多色性	均非性 (偏光色)、 A_γ、旋向符号	内反射	摩氏硬度 显微硬度 相对突起	浸蚀反应	形态特征、 矿物组合特点、 产状及其他特性	主要鉴定特征 及与类似矿物 区别
硫铜钴矿 Carrollite $Cu(Co,Ni)_2S_4$ 等轴晶系	470：41.0 546：42.3 589：42.7 650：43.8 白：44.0	乳白色，相似较淡(硫钴矿)	未见	均质	不显	4.5～5.5 VHN： 548～585 =硫钴矿	无实验数据	磨光性良好。常呈自形、半自形和他形晶粒。被黄铜矿、斑铜矿、蓝辉铜矿、铜蓝以及黄铁矿、磁黄铁矿交代。在黄铜矿中形成包体；也含闪锌矿等包体。产于岩浆型铜－镍硫化物矿床、钴－镍热液矿床和沉积矿床中	特征与硫钴矿相似可用微化分析鉴别
软锰矿 Pyrolusite MnO_2 四方晶系	470： 30.5～39.9 546： 29.0～40.0 589： 28.1～39.3 650： 27.5～38.1 白： 30.0～41.5	白色微带乳黄色色调，较黄(钡硬锰矿)，黄白色亮得多(磁铁矿)，黄白色(一般硬锰矿)	可见 (黄白－蓝灰色)	强非均质 (黄绿－蓝绿－粉红) 589 nm A_γ3.98°±0.2° 旋向正 (柱晶延长)	不显	6 (随结晶类型而异、变化较大) VHN： 129～243	6 种标准试剂均为负反应；双氧水：+，发泡	磨光困难。常呈纤维状、粒状、粉末状集合体，较粗大的自形针状晶(称黝锰矿)少见。具肾状、结核状构造，并见 ‖ C 的槽线，偶见环带结构。常交代水锰矿成假象(长方块状或菱形块状)；也交代褐锰矿、硬锰矿、磁铁矿和被钡镁锰矿交代。微晶质软锰矿常与硬锰矿、褐锰矿密切共生。主要产于沉积矿床，也产于变质锰矿床和多金属矿床氧化带中	以较高的反射率、晶形及浸蚀反应与钡硬锰矿区别
钡硬锰矿 (锰钡矿) Hollanditee $Ba(Mn^{2+},Mn^{4+})_8O_{16}$ 单斜晶系	470： 28.7～36.0 546： 26.4～36.9 589： 25.2～31.2 650： 24.5～29.7 白： 26.6～32.5	浅灰白色微带黄色色调，相似较暗(软锰矿)，较亮无棕色或橄榄绿色色调(褐锰矿)	可见	强非均质 (淡黄－淡玫瑰－淡紫灰) 589 nm A_γ3.33°±0.2°	不显	6 VHN： 540～677 ≥褐锰矿 (大多数)， <褐锰矿 (少数)	6 种标准试剂均为负反应；SnO_2：+，显结构；双氧水加硫酸：+，显结构	磨光性差。常呈柱状、板状晶及针状晶的放射纤维状集合体，或致密状或葡萄状块体。解理{110}常见，双晶可见。可呈包体分布于褐锰矿、黑镁铁锰矿、方铁锰矿中；也可含褐锰矿、黑锰矿包体。可被褐锰矿、方铁锰矿、赤铁矿、硬锰矿沿解理交代。主要产于沉积锰矿床和高温热液矿床	以反射色、双反射及内反射不显与赤铁矿区别；以放射纤维状晶形与褐锰矿、水锰矿区别

附表 2－8　　第八鉴定表　　反射率在方铅矿和黝铜矿之间的中硬度矿物组

矿物名称 化学组成 晶系	反射率(%)	反射色	双反射反射多色性	均非性（偏光色）、A_γ、旋向符号	内反射	摩氏硬度 显微硬度 相对突起	浸蚀反应	形态特征、矿物组合特点、产状及其他特性	主要鉴定特征及与类似矿物区别
黄铜矿 Chalcopyrite $CuFeS_2$ 四方晶系	470： 31.0～34.2 546： 42.5～45.4 589： 44.7～47.5 650： 45.8～47.8 白： 42.0～46.1	铜黄色，黄较浓（黄铁矿），较暗强烈黄绿色（自然金、自然银），相似较黄无棕色（磁黄铁矿）	未见	弱非均质 589 nm $A_\gamma 0.32° \pm 0.1°$ 旋向正 （双晶）	不显	3.5～4 VHN： 183～276 ＞方铅矿， ＜闪锌矿、 镍黄铁矿、 磁黄铁矿	HNO_3：±，薰污；其他标准试剂为负反应	易磨光，但有擦痕。常呈他形粒状集合体。聚片双晶普遍，偶见解理和内部环带结构。为弱塑性矿物。可含方黄铜矿、墨铜矿（板状和蠕虫状）、磁黄铁矿（束状）、黝锡矿、闪锌矿和黝铜矿（叶片状或星状）的固溶体分解包体。黄铜矿的固溶体分解物亦可呈小乳滴定向或不定向分布于闪锌矿、黝锡矿、黝铜矿、蓝辉铜矿、硫砷铜矿中。主要产于岩浆型铜－镍硫化物矿床、高－中温热液矿床和沉积型铜矿床中	以铜黄色、弱非均质性和常呈固溶体分解结构为特征，以反射色和弱非均质性与方黄铜矿区别
紫硫镍矿 Violarite $(Ni, Fe)_3S_4$ 等轴晶系	470：38.3 546：42.3 589：44.1 650：48.2	白色微带紫色偶带黄色或棕色。粉红乳色（黄铜矿）。淡紫色（镍黄铁矿），相似（磁黄铁矿）	未见	均质 （偶见微弱异常非均质性）	不显	4.5～5.5 VHN： 241～373 ＜黄铜矿、 闪锌矿， ≥镍矿铁矿， ≤磁黄铁矿	HNO_3：+，发泡、染棕紫；$HgCl_2$：±，染淡棕；其他标准试剂为负反应	磨光性良好。自形晶少见，常为他形晶集合体。立方体和八面体解理发育，双晶和环带未见，常为镍黄铁矿、针镍矿蚀变产物，蚀变一般沿解理进行，可交代镍黄铁矿、磁黄铁矿、辉砷镍矿、黄铁矿；也可被黄铜矿、磁黄铁矿、黄铁矿交代。可含针镍矿不混溶片晶，主要产于岩浆型铜－镍硫化物矿床和热液矿床中	以反射色较深和立方体及八面体解理、反射率较低与镍黄铁矿区别
硫铜钴矿 Carrollite $Cu(Co,Ni)_3S_4$ 等轴晶系	470：41.0 546：42.3 589：42.7 650：43.8 白：44.0	乳白色，相似较淡（硫钴矿）	未见	均质	不显	4.5～5.5 VHN： 548～585 ＝硫钴矿	无标准试剂反应数据	磨光性良好。常呈自形、半自形晶和他形晶粒。被黄铜矿、斑铜矿、蓝辉铜矿、铜蓝以及黄铁矿、磁黄铁矿交代。在黄铜矿中形成包体；也可含闪锌矿等包体。产于岩浆型铜－镍硫化物矿床、钴－镍热液矿床和沉积矿床中	特征与硫钴矿相似，可用微化分析鉴定

续附表 2-8

矿物名称 化学组成 晶系	反射率(%)	反射色	双反射反射多色性	均非性 (偏光色)、 A_γ、旋向符号	内反射	摩氏硬度 显微硬度 相对突起	浸蚀反应	形态特征、 矿物组合特点、 产状及其他特性	主要鉴定特征 及与类似矿物 区别
红锑镍矿 Breithauotite NiSb 六方晶系	470: 37.8~44.1 546: 37.0~46.7 589: 43.4~51.7 650: 50.7~57.0 白: 45.3~54.6	粉红色微带紫色，较暗微带紫色(红砷镍矿)，暗得多(自然铜)	可见 (粉红-紫红色)	强非均质 (蓝绿-紫红) 589 nm A_γ3.01°±0.1° 旋向负 (延长)	不显	5.5 VHN: 459~579 ≤红砷镍矿， < <毒砂、 铁硫砷钴矿， <斜方砷钴矿	HNO_3: +，晕色； $FeCl_3$: +，晕色； 其他标准试剂为负反应	磨光性良好，常为他形晶集合体，偶见板状或针状自形晶，内部环带结构普遍，交代斜方砷钴矿；也可被斜方砷钴矿、红砷镍矿、银-矿物交代。呈铬铁矿、镍黄铁矿、方铅矿的包体。与磁黄铁矿构成连晶。常产于钴-镍-银的热液矿床中	以反射色较深和反射多色性区别于红砷镍矿
硫铜锑矿 Chalcotibite $CuSbS_2$ 斜方晶系	470: 38.3~45.5 546: 36.9~42.2 589: 35.2~39.6 650: 33.7~37.9 白: 37.1~43.0	白色微带玫瑰色，粉红色(闪锌矿)，较暗带黄灰色(方铅矿)	未见	强非均质 旋向正 (延长、解理)	不显	2~3 VHN: 283~309 >自然银， >黄铜矿、 闪锌矿	KCN: +，染褐(慢)；其他标准试剂为负反应	磨光性良好。呈板状或粗粒他形晶集合体。解理‖{001}常见，偶见三角孔，聚片双晶可见。交代黄铁矿、黄铜矿、闪锌矿和被方铅矿、辉铜矿、磁黄铁矿、墨铜矿等交代。可在黝铜矿中形成包体。产于低温热液富锑矿床中	以偶见黑三角孔和浸蚀反应与硫铋铜矿区别
方黄铜矿 Cubanite $CuFe_2S_3$ 斜方晶系	470: 30.1~32.2 546: 37.6~40.3 589: 40.0~42.4 650: 42.4~44.4 白: 40.0~42.5	乳白色微带玫瑰色。淡玫瑰灰色(黄铜矿)，相似较灰黄玫瑰色较浅(磁黄铁矿)	未见	强非均质 589 nm A_γ0.85°±0.1° 旋向正 (板状晶延长)	不显	3.5 VHN: 247~287 <黄铜矿， <闪锌矿， ≪磁黄铁矿	HNO_3: +，染褐； 其他标准试剂为负反应	磨光性尚好，常有擦痕。常呈不规则粒状或多边形粒状集合体。亦可呈叶片状、板状晶体。解理‖{001}常见。方黄铜矿常呈叶片状的固溶体分解物分布于黄铜矿、斑铜矿和磁黄铁矿中，常与黄铜矿、黄铁矿、磁黄铁矿构成板状或格状连晶。交代黄铜矿和磁黄铁矿。主要产于岩浆型铜-镍硫化物矿床、矽卡岩型矿床和高温热液矿床	以反射色和强非均质性与其构成紧密连晶的黄铜矿区别；以反射色较浅，突起较低及对KOH不起作用与磁黄铁区别

续附表 2-8

矿物名称 化学组成 晶系	反射率(%)	反射色	双反射反射多色性	均非性（偏光色）、A_γ、旋向符号	内反射	摩氏硬度 显微硬度 相对突起	浸蚀反应	形态特征、 矿物组合特点、 产状及其他特性	主要鉴定特征及与类似矿物区别
磁黄铁矿 Pyrrhotite Fe_nS_{n+1} 单斜晶系 （低温）≒ 六方晶系 （高温）	470： 30.8～35.5 546： 34.8～39.9 589： 36.9～41.6 650： 39.5～43.3 白： 38.0～42.2	乳黄色微带玫瑰棕色，较暗（镍黄铁矿），相似玫瑰色较浓（方黄铜矿）	可见 （乳黄－淡红褐色）	强非均质 （黄灰、绿灰、蓝灰）589 nm A_γ1.55° ±0.5° 旋向负（板状晶延长、底解理）	不显	4 VHN： 373～400 ≫黄铜矿、闪锌矿， ≤镍黄铁矿， ≪毒砂	HNO_3：+，染褐（慢）；KOH：+，晕色；其他标准试剂为负反应	磨光性良好。常为他形晶集合体和致密块体，板状自形晶少见。解理‖{0001}可见，聚片双晶和内部环带结构偶见。具磁性，为可塑性矿物。常充填于锡石晶粒之间。常见火焰状、纺锤状、粒状的固溶体分解物镍黄铁矿沿磁黄铁矿的裂隙、解理、晶粒间隙生长或析出与磁黄铁矿外缘形成“结砂结构”。可含有黄铜矿的固溶体分解物及毒砂、白铁矿、红砷镍矿等包体。可蚀变成黄铁矿、白铁矿、磁铁矿和赤铁矿。磁黄铁矿可分解成细粒状黄铁矿和白铁矿，局部构成“鸟眼状结构”。产于岩浆型铜－镍硫化物矿床、矽卡岩型矿床和高－中低温热液矿床	以反射色色调和强非均质性，突起高与黄铜矿区别；以强非均质性、反射色色调、反射率略低区别于镍黄铁矿
软锰矿 Pyrolusite MnO_2 四方晶系	470： 30.5～39.9 546： 29.0～40.0 589： 28.1～39.3 650： 27.5～38.1 白： 30.0～41.5	白色微带乳黄色色调，较黄（钡硬锰矿），黄白色亮得多（磁铁矿），黄白色（一般硬锰矿）	可见 （黄白－蓝灰色）	强非均质 （黄绿－蓝绿－粉红） 589 nm A_γ3.98° ±0.2° 旋向正 （柱晶延长）	不显	6 （随结晶类型而异、变化较大） VHN： 129～243	6种标准试剂均为负反应；双氧水：+，发泡	磨光困难。常呈纤维状、粒状、粉末状集合体，较粗大的自形针状晶（称黝锰矿）少见，具肾状、结核状构造，并见有‖C的槽线，偶见环带结构，常交代水锰矿成假象（长方块状或菱形块状）；也交代褐锰矿、硬锰矿、磁铁矿和被钡镁锰矿交代，微晶质软锰矿常与硬锰矿、褐锰矿密切共生。主要产于沉积矿床，也产于变质锰矿床和多金属矿床氧化带中	以较高的反射率、晶形及浸蚀反应与钡硬锰矿区别

续附表 2－8

矿物名称 化学组成 晶系	反射率（%）	反射色	双反射反射多色性	均非性（偏光色）、A_γ、旋向符号	内反射	摩氏硬度 显微硬度 相对突起	浸蚀反应	形态特征、 矿物组合特点、 产状及其他特性	主要鉴定特征 及与类似矿物 区别
黝铜矿 Tetrahe-drite $(Cu, Fe)_{12}$ Sb_4S_{13} 等轴晶系	470： 30.3～31.6 546： 30.3～32.2 589： 29.8～31.8 650： 28.2～30.2 白：30.7	灰白色微带浅棕色，蓝灰色（黄铜矿），浅灰色（黝锡矿），棕灰色微带绿色（方铅矿）	未见	均质	不显	3.5～4 VHN： 285～380 <方铅矿， ＝黄铜矿	HNO_3：＋，晕色；KCN：±，染浅褐；其他标准试剂为负反应；浓高锰酸钾、氢氧化钾和双氧水（6%）混合试剂：＋	磨光性良好。常呈他形粒状集合体。解理偶见。浸蚀后可见内部环带结构。常含闪锌矿、黄铜矿、黝锡矿、磁黄铁矿等固溶体分解的细小包体。可与黄铜矿、方铅矿、斑铜矿构成文象状连晶。主要产于中－低温热液矿床	以反射色、中等硬度，中等反射率和均质性为特征。一反射色色调、浸蚀反应和微化分析与其相似的银黝铜矿、砷黝铜矿区别
银黝铜矿 Freibergite $(Cu,Ag,Fe)_{12}$ Sb_4S_{13} 等轴晶系	470：30.4 546：30.9 589：30.5 650：28.5 白：29.8	灰白色微带浅黄绿色，棕色（淡红银矿），灰棕色（方铅矿），亮得多（闪锌矿）	未见	均质	不显	3.5～4.5 VHN： 309～360 随银的含量而变化，甚至可 <方铅矿	HNO_3：＋，染棕（慢）；$FeCl_3$：＋，晕色；$HgCl_2$：＋，沉淀；其他标准试剂为负反应	磨光性良好。多呈他形粒状集合体。解理不常见，浸蚀后可见内部环带结构。可被淡红银矿、辉银矿、方铅矿、辉锑铅矿交代。其他共生矿物有自然银、铅－锑复硫盐、银－锑复硫盐、黝锡矿等。产于中－低温热液矿床中	以反射色色调、微化分析及对 $HgCl_2$ 的浸蚀反应与其相似的砷黝铜矿、黝铜矿区别
砷黝铜矿 Tennantite $(Cu, Fe)_{12}$ As_4S_{13} 等轴晶系	470：31.5 546：30.0 589：29.8 650：28.8 白：28.9	灰白色微带橄榄绿色或蓝绿色，显淡绿色（方铅矿），淡绿色（辉铜矿），淡蓝灰色（黄铜矿）	未见	均质	不显	3.5～4.5 VHN： 297～354 ≫方铅矿， ＝黄铜矿	HNO_3：＋，晕色；KCN：±，染浅褐；其他标准试剂为负反应	磨光性良好。常呈他形晶粒状集合体。解理在自形晶中可见，内部环带结构普遍，与方铅矿、硫铜银矿、黄铜矿、深红银矿构成文象状连晶。交代黄铁矿、硫砷铜矿；亦可被方铅矿、硫铜银矿、硫砷铜矿、黄铜矿交代。产于中－低温热液矿床，较黝铜矿少见	以反射色色调、浸蚀反应及微化分析结果与黝铜矿区别

附表 2－9　　第九鉴定表　　反射率在方铅矿和黝铜矿之间的低硬度矿物组

矿物名称 化学组成 晶系	反射率(%)	反射色	双反射反射多色性	均非性 (偏光色)、 A_γ、旋向符号	内反射	摩氏硬度 显微硬度 相对突起	浸蚀反应	形态特征、 矿物组合特点、 产状及其他特性	主要鉴定特征 及与类似矿物 区别
黄铜矿 Chalcopyrite $CuFeS_2$ 四方晶系	470: 31.0~34.2 546: 42.5~45.4 589: 44.7~47.5 650: 45.8~47.8 白: 42.0~46.1	铜黄色，黄较浓(黄铁矿)，较暗强烈黄绿色(自然金、自然银)，相似较黄无棕色(磁黄铁矿)	未见	弱非均质 589 nm A_γ0.32°±0.1° 旋向正 (双晶)	不显	3.5~4 VHN: 183~276 >方铅矿， <闪锌矿、 镍黄铁矿、 磁黄铁矿	HNO_3：+，薰污；其他标准试剂为负反应	易磨光，但有擦痕。常呈他形粒状集合体。聚片双晶普遍，偶见解理和内部环带结构。为弱塑性矿物。可含方黄铜矿、墨铜矿(板状和蠕虫状)、磁黄铁矿(束状)、黝锡矿、闪锌矿和黝铜矿(叶片状或星状)的固溶体分解包体。黄铜矿的固溶体分解物亦可呈小乳滴定向或不定向分布于闪锌矿、黝锡矿、黝铜矿、蓝辉铜矿、硫砷铜矿中。主要产于岩浆型铜－镍硫化物矿床、高－中温热液矿床和沉积型铜矿床中	以铜黄色、弱非均质性和常呈固溶体分解结构为特征，以反射色和弱非均质性与方黄铜矿区别
辉铋矿 Bismuthinite Bi_2S_3 斜方晶系	470: 39.6~48.9 546: 38.5~48.8 589: 38.1~47.9 650: 37.6~46.4 白: 42.0~48.7	白色微带淡黄色或黄白色，较亮(辉锑矿)、蓝灰色(黄铜矿)，较亮乳白色(方铅矿)	可见(‖a淡黄白色‖b灰白色‖c黄白色)	强非均质 (灰－黄－紫) 589 nm A_γ3.90°±0.1° 旋向正 (延长、解理)	不显	2~2.5 VHN: 110~136 ≥方铅矿、 硫铜铋矿、 <淡铜矿， >自然铋	HNO_3：+，慢泡、染黑、显结构；HCl：+，薰污；$HgCl_2$：±，染浅褐；其他标准试剂为负反应	磨光性良好。常呈放射纤维状晶和他形晶集合体。‖{101}解理常见，可见纺锤状聚片双晶。可被铋的碲化物、金－银碲化物、黝锡矿、黝铜矿交代。与硫铜铋矿、黄铜矿、方铅矿、黝锡矿构成连晶。产于高温热液型含铋、钨、锡矿产和中－低温热液硫化物矿床中	以双反射和对KOH不起作用区别于辉锑矿；以反射色和微化分析区别于硫铋锑铅矿
方铅矿 Galena PbS 等轴晶系	470: 46.3~47.7 546: 42.7~43.6 589: 42.2~43.0 650: 41.7~43.4 白: 43.2	纯白色(含Te时微带紫色)，白色(闪锌矿)	未见	均质	不显	2~3 VHN: 59~72 =辉银矿、 辉铜矿、 辉铋矿， <斑铜矿、 黄铜矿	HNO_3：+，染褐、晕色；HCl：+，染棕、晕色；$FeCl_3$：+，晕色；其他标准试剂为负反应	易磨光，但具擦痕。常呈自形晶或他形晶集合体，立方体解理完全。具特征三角形陷孔，浸蚀后可见内部环带结构。交代现象极普遍，交代与其共生的大部分矿物；可被铜蓝、金－银碲化物、辉银矿、毒砂、黄铁矿、闪锌矿交代。常含黝铜矿、车轮矿和银矿物的包体，部分银在方铅矿中可呈固溶体。主要产于矽卡岩型和热液型铅锌矿床及黄铁矿型铅锌矿床	以具三角形陷孔、低硬度、白色和均质性为特征。以此和辉砷镍矿及其他复硫盐矿物区别

续附表 2-9

矿物名称 化学组成 晶系	反射率(%)	反射色	双反射反射多色性	均非性 (偏光色)、 A_{γ}、旋向符号	内反射	摩氏硬度 显微硬度 相对突起	浸蚀反应	形态特征、 矿物组合特点、 产状及其他特性	主要鉴定特征 及与类似矿物 区别
硫锑铋铅矿 Kobellite $Pb_5(Bi,Si)_8S_{17}$ 斜方晶系	470: 42.2~48.5 546: 40.0~46.1 589: 39.1~45.7 650: 38.6~45.4 白: 40.9~43.2	白色微带黄绿-棕色，稍较暗（方铅矿）	可见 (浅绿色-紫灰色)	强非均质 (钢灰-灰棕色)	不显	2.5 VHN: 100~117 ≫自然铋， ≤方铅矿	HNO_3: +，发泡、染黑；其他标准试剂为负反应	易磨光。常呈柱状自然晶、放射纤维状聚晶和他形粒状集合体。解理∥{010}发育，双晶可见，交代并包围毒砂、黄铁矿、白铁矿、磁黄铁矿；被黄铜矿、黝铜矿交代。主要产于高温热液矿床	以反射色和微化分析区别于辉铋矿
块硫锑铅矿 (硫锑铅矿) Boulangerite $Pb_5Sb_4S_{11}$ 单斜晶系	470: 37.7~45.1 546: 36.9~43.7 589: 36.5~42.7 650: 36.4~41.0 白: 37.0~44.1	灰白色微带蓝绿色，较暗绿灰色（方铅矿），稍亮（辉锑矿）	可见 (白-灰绿-绿灰)	强非均质 (淡棕-蓝灰) 589 nm $A_{\gamma}2.52° \pm 0.2°$ 旋向正 (针状晶体延长) (平行消光)	不显	2.5~3 VHN: 90~183 ≤方铅矿， <车轮矿	HNO_3: ±，发泡、染黑；HCl: ±，有时薰污；其他标准试剂为负反应	磨光性良好。常呈粒状或纤维状集合体，或呈针状、板状晶体包含于其他矿物中。解理和双晶未见。为极塑性矿物。在方铅矿、闪锌矿、车轮矿、黝铜矿、黝锡矿中形成针状或板状包体。被黄铜矿交代时，则形成文象状连晶。主要产于锡石硫化物矿床、中温热液多金属矿床中	以无解理、平行消光，双反射稍弱及浸蚀反应与脆硫锑铅矿及其他类似矿物区别
脆硫锑铅矿 (毛矿) Jamesonite $4PbS \cdot FeS \cdot Sb_2S_3$ 单斜晶系	470: 38.5~43.6 546: 37.4~42.9 589: 36.7~41.5 650: 35.7~39.7 白: 36.0~40.0	白色，相似或稍带棕色（方铅矿），较亮（辉锑矿）	可见 (黄白-白色带灰绿)	强非均质 (灰黄绿-白色带灰绿) 589 nm $A_{\gamma}2.6° \pm 0.1°$ 旋向负 (延长、解理)	不显	2~3 VHN: 113~117 <方铅矿	HNO_3: +，慢泡、晕色；HCl: ±，薰污；KOH: +，晕色；其他标准试剂为负反应；王水: +，发泡、染褐至黑	易磨光。呈针状及放射纤维状自形晶及其集合体。晶体横切面为菱形。⊥延长方向的解理常见，∥延长方向的聚片双晶发育。系脆性矿物。常呈针状和破碎片状包体分布与闪锌矿、黝铜矿、毒砂、黄铜矿中。可与方铅矿、车轮矿、深红银矿构成紧密连晶。可交代黄铁矿、闪锌矿、毒砂、银黝铜矿和被黄铜矿、方铅矿交代。主要产于锡石硫化物矿床、中温热液矿床中	以反射色、双晶、解理及浸蚀反应与块硫锑铅矿、硫铋锑铅矿、辉锑矿、辉铋矿区别

续附表 2 - 9

矿物名称 化学组成 晶系	反射率(%)	反射色	双反射反射多色性	均非性(偏光色)、A_{γ}、旋向符号	内反射	摩氏硬度 显微硬度 相对突起	浸蚀反应	形态特征、 矿物组合特点、 产状及其他特性	主要鉴定特征及与类似矿物区别
辉锑矿 Stibnite Sb_2S_3 斜方晶系	470: 30.8 ~ 52.6 546: 31.1 ~ 48.1 589: 30.7 ~ 45.3 650: 29.4 ~ 42.2 白: 30.2 ~ 40.0	白色至灰白色，较暗微带乳白色(方铅矿)，较暗乳色较弱(辉铋矿)	可见 (暗灰白 - 灰棕 - 白色)	强非均质 (灰白 - 棕 - 粉红棕) 589 nm $A_{\gamma}5.07° \pm 0.2°$ 旋向正 (延长、解理)	不显	2 ~ 2.5 VHN: 71 ~ 86 >雌黄、雄黄， ≤辉铁锑矿、方铅矿， ≪黄铜矿	HNO_3: +，晕色、染黑(迅速)；HCl: ±，染褐；KCN: +，染褐；KOH: +，染褐、桔黄色沉淀；其他标准试剂为负反应	易磨光。常呈叶片状、针状、放射纤维状晶的集合体和粒状他形晶集合体。解理和内部环带结构可见，聚片双晶和受压变形结构普遍，并可见花岗变晶结构。属弱塑性矿物。交代毒砂、黄铁矿、磁黄铁矿、闪锌矿、黝铜矿和被辰砂、自然锑交代。常与辉铁锑矿、深红银矿、红锑矿、硫锑铅矿构成连晶。主要产于低温热液矿床，也有产于高温热液含金石英脉中(一般在成矿后期形成)	以双反射显著、强非均质，聚片双晶普遍和对 KOH 作用生成橘黄色沉淀为特征。以此和辉铋矿、深红银矿、辉铁锑矿区别
硫铜锑矿 Chalcotibite $CuSbS_3$ 斜方晶系	470: 38.3 ~ 45.5 546: 36.9 ~ 42.2 589: 35.2 ~ 39.6 650: 33.7 ~ 37.9 白: 37.1 ~ 43.0	白色微带玫瑰色，粉红色(闪锌矿)，较暗带黄灰色(方铅矿)	未见	弱强非均质 589 nm $A_{\gamma}5.04° \pm 0.1°$ 旋向正 (延长、解理)	不显	3 ~ 4 VHN: 283 ~ 309 >自然银， <黄铜矿、闪锌矿	KCN: +，染黑(慢)；其他标准试剂为负反应	磨光性良好。呈板状或粗粒他形晶集合体。解理 ∥ {001} 常见，偶见三角孔。聚片双晶可见。交代黄铁矿、黄铜矿、闪锌矿和被方铅矿、辉铜矿、磁黄铁矿、墨铜矿等交代。可在黝铜矿中形成包体。产于低温热液富锑的矿床中	以偶见黑三角孔和浸蚀反应与硫铋铜矿相区别
方黄铜矿 Cubanite $CuFe_2S_3$ 斜方晶系	470: 30.1 ~ 32.2 546: 37.6 ~ 40.3 589: 40.0 ~ 42.4 650: 42.4 ~ 44.4 白: 40.0 ~ 42.5	乳白色微带玫瑰色。淡玫瑰灰色(黄铜矿)，相似较灰黄玫瑰色较浅(磁黄铁矿)	未见	强非均质 589 nm $A_{\gamma}0.85° \pm 0.1°$ 旋向正 (板状晶延长)	不显	3.5 VHN: 247 ~ 287 <黄铜矿， <闪锌矿， ≪磁黄铁矿	HNO_3: +，染褐；其他标准试剂为负反应	磨光性尚好，常有擦痕。常呈不规则粒状或多边形粒状集合体。亦可呈叶片状、板状晶体，解理 ∥ {001} 常见。方黄铜矿常呈叶片状的固溶体分解物分布于黄铜矿、斑铜矿和磁黄铁矿中，常与黄铜矿、黄铁矿、磁黄铁矿构成板状或格状连晶。交代黄铜矿和磁黄铁矿。主要产于岩浆型铜 - 镍硫化物矿床、矽卡岩型矿床和高温热液矿床	以反射色和强非均质性与其构成紧密连晶的黄铜矿区别；以反射色较浅，突起较低及对 KOH 不起作用与磁黄铁区别

续附表 2－9

矿物名称 化学组成 晶系	反射率(%)	反射色	双反射反射多色性	均非性 (偏光色)、 A_γ、旋向符号	内反射	摩氏硬度 显微硬度 相对突起	浸蚀反应	形态特征、 矿物组合特点、 产状及其他特性	主要鉴定特征 及与类似矿物 区别
硫铜铋矿 Emplectite $CuBiS_2$ 斜方晶系	470: 35.7～38.6 546: 36.4～41.0 589: 36.1～40.8 650: 36.3～39.9 白: 36.0～41.0	乳白色，有时带浅棕色，较暗(黄铜矿)，乳棕色(方铅矿)，稍暗微带黄色(辉铋矿)	未见	弱非均质 (铜－浅蓝－深紫)	不显	2 VHN: 208～233 (‖延长) 180～210 (⊥延长) ≪自然铋，≤辉铋矿、辉铜矿	HNO_3: ±，发泡、染黄棕；HCl: ±，染黄；其他标准试剂为负反应	磨光性良好。常呈针状及纤维状聚晶，也有呈柱状晶集合体。解理‖{001}(⊥延长)可见、双晶亦可见。交代铋黝铜矿、硫铋铜矿、黄铜矿、脆硫铜铋矿和被辉铋矿和铋的碲化物交代。产于富铋－银矿床、镍矿床及钴－银－铋矿床和富铋的矽卡岩矿床	以解理⊥延长、弱非均质性并反射色与辉铋矿(解理‖于延长)区别；以大量含铋及浸蚀反应与硫铜锑矿相区别
辉锑铅矿 Zinkenite $6PbS \cdot 7Sb_2S_3$ 六方晶系	470: 38.8～40.5 546: 37.7～39.3 589: 36.6～38.0 650: 34.7～36.3 白: 32.3	灰白色，灰白色(方铅矿)，浅灰白色(黝铜矿)，相似稍亮(毛矿)	未见	弱非均质 (浅灰－深灰) (平行消光)	不显	3 VHN: 177～185	HNO_3: +，发泡、染黑；HCl: +，薰污；$HgCl_2$: ±，晕色；KOH: +，晕色；其他标准试剂为负反应	磨光性良好。呈细针状、毛发状、放射纤维状集合体。常成被膜和裂隙填充物。解理‖{11$\bar{2}$0}可见，密晶和环带未见。在闪锌矿中常呈乳滴状细小包体或针状集合体，产于中低温热液矿床	以反射色、弱非均质性、浸蚀反应及微化分析与辉铋矿、辉锑矿及辉钼矿区别；以弱非均质性与脆硫锑铅矿、块硫锑铅矿区别
碲银矿 Hessite Ag_2Te 单斜晶系	470: 37.6 546: 37.5 589: 37.9 650: 39.0 白: 38.5	灰白色微带棕色－玫瑰色，淡棕(方铅矿、碲金银矿)，显著棕色(辉银矿)	未见	强非均质 (暗橙－暗蓝)	不显	2～3 VHN: 28～34 >辉银矿，≪方铅矿、自然金	HNO_3: +，染褐－黑；HCl: ±，染黑；KCN: ±，染黑；$FeCl_3$: +，晕色；$HgCl_2$: +，染褐；KOH 试剂为负反应	磨光困难，常具擦痕。呈圆粒状，他形粒状、骸晶状集合体，解理未见。在温度大于115℃时可见多组聚片双晶，属等轴晶系；而当温度小于155℃时，为单斜晶系，可呈包体分布于方铅矿、碲金银矿、黄铁矿中；也可含自然金、自然银和碲铅矿的包体。其他共生矿物有银金矿、辉银矿和其他碲化物。主要产于次火山岩的金矿脉和银矿脉中	以不易磨光、低硬度、浸蚀反应及与其他碲化物共生和本表其他相似矿物区别；以强非均质性及反射色与辉银矿区别

续附表 2－9

矿物名称 化学组成 晶系	反射率（%）	反射色	双反射反 射多色性	均非性 （偏光色）、 A_γ、旋向符号	内反射	摩氏硬度 显微硬度 相对突起	浸蚀反应	形态特征、 矿物组合特点、 产状及其他特性	主要鉴定特征 及与类似矿物 区别
车轮矿 Bournonite $PbCuSbS_3$ 斜方晶系	470： 35.5～37.7 546： 34.0～35.6 589： 33.0～34.7 650： 31.7～32.7 白： 36.0～38.2	灰白色微带蓝绿色，较暗淡蓝绿色（方铅矿），较亮淡蓝色（黝铜矿），较暗（脆硫锑铅矿）	未见	弱非均质 （蓝灰－绿灰－棕黄－深棕紫）， 有双晶时明显 589 nm A_γ0.27°±0.1° 旋向负 （板状晶延长）	不显	2.5～3 VHN： 176～205 ＞辉锑矿， ≥方铅矿， ＜黄铜矿、 闪锌矿	HNO_3：＋，染褐；其他标准试剂为负反应；王水：＋，迅速染黑	磨光性极好。常呈多边形粒状集合体，无解理，两组双晶常正交成镶木地板状，压力变形结构和重结晶结构常见。多呈包体分布于黝铜矿、斑铜矿和方铅矿中，与方铅矿构成文象状连晶。在方铅矿与黝铜矿、黄铜矿与脆硫锑铅矿、黄铜矿与硫铜锑矿之间形成反应边。产于中低温热液铅锌矿床中	以反射色、双晶特点及浸蚀反应与辉锑铅矿及其他铅锑硫盐矿物区别
软锰矿 Pyrolusite MnO_2 四方晶系	470： 30.5～39.9 546： 29.0～40.0 589： 28.1～39.3 650： 27.5～38.1 白： 30.0～41.5	白色微带乳黄色色调，较黄（钡硬锰矿），黄白色亮得多（磁铁矿），黄白色（一般硬锰矿）	可见 （黄白－蓝灰色）	强非均质 （黄绿－蓝绿－粉红） 589 nm A_γ3.98°±0.2° 旋向正 （柱晶延长）	不显	6 （随结晶类型而异、变化较大） VHN： 129～243	6 种标准试剂均为负反应；双氧水：＋，发泡	磨光困难。常呈纤维状、粒状、粉末状集合体，较粗大的自形针状晶（称黝锰矿）少见，具肾状、结核状构造，并有∥C 的槽线，偶见环带结构，常交代水锰矿成假象（长方块状或菱形块状）；也交代褐锰矿、硬锰矿、磁铁矿和被钡镁锰矿交代，微晶质软锰矿常与硬锰矿、褐锰矿密切共生，主要产于沉积矿床，也产于变质锰矿床和多金属矿床氧化带中	以较高的反射率、晶形及浸蚀反应与钡硬锰矿区别
辉铁锑矿 （蓝铁矿） Berthierite $FeSb_2S_4$ 斜方晶系	470： 31.4～39.2 546： 30.6～38.3 589： 30.5～37.3 650： 30.8～36.6 白： 30.0～40.0	灰白色微带玫瑰色或棕色	可见 （玫瑰棕色－灰白色）	强非均质 （蓝－黄－褐） 589 nm A_γ4.59°±0.1° 旋向正 （延长）	不显	2～3 VHN： 158～225 ≥辉锑矿、 深红银矿， ≪闪锌矿	HNO_3：＋，晕色（慢）；HCl：＋，液变黄；KOH：±，晕色；其他标准试剂为负反应	磨光性良好。常呈柱状、针状自形晶或集合体，也可呈放射纤维状集合体。常含有黄铁矿、毒砂、白铁矿和磁黄铁矿的包体。可分解成辉锑矿和胶状黄铁矿，在辉锑矿中可见有辉铁锑矿的残余，可与辉锑矿、黄铜矿构成连晶	以反射色及浸蚀反应与辉锑矿、辉铋矿、辉钼矿和铅－锑复硫盐区别；以显著的双反射与表内银硫盐区别

续附表 2－9

矿物名称 化学组成 晶系	反射率(%)	反射色	双反射反射多色性	均非性(偏光色)、A_γ、旋向符号	内反射	摩氏硬度 显微硬度 相对突起	浸蚀反应	形态特征、 矿物组合特点、 产状及其他特性	主要鉴定特征及与类似矿物区别
硒银矿 Naumannite $\beta-Ag_2Se$ ≒ $\alpha-Ag_2Se$ 斜方晶系 133℃ ≒等轴晶系	470：36.4 546：34.0 589：32.4 650：31.3 白：32.6	灰白色微带棕色，淡蓝绿(硒铅矿)	未见	强非均质(亮灰白－暗灰白)	不显	2.5 VHN： 23～33 <硒铅矿	HNO_3：+，晕色、显结构；KCN：+，晕色、显结构；$FeCl_3$：+，晕色；$HgCl_2$：+，晕色；其他标准试剂为负反应	磨光性尚好，常有擦痕。常为他形粒状集合体。立方体解理完全，可能是由同质多象转变形成的裂开。可与硒铅矿构成文象状连晶，可被硒铅矿交代。其他共生矿物有黄铁矿、黄铜矿及其他硒化物等。产于伴有硒矿物、碳酸盐的热液矿床	以低硬度和与硒矿物密切共生为特征。以不显内反射与硫砷铜银矿区别
辉铜矿 Chalcocite Cu_2S 斜方晶系 103℃ ≒六方晶系	470： 35.5～36.7 546： 32.5～33.4 589： 30.5～31.8 650： 28.7～30.2 白：32.2	浅灰色微带蓝色色调，明显蓝色(方铅矿、黝铜矿)，蓝灰色(黄铁矿、自然铜)	未见	弱非均质 589 nm A_γ0.31°±0.1°	不显	2.5～3 VHN： 67～87 ≫辉银矿， =蓝辉铜矿、方铅矿， <斑铜矿、黝铜矿	HNO_3：+，发泡、染蓝、显结构；KCN：+，迅速染黑、显结构；$FeCl_3$：+，染蓝、显结构；$HgCl_2$：±，显结构(细粒变种为负反应)；其他标准试剂为负反应	磨光性良好。常呈他形粒状集合体。具块状、胶状及疏松状构造。在103℃以上生成的辉铜矿，颗粒较粗。常与蓝辉铜矿构成连晶。柳叶片状双晶和解理发育(无柳叶片状双晶并不证明在103℃以下)。结晶很快的高温辉铜矿为细粒集合体，似表生辉铜矿。在103℃以下形成的内生辉铜矿，亦呈粗粒集合体，偶见解理。由表生作用形成的辉铜矿有“钢灰状”和“烟灰状”两种。“钢灰状”辉铜矿呈细粒致密状集合体，与黄铜矿密切共生，两者同由斑铜矿分解而成；“烟灰状”辉铜矿一般为极细的表生辉铜矿、表生蓝辉铜矿和铜蓝的混合物，常围绕在黄铜矿的周围和充填在矿石的裂隙中。产于中、低温热液矿床和铜矿床次生富集带	以加 HNO_3 发泡、染蓝、显结构及与其他铜矿物共生为特征。以此及其弱非均质性、低硬度与黝铜矿区别；以反射色及浸蚀反应与蓝辉铜矿区别
辉锑银矿 Miargyrite $AgSbS_2$ 单斜晶系	470： 32.7～37.9 546： 30.3～35.4 589： 28.9～34.2 650： 27.4～32.2 白： 31.8～36.0	灰白色微带绿灰或蓝灰色色调，较亮白色(深红银矿)，较暗微带绿灰或蓝灰(方铅矿)	可见(灰白－蓝色)	强非均质(浅灰－蓝灰－褐)	显(深红色)	2.5 VHN： 107～170 ≥深红银矿， <方铅矿， ≪银黝铜矿	HNO_3：±；HCl：±，熏污；KCN：+，染灰；$HgCl_2$：±，染棕；KOH：+，晕色(快)；$FeCl_3$试剂为负反应	易磨光。常呈粗细不一的粒状集合体。双晶偶见。环带结构未见。常与深红银矿及其他银锑矿物构成连晶。交代毒砂、闪锌矿、银黝铜矿、黝铜矿、深红银矿；也被自然银、硫锑铜银矿、深红银矿交代。产于低温热液矿床中	以反射色和显内反射与硫铜银矿区别

续附表 2-9

矿物名称化学组成晶系	反射率(%)	反射色	双反射反射多色性	均非性(偏光色)、A_γ、旋向符号	内反射	摩氏硬度显微硬度相对突起	浸蚀反应	形态特征、矿物组合特点、产状及其他特性	主要鉴定特征及与类似矿物区别
硫砷铜银矿 Pearceite $(Ag, Cu)_{16}As_2S_{11}$ 单斜晶系(假六方晶系)	470: 32.4~32.6 546: 31.9 589: 31.1~31.2 650: 29.7~29.9 白: 30.1	浅灰色微带绿色，较暗灰绿色(方铅矿)，较暗无棕色色调(黝铜矿族)	未见	强非均质(蓝-黄绿-深紫)	显(深红色)	2~3 VHN: 180~192 >辉银矿	HNO_3: ±，熏污；HCl: ±，熏污；KCN: +，染黑(快)；$FeCl_3$: ±，晕色；$HgCl_2$: ±，染棕、染黑；KOH: ±，晕色	不易磨光，常有擦痕。呈细小板状自形晶或玫瑰花状集合体。解理和双晶偶见。常呈细小包体分布在方铅矿、闪锌矿、黝铜矿、黄铁矿中。与硫铜银矿、方铅矿、深红银矿构成文象连晶。交代毒砂、黄铁矿、大多数含银矿物和铜、铅、锌硫化物；也被自然银、银金矿、辉银矿等交代。主要产于低温热液银矿床中	与硫锑铜银矿为类质同象矿物，二者区别可借助于微化分析；以显内反射与硫铜银矿区别
螺状硫银矿 177℃ ≒辉银矿 Acanthite-Argentite Ag_2S 单斜晶系 177℃ ≒等轴晶系	470: 32.5~34.0 546: 30.3~31.3 589: 29.0~29.8 650: 28.3~29.0 白: 29.0	灰白色带绿色，较暗淡绿灰色(方铅矿)，明显绿色(自然银)	未见	弱非均质或均质	不显	2~2.5 VHN: 24~30 =辉铜银矿	HNO_3: ±，熏污；HCl: +，晕色；KCN: +，染棕、染黑；$FeCl_3$: +，染灰黑；$HgCl_2$: +，晕色；KOH 试剂为负反应	不易磨光，具擦痕。单斜辉银矿(螺状硫银矿)在胶结带中呈胶状，偶成柱状集合体。等轴辉银矿常呈自形晶、多边形粒状集合体，也呈隐晶质集合体，有板状双晶。为极塑性矿物。常在方铅矿中呈不混溶包体，与铜蓝、辉铋矿、黄铜矿、方铅矿及其他银-锑、银-砷矿物构成连晶。可交代黄铜矿、铜蓝、闪锌矿、方铅矿及含银硫化物；也可被铜蓝、蓝辉铜矿、银金矿等交代。产于低温热液矿脉和钴-镍-银建造的矿脉中；表生辉银矿产于铅矿床的次生富集带	以极低的硬度、反射色和对 HCl 的浸蚀反应与车轮矿、辉锑铅矿、砷黝铜矿区别
辉钼矿 Molybdenite MoS_2 六方晶系(辉钼矿-2H) 三方晶系(辉钼矿-3R)	470: 22.0~46.9 546: 19.8~40.4 589: 19.2~38.8 650: 18.9~40.0 白: 15.0~37.0	灰白色 O: 白色亮得多(石墨 O) E: 灰色微带蓝灰色，亮得多(石墨 E)	可见(灰白色-灰带蓝色)	强非均质(45°位置为白色微带玫瑰紫色) 589 nm A_γ9.95°±0.1° 旋向正(延长、底解理)	不显	1.5 VHN: 32~33 (‖延长) ≤黄铜矿，<石墨	6 种标准试剂均为负反应	不易磨光。常呈板状、鳞片状、叶片状单晶及集合体，有时亦呈玫瑰花状或细粒集合体。解理‖{0001}发育，自形晶常受挠曲，平行滑动普遍，形成似双晶结构。系塑性和弱导电性矿物。常在黄铜矿、黄铁矿、毒砂、辉铋矿、黝铜矿和白钨矿中形成包体或充填在锡石和黑钨矿之间。交代黄铜矿、黄铁矿、磁黄铁矿等。主要产于矽卡岩矿床和高、中温热液矿床	以浸蚀反应与所有的试剂不起作用和本表其他类似矿物区别；以反射率和偏光色与石墨区别

附表 2－10 第十鉴定表 反射率在黝铜矿和闪锌矿之间的高硬度矿物组

矿物名称 化学组成 晶系	反射率(%)	反射色	双反射反射多色性	均非性 (偏光色)、 A_γ、旋向符号	内反射	摩氏硬度 显微硬度 相对突起	浸蚀反应	形态特征、 矿物组合特点、 产状及其他特性	主要鉴定特征 及与类似矿物 区别
钡硬锰矿 (锰钡矿) Hollanditee $Ba(Mn^{2+},Mn^{4+})_8O_{16}$ 单斜晶系	470: 28.7～36.0 546: 26.4～36.9 589: 25.2～31.2 650: 24.5～29.7 白: 26.6～32.5	浅灰白色微带黄色色调，相似较暗(软锰矿)，较亮无棕色或橄榄绿色色调(褐锰矿)	可见	强非均质 (淡黄－ 淡玫瑰－ 淡紫灰) 589 在 nm A_γ3.33°±0.2°	不显	6 VHN: 540～677 ≥褐锰矿 (大多数)， <褐锰矿 (少数)	6 种标准试剂均为负反应；二氧化锡：+，显结构；双氧水加硫酸：+，显结构	磨光性差。常呈柱状、板状晶及针状晶的放射纤维状集合体，或致密状或葡萄状块体。解理{110}常见，双晶可见。可呈包体分布于褐锰矿、黑镁铁锰矿、方铁锰矿中；也可含褐锰矿、黑锰矿包体。可被褐锰矿、方铁锰矿、赤铁矿、硬锰矿沿解理交代。主要产于沉积锰矿床和高温热液矿床	以反射色、双反射及不显内反射与赤铁矿区别；以放射纤维状晶形与褐锰矿、水锰矿区别
赤铁矿 Hematite Fe_2O_3 六方晶系	470: 27.4～32.6 546: 26.0～31.0 589: 25.3～29.6 650: 23.1～26.3 白: 25.0～30.0	浅灰白色微带蓝色，白(钛铁矿、磁铁矿)，较亮白色(针铁矿)，蓝灰色(黄铁矿)	未见	弱－强 非均质 (蓝灰－ 灰蓝) 589 nm A_γ2.19°±0.2° 旋向正	显(深红色或粉末显棕色)	5 VHN: 973～1114 >钛铁矿， ≤黄铁矿， <锡石	6 种标准试剂均为负反应；王水：－	磨光困难。常为板状、针状、放射纤维状等自形晶集合体(外生赤铁矿多为鲕状、肾状构造、隐晶质)。聚片双晶普遍，假解理常见。交代磁铁矿生成的假象赤铁矿，常成细脉状、格状、环状结构；也可被磁铁矿、黄铁矿和褐铁矿交代。可与钛铁矿、金红石、锡石等构成不混溶连晶。当赤铁矿中含 $FeTiO_3$ 大于 10% 时，称"钛赤铁矿"。产于内生、外生和变质矿床中	以较高的反射率和浸蚀反应与纤铁矿区别
铅硬锰矿 (锰铅矿) Coronadite $Pb(Mn^{2+},Mn^{4+})_8O_{16}$ 四方晶系	470: 29.5～30.1 546: 27.5～27.7 589: 26.3～26.6 650: 25.1～25.3 白: 26.0～32.0	浅灰色微带黄色，相似较暗(软锰矿)，似方铅矿(褐铁矿)	可见	强非均质	不显	5 VHN: 591～689 >水锰矿	6 种标准试剂均为负反应；二氧化锡：+；二氧化锡加盐酸：+	易磨光。呈粒状、板状、纤维状集合体或放射状针状集合体。常形成球状、葡萄状、肾状构造。偶见与褐铁矿、普通硬锰矿构成环带，双晶呈箭头状。交代水锰矿。常与其他锰矿物、铁的氢氧化物共生。产于含菱锰矿的低温热液矿床氧化带和富锰的石灰岩的铅交代矿床中	以反射色色调及反射率略高于一般的硬锰矿区别；以结构特点与软锰矿区别。严格区别需凭化学分析和 X 光分析

续附表 2-10

矿物名称 化学组成 晶系	反射率(%)	反射色	双反射反射多色性	均非性(偏光色)、A_{γ}、旋向符号	内反射	摩氏硬度 显微硬度 相对突起	浸蚀反应	形态特征、矿物组合特点、产状及其他特性	主要鉴定特征及与类似矿物区别
磁赤铁矿 Maghemite $\gamma-Fe_2O_3$ 等轴晶系	470：23.7～24.1 546：22.2～22.5 589：21.1～21.5 650：19.5～19.8 白：25.0	蓝灰色，较暗（赤铁矿），带蓝色（磁铁矿）	未见	均质（偶见弱非均质性）	显（棕红色）	5 VHN：1150～1246 ≥磁铁矿，≤赤铁矿	6 种标准试剂均为负反应	磨光性良好。解理、双晶、环带未见。强磁性。磁赤铁矿为磁铁矿氧化而成，多呈细斑点状、云雾状，二者界线不清。磁赤铁矿常具不规则状收缩裂纹。与赤铁矿的界线清楚可见，并可变成赤铁矿。产于含磁铁矿的各种矿床中，为铁帽中的低温次生矿物	以反射色、均质、强磁性和产出特点为特征。以此和假象赤铁矿区别
方铁锰矿 Bixbyite $(Mn,Fe)_2O_3$ 等轴晶系	470：22.3 546：22.2 589：22.0 650：21.6 白：23.0	灰色带明显的黄色，较亮较黄（褐锰矿），亮得多带黄色（黑锰矿），带棕色（赤铁矿）	未见	均质	不显	6 VHN：946～1402 >黑锰矿，≤钡硬锰矿	6 种标准试剂均为负反应；王水：±	磨光性尚好。常呈自形晶和粒状集合体。解理‖{111}可见，叶片双晶普遍，具环带结构。可局部蚀变成赤铁矿和褐锰矿的连晶，也常被赤铁矿、褐铁矿及细粒黑锰矿交代。产于沉积锰矿床；在次生氧化带中较稳定	与褐锰矿、黑镁铁锰矿较相似。但无内反射，且双晶和环带结构也很特征
金红石 Rutile TiO_2 四方晶系	470：21.6 546：20.3 589：19.8 650：19.4 白：20.0	灰色微带蓝色	可见	强非均质 589 nm $A_{\gamma}2.28° \pm 0.2°$ 旋向正（双晶）	显（黄色、棕红色）	6～7 VHN：1132～1187 >钛铁矿，<赤铁矿、锡石	6 种标准试剂均为负反应	磨光性良好。呈针状或柱状单晶及平行排列的集合体。解理‖{110}和聚片双晶普遍，环带结构可见。常与钛-赤铁矿、钛-磁铁矿、富 Fe_2O_3 的钛铁矿、钽铁矿等构成连晶；或分布在钛铁矿和钛-赤铁矿连晶中。主要产于岩浆型钒-钛磁铁矿矿床或接触变质矿床中。为典型的高温矿物	以晶形、内反射、双晶结构、矿物共生组合特点及 Ti 的反应与本表其他类似矿物区别

续附表 2 - 10

矿物名称 化学组成 晶系	反射率(%)	反射色	双反射反射多色性	均非性(偏光色)、A_{γ}、旋向符号	内反射	摩氏硬度 显微硬度 相对突起	浸蚀反应	形态特征、 矿物组合特点、 产状及其他特性	主要鉴定特征 及与类似矿物 区别
磁铁矿 Magnetite Fe_3O_4 等轴晶系	470: 20.0~20.2 546: 19.1~20.0 589: 19.1~20.8 650: 19.4~20.7 白: 21.1	灰色微带浅棕色,暗得多的棕色明显(赤铁矿),浅棕色(磁赤铁矿),较亮较淡的红棕色(钛铁矿)	未见	均质	不显	5.5 VHN: 585~698 ≫磁黄铁矿, <钛铁矿, ≪赤铁矿	HCl: ±,熏污、染褐;其他标准试剂为负反应	易磨光。常呈八面体、菱形十二面体的自形晶、等轴粒状集合体和他形晶集合体。解理、双晶和内部环带结构可见。具强磁性。可被赤铁矿交代成假象赤铁矿,氧化成磁赤铁矿。磁铁矿在高温时可与钛铁晶石形成固溶体,温度缓慢下降时,钛铁晶石可与磁铁矿形成格状或板状的固溶体分解结构。主要产于含钛铁铁矿床、矽卡岩型铁矿床和磁铁石英岩型矿矿床等	以自形晶、粒状、强磁性、无内反射、高硬度和略高的反射率与锌铁尖晶石区别
黑镁铁锰矿 (锰铁矿) Jacobsite (Mn,Fe,Mg) (Mn, Fe)$_2$O$_4$ 等轴晶系	470: 19.3 546: 19.4 589: 19.4 650: 19.3 白: 18.5	灰色为主,所带色调随Mn含量而异,红棕色(Mn含量低),棕灰色(Mn含量极高),橄榄绿色(Mn含量中等),灰色较弱(黑锰矿)	未见	均质(偶显弱非均质效应)	显(深红色)	6 VHN: 665~707 =磁铁矿, ≤褐锰矿	6种标准试剂均为负反应	易磨光。常呈粒状集合体。解理和双晶未见。在褐锰矿、软锰矿、硬锰矿、方铁锰矿中呈包体。可被软锰矿、硬锰矿交代。其他共生矿物有硫化物、其他锰矿物、铁的氢氧化物等。主要产于沉积变质锰矿床中	以反射色、显内反射和矿物组合特点与磁铁矿区别
黑锰矿 Hausmannite MnO Mn_2O_3 四方晶系	470: 17.8~20.8 546: 17.6~19.6 589: 17.5~18.9 650: 17.5~18.2 白: 16.0~19.0	灰色微带棕色及蓝色,稍暗(黑镁铁锰矿),相似(磁铁矿、褐锰矿)	可见	强非均质(黄灰-黄棕) 589 nm A_{γ}4.99°±0.1° 旋向负(延长)	显(血红色)	5~5.5 VHN: 536~566 >软锰矿, >黑镁铁锰矿	6种标准试剂均为负反应	磨光性尚好。呈粗粒自形晶和粗粒及细粒集合体。叶片双晶普遍,常互相交切,宽窄不一。交代方铁锰矿、褐锰矿;也常被软锰矿、褐锰矿、硬锰矿交代。可含方锰矿、褐锰矿包体。可与黑镁铁锰矿构成不混溶连晶。主要产于低温热液锰矿脉,也见于接触交代矿床	以强非均质、内反射色和双晶特点与褐锰矿、钨铁矿区别

续附表 2-10

矿物名称 化学组成 晶系	反射率(%)	反射色	双反射反射多色性	均非性 (偏光色)、 A_γ、旋向符号	内反射	摩氏硬度 显微硬度 相对突起	浸蚀反应	形态特征、 矿物组合特点、 产状及其他特性	主要鉴定特征 及与类似矿物 区别
褐锰矿 Braunite $3Mn_2O_3$ $MnSiO_3$ 四方晶系	470: 18.1~20.6 546: 17.3~19.6 589: 16.8~18.8 650: 16.2~18.1 白: 17.8~19.8	灰色微带棕色，暗得多的(硬锰矿)相似未见双反射(黑锰矿、水锰矿)	未见	弱非均质 589 nm A_γ0.65°±0.1° 旋向正 (延长)	显(暗棕色或深红色)(少见)	6~6.5 VHN: 483~508 >磁铁矿， ≤方铁锰矿	6种标准试剂均为负反应；双氧水：+，发泡(慢)	磨光性良好。常呈致密状或细粒半自形晶集合体。解理未见，双晶稀少，环带结构可见。交代方铁锰矿、钡硬锰矿和赤铁矿；可被软锰矿、硬锰矿、黑锰矿交代。可与赤铁矿、方铁锰矿构成连晶。产于沉积变质锰矿床中	以内反射少见、双晶稀少及与 H_2O_2 作用发泡与黑锰矿区别
锌铁尖晶石 Franklinite (Zn, Fe, Mn)O·(Fe, $Mn)_2O_3$ 等轴晶系	470: 18.0 550: 18.4 580: 18.2 650: 17.1	灰色微带绿色，灰绿色(磁铁矿)，较亮(闪锌矿)，较暗(赤铁矿)	未见	均质(显非均质效应)	显(深红色)	5.5 VHN: 667~847 >红锌矿	HCl: ±，熏污、液黄；其他标准试剂为负反应	磨光良好。多呈自形等轴状或八面体，少呈他形晶粒。解理{111}可见，双晶及环带偶见。常与磁铁矿、赤铁矿、锌尖晶石及其他尖晶石构成不混溶定向连晶。与锌锰矿的定向连晶称“锌磁锰铁矿”，由锌铁尖晶石构成基质，非均质锌锰矿构成网格而成。产于矽卡岩型矿床中	以显著的内反射与磁铁矿区别
钛铁矿 Ilmenite $FeTiO_3$ 六方晶系	470: 15.5~20.5 546: 15.8~20.1 589: 16.4~20.2 650: 17.1~20.4 白: 17.8~21.1	灰色带浅棕色，明显棕色(磁铁矿、闪锌矿)，暗得多的棕色(赤铁矿)	可见	弱-强非均质 (绿灰-灰棕) 589 nm A_γ2.36°±0.1° 旋向正 (延长、双晶)	不显(富镁时棕色)	5~6 VHN: 473~707 >磁铁矿， >赤铁矿	6种标准试剂均为负反应；王水：	磨光性良好。板状或粒状集合体。聚片双晶普遍，环带结构偶见。常与磁铁矿、赤铁矿、金红石、钽铁矿构成不混溶的板状或格状结构。可被金红石、闪锌矿、黄铁矿、赤铁矿交代。主要产于岩浆型和高温热液型矿床中	以反射色、强非均质及聚片双晶与磁铁矿区别

续附表 2-10

矿物名称 化学组成 晶系	反射率(%)	反射色	双反射反射多色性	均非性 (偏光色)、 A_γ、旋向符号	内反射	摩氏硬度 显微硬度 相对突起	浸蚀反应	形态特征、 矿物组合特点、 产状及其他特性	主要鉴定特征 及与类似矿物 区别
铌铁矿-钽铁矿 Columbite-Tantalite $(Fe,Mn)(Nb,Ta)_2O_6$ 斜方晶系	470: 16.6~18.3 546: 16.1~17.7 589: 15.9~17.5 650: 15.6~17.4 白: 16.3~18.0	灰色微带棕色，相似棕色略浅（磁铁矿）	未见	弱非均质 (平行消光) 589 nm 铌铁矿 $A_\gamma 1.30° \pm 0.1°$ 钽铁矿 $A_\gamma 1.06° \pm 0.2°$ 旋向： 铌铁矿负 (板状晶延长) 钽铁矿正 (柱晶延长)	显 (锰钽铁矿黄棕色，铁钽铁矿深红色)	6 VHN: 599~649 >重坦铁矿	6 种标准试剂均为负反应	磨光性尚好。呈柱状及板状自形晶及粒状集合体。解理可见。具放射性。系脆性矿物。可含金红石、钛铁矿、锡石、晶质铀矿、赤铁矿、黑钨矿的包体。与晶质铀矿构成定向连晶。铌铁矿-钽铁矿为无限混溶的类质同象系列。产于各种伟晶花岗岩类矿床中	以板状晶体和具放射性为特征。以此及有 Nb、Ta 反应与本表其他相似矿物区别；以弱非均质性(平行消光)和不显双反射与钨锰矿区别
钛铁晶石 Ulvospinel, Ulvite Fe_2TiO_4 等轴晶系	光电值: 16.6	浅红褐色，相似(钛铁矿)，较暗褐色(磁铁矿)	未见	均质	不显	>磁铁矿	无标准试剂反应数据	极少呈自形晶。常在富钛的磁铁矿中沿{100}或{110}形成不混溶片状晶，呈交织状或“布纹状”结构，同时沿磁铁矿的{111}尚可有钛铁矿片晶，与钛铁晶石互相穿插。钛铁晶石片晶有时在镁铁尖晶石片晶外围形成盒子状构造。钛铁晶石可分解成钛铁矿和磁铁矿，有时还有自然铁。主要产于钒钛磁铁矿床中	可据其在磁铁矿中的分布方向及在镁铁尖晶石外围呈盒子状构造与原生镁钛铁矿区别
纤铁矿 Lepidocrocite γ-FeO(OH) 斜方晶系	470: 13.8~22.6 546: 12.9~20.3 589: 12.5~18.9 650: 12.1~17.9 白: 15.8~25.0	灰色，较暗微带绿色(赤铁矿)，较亮(针铁矿)	可见	强非均质 (浅灰-暗灰) 589 nm $A_\gamma 6.32° \pm 0.1°$	显 (淡红色)	5 VHN: 464~514 <针铁矿	6 种标准试剂均为负反应；二氯化锡：+，显结构	磨光性尚好。呈针状、板状晶体，放射状集合体。常呈板状晶产于针铁矿中，常与磁铁矿、赤铁矿伴生。纤铁矿为黄铁矿、毒砂、黄铜矿的氧化产物。可构成黄铁矿假象，呈皮壳状；亦可被针铁矿交代形成假象。产于硫化物矿床氧化带中	以内反射色、反射色及产状不同与金红石区别

续附表 2－10

矿物名称 化学组成 晶系	反射率(%)	反射色	双反射反射多色性	均非性 (偏光色)、 A_γ、旋向符号	内反射	摩氏硬度 显微硬度 相对突起	浸蚀反应	形态特征、 矿物组合特点、 产状及其他特性	主要鉴定特征 及与类似矿物 区别
晶质铀矿 Uraninite $U_{1-x}O_2$ 等轴晶系	470: 16.4～16.5 546: 16.0～16.1 589: 15.9～16.0 650: 16.0～16.1 白: 16.8	灰色微带淡棕色	未见	均质(偶见异常非均质效应)	不显	4～6 VHN: 743～920 >磁铁矿、闪锌矿, ≤黄铁矿	HNO_3: ±, 染褐(弱); $FeCl_3$: +, 染浅褐(弱); 其他标准试剂为负反应	磨光性尚好。常呈八面体、立方体自形晶,可与黄铁矿形成二个相的带状复晶。‖{100}和‖{111}解理及‖{111}双晶可见。具强放射性。系脆性矿物。交代黄铁矿和被黄铁矿、沥青铀矿、闪锌矿、自然金交代。蚀变成铀钛矿。可含方铅矿包体(放射性成因)。主要产于花岗伟晶岩类矿床和接触交代矿床中	以晶形和具强放射性为特征。以形态和沥青铀矿区别;以矿物组合和强放射性与锌铁尖晶石、铬铁矿区别
黑钨矿 Wolframite (Fe,Mn)WO_4 单斜晶系	470: 15.6～16.6 546: 15.0～16.2 589: 14.7～15.9 650: 14.6～15.8 白: 16.2～18.5	灰色,淡棕灰黄色(黄铜矿)	未见	弱非均质(斜消光)、旋向正(延长、解理)	显(粉末和裂隙处显棕红色)	4.5～5.5 VHN: 312～342 >磁铁矿、白钨矿, ≤黄铁矿、毒砂、锡石	6种标准试剂均为负反应	易磨光,有麻点。常呈板状自形晶和不规则粒状集合体。解理‖{010}和‖{100}清楚,双晶和环带结构可见。系塑性矿物。可含毒砂、辉钼矿、黄铜矿、辉铋矿、铌铁矿的包体。可蚀变成白钨矿相互交代构成两矿物的交替互层环带。主要产于伟晶岩矿床和高、中温热液矿床	以大的比重和对试剂均不起作用为特征。以弱非均质性和内反射与钨锰矿区别;以显内反射和钨铁矿区别
钨锰矿 Huebnerite $MnWO_4$ ($FeWO_4$含量≤20%) 单斜晶系	略低于黑钨矿	灰色,相似(闪锌矿),稍暗(磁铁矿),较亮(锡石)	可见	强非均质 589 nm A_γ2.03°±0.1° 旋向正 (延长、解理)	显(红色)	≈黑钨矿	6种标准试剂均为负反应	易磨光,有麻点。常呈粗大板状单晶和细粒集合体。解理和双晶可见。由Fe/Mn比值不同可出现环带。系塑性矿物。交代大多数共生矿物和被白钨矿及铁的氢氧化物交代。氧化成钨华和软锰矿。主要产于伟晶岩矿床和高、中温热液矿床	以强非均质和显著的内反射与黑钨矿、钨铁矿区别

附表 2 - 11 第十一鉴定表 反射率在黝铜矿和闪锌矿之间的中硬度矿物组

矿物名称 化学组成 晶系	反射率(%)	反射色	双反射反射多色性	均非性 (偏光色)、 A_γ、旋向符号	内反射	摩氏硬度 显微硬度 相对突起	浸蚀反应	形态特征、 矿物组合特点、 产状及其他特性	主要鉴定特征 及与类似矿物 区别
黝铜矿 Tetrahedrite $(Cu, Fe)_{12}$ Sb_4S_{12} 等轴晶系	470: 30.3 ~ 31.6 546: 30.3 ~ 32.2 589: 29.8 ~ 31.8 650: 28.2 ~ 30.2 白: 30.7	灰白色微带浅棕色,蓝灰色(黄铜色),浅灰色(黝锡矿),棕灰色微带绿色(方铅矿)	未见	均质	不显	3.5 ~ 4 VHN: 285 ~ 380 >方铅矿, =黄铜矿	HNO_3: +,晕色;KCN: +,染浅褐;其他标准试剂为负反应;浓高锰酸钾、双氧水和氢氧化钾混合试剂: +	磨光性良好。常呈他形粒状集合体。解理偶见,浸蚀后可见内部环带结构。常含有闪锌矿、黄铜矿、黝锡矿、磁黄铁矿等固溶体分解的细小包体。可与黄铜矿、方铅矿、斑铜矿构成文象状连晶。主要产于中 - 低温热液矿床	以反射色、中等硬度、中等反射率和均质性为特征。以反射色色调,浸蚀反应和微化分析与其相似的银黝铜矿、砷黝铜矿区别
银黝铜矿 Freibergite $(Cu,Ag,Fe)_{12}$ Sb_4S_{13} 等轴晶系	470: 30.4 546: 30.9 589: 30.5 650: 28.5 白: 29.8	灰白色微带浅绿黄色,棕色(浅红银矿),灰棕色(方铅矿),亮得多(闪锌矿)	未见	均质	不显	3.5 ~ 4.5 VHN: 309 ~ 360 随银的含量而变化, 甚至可 <方铅矿	HNO_3: +,染棕(慢);$FeCl_3$: +,晕色;$HgCl_2$: +,沉淀;其他标准试剂为负反应	磨光性良好。多呈他形粒状集合体。解理不常见,浸蚀后可见内部环带状结构。可被淡红银矿、辉银矿、方铅矿、辉锑铅矿交代。其他共生矿物有自然银、铅 - 锑复硫盐。银 - 锑复硫盐、黝锡矿等,产于中 - 低温热液矿床	以反射色色调,微化学分析及对 $HgCl_2$ 的浸蚀反应与其相似的砷黝铜矿、黝铜矿区别
砷黝铜矿 Tennantite $(Cu, Fe)_{12}$ Sb_4S_{13} 等轴晶系	470: 31.5 546: 30.0 589: 29.8 650: 28.8 白: 28.9	灰白色微带橄榄绿色或蓝绿色,明显浅绿色(方铅矿),浅绿色(辉铜矿),淡蓝灰色(黄铜矿)	未见	均质	不显	3.5 ~ 4.5 VHN: 297 ~ 354 ≥方铅矿, =黄铜矿	HNO_3: +,晕色;KCN: ±,染浅褐;其他标准试剂为负反应	磨光性良好。常呈他形粒状集合体。解理在自形晶中可见,内部环带状结构普遍。与方铅矿、硫铜银矿、黄铜矿、深红银矿构成文象状连晶。交代黄铁矿、硫砷铜矿;亦可被方铅矿、硫铜银矿、硫砷铜矿、黄铜矿交代。产于中 - 低温热液矿床,较黝铜矿少见	以反射色色调,浸蚀反应与微化分析结果与黝铜矿区别

续附表 2-11

矿物名称 化学组成 晶系	反射率(%)	反射色	双反射反 射多色性	均非性 (偏光色)、 $A_γ$、旋向符号	内 反 射	摩氏硬度 显微硬度 相对突起	浸蚀反应	形态特征、 矿物组合特点、 产状及其他特性	主要鉴定特征 及与类似矿物 区别
铅硬锰矿 (锰铅矿) Coronadite $Pb(Mn^{2+},Mn^{4+})_8O_{16}$ 四方晶系	470: 29.5~30.1 546: 27.5~27.7 589: 26.3~26.6 650: 25.1~25.3 白: 26.0~32.0	浅灰白色微带黄色，相似较暗(软锰矿)，似方铅矿(褐铁矿)	可见	强非均质	不显	5 VHN: 591~689 >水锰矿	HCl: +；其他标准试剂为负反应；二氧化锡：+；二氧化锡加盐酸：+	易磨光。呈粒状、板状、纤维状集合体或放射状针状晶体。常形成球状、葡萄状、肾状构造。偶见与褐铁矿、普通硬锰矿构成环带，双晶呈箭头状。交代水锰矿。常与其他锰矿物、铁的氢氧化物共生。产于含菱锰矿的低温热液矿床氧化带和富锰的石灰岩的铅交代矿床中	以反射色色调及反射率略高于一般的硬锰矿相区别；以结构特点与软锰矿区别，严格区分需凭化学分析和X光分析结果
黝锡矿 (黄锡矿) Stanite Cu_2FeSnS_4 四方晶系	470: 25.1~25.7 546: 27.2~27.8 589: 27.1~27.7 650: 27.0~27.4 白: 28.0	黄灰色带橄榄绿色，较暗微带棕灰(黝铜矿)，较暗带绿(黄铜矿)	未见	弱-强非均质(含闪锌矿、黄铜矿乳滴的为高温黝锡矿，非均质性较弱；不含黄铜矿，闪锌矿的黝锡矿非均质性强)589 nm $A_γ$0.89°±0.1°	不显	4 VHN: 152~216 >黄铜矿， <闪锌矿， ≈黝铜矿	HNO_3: +，晕色至黑色，显结构；其他标准试剂无反应数据；硫酸加双氧水：+，沉淀；氢氧化钾加双氧水：+，显结构	不易磨光。常呈细粒他形集合体充填在先生成的矿物之间，或呈细小晶粒晶片包含于其他矿物之中。解理偶见，可见三角形陷孔，极细的复合双晶普遍，环带结构可见。常与闪锌矿、黄铜矿构成乳滴状固溶体分解结构。可构成锡石与磁黄铁矿，锡石与黄铜矿，锡石与闪锌矿之间的反应边，主要产于高温热液锡矿床与硫化物矿床	以反射色及常与闪锌矿、黄铜矿形成乳滴状固溶体分解构造特征。以此及浸蚀反应与斑铜矿区别
硫砷铜矿 Enargite Cu_3AsS_4 斜方晶系	470: 26.0~28.8 546: 25.1~28.4 589: 24.6~28.3 650: 25.6~28.2 白: 25.0~28.1	浅粉红灰白色，粉红白色(斑铜矿)，粉红棕色(辉铜矿)、棕色(方铅矿)	未见	强非均质(淡蓝-淡绿-淡红橙)589 nm $A_γ$2.12°±0.1° 旋向正 (延长、解理)	不显	3 VHN: 194~228 (‖延长) 205~230 (⊥延长) >黄铜矿， 辉铜矿， <闪锌矿， ≥砷黝铜矿	KCN: +，染黑、染褐绿显结构；$HgCl_2$: +，显结构；其他标准试剂为负反应	易磨光，呈柱状晶粒或他形晶粒，或呈他形粒状集合体。解理‖{110}常见，无双晶，浸蚀后可见环带结构。可与块硫砷铜矿相互转变。与纤维锌矿、块硫砷铜矿、闪锌矿构成连晶。可逐渐转变为砷黝铜矿。产于中温热液铅锌矿床和矽卡岩型铅锌矿床	以反射色及强非均质与斑铜矿区别；以无双晶及浸蚀反应与块硫砷铜矿区别

续附表 2－11

矿物名称 化学组成 晶系	反射率(%)	反射色	双反射反射多色性	均非性(偏光色)、A_γ、旋向符号	内反射	摩氏硬度 显微硬度 相对突起	浸蚀反应	形态特征、 矿物组合特点、 产状及其他特性	主要鉴定特征及与类似矿物区别
赤铜矿 Cuprite Cu_2O 等轴晶系	470： 30.9～31.1 546： 26.4～26.6 589： 24.6～25.1 650： 23.0～23.4 白：27.1	浅灰色微带浅蓝色色调，较暗微绿(辉铜矿)，较暗较蓝(赤铁矿)	未见	均质	显(血红色)	3～4 >黄铜矿，自然铜，<针铁矿	HNO_3：+，发泡，有铜膜；HCl：+，白色沉淀；KCN：±，染黑、显结构；$FeCl_3$：+，晕色；其他标准试剂为负反应	磨光性尚好。常呈八面体自形晶和细针状集合体或土状。‖{111}解理偶见，双晶未见。常交代辉铜矿、自然铜。在针铁矿中呈包体。可与铜蓝构成不混溶连晶。其他共生矿物有“褐铁矿”、黑铜矿、斑铜矿、黄铜矿、黄铁矿、白铁矿等。主要产于铜矿床氧化带	以血红色内反射与 HNO_3 作用出现铜膜，与 HCl 作用产生白色沉淀为特征，以此和本表其他类似矿物区别
块硫砷铜矿(四方硫砷铜矿) Luzonite Cu_2AsS_4 四方晶系	470： 24.3～25.2 546： 23.8～25.9 589： 24.5～27.2 650： 26.3～28.4 白： 25.1～28.7	浅粉红灰白色(含As较高时显红橙色)，较带黄色(硫砷铜矿)	可见(橙棕色－蓝紫色)	强非均质(暗棕－灰绿)	不显	3.5 VHN： 345～387 >斑铜矿，黄铜矿，≤硫砷铜矿	HNO_3：+，晕色薰污；KCN：+，染灰色；其他标准试剂为负反应	磨光性良好。呈细粒他形晶集合体。聚片双晶和复合双晶普遍，解理和环带未见。交代黄铜矿、黝铜矿、辉铜矿、闪锌矿；也被辉铋矿、硫砷铜矿交代。常与硫砷铜矿构成环带状结构，与黝锡矿、黄铜矿构成连晶。产于中温热液铅锌矿床和矽卡岩型铅锌矿床	以反射色及强非均质与斑铜矿区别；以双晶可见双反射和浸蚀反应与硫砷铜矿区别
黑铜矿 Tenorite CuO 单斜晶系	470： 21.9～26.3 546： 21.1～25.7 589： 20.9～25.2 650： 20.7～24.9 白： 20.0～26.9	灰色	可见(灰－浅灰－白色)	强非均质(蓝－淡蓝灰色)(斜消光)、旋向负(束状延长)	不显	3.5 VHN： 304～339 >辉铜矿，<赤铜矿、针铁矿	HNO_3：±，薰污、染褐；HCl：±，染褐、显结构；$FeCl_3$：+，染色；其他标准试剂为负反应	磨光性尚好。呈针状晶组成的束状集合体，或胶状和土状集合体。无解理，双晶常见。交代赤铜矿很普遍。常与“褐铁矿”、自然铜、辉铜矿、斑铜矿、铜蓝、硫砷铜矿、黄铁矿、白铁矿等共生。主要产于铜矿床氧化带	以常与铜的氧化带矿物共生，显双反射和不显内反射为特征。以此和水锰矿区别；以反射色和浸蚀反应与硫砷铜矿及块硫砷铜矿相区别

续附表 2-11

矿物名称 化学组成 晶系	反射率(%)	反射色	双反射反射多色性	均非性(偏光色)、A_{γ}、旋向符号	内反射	摩氏硬度 显微硬度 相对突起	浸蚀反应	形态特征、矿物组合特点、产状及其他特性	主要鉴定特征及与类似矿物区别
硫锰矿 Alabandite MnS 等轴晶系	470: 24.4 546: 22.8 589: 22.3 650: 21.9 白: 23.4	浅灰色微带绿色，较浅(闪锌矿)	未见	均质	显(裂隙显棕红或粉末显绿色或棕色)	3.5 VHN: 240~251 <闪锌矿	HNO_3: +，发泡，染褐，显结构，放 H_2S；HCl: +，发泡、染黑、放 H_2S；其他标准试剂为负反应	磨光性良好。呈自形或他形粗粒集合体。解理常见，聚片双晶普遍，环带结构偶见。可含黄铜矿、黄铁矿和细粒磁黄铁矿的包体。可被黄铁矿、白铁矿和软锰矿交代。产于低温热液矿床	以反射色、内反射及浸蚀反应与闪锌矿区别
磁赤铁矿 Maghemite $\gamma-Fe_2O_3$ 等轴晶系	470: 23.7~24.1 546: 22.2~22.5 589: 21.1~21.5 650: 19.5~19.8 白: 25.0	蓝灰色，较暗(赤铁矿)，带蓝色(磁铁矿)	未见	均质(偶见弱非均质性)	显(棕红色)	5 VHN: 1150~1246 ≥磁铁矿， ≤赤铁矿	6种标准试剂均为负反应	磨光性良好。解理、双晶、环带未见。强磁性。磁赤铁矿为磁铁矿氧化而成，多呈细斑点状、云雾状，二者界线不清。磁赤铁矿常具不规则状收缩裂纹。与赤铁矿的界线清楚可见，并可变成赤铁矿。产于含磁铁矿的各种矿床中，为铁帽中的低温次生矿物	以反射色、均质、强磁性和产出特点为特征。以此和假象赤铁矿区别
斑铜矿 Bornite Cu_5FeS_4 四方晶系 228℃ ≒ 等轴晶系	470: 17.8 546: 20.1 589: 22.4 650: 26.0 白: 21.9	玫瑰色(空气中易变成紫色或晕色)，较暗更显杂色(硫砷铜矿)	未见	均质或弱非均质	不显	3 VHN: 101~174 >方铅矿， 辉铜矿， ≤黄铜矿	HNO_3: +，发泡，染褐黄、显假结构；KCN: +，染褐；$FeCl_3$: +，染橙；其他标准试剂为负反应	磨光性良好。常为他形粒状集合体。可见‖{100}和{111}两组解理，双晶在粗粒中可见，环带结构未见。常与黄铜矿、黝铜矿、辉铜矿构成格状和结状的固溶体分解结构。可交代黄铜矿、黝铜矿、方铅矿、赤铁矿；可被铜矿物和辉银矿等交代。可分解成黄铜矿和铁铜蓝的板状连晶。主要产于高、中温热液矿床	以反射色和辉铜矿区别；以反射色和均质(或弱非均质)性与硫砷铜矿区别

续附表 2－11

矿物名称 化学组成 晶系	反射率(%)	反射色	双反射反射多色性	均非性（偏光色）、A_γ、旋向符号	内反射	摩氏硬度 显微硬度 相对突起	浸蚀反应	形态特征、矿物组合特点、产状及其他特性	主要鉴定特征及与类似矿物区别
硫镉矿 Grennockite CdS 六方晶系 CdS 等轴晶系	约为 20	灰色，相似微带蓝色（闪锌矿）	未见	弱非均质（显均质效应）	显（浅黄红棕、血红）	3.5 VHN： 52～91 ＜闪锌矿	HNO_3：+，薰污；其他标准试剂为负反应	磨光性良好。解理、双晶、环带未见。常呈土状、皮膜状充填于闪锌矿、黄铁矿、辉锑锡铅矿的表面和裂隙。常与纤锌矿共生，交代闪锌矿。其他共生伴生矿物有方铅矿、白铁矿、磁黄铁矿、菱锌矿等。主要产于铅锌矿床和黄铁矿型矿床的氧化带中	以明显的内反射和常呈土状、皮膜状充填于裂隙中可区别于闪锌矿及纤锌矿
水锰矿 Manganite MnO(OH) 单斜晶系	470： 14.9～21.3 546： 14.8～20.8 589： 14.3～20.0 650： 14.0～19.3 白： 14.0～20.0	灰色微带棕色，暗得多带灰色（软锰矿）	未见	强非均质（黄－蓝灰－紫灰）（平行消光）589 nm A_γ5.74°±0.2°	显（粉末或裂隙处显血红色）	4 VHN： 689～772 ＜黑锰矿，磁铁矿，≥软锰矿	6 种标准试剂均为负反应	磨光性良好。呈针状、叶片状集合体或反射状集合体。解理 ‖｛010｝和｛110｝可见，聚片双晶普遍。可与硬锰矿、软锰矿构成连晶。被软锰矿、硬锰矿、锌黑锰矿交代。软锰矿可形成水锰矿的交代假象。其他共生矿物有黑锰矿、褐锰矿、针铁矿、菱锌矿等。产于低温热液矿床和沉积锰矿床中	以不具双反射、显内反射、平行消光和对试剂均不起作用与黑铜矿相区别
墨铜矿 Vallerite ($CuFeS_2$) [(Mg,Fe,Al,Ni)$(OH)_2$] 六方晶系	450： 14.0～14.3 550： 14.2～20.2 589： 14.2～22.0 650： 14.0～23.6	棕色至青铜色，变化大	可见（R_o较亮，淡玫瑰色；R_e较暗，蓝灰色）	强非均质（蓝灰－黄白）589 nm A_γ6.7°±0.3° 旋向正（延长）	不显	中等 VHN：30 ＞黄铜矿，≤磁黄铁矿，＝方黄铜矿	HNO_3：±，薰污；$FeCl_3$：±，染黑；$HgCl_2$：+，染褐黑；其他标准试剂为负反应；高锰酸钾加氢氧化钾：+，染黑	不易磨光。常呈针状、板状、蠕虫状、星状体等包含在黄铜矿、闪锌矿、磁黄铁矿、镍黄铁矿中。双晶可见，环带未见。产于岩浆型铜－镍硫化物矿床和矽卡岩型矿床	以反射率较高与石墨区别；以反射色和偏光色与辉钼矿区别

续附表 2－11

矿物名称 化学组成 晶系	反射率(%)	反射色	双反射反 射多色性	均非性 (偏光色)、 A_γ、旋向符号	内 反 射	摩氏硬度 显微硬度 相对突起	浸蚀反应	形态特征、 矿物组合特点、 产状及其他特性	主要鉴定特征 及与类似矿物 区别
闪锌矿 Sphalerite (Zn，Fe)S 等轴晶系	470：17.7 546：16.6 589：16.4 650：16.1	灰色微带淡蓝色或淡棕色	未见	均质	显(红棕色至黄棕色)	3.5 VHN： 189～279 ＞黄铜矿、黝铜矿， ＜磁黄铁矿	HNO_3：±，染褐、显结构；其他标准试剂为负反应；王水：+，发泡、染褐	易磨光。常呈他形粒状集合体。解理‖{110}在粗粒中常见，聚片双晶和环带结构普遍。常与纤锌矿构成连晶。可交代黄铁矿、白铁矿、磁黄铁矿、毒砂和被上述矿物、铜的硫化物、方铅矿交代。黄铜矿、方黄铜矿、黝锡矿、磁黄铁矿在闪锌矿中常呈固溶体分解的乳滴状结构。主要产于矽卡岩型矿床和热液矿床中	以均质性、颗粒状晶体及H^+浸蚀后可见聚片双晶与纤锌矿区别
纤锌矿 Wurtzite ZnS (可含少量Fe，Mn，Cd，与硫镉矿构成完全固溶体系列) 六方晶系	与闪锌矿相似	灰色微带蓝色，相似(闪锌矿)	未见	弱非均质 旋向负 (板状晶延长)	显(黄至棕色)	3.5～4 VHN： 146～167 $(10\bar{1}0)$ 245～264 (0001) ＝闪锌矿	HNO_3：+，染淡棕；HCl：+，液黄；其他标准试剂为负反应	易磨光。纤维状集合体。常构成放射状和同心环状构造。单晶可具冰花结构。解理清楚可见。系极塑性矿物。经常与闪锌矿共生，但较稀少。交代方铅矿、硫锡铅矿；也被方铅矿、黄铁矿、白铁矿交代或穿切。纤锌矿为低温浅成酸性热液中生成的矿物，产于热液矿床中	以纤维状结构、弱非均质性，无双晶与闪锌矿区别
晶质铀矿 Uraninite $U_{1-x}O_2$ 等轴晶系	470： 16.4～16.5 546： 16.0～16.1 589： 15.9～16.0 650： 16.0～16.1 白： 16.8	灰色微带淡棕色	未见	均质(偶见异常非均质效应)	不显	4～6 VHN： 743～920 ＞磁铁矿、闪锌矿， ≤黄铁矿	HNO_3：±，染褐(弱)；$FeCl_3$：±，染浅褐(弱)；其他标准试剂为负反应	磨光性尚好。常呈八面体、立方体自形晶，可与黄铁矿形成两个相的带状复晶。‖{100}和‖{111}解理及‖{111}双晶可见。具强放射性。系脆性矿物。交代黄铁矿和被黄铁矿、沥青铀矿、闪锌矿、自然金交代。蚀变成铀钛矿。可含方铅矿包体(放射性成因)。主要产于花岗伟晶岩类矿床和接触交代矿床中	以晶形和具强放射性为特征。以形态和沥青铀矿区别；以矿物组合和强放射性与锌铁尖晶石、铬铁矿区别

续附表 2－11

矿物名称 化学组成 晶系	反射率(%)	反射色	双反射反射多色性	均非性 (偏光色)、 A_γ、旋向符号	内反射	摩氏硬度 显微硬度 相对突起	浸蚀反应	形态特征、 矿物组合特点、 产状及其他特性	主要鉴定特征 及与类似矿物 区别
钨铁矿 Ferberite $FeWO_4$ $MnWO_4$ 最高含量 达20% 单斜晶系	略高于 黑钨矿	灰色微带乳黄色，明显黄色无灰色色调（针铁矿、纤铁矿）、相似（闪锌矿），稍亮（锡石）	未见	弱非均质 (斜消光) 589 nm $A_\gamma 2.19° \pm 0.1°$	不显	4.5－5.5 ≈黑钨矿	6种标准试剂均为负反应	易磨光。呈粗大晶体及放射同心状集合体。大晶体中解理清楚。具磁性。交代碲化物、白钨矿和被白钨矿、闪锌矿、辉锑矿及针铁矿交代。氧化成钨华、软锰矿。主要产于伟晶岩矿床和高、中温热液矿床	以反射色稍带乳黄色和不显内反射与黑钨矿区别
黑钨矿 Wolframite $(Fe,Mn)WO_6$ 单斜晶系	470: 15.6～16.6 546: 15.0～16.2 589: 14.7～15.9 650: 14.6～15.8 白: 16.2～18.5	灰色，淡棕灰黄色（黄铜矿）	未见	弱非均质 (斜消光)、 旋向正 (延长、解理)	显(粉末和裂隙处显棕红色)	4.5～5.5 VHN: 312～342 >磁铁矿、白钨矿，≤黄铁矿、毒砂、锡石	6种标准试剂均为负反应	易磨光，有麻点。常呈板状自形晶和不规则粒状集合体，解理 ‖｛010｝和 ‖｛100｝清楚，双晶和环带结构可见。系塑性矿物。可含毒砂、辉钼矿、黄铜矿、辉铋矿、铌铁矿的包体。可蚀变成白钨矿相互交代构成两矿物的交替互层环带。主要产于伟晶岩矿床和高、中温热液矿床	以大的比重和对试剂均不起作用为特征。以弱非均质性和内反射与钨锰矿区别；以显内反射和钨铁矿区别
钨锰矿 Huebnerite $MnWO_4$ ($FeWO_4$ 含量≤20%) 单斜晶系	略低于 黑钨矿	灰色，相似（闪锌矿），稍暗（磁铁矿），较亮（锡石）	可见	强非均质 589 nm $A_\gamma 2.03° \pm 0.1°$ 旋向正 (延长、解理)	显(红色)	≈黑钨矿	6种标准试剂均为负反应	易磨光，有麻点。常呈粗大板状单晶和细粒集合体。解理和双晶可见。由 Fe/Mn 比值不同可出现环带。系塑性矿物。交代大多数共生矿物和被白钨矿及铁的氢氧化物交代，氧化成钨华和软锰矿。主要产于伟晶岩矿床和高、中温热液矿床	以强非均质和显著的内反射与钨铁矿、黑钨矿区别

附表 2-12　　第十二鉴定表　　反射率在黝铜矿和闪锌矿之间的低硬度矿物组

矿物名称 化学组成 晶系	反射率(%)	反射色	双反射反射多色性	均非性(偏光色)、A_γ、旋向符号	内反射	摩氏硬度 显微硬度 相对突起	浸蚀反应	形态特征、矿物组合特点、产状及其他特性	主要鉴定特征及与类似矿物区别
辉铜矿 Chalcocite Cu_2S 斜方晶系 103℃ ≒ 六方晶系	470： 35.5~36.7 546： 32.5~33.4 589： 30.5~31.8 650： 28.7~30.2 白： 32.2	灰色微带淡蓝色或淡棕色	未见	均质	显(红棕色至黄棕色)	2.5~3 VHN： 67~87 ≫辉银矿， =蓝辉铜矿、方铅矿， <斑铜矿、黝铜矿	HNO_3：±，染褐、显结构；其他标准试剂为负反应	磨光性良好。常呈他形粒状集合体。具块状、胶状及疏松状构造。在103℃以上生成的辉铜矿，颗粒较粗，常与蓝辉铜矿构成连晶，柳叶片状双晶和解理发育(没有柳叶片状双晶并不证明在103℃以下)。结晶很快的高温辉铜矿为细粒集合体，似表生作用形成的辉铜矿有“钢灰状”和“烟灰状”两种。“钢灰状”辉铜矿呈细粒致密集合体，与黄铜矿密切共生，二者同由斑铜矿分解而成；“烟灰状”辉铜矿一般为极细的表生辉铜矿、表生蓝辉铜矿和铜蓝的混合物，常围绕在黄铜矿的周围和充填在矿石的裂隙中。产于中、低温热液矿床和铜矿床次生富集带	以均质性、颗粒状晶体及HI浸蚀后可见聚片双晶与纤锌矿区别
辉锑银矿 Miargyrite $AgSbS_2$ 单斜晶系	470： 32.7~37.9 546： 30.3~35.4 589： 28.9~34.2 650： 27.4~32.2 白： 31.8~36.0	灰白色微带绿灰和蓝灰色色调，较亮白色(深红银矿)，较暗微带绿灰或灰蓝(方铅矿)	可见(灰-白-蓝灰)	强非均质(浅灰-蓝灰-褐)	显(深红色)	2.5 VHN： 107~170 ≥深红银矿， <方铅矿， ≪银黝铜矿	HNO_3：±；HCl：±，熏污；KCN：+，染灰；$HgCl_2$：±，染棕；KOH：+，晕色(快)；$FeCl_3$试剂为负反应	易磨光。常呈粗细不一的粒状集合体。双晶偶见，环带结构未见。常与深红银矿及其他银锑矿物构成连晶。交代毒砂、闪锌矿、银黝铜矿、黝铜矿、深红银矿；也被自然银、硫锑铜银矿、深红银矿交代。产于低温热液矿床中	以反射色和显内反射与硫铜银矿区别
硫砷铜银矿 Pearceite $(Ag, Cu)_{16}$ As_2S_{11} 单斜晶系 (假六方晶系)	470： 32.4~32.6 546：31.9 589： 31.1~31.2 650： 29.7~29.9 白：30.1	浅灰色微带绿色，较暗灰绿色(方铅矿)，较暗无棕色色调(黝铜矿族)	未见	强非均质(蓝-黄绿-深紫)	显(深红色)	2~3 VHN： 180~192 >辉银矿	HNO_3：±，熏污；HCl：±，熏污；KCN：+，染黑(快)；$FeCl_3$：±，晕色；$HgCl_2$：±，染棕、染黑；KOH：±，晕色	不易磨光，常有擦痕。呈细小板状自形晶或玫瑰花状集合体。解理和双晶偶见。常呈细小包体分布在方铅矿、闪锌矿、黝铜矿、黄铁矿中。与硫铜银矿、方铅矿、深红银矿构成文象连晶。交代毒砂、黄铁矿、大多数含银矿物和铜、铅、锌硫化物；也被自然银、银金矿、辉银矿等交代。主要产于低温热液银矿床中	与硫锑铜银矿为类质同象矿物，二者区别可借助于微化分析；以显内反射与硫铜银矿区别

续附表 2－12

矿物名称 化学组成 晶系	反射率(%)	反射色	双反射反射多色性	均非性(偏光色)、A_{γ}、旋向符号	内反射	摩氏硬度 显微硬度 相对突起	浸蚀反应	形态特征、 矿物组合特点、 产状及其他特性	主要鉴定特征 及与类似矿物 区别
螺状硫银矿 177℃ ≒辉银矿 Acanthite-Argentite Ag_2S 单斜晶系 177℃ ≒ 等轴晶系	470： 32.5～34.0 546： 30.3～31.3 589： 29.0～29.8 650： 28.3～29.0 白：29.0	灰白色带绿色，较暗淡绿灰色（方铅矿），明显绿色(自然银)	未见	弱非均质 或均质	不显	2～2.5 VHN： 24～30 =辉铜银矿	HNO_3：±，熏污；HCl：+，晕色；KCN：+，染棕、染黑；$FeCl_3$：+，染灰色；$HgCl_2$：+，晕色；其他标准试剂为负反应	不易磨光，具擦痕。单斜辉银矿（螺状硫银矿）在胶结带中呈胶状，偶成柱状集合体。等轴辉银矿常呈自形晶、多边形粒状集合体，也呈隐晶质集合体，有板状双晶。为极塑性矿物，常在方铅矿中呈不混溶包体，与铜蓝、辉铋矿、黄铜矿、方铅矿及其他银－锑、银－砷矿物构成连晶。可交代黄铜矿、铜蓝、闪锌矿、方铅矿及含银硫化物；也可被铜蓝、蓝辉铜矿、银金矿等交代。产于低温热液矿脉和镍－钴－银建造的矿脉中；表生辉银矿产于铅矿床的次生富集带	以极低的硬度、反射色和对HCl的浸蚀反应与车轮矿、辉锑铅矿、砷黝铜矿区别
辉钼矿 Molybdenite MoS_2 六方晶系 （辉钼矿－2H） 三方晶系 （辉钼矿－3R）	470： 22.0～46.9 546： 19.8～40.4 589： 19.2～38.8 650： 18.9～40.0 白： 15.0～37.0	灰白色 O：白色亮得多(石墨O) E：灰色微带蓝灰色亮得多(石墨E)	可见 （灰白色－灰带蓝色）	强非均质 （45°位置为白色微带玫瑰紫色） 589 nm A_{γ}9.95°±0.1° 旋向正 （延长、底解理）	不显	1.5 VHN： 32～33 （‖延长） <石墨， ≥黄铜矿	6种标准试剂均为负反应	不易磨光。常呈板状、鳞片状、叶片状单晶及集合体，有时亦呈玫瑰花状或细粒集合体。解理‖{0001}发育，自形晶常受挠曲，平行滑动普遍，形成似双晶结构。系塑性和弱导电性矿物。常在黄铜矿、黄铁矿、毒砂、辉铋矿、黝铜矿和白钨矿中形成包体或充填中锡石和黑钨矿之间。交代黄铜矿、黄铁矿、磁黄铁矿等。主要产于矽卡岩矿床和高、中温热液矿床	以浸蚀反应与所有的试剂不起作用和本表其他类似矿物区别；以反射率和偏光色与石墨区别
深红银矿 Pyrargyrite Ag_3SbS_3 六方晶系	470： 31.5～32.3 546： 28.3～30.3 589： 27.5～29.3 650： 27.6～29.1 白： 28.4～30.8	浅蓝灰白色，相似微较亮(淡红银矿)，蓝灰色(方铅矿)	可见	强非均质 （灰－黄－白－蓝白） 589 nm A_{γ}1.14°±0.1° 旋向正 （柱晶延长、解理）	显 （红色）	2 VHN： 66～87 （‖解理） ≫辉银矿， <方铅矿	HNO_3：+，染褐，有时有熏污；HCl：±，有时熏污；KCN：+，染褐至灰黑；$FeCl_3$：+，沉淀（洗不掉）；$HgCl_2$：+，染褐(慢)；KOH：+，染灰黑至晕色	磨光性良好。常呈长柱状、板状晶体及集合体。可见聚片双晶，浸蚀环带结构可见。常呈小包体分布在方铅矿、黄铁矿、闪锌矿、银黝铜矿中。交代绝大多数的共生矿物和被辉银矿、锑银矿、硫锑铜银矿等交代。主要产于低温热液矿床和次生富集带	以内反射和浸蚀反应与雌黄区别；以内反射色和较高的反射率与淡红银矿区别；以浸蚀反应与辰砂区别

续附表 2-12

矿物名称 化学组成 晶系	反射率(%)	反射色	双反射反射多色性	均非性 (偏光色)、 A_{γ}、旋向符号	内反射	摩氏硬度 显微硬度 相对突起	浸蚀反应	形态特征、 矿物组合特点、 产状及其他特性	主要鉴定特征 及与类似矿物 区别
硫铜银矿 Stromeyerite CuAgS 斜方晶系 94℃ ≒ 等轴晶系	470: 28.7~37.8 546: 26.8~30.8 589: 25.9~29.4 650: 25.2~28.8 白: 25.5~28.7	灰白色微带紫红色，淡紫灰色(辉铜矿)，相似(辉铜银矿)	未见	强非均质	不显	2.5~3 VHN: 30~32 <方铅矿、辉铜矿	HNO_3: +，晕色至黑、显结构；HCl: +，熏污；KCN: +，迅速染黑、显结构；$FeCl_3$: +，迅速染晕色；其他标准试剂为负反应	磨光性良好。针状自形晶少见，一般为粒状集合体。解理、双晶和环带未见。常呈叶片状结构。与辉铜矿构成不混溶连晶；与自然银、黝铜矿族、斑铜矿、黄铜矿和方铅矿构成连晶。在风化带中常分解为自然银和铜蓝。多产于低温热液矿床和次生富集带	颗粒小，常与自然银共生。以叶片状结构、不显内反射和浸蚀反应与类似矿物区别
辰砂 Cinnabar HgS 六方晶系	470: 27.4~29.9 540: 25.0~29.3 580: 24.5~28.2 640: 23.9~26.6	浅蓝灰白色，较暗微蓝(方铅矿)	未见	强非均质 (受内反射干扰) 589 nm A_{γ}2.53°±0.1° 旋向负 (延长)	显 (朱红色)	2~2.5 VHN: 51~98 ≥自然锑， >赤铜矿	HNO_3: ±，熏污；KCN: +，染褐、显结构；$FeCl_3$: ±，染灰色黑；$HgCl_2$: +，染褐(慢)；KOH: ±，染灰或黑；HCl试剂为负反应；王水: +，发泡、晕色	磨光性良好。呈细板状和圆粒状集合体，石灰岩中可见菱形自形晶。偶见解理，双晶{$11\bar{2}0$}普遍。交代辉锑矿、黄铁矿、黑辰砂、黄铜矿、黝铜矿。可含辉锑矿包体和可被白铁矿、黄铜矿交代。主要产于低温热液矿床中	以显著的朱红色内反射为特征，以未见双反射和浸蚀反应与深红银矿、淡红银矿区别
淡红银矿 Proustite Ag_3AsS_3 六方晶系	470: 29.5~32.6 546: 24.9~27.9 589: 23.4~26.3 650: 22.2~25.1 白: 25.0~27.7	蓝灰色，相似稍蓝(深红银矿)，灰蓝色(方铅矿)	可见 (蓝灰色-乳白色)	强非均质 (黄-蓝灰色，受强烈内反射干扰) 589 nm A_{γ}1.63°±0.1° 旋向负 (针状晶延长、双晶)	显 (血红色至砖红色)	2 VHN: 128~143 =深红银矿	6种标准试剂均为负反应	磨光性良好。自形针状、不规则粒状或他形粒状集合体。双晶和环带结构偶见。交代自然砷、自然铋、银黝铜矿、深红银矿、斜方砷镍矿等。与方铅矿和深红银矿分别构成文象状连晶及板状连晶。可含自然银包体。产于低温热液锑矿床和次生富集带	以显著的内反射、双反射和强非均质性及浸蚀反应与深红银矿、辰砂、雄黄区别

续附表 2－12

矿物名称 化学组成 晶系	反射率(%)	反射色	双反射反射多色性	均非性(偏光色)、A_γ、旋向符号	内反射	摩氏硬度 显微硬度 相对突起	浸蚀反应	形态特征、 矿物组合特点、 产状及其他特性	主要鉴定特征及与类似矿物区别
蓝辉铜矿 Digenite Cu_9S_5 等轴晶系	470：27.2 546：23.1 589：21.0 650：18.3 白：22.0	灰蓝色(颜色深浅随铜蓝含量变化而变化)，鲜蓝色(方铅矿、斑铜矿)，蓝色较深(辉铜矿)	未见	均质(偶见异常非均质效应)	不显	25.3 VHN： 67～76 ＝方铅矿、辉铜矿	HNO_3：＋，发泡、染蓝、显结构；KCN：＋，染黑；其他标准试剂为负反应	磨光性良好。常呈细粒状集合体。浸蚀后八面体解理常见。蓝辉铜矿可由固溶体分解作用产生辉铜矿或铜蓝(或斑铜矿)的板状连晶，有时也含有乳滴状与纺锤状的黄铜矿(上述结构系在78℃以上生成，但没有这种结构并不证明一定形成于79℃以下)。也可以在辉铜矿中形成极细的板状晶体。78℃以下生成的蓝辉铜矿晶粒细小，常含斑铜矿包体。在胶结带生成的蓝辉铜矿常在黄铜矿、黄铁矿、斑铜矿、黝铜矿、硫砷铜矿中形成的网状结构。产于中、低温热液矿床和铜矿床的次生富集带	以反射色，加HNO_3发泡、染蓝、显结构和与铜矿物为特征。以此及浸蚀反应与辉铜矿区别；以其均质性和铜蓝区别
雄黄 RealgAr AsS 单斜晶系	470： 22.5～24.8 546： 21.4～21.8 589： 20.3～20.6 650： 19.5～19.8 白：18.5	灰色微带紫色，较亮(闪锌矿)，相似较暗(辰砂)	未见	弱非均质至强非均质(易被强烈内反射掩盖)	显(橙红色)	1.5 VHN： 50～52 <雄黄， ≪辉锑矿	HNO_3：＋，发泡；KCN：±，熏污；KOH：＋，迅速染黑；其他标准试剂为负反应	不易磨光。呈板状或柱状集合体或土块状，常充填在其他先生成的矿物之间。无双晶。为弱塑性矿物。可呈雌黄的包体和雌黄构成定向连晶。其他共生矿物有辉锑矿、毒砂、黄铁矿、自然砷、砷复硫盐、铁的氢氧化物等。产于低温热液矿床。热泉及喷硫泉中可见	以橙红色内反射及不显双反射与雌黄区别

续附表 2-12

矿物名称 化学组成 晶系	反射率(%)	反射色	双反射反射多色性	均非性(偏光色)、A_{γ}、旋向符号	内反射	摩氏硬度 显微硬度 相对突起	浸蚀反应	形态特征、 矿物组合特点、 产状及其他特性	主要鉴定特征及与类似矿物区别
雌黄 Orpiment As_2S_3 单斜晶系	470: 23.4~24.7 546: 20.5~21.6 589: 19.6~20.8 650: 19.0~20.3 白: 20.3~25.0	浅灰色，较亮（闪锌矿）	可见 （灰白-白-灰白带微红）	强非均质 （被强内反射掩盖）	显（浅黄色-稻草黄色）	1.5 VHN: 31~50 ≥雄黄	KCN: +，显结构；$HgCl_2$: +，黄色沉淀；KOH: +，迅速染黑；其他标准试剂为负反应	不易磨光。针状或{010}板状晶集合体。常呈皮壳状构造或束状聚晶覆盖在雄黄表面，系雄黄氧化而成。可与雄黄构成定向连晶，解理{010}常见。为极脆性矿物。其他共生矿物有毒砂、辉锑矿、黄铁矿、砷-硫化物等。产于低温热液矿床，热泉及喷硫泉中可见	以显著的稻草黄色内反射和显著的双反射与雄黄区别
锑华 Valentinite Sb_2O_3 斜方晶系	589: 约为16	灰色	未见	弱非均质	显 （白色，强烈）	2.5~3	无标准试剂反应数据	磨光性良好。呈板状或柱状自形晶，常成扇形或星状集合体，解理∥{110}、∥{010}完全，双晶及环带未见。常与辉锑矿、自然锑、黝铜矿及其他含锑矿物伴生。为锑或含锑矿床氧化带的次生矿物	以产状反射率较低，弱非均质性区别于表内其他类似矿物
铜蓝 Covellite CuS 六方晶系	470: 13.4~29.1 546: 7.15~23.7 589: 4.2~21.2 650: 5.9~23.0 白: 7.0~22.0	蓝色、深蓝色微带紫色至白色	可见 （深蓝色微带紫色-蓝色-白色）	强非均质 （火红-蔷薇-红棕色） 589 nm A_{γ} 11.91°±0.9° 旋向负 （板状晶延长） 正（C轴）	不显	1.5~2 VHN: 128~138 ≤方铅矿， <黄铜矿	HNO_3: ±，熏污；KCN: +，染蓝紫或黑色，显结构；其他标准试剂为负反应	磨光性良好。多呈板状自然晶产出，纯铜蓝则为细粒集合体。底面解理完全，双晶和环带结构未见。系极塑性矿物。铜蓝常为很多铜矿物的变化产物。交代与其共生的大多数矿物；可被斑铜矿、辉铜矿、蓝辉铜矿交代。常与斑铜矿、辉铜矿、蓝辉铜矿、闪锌矿、黄铜矿、方铅矿、黄铁矿、赤铜矿等构成连晶。主要产于铜矿床氧化带和次生富集带，内生热液作用生成的铜蓝较少见	以反射色、反射多色性和特强的火红色偏光色为特征。以此和蓝辉铜矿、石墨区别

续附表 2 – 12

矿物名称 化学组成 晶系	反射率(%)	反射色	双反射反射多色性	均非性（偏光色）、A_{γ}、旋向符号	内反射	摩氏硬度 显微硬度 相对突起	浸蚀反应	形态特征、 矿物组合特点、 产状及其他特性	主要鉴定特征及与类似矿物区别
石墨 Graphite C 六方晶系	470： 6.6～16.1 546： 6.8～17.4 589： 7.0～18.1 650： 7.3～19.3 白： 6.0～17.0	浅灰棕色	可见（灰色带棕–蓝灰色）	强非均质（橙黄–棕红色） 589 nm A_{γ}16.3°±0.2° 旋向正（延长）	不显	1～2 VHN： 12～16 ≥黄铜矿、辉钼矿	6种标准试剂均为负反应	不易磨光。多呈板状、叶片状、放射纤维状集合体。底面解理发育。系强导电性矿物。可含自然银、黄铁矿、方铅矿和钛铀矿包体；也可呈包体分布于闪锌矿、黄铁矿中。其他共生矿物有毒砂、自然砷、雄黄、磁铁矿、赤铁矿、软锰矿、硬锰矿等，主要产于接触变质和区域变质矿床中	以极强的非均质性和显著的双反射及 R_p 近于透明矿物、与所有的试剂不起作用为特征。以此和辉钼矿相区别
辉铜矿 Chalococite Cu_2S 斜方晶系 103℃ ≒ 六方晶系	470： 35.5～36.7 546： 32.5～33.4 589： 30.5～31.8 650： 28.7～30.2 白：32.2	灰色微带淡蓝色或淡棕色	未见	均质	显（红棕色至黄棕色）	2.5～3 VHN： 67～87 ≫辉银矿， =蓝辉铜矿、方铅矿， <斑铜矿、黝铜矿	HNO_3：±，染褐、显结构；其他标准试剂为负反应	磨光性良好。常呈他形粒状集合体。具块状、胶状及疏松状构造。在103℃以上生成的辉铜矿，颗粒较粗，常与蓝辉铜矿构成连晶，柳叶片状双晶和解理发育（没有柳叶片状双晶并不证明在103℃以下）。结晶很快的高温辉铜矿为细粒集合体，似表生作用形成的辉铜矿有“钢灰状”和“烟灰状”两种。“钢灰状”辉铜矿呈细粒致密集合体，与黄铜矿密切共生，二者同由斑铜矿分解而成；“烟灰状”辉铜矿一般为极细的表生辉铜矿、表生蓝辉铜矿和铜蓝的混合物，常围绕在黄铜矿的周围和充填在矿石的裂隙中。产于中、低温热液矿床和铜矿床次生富集带	以均质性、颗粒状晶体及HI浸蚀后可见聚片双晶与纤锌矿相区别

附表 2-13　　第十三鉴定表　　反射率小于闪锌矿的高硬度矿物组

矿物名称 化学组成 晶系	反射率(%)	反射色	双反射反射多色性	均非性 (偏光色)、 A_γ、旋向符号	内反射	摩氏硬度 显微硬度 相对突起	浸蚀反应	形态特征、 矿物组合特点、 产状及其他特性	主要鉴定特征 及与类似矿物 区别
铌铁矿－钽铁矿 Columbite-Tantalite $(Fe,Mn)(Nb,Ta)_2O_6$ 斜方晶系	470: 16.6～18.3 546: 16.1～17.7 589: 15.9～17.5 650: 15.6～17.4 白: 16.3～18.0	灰色微带棕色，相似棕色略浅(磁铁矿)	未见	弱非均质 (平行消光) 589 nm 铌铁矿 $A_\gamma 1.3° \pm 0.1°$ 钽铁矿 $A_\gamma 1.06° \pm 0.1°$ 旋向：铌铁矿副(板状晶延长) 钽铁矿正 (柱状晶延长)	显 (锰钽铁矿黄棕色，铁钽矿深红色)	5 VHN: 599～649 ＞重钽铁矿	6种标准试剂均为负反应	磨光性尚好。呈柱状及板状自形晶及粒状集合体。解理可见。具放射性。系脆性矿物。可含金红石、钛铁矿、锡石、晶质铀矿构成定向连晶。铌铁矿－钽铁矿为无限混溶的类质同象系列。产于各种伟晶花岗岩类矿床中	以板状晶体和具放射性为特征。以此及有Nb、Ta反应与本表其他相似矿物区别；以弱非均质性、平行消光和不显双反射与钨锰矿区别
钛铁晶石 Ulvospinel, Ulvite Fe_2TiO_4 等轴晶系	光电值: 16.6	浅红褐色，相似(钛铁矿)，较暗褐色(磁铁矿)	未见	均质	不显	＞磁铁矿	无标准试剂反应数据	极少呈自形晶。常在富钛的磁铁矿中沿{100}或{110}形成不混熔片状晶，呈交织状或"布纹状"结构，同时沿磁铁矿的{111}尚可有钛铁矿片晶，与钛铁晶石互相穿插。钛铁晶石片晶有时在镁铁尖晶石片晶外围形成盒子状构造。钛铁晶石可分解成钛铁矿和磁铁矿，有时还有自然铁。主要产于钒钛磁铁矿床中	可据其在磁铁矿中的分布方向及在镁铁尖晶石外围呈盒子状构造与原生镁钛铁矿区别
纤铁矿 Lepidocrocite $\gamma-FeO(OH)$ 斜方晶系	470: 13.8～22.6 546: 12.9～20.3 589: 12.5～18.9 650: 12.1～17.9 白: 15.8～25.0	灰色，较暗微带绿色(赤铁矿)，较亮(针铁矿)	可见	强非均质 (浅灰－暗灰)	不显	6 VHN: 464～514 ＜针铁矿	6种标准试剂均为负反应	磨光性尚好。呈针状、板状晶体，放射状集合体。常呈板状晶产于针铁矿中，常与磁铁矿、赤铁矿伴生。纤铁矿为黄铁矿、毒砂、黄铜矿的氧化产物。可构成黄铁矿假象，呈皮壳状；亦可被针铁矿交代形成假象。产于硫化物矿床氧化带中	以反射色、内反射色及产状不同与金红石区别；与针铁矿进一步区别，需利用X光分析

续附表 2-13

矿物名称 化学组成 晶系	反射率(%)	反射色	双反射反射多色性	均非性 (偏光色)、 A_{γ}、旋向符号	内反射	摩氏硬度 显微硬度 相对突起	浸蚀反应	形态特征、 矿物组合特点、 产状及其他特性	主要鉴定特征 及与类似矿物 区别
晶质铀矿 Uraninite $U_{1-x}O_2$ 等轴晶系	470: 16.4~16.5 546: 16.0~16.1 589: 15.9~16.0 650: 16.0~16.1 白: 16.8	灰色微带淡棕色	未见	均质(偶见异常非均质效应)	不显	4~6 VHN: 743~920 >磁铁矿、闪锌矿, ≤黄铁矿	HNO_3: ±, 染褐(弱); $FeCl_3$: ±, 染浅褐(弱); 其他标准试剂为负反应	磨光性尚好。常呈八面体、立方体自形晶,可与黄铁矿形成两个相的带状复晶。‖{100}和‖{111}解理及‖{111}双晶可见。具强放射性。系脆性矿物。交代黄铁矿和被黄铁矿、沥青铀矿、闪锌矿、自然金交代。蚀变成铀钛矿。可含方铅矿包体(放射性成因)。主要产于花岗伟晶岩类矿床和接触交代矿床中	以晶形和具强放射性为特征。以形态和沥青铀矿区别;以矿物组合和强放射性与锌铁尖晶石、铬铁矿区别
钨铁矿 Ferberite $FeWO_4$ ($MnWP_4$ 最高含量 达 20%) 单斜晶系	略高于黑钨矿	灰色微带乳黄色,明显黄色无灰色色调(针铁矿、纤铁矿)、相似(闪锌矿),稍亮(锡石)	未见	弱非均质 (斜消光) 589 nm A_{γ}2.19°±0.1°	不显	4.5~5.5 ≈黑钨矿	6 种标准试剂均为负反应	易磨光。呈粗大晶体及放射同心状集合体。大晶体中解理清楚。具磁性。交代碲化物、白钨矿和被白钨矿、闪锌矿、辉锑矿及针铁矿交代。氧化成钨华、软锰矿。主要产于伟晶岩矿床和高、中温热液矿床	以反射色稍带乳黄色和不显内反射与黑钨矿区别
黑钨矿 Wolframite (Fe,Mn)WO_6 单斜晶系	470: 15.6~16.6 546: 15.0~16.2 589: 14.7~15.9 650: 14.6~15.8 白: 16.2~18.5	灰色,淡棕灰黄色(黄铜矿)	未见	弱非均质 (斜消光)、 旋向正 (延长、解理)	显 (粉末和裂隙处显棕红色)	4.5~5.5 VHN: 312~342 >磁铁矿、白钨矿, ≤黄铁矿、毒砂、锡石	6 种标准试剂均为负反应	易磨光,有麻点。常呈板状自形晶和不规则粒状集合体,解理‖{010}和‖{100}清楚,双晶和环带结构可见。系塑性矿物。可含毒砂、辉钼矿、黄铜矿、辉铋矿、铌铁矿的包体。可蚀变成白钨矿相互交代构成两矿物的交替互层环带。主要产于伟晶岩矿床和高、中温热液矿床	以大的比重和对试剂均不起作用为特征。以弱非均质性和内反射与钨锰矿区别;以显内反射和钨铁矿区别

续附表 2-13

矿物名称 化学组成 晶系	反射率(%)	反射色	双反射反射多色性	均非性 (偏光色)、 A_γ、旋向符号	内反射	摩氏硬度 显微硬度 相对突起	浸蚀反应	形态特征、 矿物组合特点、 产状及其他特性	主要鉴定特征 及与类似矿物 区别
钨锰矿 Huebnerite $MnWO_4$ ($FeWO_4$ 最高含量 达20%) 单斜晶系	略低于黑钨矿	灰色，相似(闪锌矿)，稍暗(磁铁矿)，较亮(锡石)	可见	强非均质 589 nm $A_\gamma 2.03° \pm 0.1°$ 旋向正 (延长、 解理)	显 (红色)	≈黑钨矿	6 种标准试剂均为负反应	易磨光，有麻点。常呈粗大板状单晶和细粒集合体。解理和双晶可见。由 Fe/Mn 比值不同可出现环带。系塑性矿物。交代大多数共生矿物和被白钨矿及铁的氢氧化物交代，氧化成钨华和软锰矿。主要产于伟晶岩矿床和高、中温热液矿床	以强非均质和显著的内反射与钨铁矿、黑钨矿区别
针铁矿 Goethite α-FeO(OH) 斜方晶系	470: 15.3~18.1 546: 14.2~16.5 589: 14.3~15.5 650: 13.1~14.8 白: 16.1~18.5	灰色微带淡蓝色，明显淡蓝色(闪锌矿)，较暗(纤铁矿)	未见	弱非均质 589 nm、 $A_\gamma 1.35° \pm 0.1°$ 旋向正 (延长、 双晶)	显 (粉末褐红色)	5 VHN: 464~627 ≥纤铁矿， <磁铁矿、 赤铁矿	6 种标准试剂均为负反应	易磨光。胶状和球粒状集合体。解理 ∥ {010} 偶见。具环带构造或与赤铁矿和黑柱石构成紧密连晶，环带中心常具较高的反射率。交代黄铁矿、钨锰矿、磁铁矿、赤铁矿、黄铜矿等。可构成黄铁矿和菱铁矿的交代假象。为“褐铁矿”的主要成分。主要产于硫化物矿床氧化带中	以胶状、球粒状形态为特征。与纤铁矿进一步区分需要 X 光分析
沥青铀矿 Pitchblende $U_{1-x}O_2$ 等轴晶系	470: 14.1~17.2 546: 13.6~16.5 589: 13.6~16.5 650: 13.5~16.3 白: 16.0	灰色微带棕色，较暗(晶质铀矿)，浅褐色(闪锌矿、磁铁矿)	未见	均质	显 (黄褐色)	3~6 VHN: 476~766	HNO_3: +，染褐黑、有时发泡；$FeCl_3$: ±，染灰褐；其他标准试剂为负反应	不易磨光。常呈胶状、葡萄状、树枝状、环状、角砾状产出。同心状或圆形横切面具放射状裂隙。强放射性。系脆性矿物。可含方钴矿族矿物、自然铋、方铅矿、黄铁矿等矿物的包体。被 Co-Ni-Fe 砷化物，铜、铅、锌、铋、银的硫化物穿插成交代。其他共生矿物有 U 的氢氧化物、U-Pb 矿物、O-Cu 矿物等。产于高、中温热液矿床中	以胶状构造，具强放射性和矿物共生组合特点为主要特征。以形态和晶质铀矿区别

续附表 2 - 13

矿物名称 化学组成 晶系	反射率(%)	反射色	双反射反射多色性	均非性（偏光色）、A_{γ}、旋向符号	内反射	摩氏硬度 显微硬度 相对突起	浸蚀反应	形态特征、 矿物组合特点、 产状及其他特性	主要鉴定特征及与类似矿物区别
铬铁矿 Chromite $(Fe, Mg)(Cr, Al)_2O_4$ 等轴晶系	470：12.8 546：12.3 580：12.1 650：11.9 白：12.1	灰色微带棕色，相似较暗(闪锌矿)，暗的多(磁铁矿)	未见	均质	显（粉末红棕色含Fe亮高时不显内反射）	5.5 VHN： 1332 >磁铁矿， <赤铁矿	6 种标准试剂均为负反应	磨光性良好。自形、半自形状或他形晶，呈散粒状或集合体。早期形成的铬铁矿边缘常因溶蚀作用而变圆。碎裂和环带结构普遍。系弱塑性矿物。可与磁铁矿、钛铁晶石构成不混溶连晶或定向连晶。可被磁铁矿穿切交代。其他共生矿物有镍黄铁矿、磁黄铁矿、黄铜矿和铂族矿物等。主要产于岩浆矿床	以反射率稍低和红棕色反射与磁铁矿区别，以矿物组合和微化分析和锌铁尖晶石区别
锡石 Cassiterite SnO_2 四方晶系	470： 12.0～12.8 546： 11.5～12.4 589： 11.3～12.2 650： 11.2～12.2 白： 11.2～12.8	灰色带棕色，灰棕色(黝锡矿)，棕灰色(钛铁矿、金红石、磁铁矿)	未见	弱－强 非均质 （平行复光） 589 nm A_{γ}1.46°±0.1° 旋向正 （延长）	显（黄褐色）	6.5～7.0 VHN： 1168～1332 >所有伴生的金属矿物、石英	6 种标准试剂均为负反应；加盐酸和锌粉后出现金属锡薄膜	磨光困难，表面有麻点。呈粗、细粒自形晶、半自形晶粒或集合体，针状晶体成放射状集合体。双晶普遍，环带结构浸蚀后常见，解理偶见。系弱塑性矿物。交代黄铁矿、毒砂、闪锌矿、黝锡矿、辉铋矿等；也被上述矿物交代。常与铌－钽矿物构成不混溶连晶。产于高温热液型石英－锡石矿床和锡石－硫化物矿床中	以不易磨光，常呈自形、显内反射和加 HCl 及锌粉出现金属薄膜为特征、以此及反射率较低与表内相似矿物区别
硼镁铁矿 Ludwigite $(Mg, Fe)_2(Fe, Al)BO_5$ 斜方晶系	蓝： 9.2～12.1 绿： 8.4～11.8 橙： 7.8～11.6 红： 6.8～11.2	灰色稍带棕色，灰色较暗(磁铁矿)	可见（淡棕－淡蓝－灰）	强非均质 （淡－红棕） （平行消光） 589 nm A_{γ}4.78°±0.1° 旋向正 （延长）	不显（富Mg时显红棕色内反射，少见）	5 VHN： 357～1486 >纤铁矿， =磁铁矿	KOH：－，染褐；其他标准试剂为负反应	磨光尚好。细粒状晶或针状及纤维放射状集合体。解理未见，交代磁铁矿、闪锌矿、黄铁矿和被磁铁矿、纤铁矿、赤铁矿交代。其他共生矿物有锌铁尖晶石等，产于富铁的接触交代矿床中	以形态和强非均质性为特征、以在空气中不显内反射及浸蚀反应与黑柱石区别

续附表 2 - 13

矿物名称 化学组成 晶系	反射率(%)	反射色	双反射反射多色性	均非性(偏光色)、A_{γ}、旋向符号	内反射	摩氏硬度 显微硬度 相对突起	浸蚀反应	形态特征、 矿物组合特点、 产状及其他特性	主要鉴定特征及与类似矿物区别
白钨矿 Scheelite $CaWO_4$ 四方晶系	470: 10.2 ~ 10.4 546: 9.9 ~ 10.0 589: 9.8 ~ 9.9 650: 9.7 ~ 9.9 白: 10.0	灰色，微暗(锡石)，相似微亮(一般脉石)	未见	弱非均质 (为显著的内反射掩盖)	显 (白色 - 淡黄色)	5 VHN: 387 ~ 407 < 黑钨矿、锡石	HNO_3: ±，染色(弱)；HCl: ±，显结构；其他标准试剂为负反应	磨光性尚好。菱形自形晶或粒状集合体。常交代黑钨矿或充填于黑钨矿裂隙中。白钨矿和黑钨矿二者可相互交代构成交替环带，也可被钨铁矿、钨锰矿交代。产于高、中温热液矿床和矽卡岩矿床中	在荧光下显浅蓝色或黄色。以此及强烈的内反射、低反射率与其他钨矿物区别
黑柱石 Ilvaite $CaFe_2Fe(OH)SiO_7$ (已知有单斜和斜方两种变种)	470: 6.6 ~ 16.1 546: 6.8 ~ 17.4 589: 7.0 ~ 18.1 650: 7.3 ~ 19.3 白: 6.0 ~ 17.0	灰色或蓝灰色，暗蓝灰(磁铁矿，磁黄铁矿)，暗的多(闪锌矿)	可见 (灰带红 - 蓝灰 - 紫)	强非均质 (蓝 - 粉红 - 红橙) 589 nm A_{γ}8.22° ±0.3°	不显	5.5 ~ 6 VHN: 703 ~ 1055 > 闪锌矿，= 赤铁矿、磁铁矿，< 黄铁矿	6 种标准试剂均为负反应	易磨光。常呈柱状自形晶、半自形晶粒或集合体。解理 ‖ {010} 常见，叶片状双晶偶见。系弱塑性矿物可变成针铁矿。与钛铁矿、赤铁矿构成连晶。交代磁铁矿。含黄铜矿和磁铁矿的包体。产于接触交代矿床，近来发现在岩浆型铜 - 镍硫化物矿床也有产出	在空气中具明显的内反射及浸蚀反应硼镁铁矿区别
菱锌矿 Smithsonite $ZnCO_3$ (可含 Fe, Mn, Ca) 三方晶系	5 - 9	深灰色，相似(菱锰矿、菱铁矿)，较亮(方解石)	可见 (R_o较亮，R_e较暗)	强非均质 旋向负 (延长)	显 (白色)	5 VHN: 383 ~ 519 > 菱锰矿，≫菱铁矿、闪锌矿	HNO_3: +，慢泡熔结显结构；HCl: +，慢泡熔结显结构；KCN: +，显结构；$FeCl_3$: +，表面变糙；KOH: +，显结构；$HgCl_2$ 试剂为负反应	磨光性良好。他形或多角形粒状集合体。常呈皮壳状、土状、葡萄状等构造。常与方铅矿、闪锌矿、白铅矿、铅钒等共生、伴生。为闪锌矿的次生矿物。双晶未见、解理少见。铅锌矿床氧化带	以反射率和硬度较高区别于方解石
石英 Quartz SiO_2 六方晶系	4.5	深灰色	未见	显均质效应	显 (乳黄色)	7 VHN: 763 ~ 1140 ≈ 黄铁矿、锡石	6 种标准试剂均为负反应	磨光性良好。常呈截面为六边形的自形晶。无解理。石英是重要的造岩矿物，一般较硫化物生成早，也常被硫化物和方解石交代	以晶形、硬度和内反射与其他矿物区别

附表 2 – 14　　第十四鉴定表　　反射率小于闪锌矿的中硬度矿物组

矿物名称 化学组成 晶系	反射率(%)	反射色	双反射反射多色性	均非性 (偏光色)、 A_γ、旋向符号	内反射	摩氏硬度 显微硬度 相对突起	浸蚀反应	形态特征、 矿物组合特点、 产状及其他特性	主要鉴定特征 及与类似矿物 区别
闪锌矿 Sphalerite (Zn, Fe)S 等轴晶系	470: 17.7 546: 16.6 589: 16.4 650: 16.1	灰色微带淡蓝色或淡蓝色	未见	均质	显 (红棕色至黄褐色)	3.5 VHN: 189 ~ 279 > 黄铜矿、黝铜矿, < 磁黄铁矿	HNO_3: ±, 染褐, 显结构; 其他标准试剂为负反应; 王水: +, 发泡, 染褐	易磨光。常呈他形粒状集合体。解理 ‖ {110} 在粗粒中常见, 聚片双晶和环带结构普遍。常与纤锌矿构成连晶。可交代黄铁矿、白铁矿、磁黄铁矿、毒砂和被上述矿物、铜的硫化物、方铅矿交代。黄铜矿、方黄铜矿、黝锡矿、磁黄铁矿在闪锌矿中常呈固溶体分解的乳滴状结构。主要产于矽卡岩型矿床和热液矿床中	以均质性、颗粒状晶体及 H^+ 浸蚀后可见聚片双晶与纤锌矿区别
纤锌矿 Wurtzite ZnS(可含少量 Fe, Mn, Cd, 与硫镉矿构成完全固溶体系列) 六方晶系	与闪锌矿相似	灰色微带蓝色, 相似(闪锌矿)	未见	弱非均质、 旋向负 (板状晶延长)	显 (黄至棕色)	3.5 ~ 4 VHN: 146 ~ 167 $(10\bar{1}0)$ 245 ~ 264 (0001) = 闪锌矿	HNO_3: +, 染淡棕; HCl: +, 液黄; 其他标准试剂为负反应; 王水: +, 发泡, 染褐	易磨光。纤维状集合体。常构成放射状和同心环状构造。单晶可具冰花结构。解理清楚可见。系极塑性矿物。经常与闪锌矿共生, 但较稀少。交代方铅矿、硫锡铅矿; 也被方铅矿、黄铁矿、白铁矿交代或穿切。纤锌矿为低温浅成酸性热液中生成的矿物, 产于热液矿床中	以纤维状结构、弱非均质性, 无双晶与闪锌矿区别
纤铁矿 Lepidocrocite γ – FeO(OH) 斜方晶系	470: 13.8 ~ 22.6 546: 12.9 ~ 20.3 589: 12.5 ~ 18.9 650: 12.1 ~ 17.9 白: 15.8 ~ 25.0	灰色, 较暗微带绿色(赤铁矿), 较亮(针铁矿)	可见	强非均质 (浅灰 – 暗灰) 589 nm $A_\gamma 6.32° ± 0.1°$	不显	5 VHN: 464 ~ 514 < 针铁矿	6 种标准试剂均为负反应	磨光性尚好。呈针状、板状晶体, 放射状集合体。常呈板状晶产于针铁矿中, 常与磁铁矿、赤铁矿伴生。纤铁矿为黄铁矿、毒砂、黄铜矿的氧化产物。可构成黄铁矿假象, 呈皮壳状; 亦可被针铁矿交代形成假象。产于硫化物矿床氧化带中	以反射色、内反射色及产状不同与金红石区别; 与针铁矿进一步区别, 需利用 X 光分析

续附表 2－14

矿物名称 化学组成 晶系	反射率(%)	反射色	双反射反射多色性	均非性 (偏光色)、 $A_γ$、旋向符号	内反射	摩氏硬度 显微硬度 相对突起	浸蚀反应	形态特征、 矿物组合特点、 产状及其他特性	主要鉴定特征 及与类似矿物 区别
晶质铀矿 Uraninite $U_{1-x}O_2$ 等轴晶系	470： 16.4～16.5 546： 16.0～16.1 589： 15.9～16.0 650： 16.0～16.1 白：16.8	灰色微带淡棕色	未见	均质 (偶见异常非均质效应)	不显	4～6 VHN： 743～920 >磁铁矿、闪锌矿，≤黄铁矿	HNO_3：±，染褐(弱)；$FeCl_3$：±，染浅褐(弱)；其他标准试剂为负反应	磨光性尚好。常呈八面体、立方体自形晶，可与黄铁矿形成两个相的带状复晶。∥{100}和∥{111}解理及∥{111}双晶可见。具强放射性。系脆性矿物。交代黄铁矿和被黄铁矿、沥青铀矿、闪锌矿、自然金交代。蚀变成铀钛矿。可含方铅矿包体(放射性成因)。主要产于花岗伟晶岩类矿床和接触交代矿床中	以晶形和具强放射性为特征。以形态和沥青铀矿区别；以矿物组合和强放射性与锌铁尖晶石、铬铁矿区别
钨铁矿 Ferberite $FeWO_4$ $MnWO_4$ 最高含量达20% 单斜晶系	略高于黑钨矿	灰色微带乳黄色，明显黄色无灰色色调(针铁矿、纤铁矿)、相似(闪锌矿)，稍亮(锡石)	未见	弱非均质 (斜消光) 589 nm $A_γ$2.19°±0.1°	不显	4.5～5.5 ≈黑钨矿	6种标准试剂均为负反应	易磨光。呈粗大晶体及放射同心状集合体。大晶体中解理清楚。具磁性。交代碲化物、白钨矿和被白钨矿、闪锌矿、辉锑矿及针铁矿交代。氧化成钨华、软锰矿。主要产于伟晶岩矿床和高、中温热液矿床	以反射色稍带乳黄色和不显内反射与黑钨矿区别
黑钨矿 Wolframite (Fe,Mn)WO_6 单斜晶系	470： 15.6～16.6 546： 15.0～16.2 589： 14.7～15.9 650： 14.6～15.8 白： 16.2～18.5	灰色，淡棕灰黄色(黄铜矿)	未见	弱非均质 (斜消光)、旋向正 (延长、解理)	显 (粉末和裂隙处显棕红色)	4.5～5.5 VHN： 312～342 >磁铁矿、白钨矿，≤黄铁矿、毒砂、锡石	6种标准试剂均为负反应	易磨光，有麻点。常呈板状自形晶和不规则粒状集合体，解理∥{010}和∥{100}清楚，双晶和环带结构可见。系塑性矿物。可含毒砂、辉钼矿、黄铜矿、辉铋矿、铌铁矿的包体。可蚀变成白钨矿相互交代构成两矿物的交替互层环带。主要产于伟晶岩矿床和高、中温热液矿床	以大的比重和对试剂均不起作用为特征。以弱非均质性和内反射与钨锰矿区别；以显内反射和钨铁矿区别

续附表 2-14

矿物名称 化学组成 晶系	反射率(%)	反射色	双反射反射多色性	均非性（偏光色）、A_γ、旋向符号	内反射	摩氏硬度 显微硬度 相对突起	浸蚀反应	形态特征、 矿物组合特点、 产状及其他特性	主要鉴定特征 及与类似矿物 区别
钨锰矿 Huebnerite $MnWO_4$ ($FeWO_4$最高含量达20%) 单斜晶系	略低于黑钨矿	灰色，相似（闪锌矿），稍暗（磁铁矿），较亮（锡石）	可见	强非均质 589 nm $A_\gamma 2.03° \pm 0.1°$ 旋向正 （延长、解理）	显 （红色）	≈黑钨矿	6 种标准试剂均为负反应	易磨光，有麻点。常呈粗大板状单晶和细粒集合体。解理和双晶可见。由 Fe/Mn 比值不同可出现环带。系塑性矿物。交代大多数共生矿物和被白钨矿及铁的氢氧化物交代，氧化成钨华和软锰矿。主要产于伟晶岩矿床和高、中温热液矿床	以强非均质和显著的内反射与钨铁矿、黑钨矿区别
沥青铀矿 Pitchblende $U_{1-x}O_2$ 等轴晶系	470： 14.1～17.2 546： 13.6～16.5 589： 13.6～16.5 650： 13.5～16.3 白：16.0	灰色微带棕色，较暗（晶质铀矿），浅褐色（闪锌矿、磁铁矿）	未见	均质	显 （黄褐色）	3～6 VHN： 476～766	HNO_3：+，染褐黑、有时发泡；$FeCl_3$：±，染灰褐；其他标准试剂为负反应	不易磨光。常呈胶状、葡萄状、树枝状、环状、角砾状产出。同心状或圆形横切面具放射状裂隙。强放射性。系脆性矿物。可含方钴矿族矿物、自然铋、方铅矿、黄铁矿等矿物的包体。被 Co-Ni-Fe 砷化物，铜、铅、锌、铋、银的硫化物穿插成交代。其他共生矿物有 U 的氢氧化物、U-Pb 矿物、O-Cu 矿物等。产于高，中温热液矿床中	以胶状构造，具强放射性和矿物共生组合特点为主要特征。以形态和晶质铀矿区别
针铁矿 Goethite α-FeO(OH) 斜方晶系	470： 15.3～18.1 546： 14.2～16.5 589： 14.3～15.5 650： 13.1～14.8 白： 16.1～18.5	灰色微带淡蓝色，明显淡蓝色（闪锌矿），较暗（纤铁矿）	未见	弱非均质 旋向正 （延长、双晶） 589 nm $A_\gamma 1.35° \pm 0.1°$	显 （粉末褐红色）	5 VHN： 464～627 ≥纤铁矿， <磁铁矿、赤铁矿	6 种标准试剂均为负反应	易磨光。胶状和球粒状集合体。解理‖{010}偶见。具环带构造或与赤铁矿和黑柱石构成紧密连晶，环带中心常具较高的反射率。交代黄铁矿、钨锰矿、磁铁矿、赤铁矿、黄铜矿等。可构成黄铁矿和菱铁矿的交代假象。为“褐铁矿”的主要成分。主要产于硫化物矿床氧化带中	以胶状、球粒状形态为特征。与纤铁矿进一步区分需要 X 光分析。

续附表 2－14

矿物名称 化学组成 晶系	反射率(%)	反射色	双反射反射多色性	均非性(偏光色)、A_γ、旋向符号	内反射	摩氏硬度 显微硬度 相对突起	浸蚀反应	形态特征、矿物组合特点、产状及其他特性	主要鉴定特征及与类似矿物区别
红锌矿 Zincite $(Zn, Mn)O$ 六方晶系	470： 12.5～12.7 547：11.8 589： 11.4～11.5 650： 11.0～11.2 白：11.2	灰色带玫瑰棕色	未见	强非均质(因强烈内反射而掩盖) 589 nm A_γ2.19°±0.1°	显(桔黄色或红色)	4 VHN： 189～219 ≪锌铁尖晶石	HNO_3：+，染黑，显结构；HCl：+，变暗显结构；KCN：+，染褐显结构；$FeCl_3$：+，染褐；$HgCl_2$：±，染浅褐；KOH 试剂为负反应	磨光性良好。圆粒状或他形晶粒集合体。解理∥{0001}可见。为塑性矿物。可与黑锰矿和方锰矿构成定向连晶，常与锌铁尖晶石、硅锌矿、菱锌矿共生。主要产于矽卡岩矿床中	以鲜艳的橘黄色－红色内反射及常与锌铁尖晶石、硅锌矿等共生为特征。以此和其他相似矿物区别
硼镁铁矿 Ludwigite $(Mg, Fe)_2(Fe, Al)BO_5$ 斜方晶系	蓝： 9.2～12.1 绿： 8.4～11.8 橙： 7.8～11.6 红： 6.8～11.2	灰色稍带棕色，灰色较暗(磁铁矿)	可见(淡棕－淡蓝－灰)	强非均质(淡棕－红棕)(平行消光) 589 nm A_γ4.78°±0.1° 旋向正(延长)	不显(富 Mg 时显红棕色内反射，少见)	5 VHN： 357～1486 >纤铁矿， =磁铁矿	KOH：－，染褐；其他标准试剂为负反应	磨光尚好。细粒状晶或针状及纤维放射状集合体。解理未见，交代磁铁矿、闪锌矿、黄铁矿和被磁铁矿、纤铁矿、赤铁矿交代。其他共生矿物有锌铁尖晶石等，产于富铁的接触交代矿床中	以形态和强非均质性为特征、以在空气中不显内反射及浸蚀反应与黑柱石区别
白钨矿 Scheelite $CaWO_4$ 四方晶系	470： 10.2～10.4 546： 9.9～10.0 589： 9.8～9.9 650： 9.7～9.9 白：10.0	灰色，微暗(锡石)，相似微亮(一般脉石)	未见	弱非均质(为显著的内反射掩盖)	显(白色－淡黄色)	5 VHN： 387～407 <黑钨矿、锡石	HNO_3：±，染色(弱)；HCl：±，显结构；其他标准试剂为负反应	磨光性尚好。菱形自形晶或粒状集合体。常交代黑钨矿或充填于黑钨矿裂隙中。白钨矿和黑钨矿二者可相互交代构成交替环带，也可被钨铁矿、钨锰矿交代。产于高、中温热液矿床和矽卡岩矿床中	在荧光下显浅蓝色或黄色。以此及强烈的内反射、低反射率与其他钨矿物区别

续附表 2－14

矿物名称 化学组成 晶系	反射率(%)	反射色	双反射反射多色性	均非性（偏光色）、A_{γ}、旋向符号	内反射	摩氏硬度 显微硬度 相对突起	浸蚀反应	形态特征、 矿物组合特点、 产状及其他特性	主要鉴定特征及与类似矿物区别
白铅矿 Cerussite $PbCO_3$ 斜方晶系	≈10	灰色	可见	强非均质（常被强烈内反射掩盖）	显（乳白或淡黄色）	3～3.5 VHN: 140～254 ≥方铅矿	HNO_3：+，发泡；HCl：+，发泡白色沉淀；$FeCl_3$：+，显结构；$HgCl_2$：+，显结构；KOH：+，显结构；KCN 试剂为负反应	易磨光，常呈粒状、土状、钟乳状集合体，常沿方铅矿的解理、裂隙和边缘进行次生交代。产于铅锌矿床氧化带中	以较高的反射率、显著的双反射、强非均质及浸蚀反应与铅钒区别
黄钾铁矾 Jarosite $KFe_2(SO_4)_2(OH)_6$ 六方晶系	9～10	暗灰色，较暗（针铁矿）	未见	强非均质	显（浅黄色）	2.5～3.5	HNO_3：+，变糙；HCl：+，变糙；其他标准试剂为负反应	常呈皮壳状、结核状、土状产于富含黄铁矿的硫化物矿床氧化带中。常与褐铁矿共生和与褐铁矿构成互层状皮壳，包含黄铜矿和黄铁矿。黄钾铁矾为矾类矿物中最常见的矿物。常为硫化物矿床的找矿标志	以形态、内反射色反射率及浸蚀反应与针铁矿区别应重视透光下的研究
铅矾 （硫酸铅矿） Anglesite $PbSO_4$ 斜方晶系	9.5	灰色至暗灰色	未见	显均质效应	显（白色，强烈）	3 VHN: 106～128 =白铅矿	HNO_3：+，显结构；其他标准试剂为负反应；2%高铬酸钾加0.5%氢氧化钠：+，黄色沉淀	易磨光。常呈细脉状，皮膜状和不规则状。解理可见。交代方铅矿，有时呈假象。常与方铅矿、菱锌矿、褐铁矿等共生伴生，为方铅矿的次生矿物。产于铅锌矿床氧化带中	以不显双反射及浸蚀反应与白铅矿区别

续附表 2-14

矿物名称 化学组成 晶系	反射率(%)	反射色	双反射反射多色性	均非性(偏光色)、A_γ、旋向符号	内反射	摩氏硬度 显微硬度 相对突起	浸蚀反应	形态特征、矿物组合特点、产状及其他特性	主要鉴定特征及与类似矿物区别
菱铁矿 Siderite $FeCO_3$ (可含 Mg, Mn 和 Ca) 三方晶系	6~10	深灰色，相似（菱锰矿、菱锌矿）	可见 (R_o较亮，R_e较暗)	强非均质、旋向负 (延长)	显 (淡黄色－红褐色)	3.5~4 VHN： 330~371 <菱锰矿， <<菱锌矿， ≈闪锌矿	HNO_3：+，溶解变糙显结构；HCl：+，溶解变糙显结构；$FeCl_3$：+，略显结构；KOH：+，略显结构；其他标准试剂为负反应	易磨光。常呈自形(菱形)或半自形集合体。脉状、结核状、块状构造。解理{1011}可见，双晶偶见。风化后变成褐铁矿和针铁矿等次生矿物，常与碳酸盐矿物共生。产于沉积矿床和热液矿床中	以化学成分、产状、形态与菱锌矿区别；与菱锰矿区别主要借助于共生矿物和微化分析
菱锌矿 Smithsonite $ZnCO_3$ (可含 Fe, Mn 和 Ca) 三方晶系	5~9	深灰色，相似（菱锰矿、菱铁矿），较亮（方解石）	可见 (R_o较亮，R_e较暗)	强非均质 旋向负 (延长)	显 (白色)	5 VHN： 383~519 <菱锰矿， ≫菱铁矿、闪锌矿	HNO_3：+，慢泡溶解显结构；HCl：+，慢泡溶解显结构；KCN：+，显结构；$FeCl_3$：+，表面粗糙；KOH：+，显结构；$HgCl_2$试剂为负反应	磨光性良好。他形或多角形粒状集合体。常呈皮壳状、土状、葡萄状等构造。常与方铅矿、闪锌矿、白铅矿、铅钒等共生伴生，为闪锌矿的次生矿物。双晶未见，解理少见。产于铅锌矿床氧化带中	以反射率和硬度较高区别于方解石
菱锰矿 Rhodochro－site $MnCO_3$ (可含 Mg, Fe 和 Ca) 三方晶系	5~8	深灰色	可见 (R_o较亮，R_e较暗)	强非均质、旋向负 (延长)	显 (褐－玫瑰色)	3.5~4 VHN： 232~245	无标准试剂反应数据	磨光性良好。呈具解理的粒状集合体或具十字形消光的鲕状集合体，常成块状、结核状、透镜状构造。解理{$10\bar{1}1$}可见。常部分氧化成软锰和硬锰矿。产于沉积矿床和中、低温热液矿床	与菱铁矿、菱锌矿相似，其区别可借助于共生矿物和产状，进一步区分需在透光下进行。

续附表 2－14

矿物名称 化学组成 晶系	反射率(%)	反射色	双反射反射多色性	均非性（偏光色）、A_γ、旋向符号	内反射	摩氏硬度 显微硬度 相对突起	浸蚀反应	形态特征、 矿物组合特点、 产状及其他特性	主要鉴定特征 及与类似矿物 区别
孔雀石 Malachite $CuCO_3 \cdot Cu(OH)_2$ 单斜晶系	估计值 6～9.5	灰色微带红色	可见	强非均质（被强烈内反射掩盖）	显（翠绿色）	3.5～4 >方解石 <白云石	HNO_3：+，发泡，显结构；HCl：+，发泡；KCN：+，显结构；$FeCl_3$：+，发泡黄色沉淀；KOH：±，黄色沉淀；$HgCl_2$试剂为负反应	磨光性良好。纤维放射状和针状集合体。具胶状、球粒状构造。解理∥{001}常见。系极塑性矿物。常与黄铜矿、褐铁矿、蓝铜矿、赤铜矿等共生。产于铜矿床氧化带	以放射状、胶状构造及翠绿色内反射、与铜矿物共生为特征，以此和其他矿物区别
蓝铜矿 Azurite $2CuCO_3 \cdot Cu(OH)_2$ 单斜晶系	估计值 7～8.5	灰色微带红色	未见	强非均质（被强烈内反射掩盖）	显（蓝色）	3.5～4 >方解石 <白云石	HNO_3：+，发泡显结构；HCl：+，发泡显结构；$FeCl_3$：+，显结构；其他标准试剂为负反应	磨光性良好。呈纤维放射状和粒状集合体，具胶状构造。为极塑性矿物。常与孔雀石、赤铜矿、黑铜矿、辉铜矿和铁锰的氢氧化物共生。产于铜矿床氧化带	以显著的蓝色内反射及常与孔雀石等铜矿物共生为特征。以此区别于其他矿物
铅矾 （硫酸铅矿） Anglesite $PbSO_4$ 斜方晶系	4～6	深灰色	可见（R_o较亮，R_e较暗）	强非均质（浅灰－暗灰）	显（乳白色－棕色）	3 VHN： 76～140 <白云石	HNO_3：+，发泡；HCl：+，发泡；其他标准试剂为负反应；醋酸：+	磨光性良好。常呈粒状自形晶和他形粒状集合体。解理常见，具板状双晶。为极塑性矿物。主要产于各种热液矿床中	以具板状双晶和对醋酸起反应为特征，以此和菱铁矿区别
萤石 Fluorite CaF_2 等轴晶系	3	深灰色	可见（R_o较亮，R_e较暗）	均质	显（无色淡绿、淡紫等）	4	6种标准试剂均为负反应	易磨光。等轴粒状及其集合体，解理可见。系极塑性矿物。常与方铅矿、闪锌矿、黄铜矿、辉银矿、黑钨矿、磁铁矿、方解石、石英等共生。主要产于热液矿床中	以其反射率最低和八面体解理、均质与方解石、石英区别

附表 2-15　　第十五鉴定表　　反射率小于闪锌矿的低硬度矿物组

矿物名称 化学组成 晶系	反射率(%)	反射色	双反射反射多色性	均非性（偏光色）、A_γ、旋向符号	内反射	摩氏硬度 显微硬度 相对突起	浸蚀反应	形态特征、矿物组合特点、产状及其他特性	主要鉴定特征及与类似矿物区别
锑华 Valentinite Sb_2O_3 斜方晶系	589： 约为 16	灰色	未见	弱非均质	显（白色，强烈）	2.5~3	无标准试剂反应数据	磨光性良好。呈板状或柱状自形晶，常成扇形或星状集合体，解理∥{110}、∥{010}完全，双晶及环带未见。常与辉锑矿、自然锑、黝铜矿及其他含锑矿物伴生。为锑或含锑矿床氧化带的次生矿物	以产状反射率较低，弱非均质性区别于表内其他类似矿物
铜蓝 Covellite CuS 六方晶系	470： 13.4~29.1 546： 7.15~23.7 589： 4.2~21.2 650： 5.9~23.0 白： 7.0~22.0	蓝色、深蓝色微带紫色至白色	可见（深蓝色微带紫色-蓝色-白色）	强非均质（火红-蔷薇-红棕色） 589 nm $A_\gamma 11.91° \pm 0.9°$ 旋向负（板状晶延长）正（C 轴）	不显	1.5~2 VHN： 128~138 ≤方铅矿， <黄铜矿	HNO_3：±，熏污； KCN：+，染蓝紫或黑色、显结构； 其他标准试剂为负反应	磨光性良好，多呈板状自然晶产出，纯铜蓝则为细粒集合体。底面解理完全，双晶和环带结构未见。系极塑性矿物。铜蓝常为很多铜矿物的变化产物。交代与其共生的大多数矿物；可被斑铜矿、辉铜矿、蓝辉铜矿交代。常与斑铜矿、辉铜矿、蓝辉铜矿、闪锌矿、黄铜矿、方铅矿、黄铁矿、赤铜矿等构成连晶。主要产于铜矿床氧化带和次生富集带，内生热液作用生成的铜蓝较少见	以反射色、反射多色性和特强的火红色偏光色为特征。以此和蓝辉铜矿、石墨区别
自然硫 Sulphur S α-硫 斜方晶系 β 和 γ-硫 单斜晶系	绿：12.5 黄：11.6 红：10.6	灰色，暗得多（闪锌矿），较亮（白铅矿）	可见（∥c 亮，∥a 暗）	强非均质、旋向正（锥状晶体延长）	显（白至淡黄色）	1.5~2.5 VHN： 24~45 ≤石膏	无标准试剂反应数据	不易磨光。有擦痕，并常呈凹形。常为细结晶质圆粒状或多边形粒状充满与裂隙空隙中，或呈皮壳状构造。产于火山口附近、硫化矿床的胶结带及外生石膏、岩盐等矿床中	磨光性差，低硬度和强烈的白至淡黄色内反射可区别于其他类似矿物

续附表 2 - 15

矿物名称 化学组成 晶系	反射率(%)	反射色	双反射反射多色性	均非性 (偏光色)、 A_{γ}、旋向符号	内反射	摩氏硬度 显微硬度 相对突起	浸蚀反应	形态特征、 矿物组合特点、 产状及其他特性	主要鉴定特征 及与类似矿物 区别
石墨 Graphite C 六方晶系	470: 6.6~16.1 546: 6.8~17.4 589: 7.0~18.1 650: 7.3~19.3 白: 6.0~17.0	浅灰棕色	可见 (灰色带棕-蓝灰色)	强非均质 (橙黄-棕红色) 589 nm A_{γ}16.3°±0.2° 旋向正 (延长)	不显	1~2 VHN: 12~16 ≥黄铜矿、辉钼矿	6 种标准试剂均为负反应	不易磨光。多呈板状、叶片状、放射纤维状集合体。底面解理发育。系强导电性矿物。可含自然银、黄铁矿、方铅矿和钛铀矿包体；也可呈包体分布于闪锌矿、黄铁矿中。其他共生矿物有毒砂、自然砷、雄黄、磁铁矿、赤铁矿、软锰矿、硬锰矿等，主要产于接触变质和区域变质矿床中	以极强的非均质性和显著的双反射及 R_p 近于透明矿物、与所有的试剂不起作用为特征。以此和辉钼矿区别
黄钾铁矾 Jarosite $KFe_2(SO_4)_2(OH)_6$ 六方晶系	9~10	暗灰色，较暗(针铁矿)	未见	强非均质	显 (浅黄色)	2.5~3.5	HNO_3: +，变糙； HCl: +，变糙； 其他标准试剂为负反应	常呈皮壳状、结核状、土状产于富含黄铁矿的硫化物矿床氧化带中。常与褐铁矿共生和与褐铁矿构成互层状皮壳，包含黄铜矿和黄铁矿。黄钾铁矾为矾类矿物中最常见的矿物。常为硫化物矿床的找矿标志	以形态、内反射色反射率及浸蚀反应与针铁矿区别，应重视透光下的研究
铅矾 (硫酸铅矿) Anglesite $PbSO_4$ 斜方晶系	9.5	灰色至暗灰色	未见	显均质效应	显 (白色，强烈)	3 VHN: 106~128 =白铅矿	HNO_3: +，显结构；其他标准试剂无反应数据；2%高铬酸钾加0.5%氢氧化钠: +，黄色沉淀	易磨光。常呈细脉状，皮膜状和不规则状。解理可见。交代方铅矿，有时呈假象。常与方铅矿、菱锌矿、褐铁矿等共生伴生，为方铅矿的次生矿物。产于铅锌矿床氧化带中	以不显双反射及浸蚀反应与白铅矿区别
方解石 Calcite $CaCO_3$ 三方晶系	4-6	蓝色、深蓝色微带紫色至白色	可见 (R_o较亮，R_e较暗)	强非均质 (浅灰-暗灰)	显 (乳白色-棕色)	3 VHN: 76~140 <黄铜矿	HNO_3: +，发泡； HCl: +，发泡； 其他标准试剂为负反应	磨光性良好。常呈粒状自形晶和他形粒状集合体。解理常见，具板状双晶。为极塑性矿物。主要产于各种热液矿床中	以具板状双晶和对醋酸起反应为特征，以此和菱铁矿区别

参考文献

[1] 汪相. 晶体光学[M]. 南京: 南京大学出版社, 2003.
[2] 徐国风. 矿相学教程[M]. 武汉: 中国地质大学出版社, 1986.
[3] 邱柱国. 矿相学[M]. 北京: 地质出版社, 1982.
[4] 张志雄. 矿石学[M]. 北京: 冶金工业出版社, 1981.
[5] 尚浚. 矿相学[M]. 北京: 地质出版社, 1987.
[6] 尚浚. 矿相学[M]. 北京: 地质出版社, 2007.
[7] 吕宪俊. 工艺矿物学[M]. 长沙: 中南大学出版社, 2011.
[8] 卢静文, 彭晓蕾. 金属矿物显微镜鉴定手册[M]. 北京: 地质出版社, 2010.
[9] 中国地质大学(武汉). 矿石构造、结构照片描述卡片合集[M]. 中国地质大学(武汉)矿床学精品课程网站相关资源 - 标本图库, 2009.
[10] 中国数字地质博物馆. http://www.ndgmc.org/.
[11] 张术根, 石得凤等. 福建尤溪梅仙地区马面山群变质岩原岩恢复及其与铅锌成矿的关系[J]. 中南大学学报, 2012, 43(8):3104 - 3113.
[12] 石得凤, 张术根等. 矿物学填图在福建丁家山铅锌矿成因研究中的应用[J]. 岩石矿物学杂志, 2012, 31(2): 243 - 251.
[13] 丁俊, 张术根. 印尼塔里亚布岛铁矿床的磁铁矿成因矿物学特征[J]. 中南大学学报, 2012a, 43(12): 4778 - 4787.
[14] 丁俊, 张术根. 印尼塔里亚布锡铁多金属矿床矿浆型磁铁矿的矿物学特征及形成机理探讨[J]. 矿物学报, 2012b, 32(2): 259 - 268.
[15] 张术根, 王晶等. 印尼塔里阿布岛Ⅱ区铁矿石中锡的工艺矿相学研究, 矿物学报, 2012, 32(4): 527 - 536.
[16] 张术根, 姚翠霞等. 曲仁盆地北缘凡口式铅锌硫化物矿床稀土元素特征[J]. 中国有色金属学报, 2013, 23(9): 2683 - 2692.
[17] 张术根, 丁存根等. 凡口铅锌矿区闪锌矿的成因矿物学特征研究[J]. 岩石矿物学杂志, 2009, 28(4): 364 - 374.

图　版

图版1　矿石构造

图版1－1　肾状构造(赤铁矿矿石)

河北　宣化

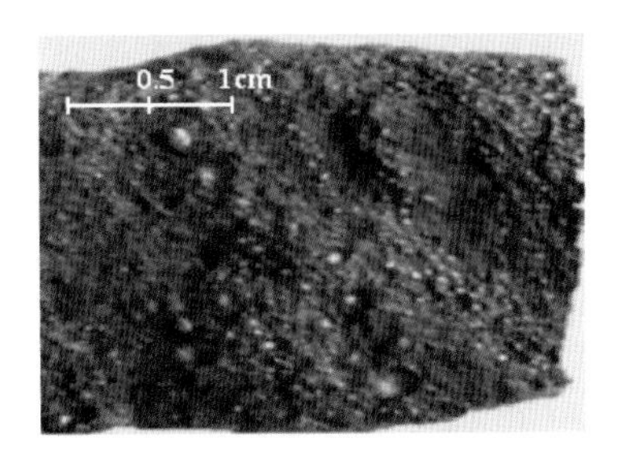

图版1－2　豆状－鲕状构造(赤铁矿矿石)

河北　宣化

图版1－3　鲕状构造(赤铁矿矿石)

河北　宣化

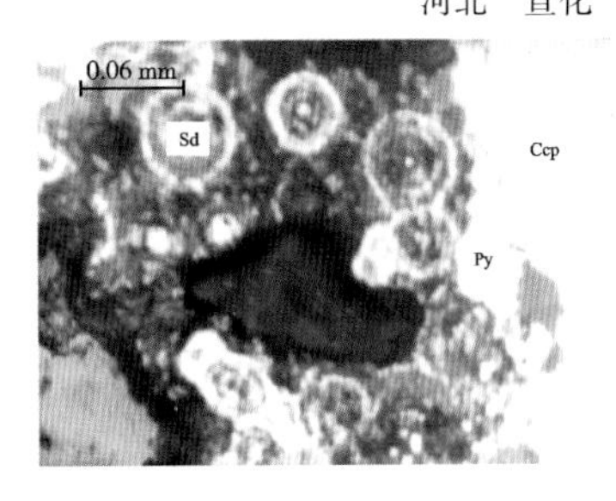

图版1－4　菱铁矿(Sd)的鲕状构造

10×20(－)　　湖北　铜录山

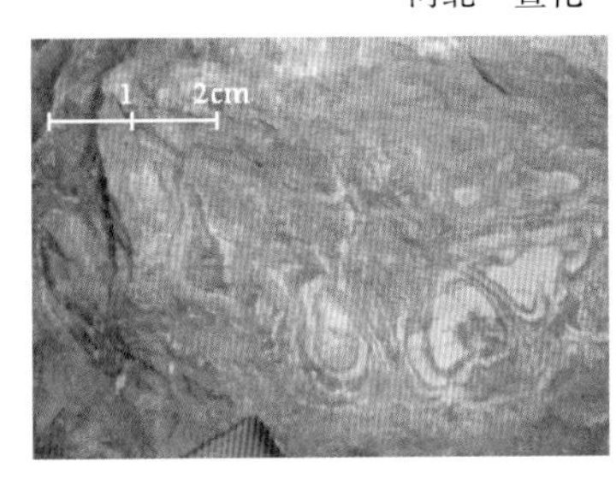

图版1－5　含铜磁黄铁矿矿石的火山泥砾构造

云南　麻栗坡

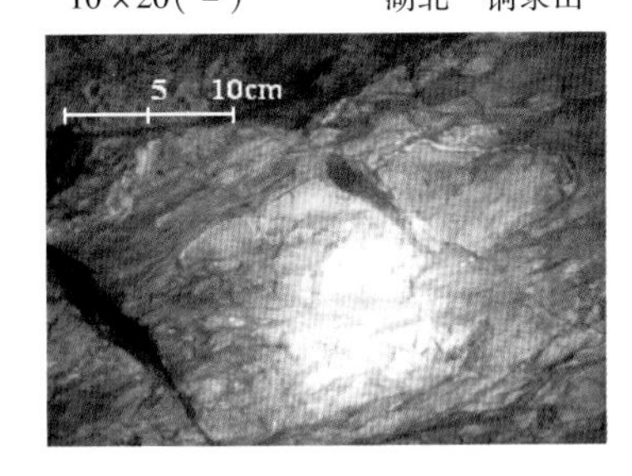

图版1－6　含铜黄铁矿矿石火山砾状构造

云南　麻栗坡

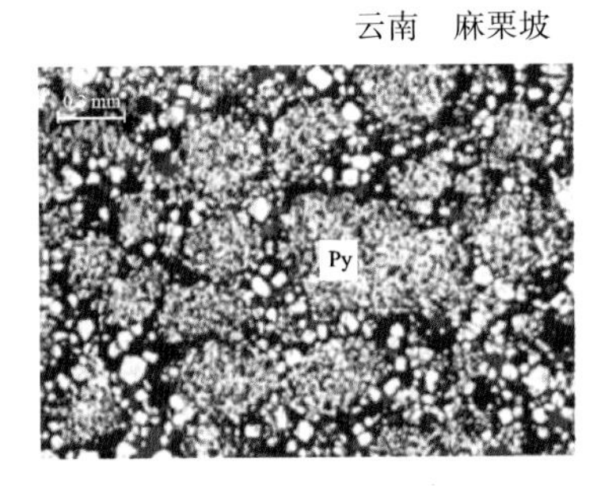

图版1－7　黄铁矿(Py)显微莓群状构造

10×5(－)　　广东　凡口

图版1－8　纹层－条带状辉铜矿矿石

湖南　寺田坪

图版 1 －9　条带状构造(铬铁矿矿石，橄榄石已蛇纹石化)　巴基斯坦

图版 1 －10　熔结瘤状构造(磁铁矿矿石)
印尼　塔里亚布岛

图版 1 －11　气孔－流层状构造(磁铁矿矿石)
印尼　塔里阿布岛

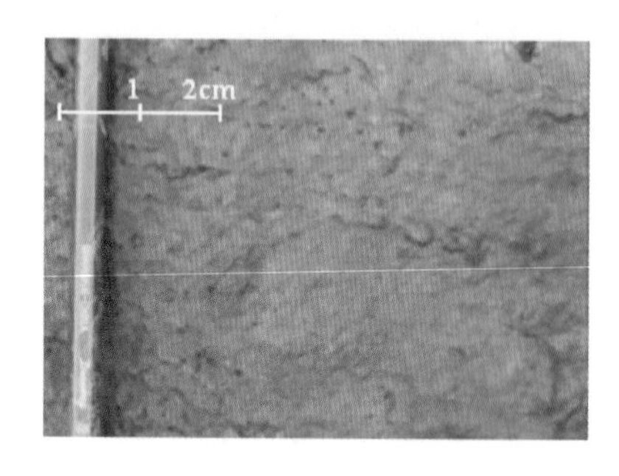

图版 1 －12　块状构造(磁铁矿矿石)
印尼　塔里阿布岛

图版 1 －13　块状构造(铅锌矿矿石)
湖南　长城岭

图版 1 －14　块状构造(早期硫铁铅锌矿石)、脉状构造(后期铅锌矿石)　福建　丁家山

图版 1 －15　次块状构造(铅锌矿矿石)
福建　丁家山

图版 1 －16　次块状构造(白钨矿矿石)
湖南　新田岭

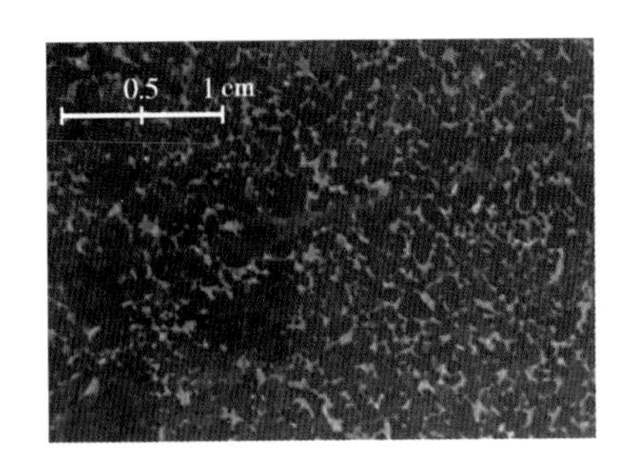

图版 1－17　稠密浸染状构造(铜镍矿石)
甘肃　金川

图版 1－18　稠密浸染状构造(铜镍矿石)
甘肃　金川

图版 1－19　浸染状构造(白钨矿矿石)
湖南　新田岭

图版 1－20　浸染状黝铜矿矿石
湖南　长城岭

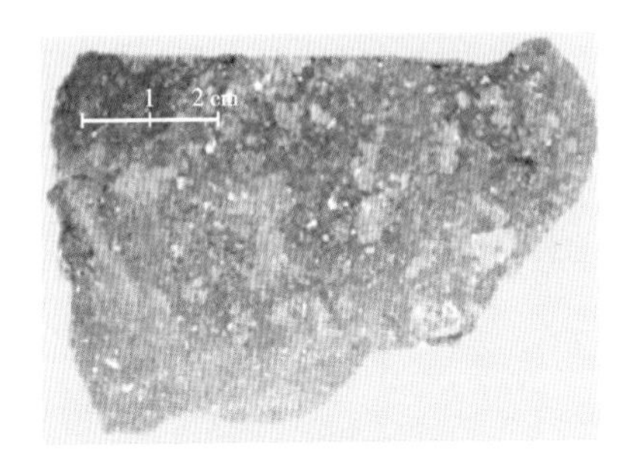

图版 1－21　黄铜矿、闪锌矿矿石呈斑杂状构造
江苏　盘龙岗

图版 1－22　斑杂状构造(白钨矿矿石)
湖南　新田岭

图版 1－23　辉锑矿矿石呈晶簇状构造
湖南　锡矿山

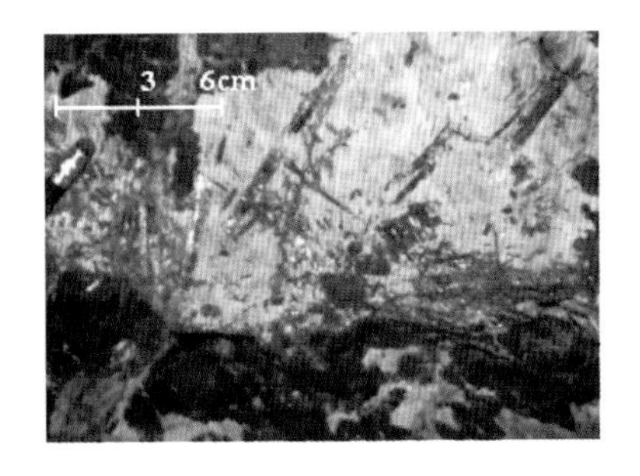

图版 1－24　辉锑矿矿石呈晶簇状构造
湖南　长城岭

图版1－25　闪锌矿与石英的环状构造

湖南　桃林(据徐国风,2009)

图版1－26　闪锌矿－菱铁矿环状构造

湖南　长城岭

图版1－27　环带状构造(菱铁矿与闪锌矿、方铅矿呈复杂环带)　湖南　长城岭

图版1－28　细脉浸染状构造(黄铜矿矿石)

江苏　安基山

图版1－29　角砾状构造(早期铅锌矿矿石呈角砾状被晚期铅锌硫化物胶结)　广东　凡口

图版1－30　(负)角砾状构造(黄铁矿矿石)

广东　罗村

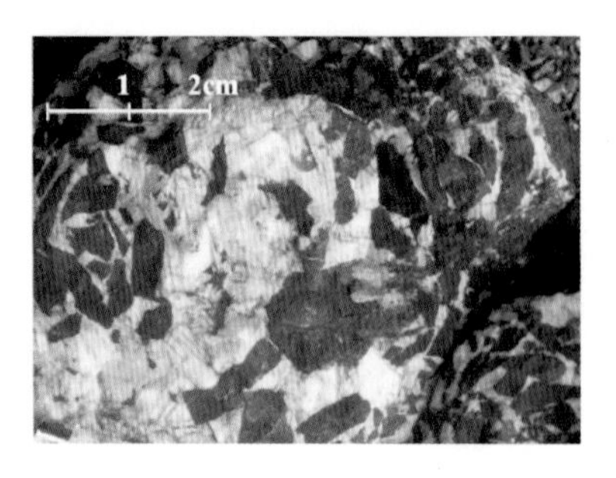

图版1－31　含闪锌矿的菱铁矿矿石呈角砾状构造　湖南　长城岭

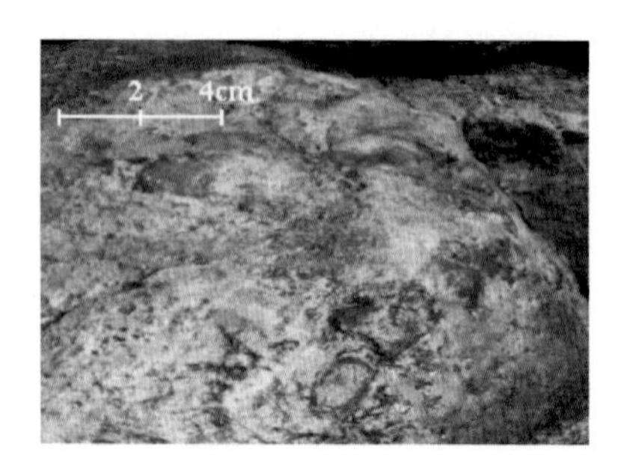

图版1－32　磁铁矿矿石在闪锌矿矿石中呈角砾状分布,构成角砾状构造　印尼　塔里阿布岛

图版 1－33　早期黄铁矿矿石在晚期黄铁矿矿石中呈角砾状构造　　广东　凡口

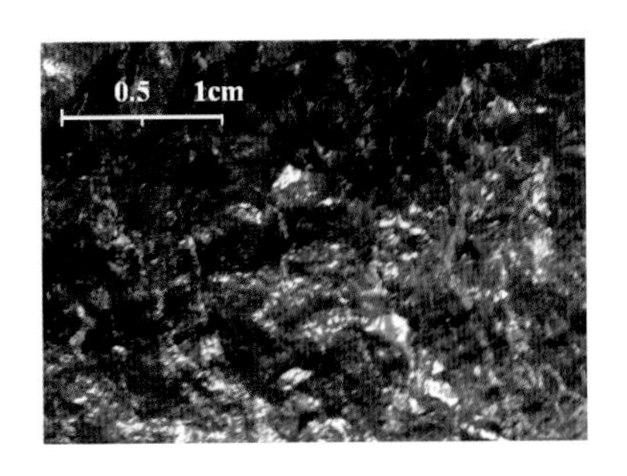

图版 1－34　脉状构造(黄铜矿集合体脉状穿插磁铁矿集合体)　　江苏　盘龙岗

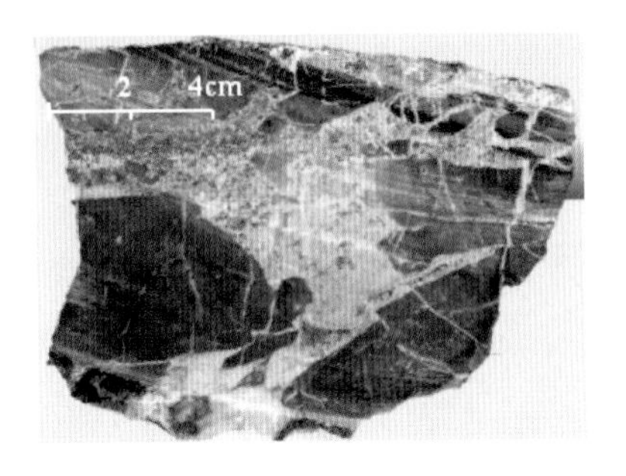

图版 1－35　闪锌矿等矿物集合体沿围岩裂隙充填呈细脉、网脉状构造　　湖南　长城岭

图版 1－36　脉状构造(铅锌矿矿石脉状穿插黄铁矿矿石)　　广东　凡口

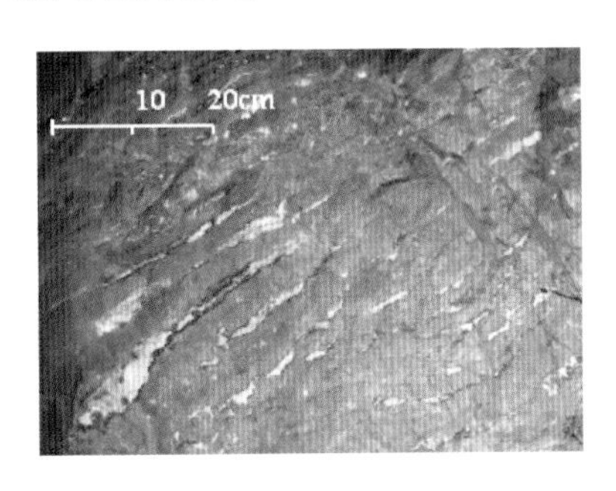

图版 1－37　黄铁矿矿石被铅锌硫化物集合体穿插构成脉状构造　　广东　凡口

图版 1－38　菱铁矿脉被闪锌矿石英脉穿插交代而呈复脉状(复条带状)构造　　湖南　长城岭

图版 1－39　闪锌矿－菱铁矿脉被铅锌硫化物石英脉穿插交代构成复脉状(复条状带)构造　　湖南　长城岭

图版 1－40　黄铜矿闪锌矿集合体脉状穿插磁黄铁矿矿脉呈复脉状(复条带状)构造　　福建　丁家山

图版 1－41　黄铜矿黄铁矿矿石脉状交代磁铁矿矿石而呈复条带状构造　江苏　团山

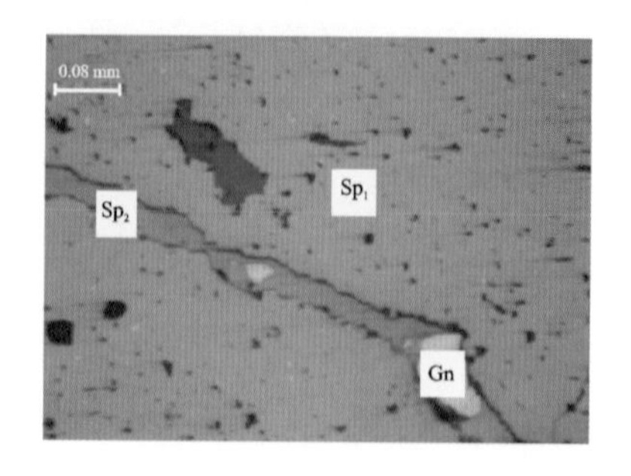

图版 1－42　晚期闪锌矿(Sp_1)和方铅矿(Gn)脉状穿插早期闪锌矿(Sp_2)10×10(－)　福建　丁家山

图版 1－43　粗粒铅锌硫化物集合体与细粒黄铁矿集合体构成条带状构造(实际为交代成因)　广东　凡口

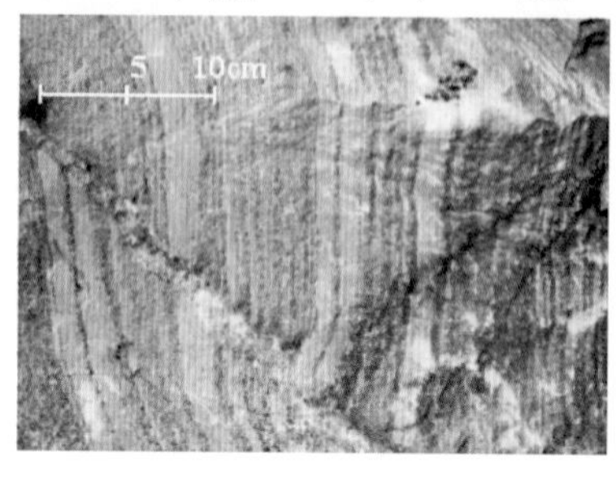

图版 1－44　铅锌硫化物交代矽卡岩化大理岩呈纹层－条带状构造，并发育后阶段闪锌矿石英脉　江苏　伏牛山

图版 1－45　铅锌硫化物矿石的皱纹状(变形条带状)构造　广东　凡口

图版 1－46　中粒磁黄铁矿集合体与细粒磁黄铁矿集合体构成条带状构造　福建　丁家山

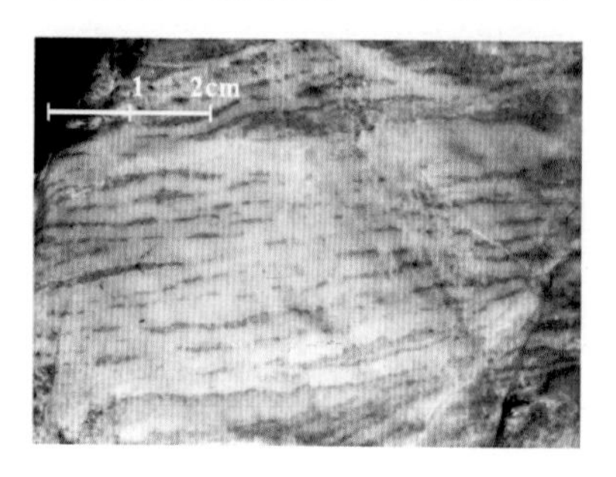

图版 1－47　磁铁矿集合体沿白云岩纹层交代而呈纹层状构造　印尼　塔里阿布岛

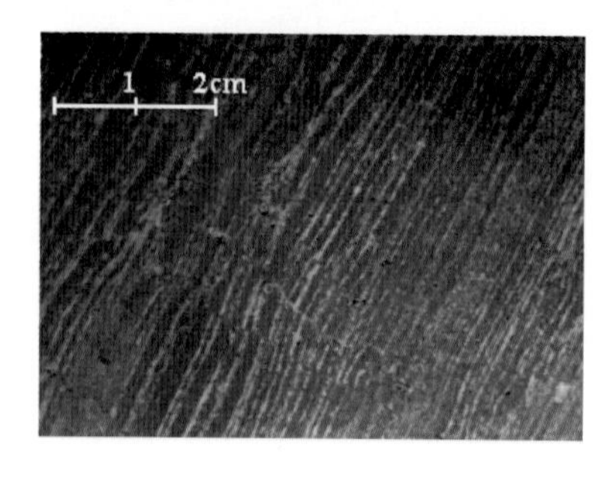

图版 1－48　磁铁矿集合体与石英集合体构成(变余)条带状构造　辽宁　弓长岭

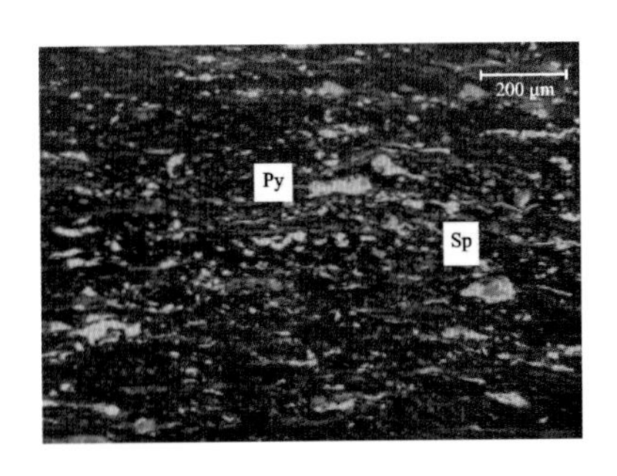

图版 1-49　黄铁矿、闪锌矿(变质)条纹条带状构造
10×10(-)　德国　Maubach(据卢静文,2010)

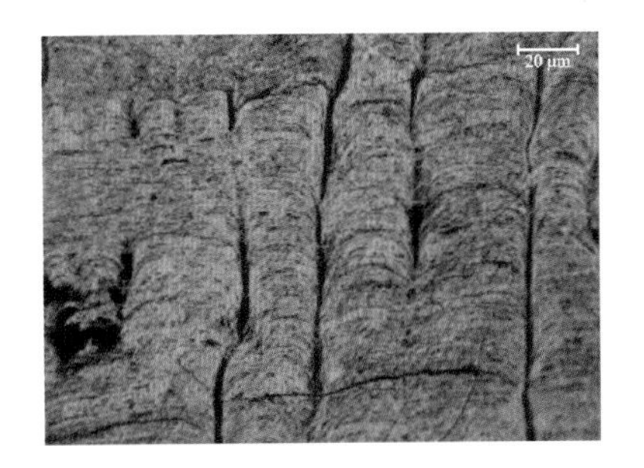

图版 1-50　大洋锰结壳的叠层构造
10×100(-)　冲绳海槽　(据卢静文,2010)

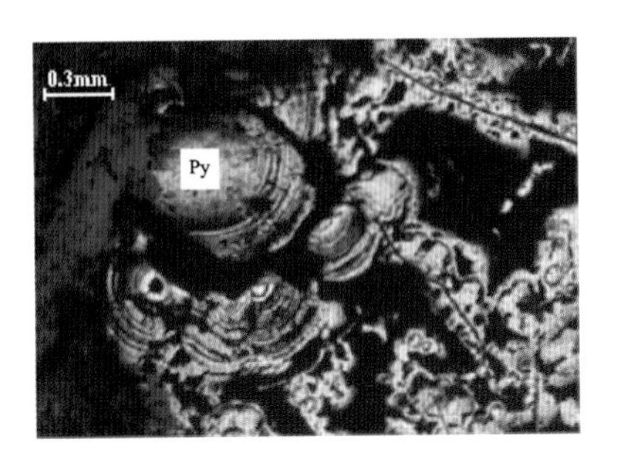

图版 1-51　黄铁矿(Py)的胶状构造
10×5(-)　印尼　塔里亚布岛

图版 1-52　黄铁矿矿石的(变余)结核状构造，黄铁矿已全部重结晶　江苏　盘龙岗

图版 1-53　菱铁矿矿石的结核状构造
湖南　长城岭

图版 1-54　硬锰矿矿石的结核状构造
湖南　玛瑙山

图版 1-55　风化蜂窝状铁锰矿矿石
湖南　长城岭

图版 1-56　风化蜂窝状褐铁矿矿石
湖南　玛瑙山

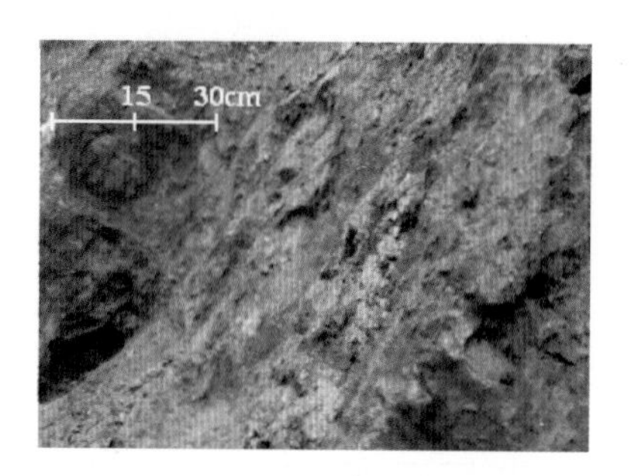

图版1－57 硫化物矿体地表氧化带铁锰矿石的风化孔洞状构造

印尼 塔里亚布岛

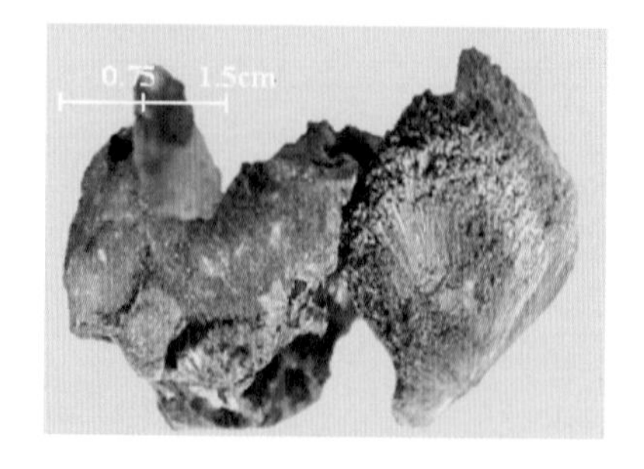

图版1－58 氧化铜矿石变胶状构造（内部针状变晶集合体为放射状构造）

湖北 铜录山（据李珍，2009）

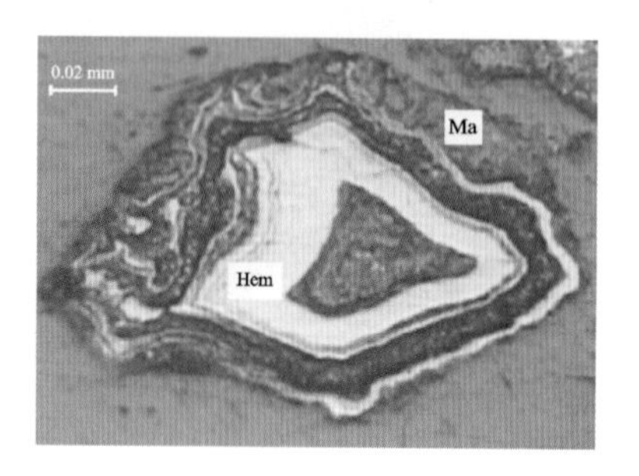

图版1－59 水锰矿（Ma）交代赤铁矿（Hem）呈皮壳状

10×20（－） 印尼 塔里阿布岛

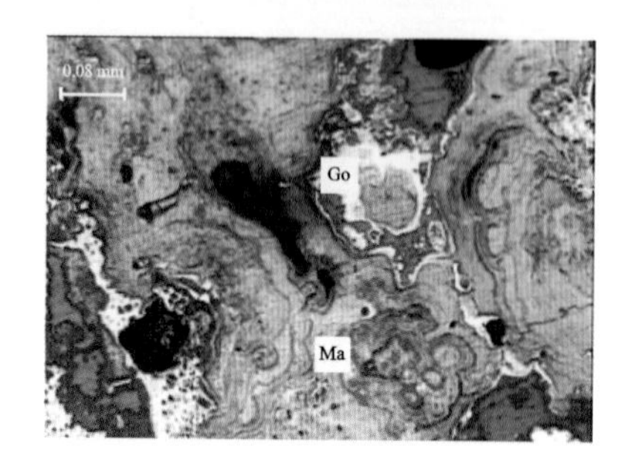

图版1－60 水锰矿（Ma）交代水针铁矿（Go）呈皮壳状构造

10×10（－） 印尼 塔里阿布岛

图版2 矿石结构

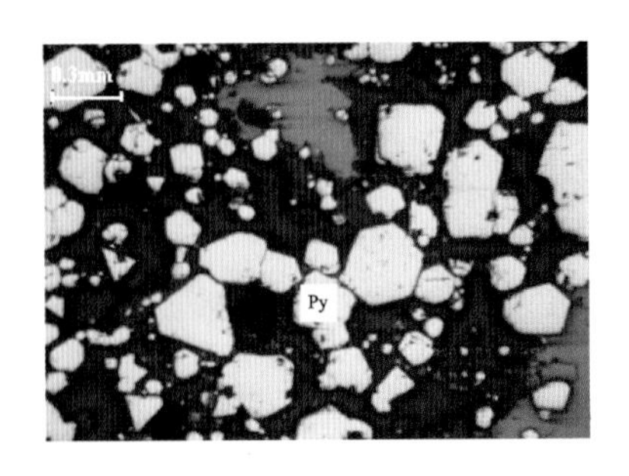

图版 2－1 黄铁矿(Py)呈自形晶结构

10×5(－) 广东 凡口

图版 2－2 磁铁矿(Mag)呈自形晶结构

10×5(－) 江苏 盘龙岗

图版 2－3 黄铁矿(Py)呈自形－半自形晶结构

10×10(－) 广东 杨柳塘

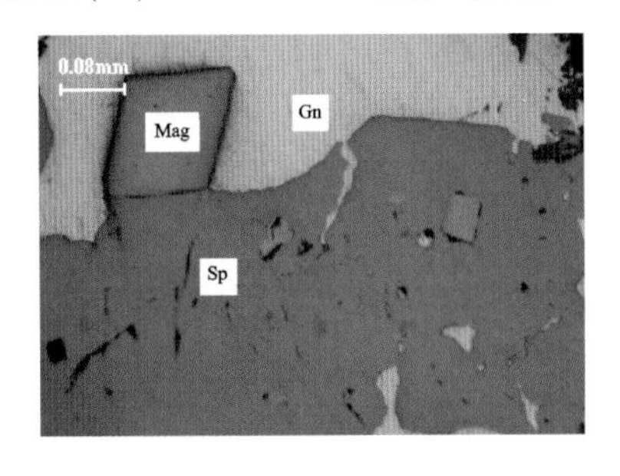

图版 2－4 方铅矿(Gn)、闪锌矿(Sp)和自形磁铁矿(Mag)构成共边及包含结构 10×10(－) 福建 丁家山

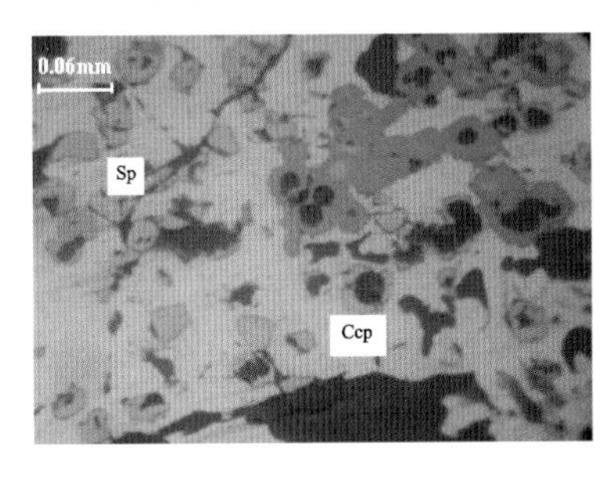

图版 2－5 黄铜矿(Ccp)内包含的闪锌矿(Sp)呈自形晶结构 10×20(－) 福建 丁家山

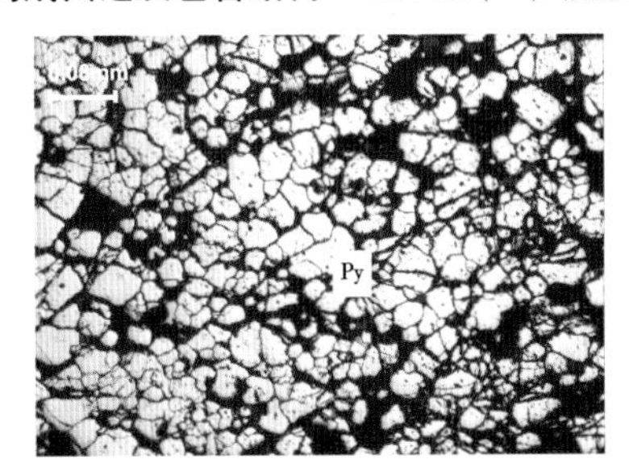

图版 2－6 黄铁矿(Py)呈半自形晶结构

10×10(－) 广东 罗村

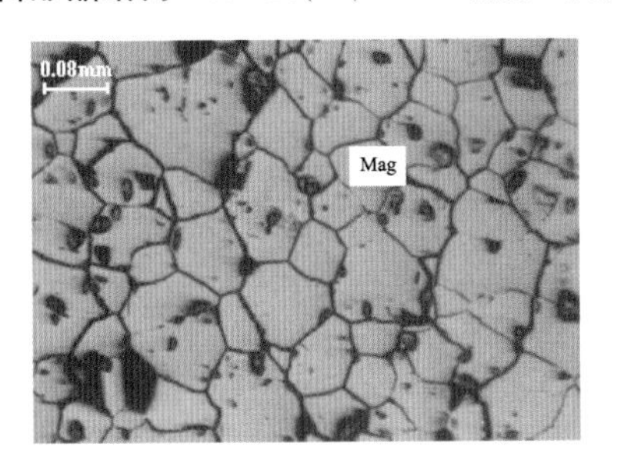

图版 2－7 磁铁矿(Mag)呈半自形晶结构

10×10(－) 印尼 塔里阿布岛

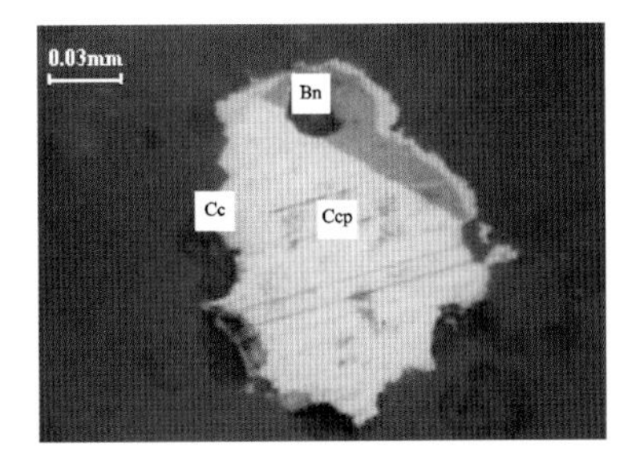

图版 2－8 黄铜矿(Ccp)与斑铜矿(Bn)呈共边结构，二者均被辉铜矿(Cc)环边交代 10×50(－) 江苏 小石浪山

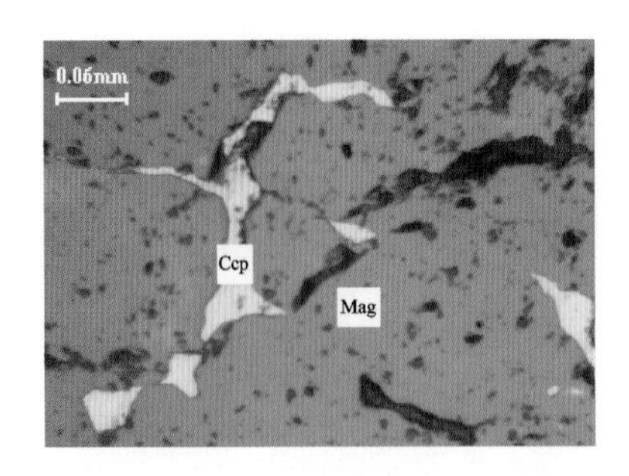

图版 2－9　黄铜矿(Ccp)沿磁铁矿(Mag)裂隙及粒间充填呈填隙结构　10×20(－)　江苏　盘龙岗

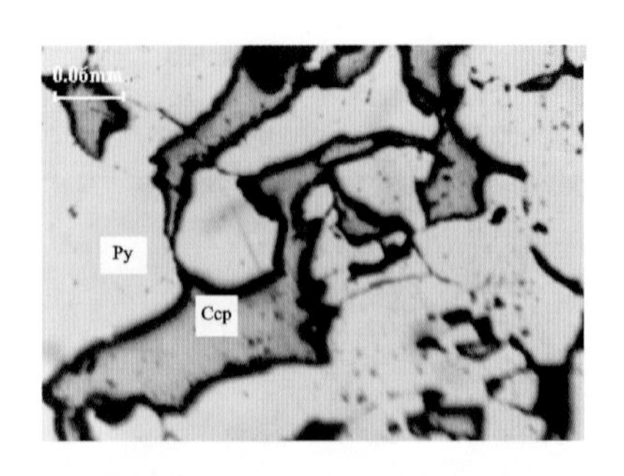

图版 2－10　黄铜矿(Ccp)沿黄铁矿(Py)裂隙及粒间充填呈填隙结构　10×20(－)湖北　铜录山

图版 2－11　镍黄铁矿(Pn)与磁黄铁矿(Po)、黄铜矿(Ccp)呈海绵陨铁结构
10×1.25(－)　红旗岭(据卢静文等,2010)

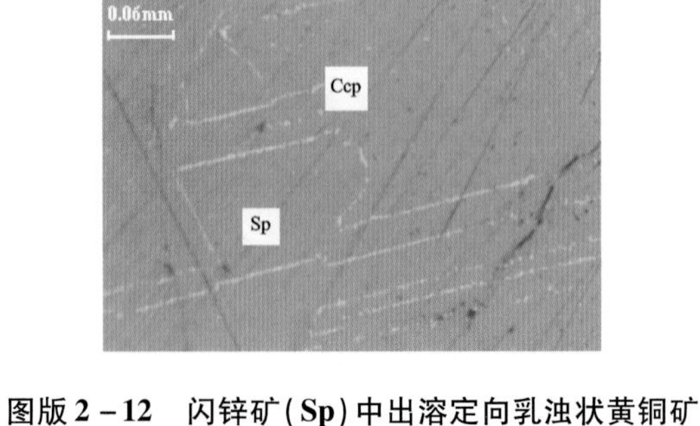

图版 2－12　闪锌矿(Sp)中出溶定向乳浊状黄铜矿(Ccp)呈固溶体分离结构　10×20(－)印尼　塔里阿布岛

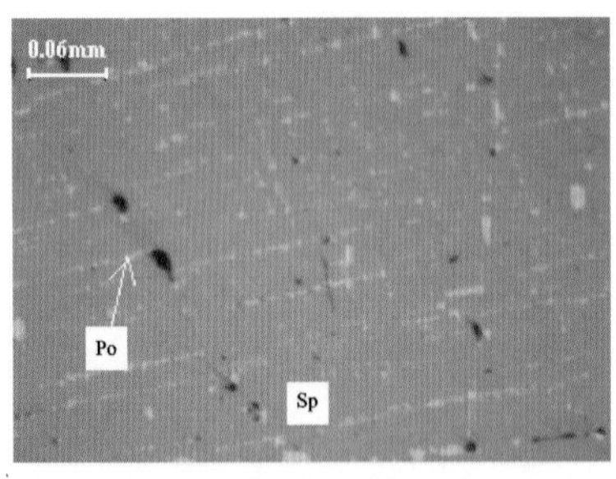

图版 2－13　闪锌矿(Sp)中出溶定向乳浊状磁黄铁矿(Po)呈固溶体分离结构　10×20(－)福建 丁家山

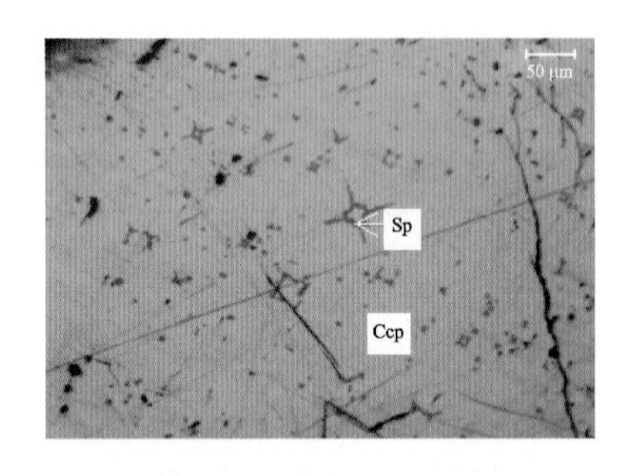

图版 2－14　黄铜矿(Ccp)中出溶星状闪锌矿(Sp)呈固溶体分离结构　10×20(－)(据卢静文等,2010)

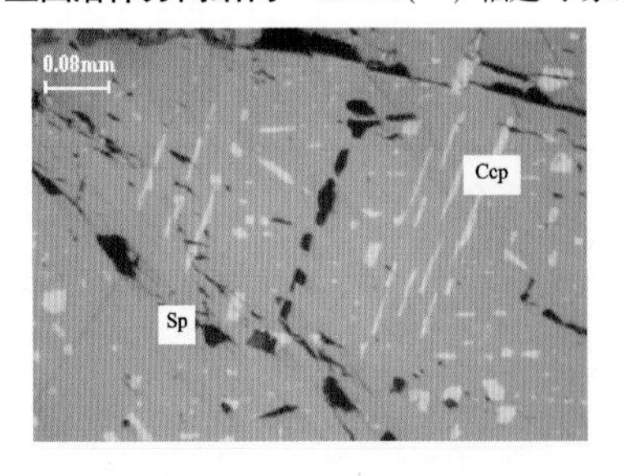

图版 2－15　闪锌矿(Sp)中出溶叶片状黄铜矿(Ccp)呈叶片状固溶体分离结构
10×10(－)　福建　丁家山

图版 2－16　黄铜矿(Ccp)中出溶斑铜矿(Bn)呈叶片状固溶体分离结构,二者又被蓝辉铜矿(Dg)交代
10×50(－)　江苏　小石浪山

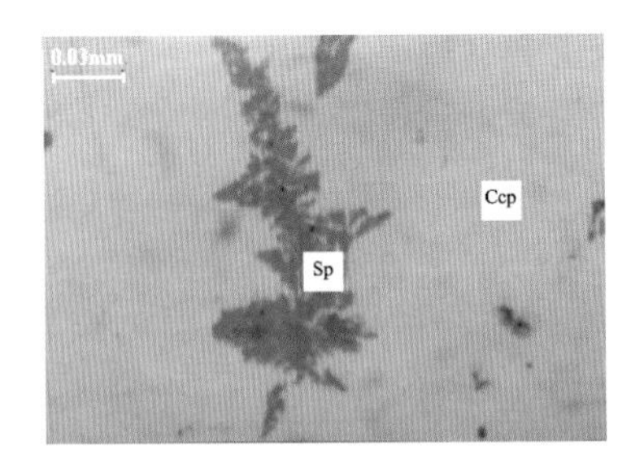

图版 2－17　黄铜矿(Ccp)中出溶羽毛状闪锌矿(Sp)呈固溶体分离结构　10×50(－)　湖北　铜录山

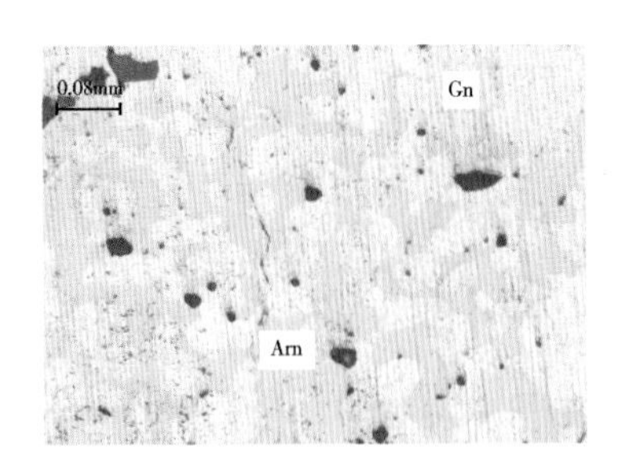

图版 2－18　方铅矿(Gn)与辉银矿(Arn)呈文象状固溶体分离结构　10×10(－)　广东　凡口

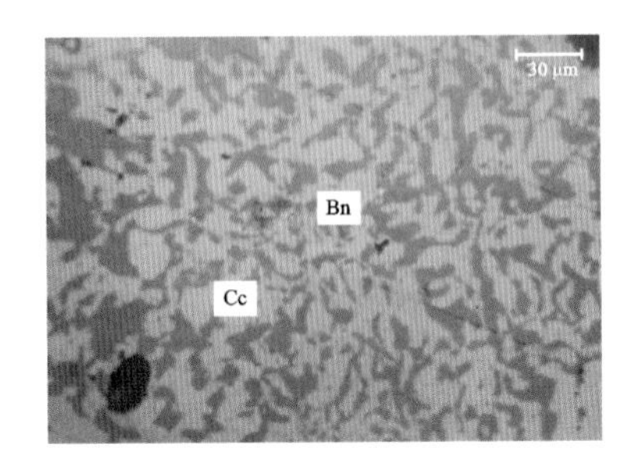

图版 2－19　斑铜矿(Bn)与辉铜矿(Cc)呈文象状固溶体分离结构　10×50(－)(据卢静文等,2010)

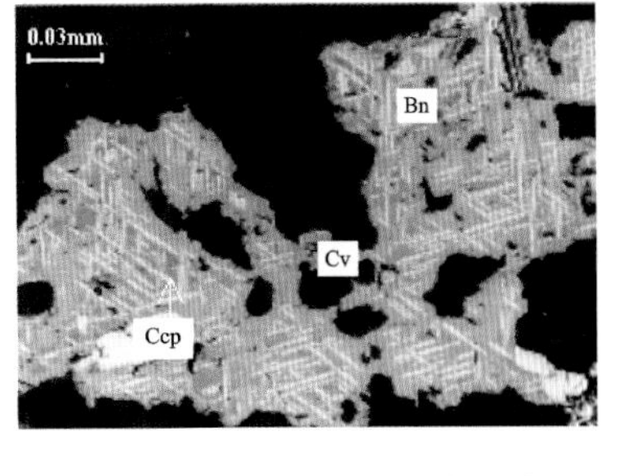

图版 2－20　斑铜矿(Bn)中出溶黄铜矿(Ccp)呈格状固溶体分离结构,二者均被铜蓝(Cv)交代呈残余结构　10×50(－)　西藏　驱龙(据郑有业等,2009)

图版 2－21　早期磁铁矿(Mag)被闪锌矿(Sp)交代呈残余结构,晚期自形磁铁矿(Mag)与闪锌矿和方铅矿(Gn)构成共边结构 10×10(－)　福建　丁家山

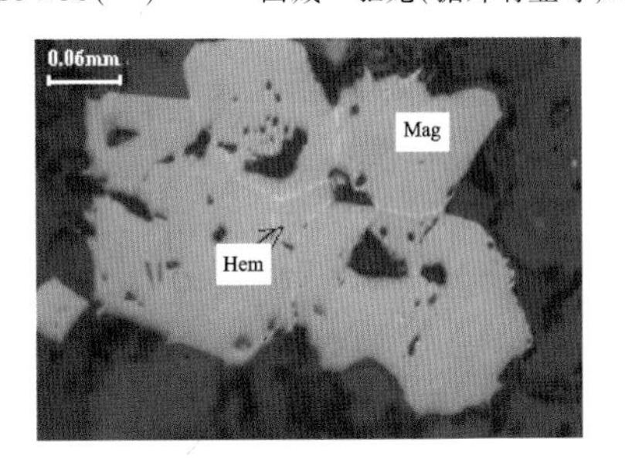

图版 2－22　赤铁矿(Hem)沿磁铁矿(Mag)的粒间交代呈网状交代结构　10×20(－)　印尼　塔里阿布岛

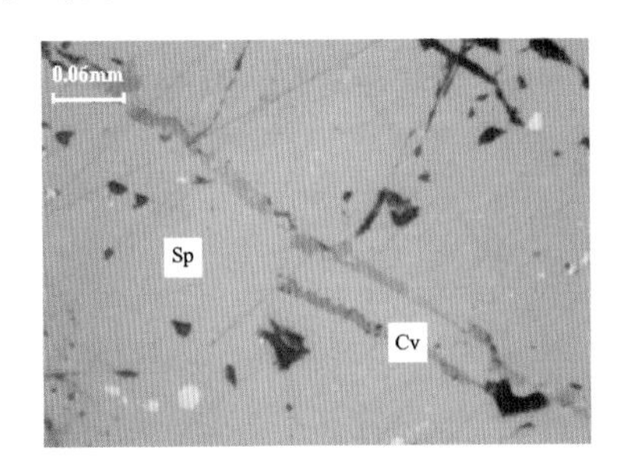

图版 2－23　铜蓝(Cv)脉交代闪锌矿(Sp)呈细脉交代结构　10×20(－)　江苏　团山

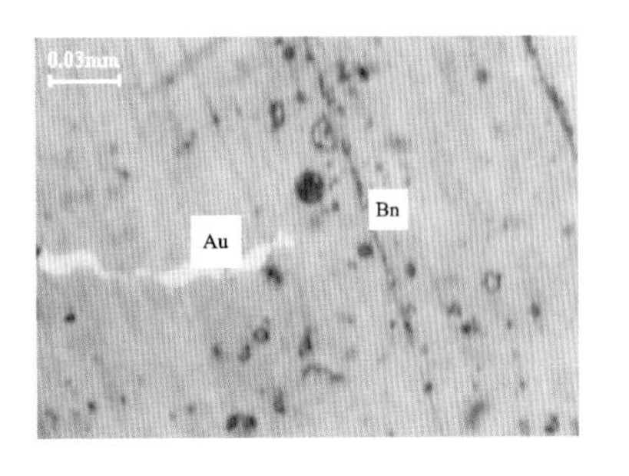

图版 2－24　自然金(Au)交代斑铜矿(Bn)呈细脉交代结构　10×50(－)　湖北　鸡笼山

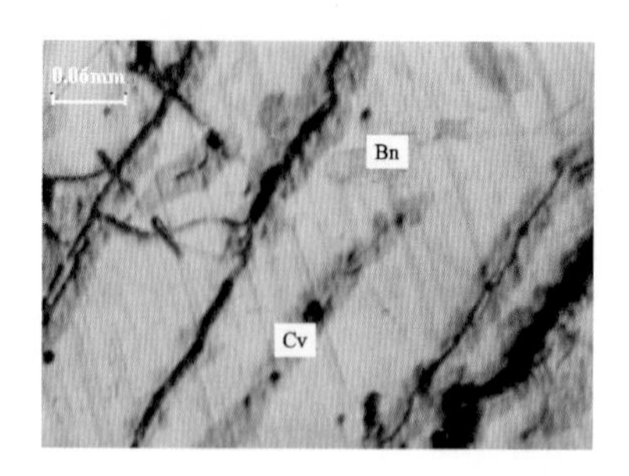

图版 2－25　铜蓝(Cv)沿斑铜矿(Bn)裂隙交代呈细脉交代结构　10×20(－)　湖北　铜录山

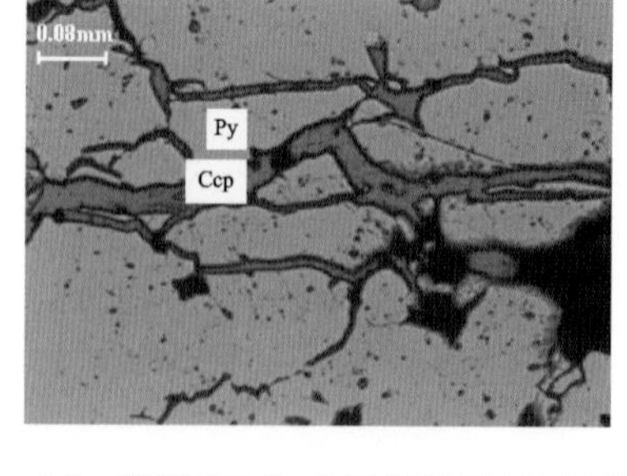

图版 2－26　黄铜矿(Ccp)沿黄铁矿(Py)裂隙交代呈细脉－脉状交代结构　10×10(－)　埃塞俄比亚 特瑞

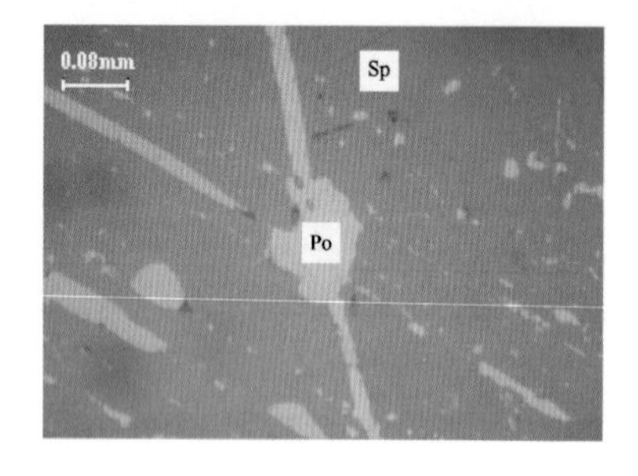

图版 2－27　磁黄铁矿(Po)沿闪锌矿(Sp)解理交代，交汇处膨大，呈交叉脉状交代结构
10×10(－)　福建　丁家山

图版 2－28　蓝辉铜矿(Dg)交代黄铜矿(Ccp)与磁铁矿(Mag)呈环边－交叉脉状交代结构
10×10(－)　江苏　猴子石

图版 2－29　自然金(Au)交代斑铜矿(Bn)与黄铜矿(Ccp)呈交代叶片状结构 10×50(－)　湖北　封山洞

图版 2－30　晚期闪锌矿脉(Sp_2)穿插早期闪锌矿(Sp_1)呈细脉－网脉交代结构　10×10(－) 福建 丁家山

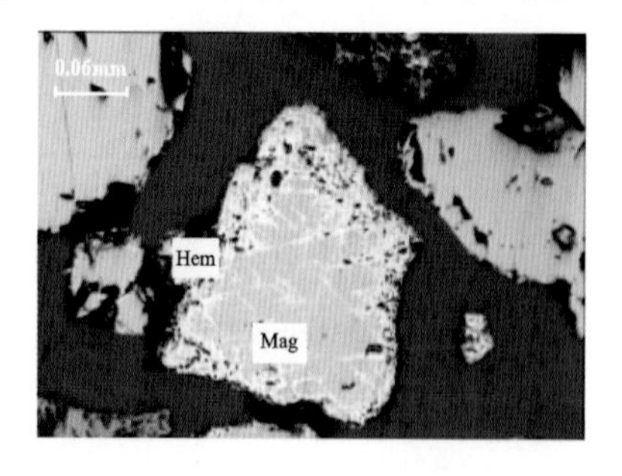

图版 2－31　赤铁矿(Hem)沿磁铁矿(Mag)裂理交代呈格状结构(网脉交代结构)
10×20(－)　印尼　塔里阿布岛

图版 2－32　磁铁矿(Mag)被闪锌矿(Sp)交代呈交代网状结构(网脉交代结构)　10×10(－)　福建　丁家山

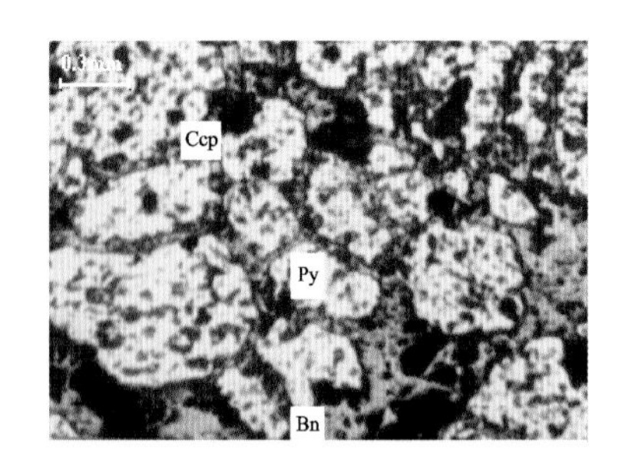

图版 2－33　黄铜矿（Ccp）沿黄铁矿（Py）裂隙交代呈交代网状结构（网脉交代结构）10×5（－）湖北 铜录山

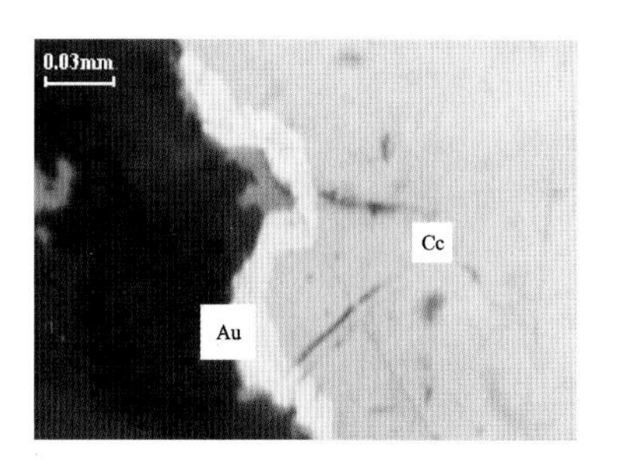

图版 2－34　自然金（Au）沿辉铜矿（Cc）颗粒边缘交代呈镶边结构　10×50（－）　湖北　封山洞

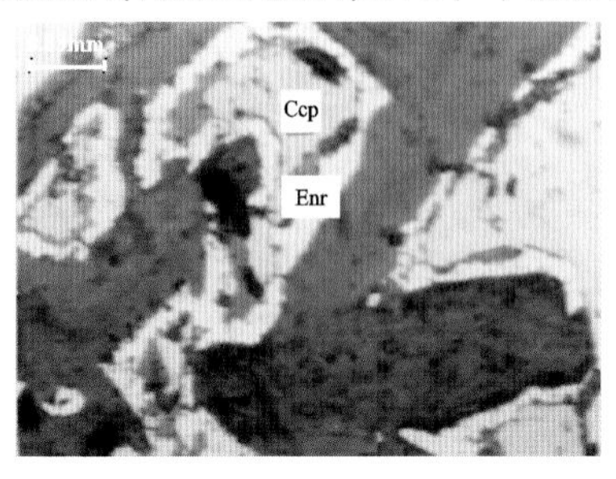

图版 2－35　黄铜矿（Ccp）被硫砷铜矿（Enr）环边交代呈环边交代结构（反应边结构）

10×50（－）　湖北　铜录山

图版 2－36　黄铜矿（Ccp）被蓝辉铜矿（Dg）环边交代呈环边交代结构（反应边结构）

10×20（－）　江苏　伏牛山

图版 2－37　磁铁矿（Mag）被方铅矿（Gn）交代呈骸晶结构，黄铜矿在闪锌矿中呈乳浊状结构

10×20（－）　福建　丁家山

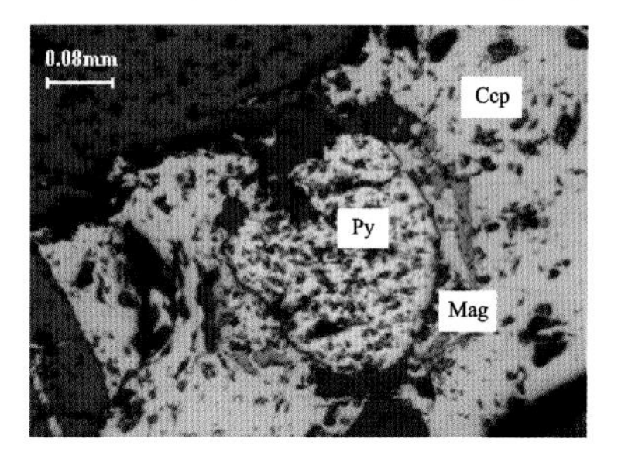

图版 2－38　磁铁矿（Mag）被黄铁矿（Py）交代呈骸晶结构，而黄铜矿（Ccp）沿二者界面交代

10×10（－）　江苏　团山

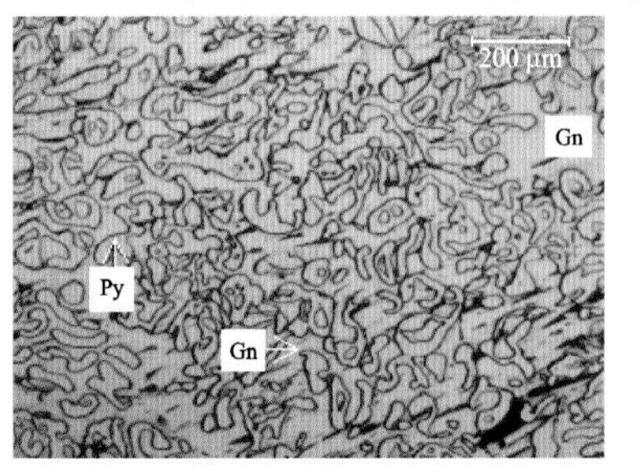

图版 2－39　黄铁矿（Py）被方铅矿（Gn）交代呈交代文象结构 10×10（－）吉林 天宝山（据卢静文等，2010）

图版 2－40　磁铁矿（Mag）被闪锌矿（Sp）交代呈残余结构　10×20（－）　福建　丁家山

图版 2－41　赤铁矿（Hem）交代磁铁矿（Mag），再被闪锌矿（Sp）和方铅矿（Gn）交代溶蚀

10×20（－）　　福建　丁家山

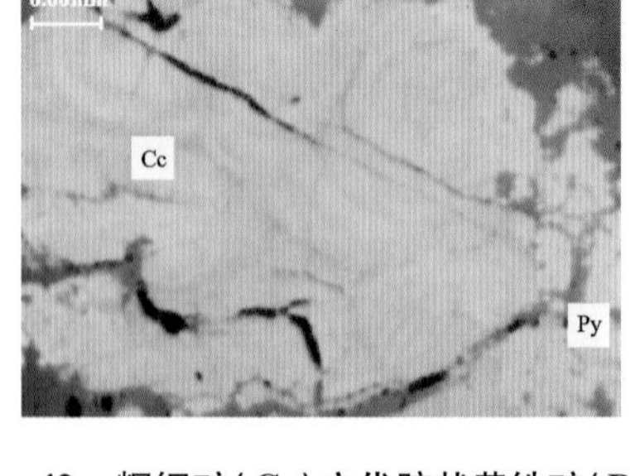

图版 2－42　辉铜矿（Cc）交代胶状黄铁矿（Py）呈假象结构　10×10（－）　　湖北　铜录山

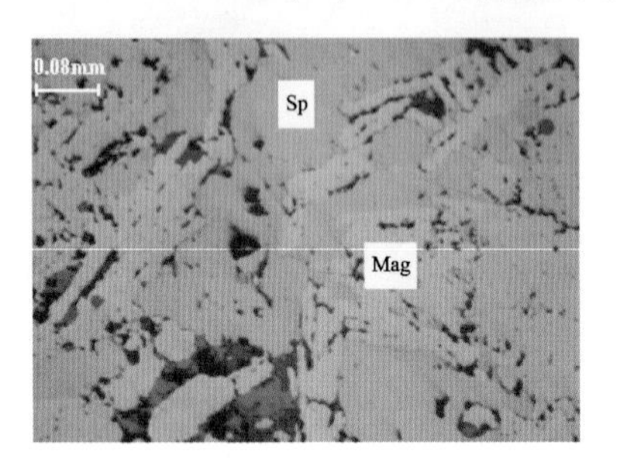

图版 2－43　磁铁矿（Mag）交代赤铁矿（Hem）呈假象结构　10×10（－）　　福建　丁家山

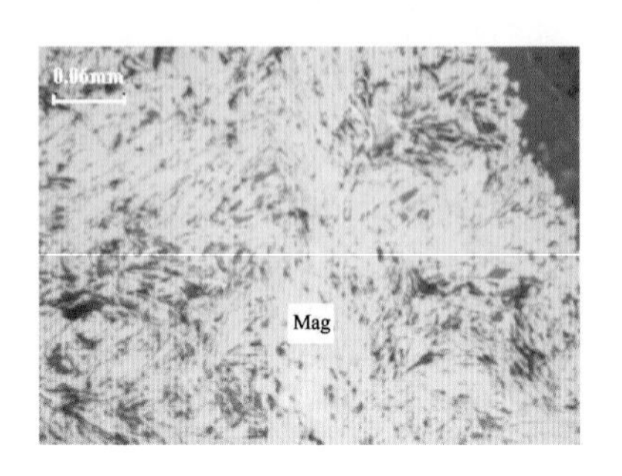

图版 2－44　磁铁矿（Mag）交代赤铁矿（Hem）呈羽毛或针状假象结构　10×20（－）　江苏　伏牛山

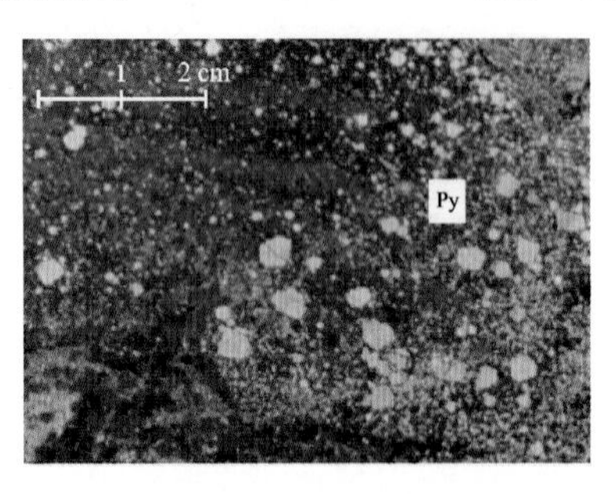

图版 2－45　黄铁矿（Py）的斑状变晶结构

手标本　　广东　凡口

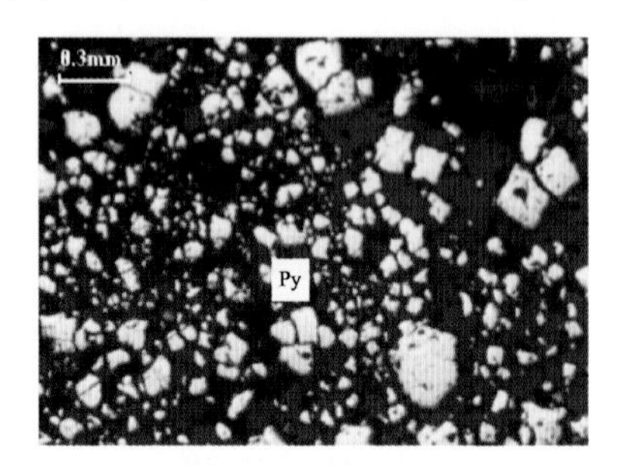

图版 2－46　黄铁矿（Py）的显微斑状变晶结构

10×5（－）　　广东　凡口

图版 2－47　黄铁矿（Py）的三晶嵌连变晶结构扫描电子显微镜形貌像　　广东　罗村

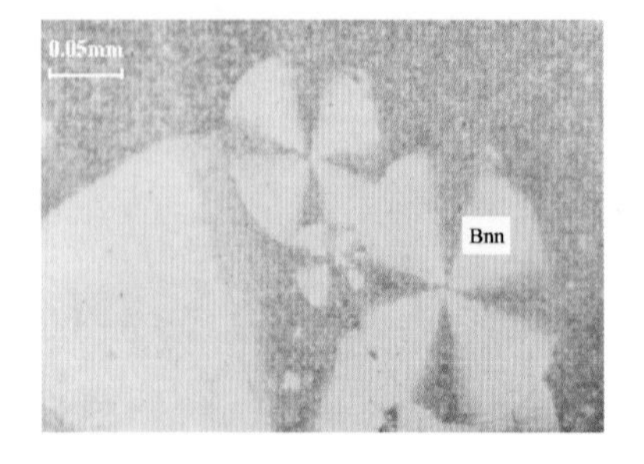

图版 2－48　车轮矿（Bnn）的放射球颗状结构

10×16（－）　　玻利维亚（据邱柱国，1982）

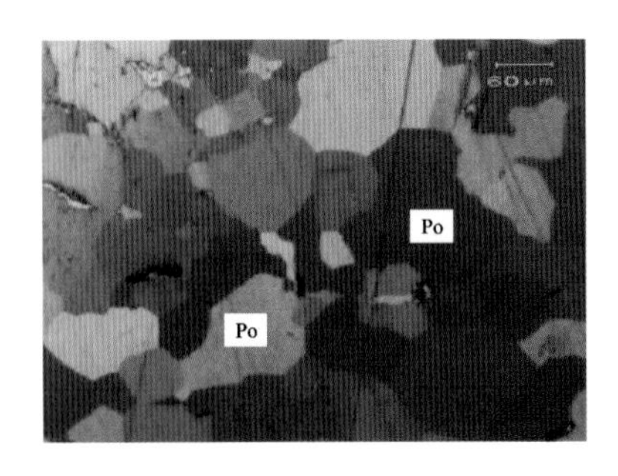

图版 2－49　磁黄铁矿(Po)的花岗变晶结构

10×20(＋)　　(据卢静文等,2010)

图版 2－50　辉锑矿(Snt)的花岗变晶结构

10×10(＋)　湖南　锡矿山(据卢静文等,2010)

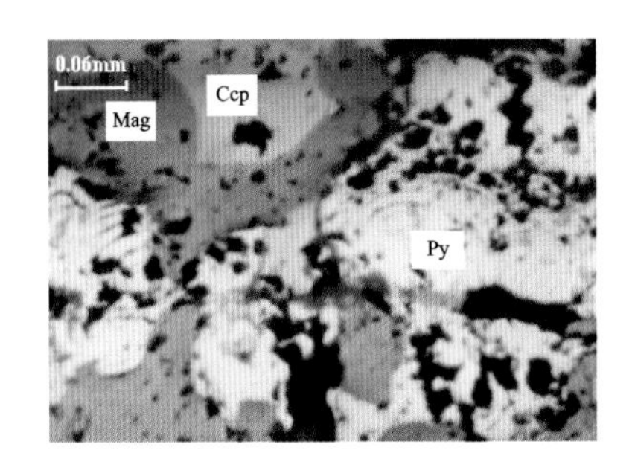

图版 2－51　黄铁矿(Py)的变胶状组构

10×20(－)　湖北　铜录山

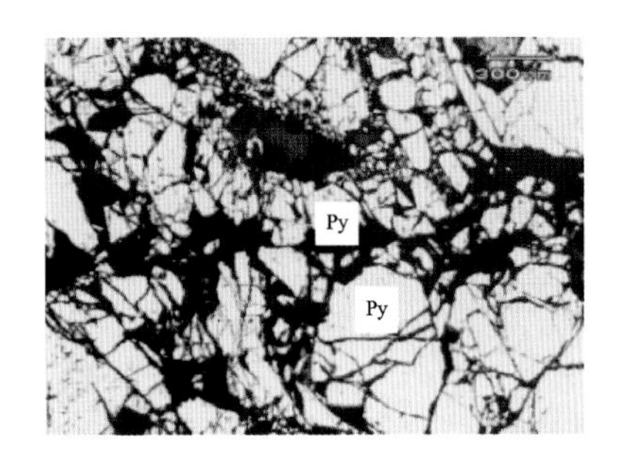

图版 2－52　黄铁矿(Py)的不等粒压碎结构

10×5(－)　(据卢静文等, 2010)

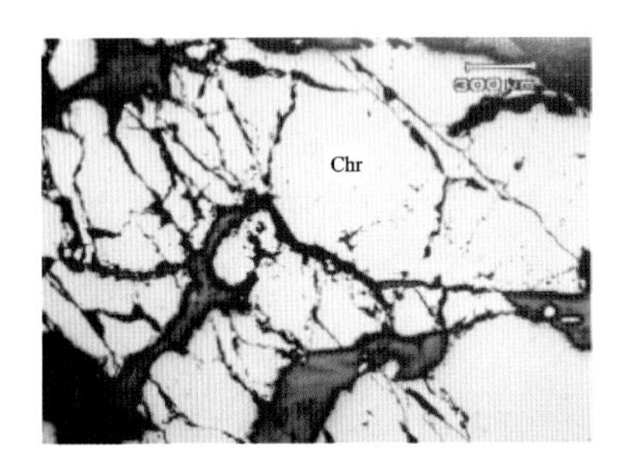

图版 2－53　铬铁矿(Chr)的压碎结构

10×5(－)　陕西　松树沟(据卢静文等,2010)

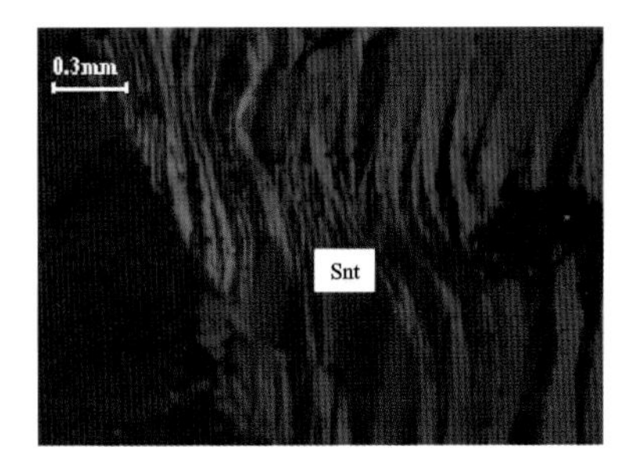

图版 2－54　辉锑矿(Snt)揉皱结构

10×5(＋)　湖南　长城岭

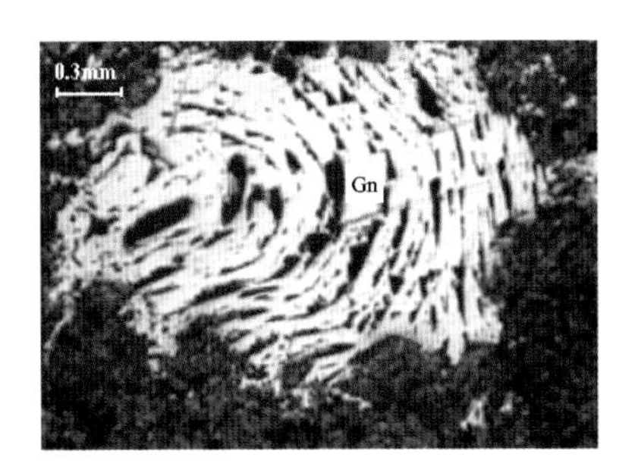

图版 2－55　方铅矿(Gn)揉皱结构

10×5(－)　湖南　长城岭

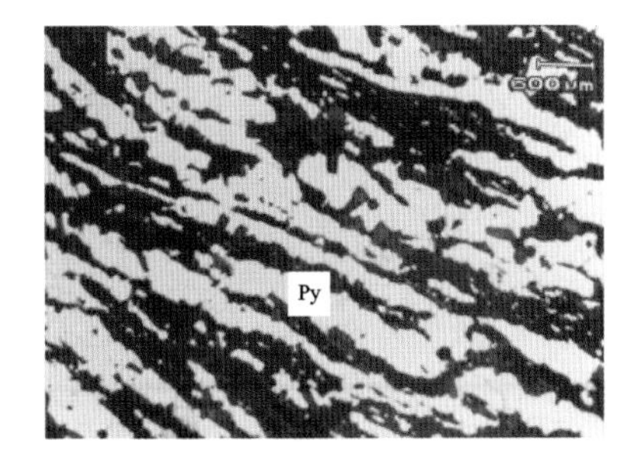

图版 2－56　韧性变形带中拉长成拔丝状黄铁矿(Py)

10×1.25(－)　辽宁　红透山(据卢静文等,2010)

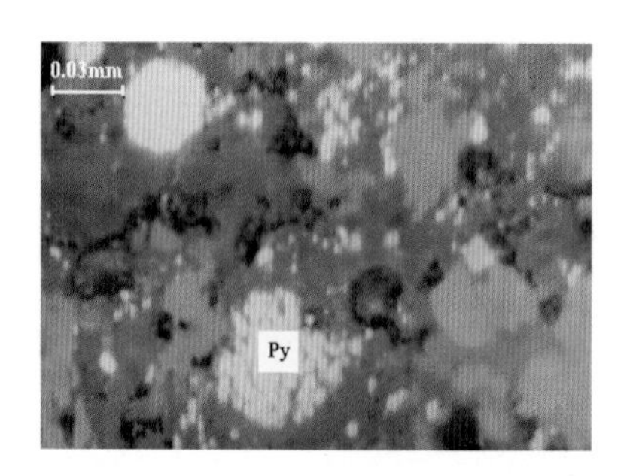

图版 2 – 57　黄铁矿(Py)的草莓(粒)结构
10 × 50(–)　　湖北　鸡笼山

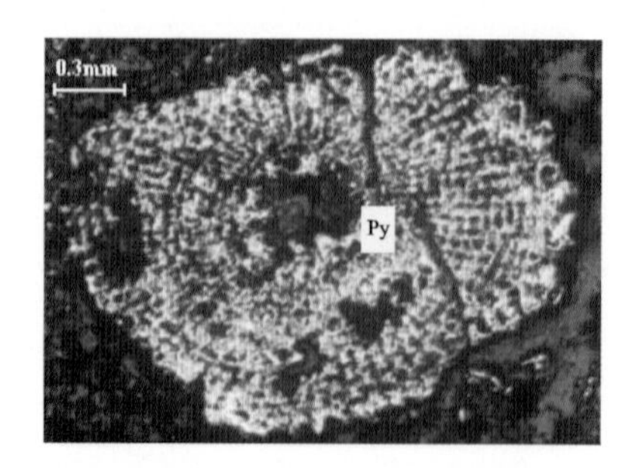

图版 2 – 58　黄铁矿(Py)交代珊瑚形成的生物结构
10 × 5(–)　　广西　北香

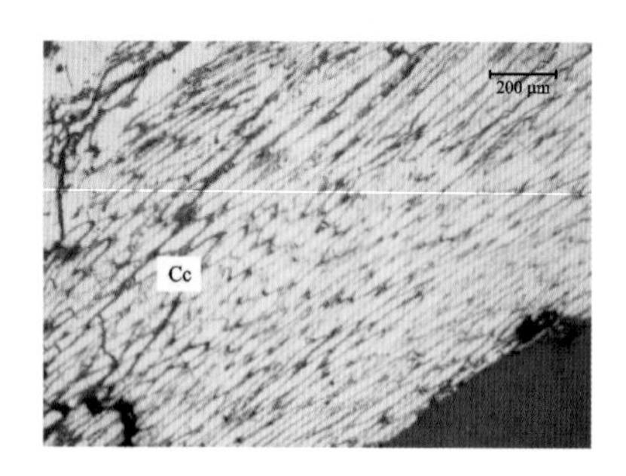

图版 2 – 59　辉铜矿(Cc)的木质细胞结构，呈生物假象结构
10 × 5(–)　　四川　龙池(据卢静文等,2010)

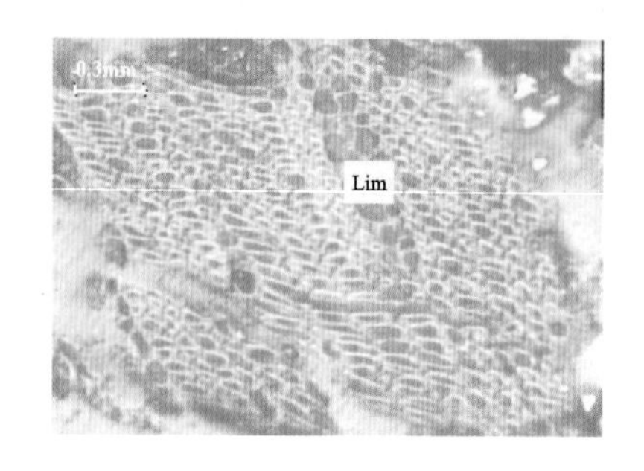

图版 2 – 60　褐铁矿(Lim)沿磁铁矿(Mag)的八面体解理风化形成的假生物结构
10 × 5(–)　　印尼　塔里阿布岛

图版3 矿物晶体内部结构

图版3-1 白铁矿(Mrc)的接触双晶

10×20(+) 奥地利 Haenberg(据卢静文等,2010)

图版3-2 钨锰铁矿(黑钨矿)(Wol)的接触双晶

10×5(+) 新疆 白干湖(据卢静文等,2010)

图版3-3 黄铜矿(Ccp)的聚片双晶

10×5(+) (据卢静文等,2010)

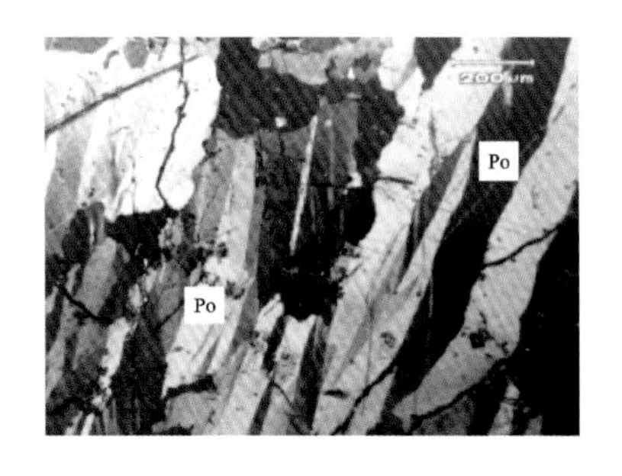

图版3-4 磁黄铁矿(Po)的聚片双晶

10×10(+) 辽宁 张家堡子(据卢静文等,2010)

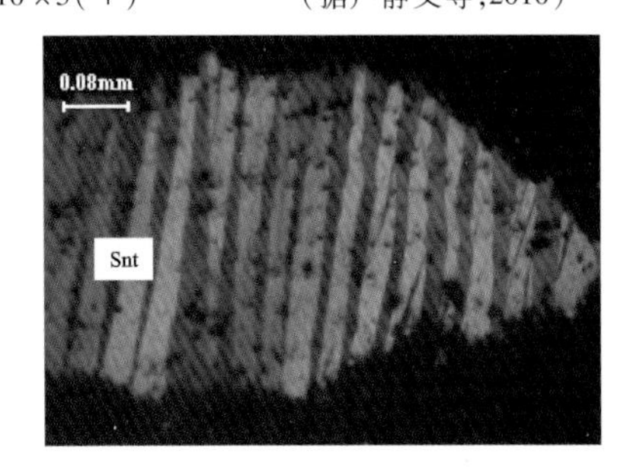

图版3-5 辉锑矿(Snt)的聚片双晶

10×10(+) 湖南 长城岭

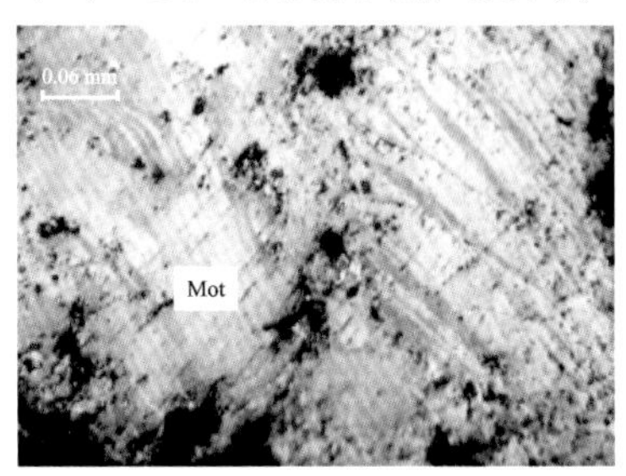

图版3-6 辉钼矿(Mot)的聚片双晶

10×20(+) 江苏 铜山

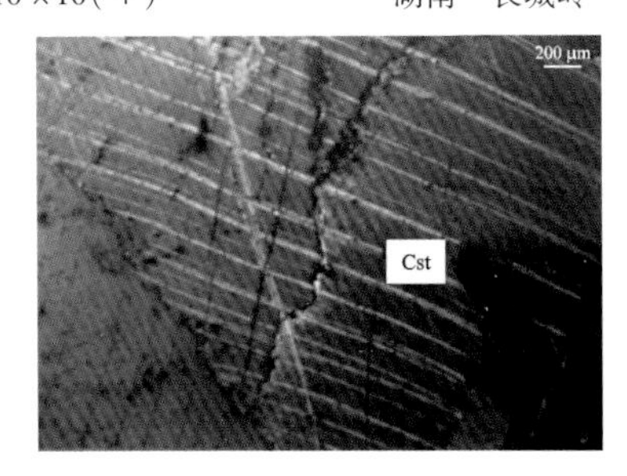

图版3-7 锡石(Cst)的聚片双晶

10×10(+) (据卢静文等,2010)

图版3-8 赤铁矿(Hem)的聚片双晶

10×5(+) 青海 驼路沟(据卢静文等,2010)

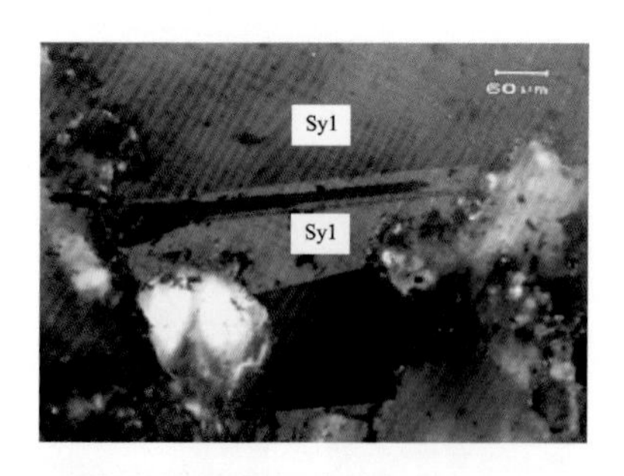

图版3－9　针碲金银矿(Syl)的聚片双晶

10×20(＋)　黑龙江　三道湾子(据卢静文等,2010)

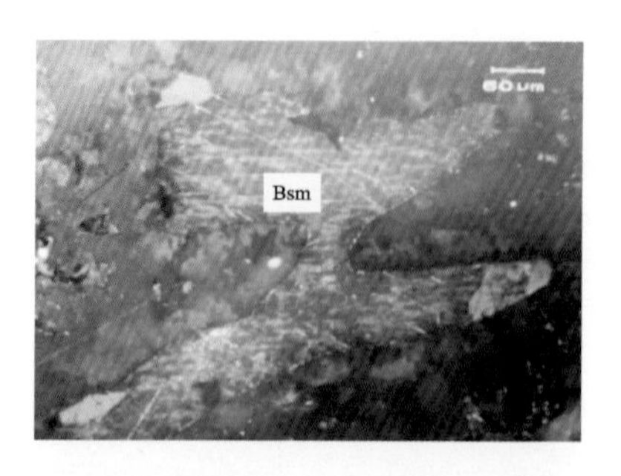

图版3－10　自然铋(Bsm)地板花纹样双晶

10×20(＋)　埃及　Abu galga(据卢静文等,2010)

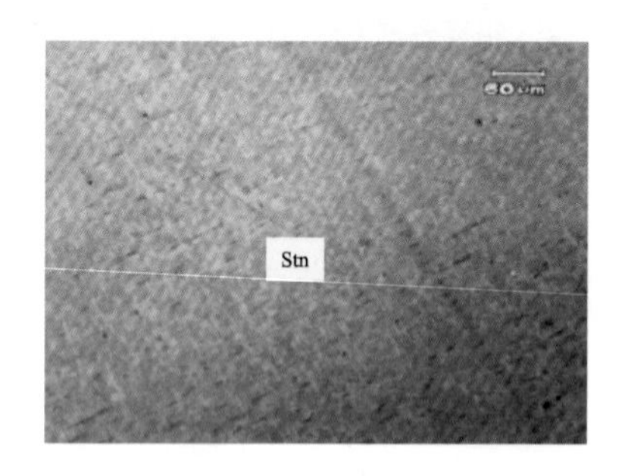

图版3－11　黝锡矿(Stn)格子状双晶

10×20(＋)　(据卢静文等,2010)

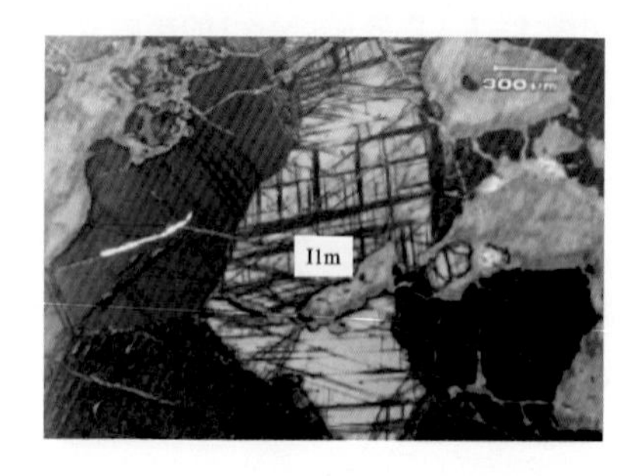

图版3－12　钛铁矿(Ilm)格子状双晶

10×5(＋)　西撒哈拉(据卢静文等,2010)

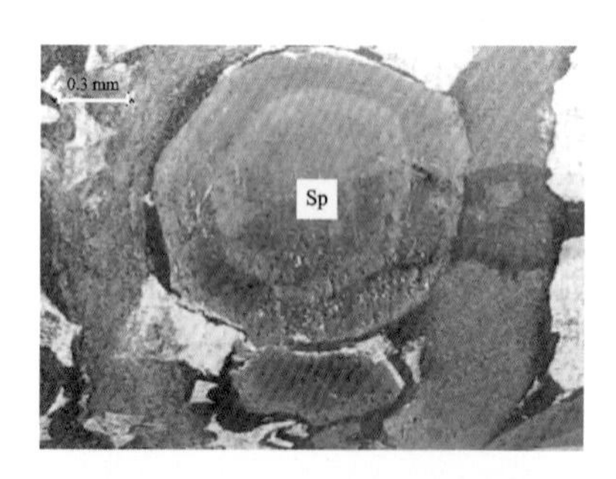

图版3－13　闪锌矿(Sp)的环带结构

10×5(－)　广东　凡口

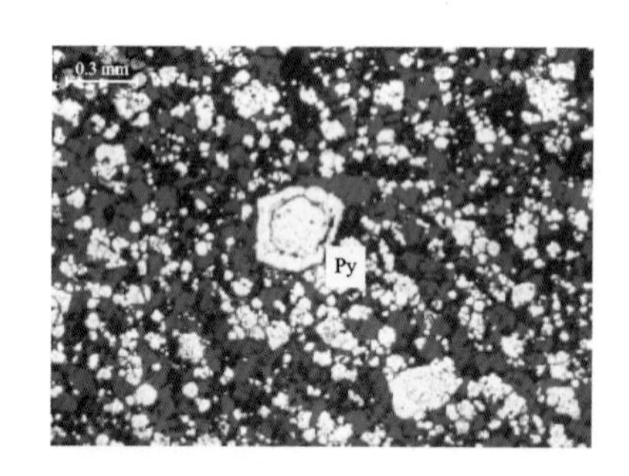

图版3－14　黄铁矿(Py)加大边结构

10×5(－)　广东　凡口

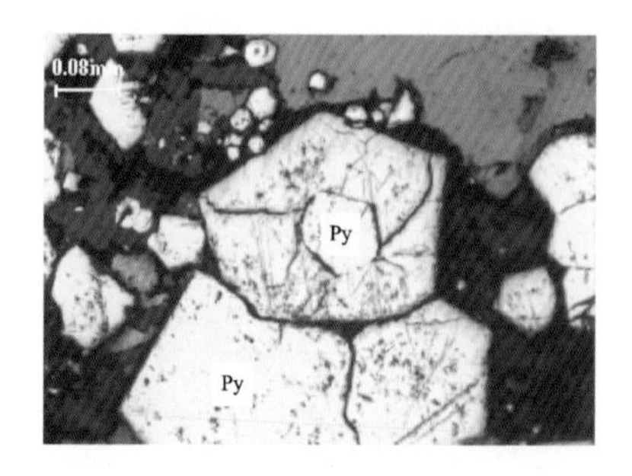

图版3－15　黄铁矿(Py)加大边结构

10×10(－)　广东　凡口

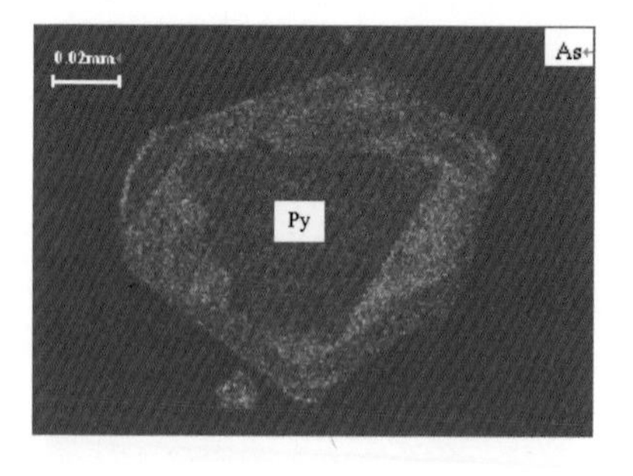

图版3－16　黄铁矿(Py)加大边结构电子探针面扫描像(As)　广东　杨柳塘

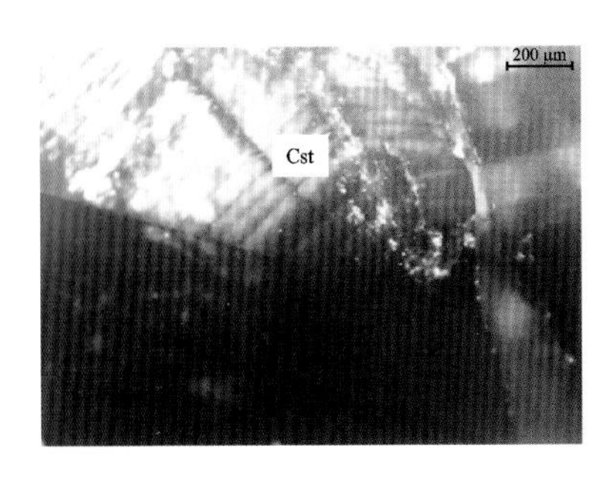

图版 3-17　锡石(Cst)的环带结构

10×10(+)　　(据卢静文等,2010)

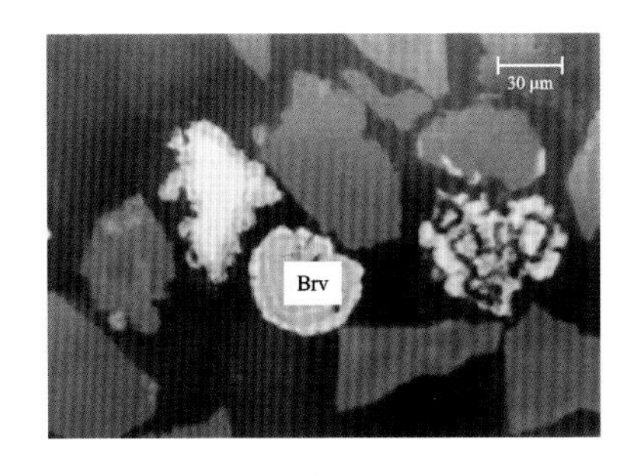

图版 3-18　方硫铁镍矿(Brv)的环带结构

10×50(+)　　德国 Maubach(据卢静文等,2010)

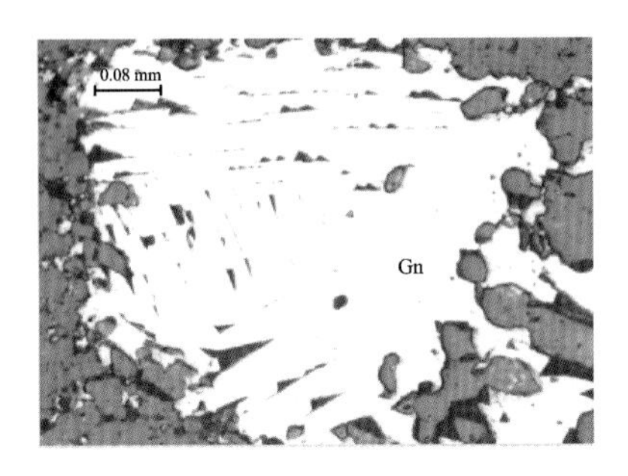

图版 3-19　方铅矿(Gn)三组解理构成的黑三角孔　10×10(-)　　湖南　长城岭

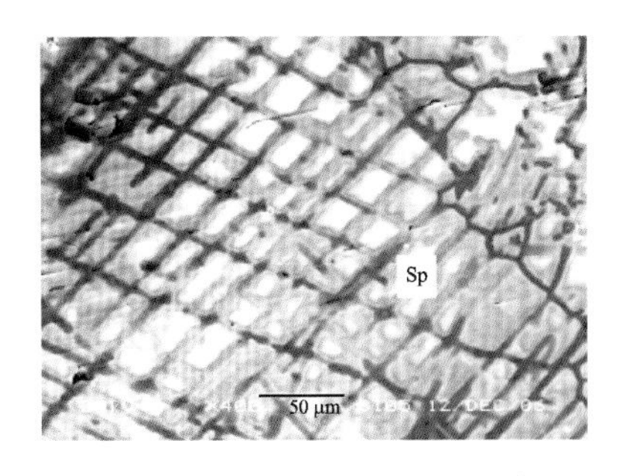

图版 3-20　闪锌矿(Sp)菱形十二面体(110)解理扫描电子显微镜形貌像　广东　凡口

图版 3-21　他形粒状铜蓝(Cv)的解理

10×20(-)　青海　托托敦宰(据卢静文等,2010)

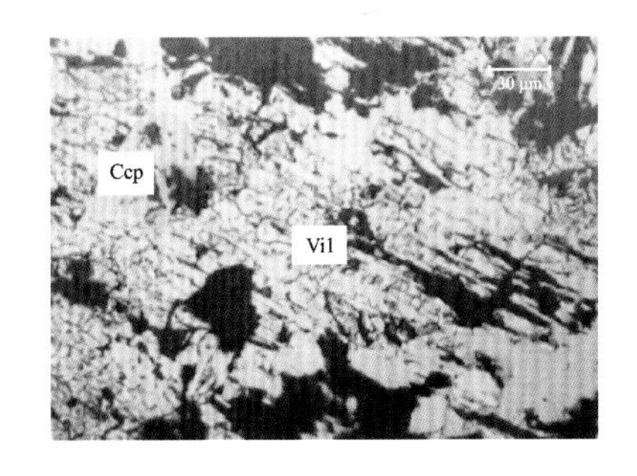

图版 3-22　紫硫镍矿(Vil)的解理

10×50(-)　德国　black forest(据卢静文等,2010)

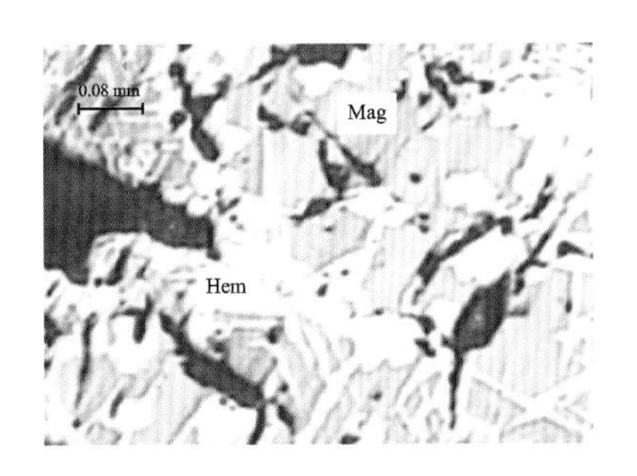

图版 3-23　赤铁矿(Hem)沿磁铁矿(Mag)裂理交代

10×10(-)　印尼　塔里阿布岛

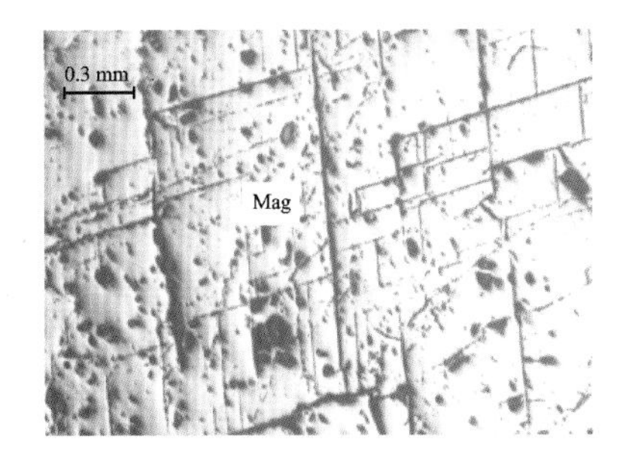

图版 3-24　磁铁矿(Mag)中裂理发育

10×5(-)　印尼　塔里阿布岛

图书在版编目(CIP)数据

矿相学/张术根主编.—长沙:中南大学出版社,2014.11
ISBN 978-7-5487-1209-1

Ⅰ.矿... Ⅱ.张... Ⅲ.矿物相 Ⅳ.P616

中国版本图书馆CIP数据核字(2014)第249419号

矿相学

张术根 主编

□责任编辑 刘石年
□责任印制 易建国
□出版发行 中南大学出版社
社址:长沙市麓山南路 邮编:410083
发行科电话:0731-88876770 传真:0731-88710482
□印 装 长沙印通印刷有限公司

□开 本 787×1092 1/16 □印张 18 □字数 444 千字
□版 次 2014年11月第1版 □2014年11月第1次印刷
□书 号 ISBN 978-7-5487-1209-1
□定 价 50.00元

图书出现印装问题,请与经销商调换